# Hans-Otto Leilich · Uwe Knaak

# Zeitverhalten synchroner Schaltwerke

Mit 118 Abbildungen

Springer-Verlag Berlin Heidelberg New York
London Paris Tokyo Hong Kong 1990

Prof. Dr.-Ing. Hans-Otto Leilich
Dipl.-Ing. Uwe Knaak

Institut für Datenverarbeitungsanlagen
TU Braunschweig
Hans-Sommer-Straße 66
3300 Braunschweig

ISBN 3-540-51680-8 Springer-Verlag Berlin Heidelberg New York
ISBN 0-387-51680-8 Springer-Verlag New York Berlin Heidelberg

CIP-Titelaufnahme der Deutschen Bibliothek
Leilich, Hans-Otto:
Zeitverhalten synchroner Schaltwerke / Hans-Otto Leilich ; Uwe Knaak.
Berlin ; Heidelberg ; New York ; London ; Paris ; Tokyo ; Hong Kong : Springer, 1990
  ISBN 3-540-51680-8 (Berlin ...)
  ISBN 0-387-51680-8 (New York ...)
NE: Knaak, Uwe:

Die Wiedergabe von Gebrauchsnamen, Handelsnamen, Warenbezeichnungen usw. in diesem Werk
berechtigt auch ohne besondere Kennzeichnung nicht zu der Annahme, daß solche Namen im Sinne
der Warenzeichen- und Markenschutz-Gesetzgebung als frei zu betrachten wären und daher von
jedermann benutzt werden dürften.

Sollte in diesem Werk direkt oder indirekt auf Gesetze, Vorschriften oder Richtlinien (z.B. DIN, VDI,
VDE) Bezug genommen oder aus ihnen zitiert worden sein, so kann der Verlag keine Gewähr für
Richtigkeit, Vollständigkeit oder Aktualität übernehmen. Es empfiehlt sich, gegebenenfalls für die
eigenen Arbeiten die vollständigen Vorschriften oder Richtlinien in der jeweils gültigen Fassung hin-
zuzuziehen.

Druck: Color-Druck Dorfi GmbH, Berlin; Bindearbeiten: Lüderitz & Bauer, Berlin
2068/3020-543210 – Gedruckt auf säurefreiem Papier

# Vorwort

"Wie schnell und wie groß kann man synchron getaktete Systeme bauen?"

"Welchen Einfluß hat die Zahl der Taktstufen auf die Zykluszeit?"

"Welchen Einfluß hat Transparenz?"

"Wie groß ist der Einfluß von Clock-Skew auf die Zykluszeit?"

Diese und ähnliche Fragen kommen auf den Konstrukteur neuer digitaler Systeme zu, der im "logischen Entwurf" versiert ist und die übliche Beschreibung der Zeitbedingungen dazu kennt. Sie gewinnen zunehmend an Bedeutung, je schnellere, zuverlässigere und größere Systeme man plant und realisiert, zumal heute durch die Möglichkeiten des anwendungsspezifischen VLSI-Entwurfs ein viel größerer Kreis von Informatikern und Ingenieuren mit dem "Timing" von Schaltkreisen konfrontiert ist.

Man möchte meinen, daß diese Fragen seit vielen Jahrzehnten eine klassische Lehrbuchantwort haben. Erstaunlicherweise ist dies nicht der Fall. Man hat natürlich bei der Entwicklung unzähliger Systeme gelernt, mit den Zeitverhältnissen digitaler Schaltungen umzugehen. Man benutzt zur Beherrschung der hochkomplexen, rückgekoppelten Netze mit nicht-linearen Elementen stark vereinfachende Konzepte, z. B. diskrete Amplitudenbewertung und Entkopplungseigenschaften von Transistorschaltungen. Man arbeitet auf der Zeitebene und mit sogenannten "worst-case"-Fällen.

Allerdings erweisen sich einige Vereinfachungen, die sich breit eingebürgert haben, als nicht geeignet, alle technischen Möglichkeiten auszuschöpfen. So sind z. B. bei Gatter- und Flipflop-Verzögerungszeiten in den Datenblättern oft nicht einmal garantierte Minimalwerte angegegeben. Darüber hinaus ist es auch sehr schwierig, allgemeine Trends und die Einflüsse grundsätzlicher Systemvarianten (Ein- oder Doppelstufigkeit, Transparenz, Skew-Verträglichkeit) auf Taktzeiten oder Maximalverzögerungen zu erkennen. Dieser Mangel an Übersichtlichkeit erschwert entsprechende Entwurfsentscheidungen für die Konstruktion eines Systems.

Man ist daher geneigt, immer wieder gewohnte Schaltungskonzepte sowie vorgeprägte Daten zu benutzen, die in einem Bauteil-Katalog oder in einem Entwicklungssystem vorgegeben sind. Für die *Analyse* der Richtigkeit gegebener Schaltungen sind die Konzepte und Prüfprogramme ("Timing Verifikatoren") weitgehend verfügbar. Sie eignen sich aber nicht zur *Synthese*, insbesondere nicht zur Optimierung von Systemen. Es ist bemerkenswert, daß kommerziell entwickelte Rechner und moderne Multiprozessoren weitgehend zweitaktig ("doppelstufig") und mit transparenten Flipflops arbeiten, während in Lehrbüchern vorwiegend die einstufigen Systeme behandelt werden, auf die die Konzepte der Schaltwerks- bzw. Automatentheorie direkt übertragbar sind.

Es sind natürlich schon viele Versuche unternommen worden, diese Unzulänglichkeiten zu überbrücken. Eine Reihe von Arbeiten sind anschaulich und exakt, vernachlässigen aber wichtige Konzepte. Andere sind in gewisser Beziehung detailliert, aber nur sehr schwer verständlich. Wieder andere behandeln den Problemkreis nahezu politisch und fordern die totale Aufgabe synchroner Systeme zugunsten asynchroner Systeme ("Toss out the Clock", [Bar85]), ohne die Probleme und Grenzen zu erforschen. Vielfach kommen auch Praktiker und Systematiker nicht auf einen Nenner, da schwierige praktische Probleme oft von der einen Seite als "zu theoretisch" und von der anderen Seite als "zu simpel" angesehen werden.

Das vorliegende Buch will einen Beitrag zur systematischen Behandlung der Timing-Problematik leisten. Es ist das Ergebnis intensiver, jahrelanger Bemühungen um ein umfassendes, aber auch anschauliches Beschreibungssystem für das Zeitverhalten synchroner Schaltwerke. Natürlich gehörte dazu die oft banal erscheinende Auseinandersetzung mit altbekannten Mechanismen. Aber es war notwendig, die Basiskonzepte von Grund auf durchzudenken und an vielen Stellen zu ergänzen, zu präzisieren und an einigen Stellen zu korrigieren. Daraus entstand ein systematisches, hierarchisches Modellsystem, das sich in der Terminologie weitgehend an den üblichen (angloamerikanischen) Sprachgebrauch anlehnt und stark von der graphischen Präsentation Gebrauch macht. Einige für das funktionelle Verständnis der Zeitvorgänge hilfreiche Begriffe und Konzepte (z. B. "Dispersion", "Prozeßstufe" und "Zeit-Konfiguration") wurden neu eingeführt, so daß die wesentlichen Charakteristika "höherer" Systeme weniger durch Details verdeckt werden.

Der Aufbau des Buches folgt der hierarchischen Struktur des Modells und sollte dadurch auch die Eingewöhnung erleichtern. Die beiden Hauptabschnitte behandeln zunächst "Elemente" (Kap. 2) und dann "Systeme" (Kap. 3) aus diesen Elementen. In Kap. 1 werden die neuen Konzepte vorgestellt und in Kap. 4 die Ergebnisse zusammengefaßt. Text und Anhang enthalten auch einige systematische Übersichten (z. B. Pulsformungsnetze, Gegenüberstellungen von Flipflop-Schaltungen) sowie eine geordnete Literatursammlung.

Eine derartig grundlegende analytische Arbeit kann nicht unter dem Druck von Tagesaufgaben — oder "so nebenbei" — entstehen. Wir danken daher in erster Linie der Firma Siemens und der EG (Esprit-Projekt Nr. 1532) für die großzügige finanzielle Unterstützung, namentlich Herrn Prof. Dr. P. Müller-Stoy in München-Perlach. Wir danken auch dem Springer-Verlag für die Möglichkeit, die umfangreiche Arbeit mit allen notwendigen Details veröffentlichen zu können, namentlich auch Herrn Dr. H. Riedesel für die Unterstützung und Geduld. Letztlich möchten wir auch den Damen und Herren an unserem Institut in Braunschweig danken, die bei der analytischen Aufarbeitung des Materials, der rechnergestützten Darstellung des Formelwerks und der Diagramme, dem Erstellen und der Korrektur des Textes und bei der Anfertigung der vielen Zeichnungen mit viel Fleiß und Geduld geholfen haben, nämlich Karin Auge, Claudia Hannig, Yvonne Kuhnert, Sabine Ruh, Anne Schlüter und Martin Weigang.

Braunschweig, Februar 1990

Hans-Otto Leilich                    Uwe Knaak

# Inhaltsverzeichnis

# 1 Einleitung

## 1.1 Synchrone und asynchrone digitale Systeme

Die Dauer eines digitalen Prozesses in einem Verarbeitungselement – nehmen wir zunächst ein Schaltnetz ohne interne Speicher und Taktung an — mißt man als das Zeitintervall von einem gegebenen Anfangszeitpunkt ("Synchronisationspunkt" $t_s$), bei dem die zu verarbeitende Information am Eingang sicher bereitgestellt ist, bis zu dem Zeitpunkt $t_a$, an dem das Ergebnis am Ausgang richtig und stabil erscheint, wonach ein weiterer Prozeß — im gleichen oder in einem anderen Verarbeitungselement — ausgelöst werden kann.

Es gibt zwei wesentlich verschiedene Betriebsweisen — "synchron" und "asynchron" —, die neuen Startzeitpunkte zu bestimmen.

Bei der *synchronen* Arbeitsweise werden eine ganze Klasse von Verarbeitungselementen (u. U. alle Elemente eines Systems) "gleichzeitig" angestoßen, und nach einem vorgegebenen Zeitintervall wird erwartet, daß alle Prozesse beendet sind. Die Verarbeitungselemente müssen dann so dimensioniert sein, daß ihre maximale Prozeßlaufzeit kleiner ist als das Taktintervall. Die Prozeßlaufzeit hängt aber von der jeweiligen logischen Aufgabe (z. B. Länge einer Addition), der Verzögerung in den Bauteilen (z. B. Länge der Übertragungsleitung) und sogar von zufälligen physikalischen Ereignissen ab, so daß im allgemeinen die Prozeßzeit in den meisten Verarbeitungselementen erheblich kleiner ist als der vorgegebene, einheitliche Grenzwert. Bei fast allen Prozeßelementen entstehen zwischen Prozeßende und Weiterverarbeitung der Ergebnisse notwendigerweise Wartezeiten. Daher wird in synchronen Systemen die Leistungsfähigkeit der Hardware nicht voll ausgenutzt. Am einleuchtendsten ist dieses Phänomen bei "einphasigen" Schaltwerken, bei denen der Ausgang der einzigen Stufe wieder an den Eingang zurückgeführt wird. Hier sind die allermeisten Verarbeitungselemente nur zu einem kleinen Zeitanteil durch "nützliche Prozeßlaufzeit belegt". (Die Fragen nach der minimalen Laufzeit, der Haltebedingungen etc. werden in Kap. 3 gründlich behandelt.)

Die *asynchrone* Arbeitsweise umgeht die Wartezeiten aufgrund der einheitlich vorgegebenen Taktzeit und läßt den Folgeprozeß starten, sobald das Ergebnis einer Verarbeitung am Ausgang eines Elements "richtig und stabil" vorliegt. Das Problem ist nur die technische Realisierung des entsprechenden "Fertig-Signals".

Das einfachste Beispiel ist wohl eine einzelne binäre Leitung unbekannter Laufzeit, in die ein Impuls eingegeben ist. Wenn dieser Impuls am Ausgang erscheint, kann man ein Signal, aber eben nur ein zeitliches Fertigsignal, generieren. Wenn man außerdem noch

Information übermitteln will, dann braucht man entweder noch parallele Leitungen mit "gleichen" Laufzeiten oder eine weitere "Färbung" des Impulses, z. B. die Länge, die dann von der Empfängerstation durch einen verabredeten Zeitmaßstab erkannt werden kann. Die Codierung der selbstsynchronisierten Information ist ein wichtiges Gebiet der Nachrichtenübertragungs- und Speichertechnik.

Wenn man diese Selbstsynchronisationskonzepte auf informationsverarbeitende Systeme übertragen will, dann stellt sich heraus, daß der Aufwand dafür erheblich ist, meist sogar den Aufwand für die logische Verarbeitung um ein Vielfaches übersteigt. Die Laufzeit eines Prozesses hängt ja "logisch" von der Daten- und Steuerinformation ab. Außerdem gibt es im allgemeinen mehrere logische *Pfade* durch ein Schaltnetz, die zu multiplen Signalübergängen ("Hazards") am Ausgang führen. Dabei ist es möglich, daß das richtige oder ein richtig erscheinendes Ergebnis vorzeitig erscheint, so daß man aus dem Ausgangszustand nur unter ganz besonderen Umständen oder Vorkehrungen die Fertigmeldung ableiten kann. Wenn man jedem Pfad ein "Valid Token" (wie bei Petri-Netzen oder Datenflußkonzepten) mitgibt, müssen diese Token selbst verarbeitet werden, bis der Folgeprozeß "gefeuert" werden kann. Die Pfade mit den frühen Fertigmeldungen sind dann auch wieder in Wartestellung, die Effizienz leidet wie bei den synchronen Systemen.

Es gibt viele altbewährte Konzepte (z. B. "Hand-Shaking") und neue Ansätze (z. B. "Q-Moduls", [RMCF88]) in der Informationstechnik, die System-Vorteile der asynchronen Betriebsweise zu nutzen. Insbesondere ist die erwähnte asynchrone Übertragung bei großen Laufzeiten (z. B. im Weitverkehr oder auch bei Prozessorbussen) auch zwischen synchron arbeitenden lokalen Systemen praktisch notwendig oder zumindest eine konkurrenzfähige Variante (s. Abschn. 3.6.6). Sicher ist aber, daß die synchrone Arbeitsweise in räumlich begrenzten Teil-Systemen mit ihrer robusten pauschalen Normierung der maximalen Prozeßzeit auch in absehbarer Zukunft im Kern der Prozessortechnik eine dominierende Rolle spielen wird.

## 1.2   Überblick und Behandlungsmethodik

In Kap. 2 werden die "Grundelemente synchroner Systeme" definiert und die Zusammensetzung der "Element-Parameter" (Flipflop-Stufe und Schaltnetz-Verzögerungen) aus Bauteil-Parametern diskutiert. Kap. 3 beinhaltet dann die Zusammenschaltung von "Prozeßstufen" zu Schaltwerken ("Zeitkonfigurationen") und damit die detaillierten Zusammenhänge zwischen Element-Parametern und Zykluszeiten, Antwortzeiten sowie Datenraten. In Kap. 4 werden mit Hilfe der eingeführten Begriffe die Zeit-Charakteristika der wichtigsten Klassen von Schaltwerken zusammengefaßt und miteinander verglichen.

Die Grundmethode, die wir in allen Ebenen unseres Beschreibungssystems angewendet haben, ist die Benennung aller Elemente mit einem griffigen Kurzsymbol (z. B. Schaltnetz NA) und der zugehörigen Zeitpunkte und Zeitintervalle mit abgeleiteten algebraischen Symbolen (z. B. $na$: Maximalverzögerung, $na'$: Minimalverzögerung des Schaltnetzes NA). In den Zeitdiagrammen werden die Verzögerungszeiten als Verbindungsvektoren zwischen den Gültigkeitsstatus-Linien der Eingangs- und Ausgangsknoten der Elemente gezeichnet, um die Kausalitätsbeziehungen graphisch sinnfällig zu machen. Die maximalen ("Gültigkeits"-)Verzögerungen werden als starke Linien gezeichnet, die minimalen ("Ungültigkeits"-)Verzögerungen gestrichelt mit leerem Pfeilkopf. In den Zeitdiagrammen wird der Ungültigkeitsbereich schraffiert (z. B. Bild 2.2-2). Die *Zeitintervalle* werden grundsätzlich mit Kleinbuchstaben ohne "t"-Symbol bezeichnet, nur einige feste Zeitbegriffe mit Großbuchstaben (z. B. $T$ für Zykluszeit). *Zeitpunkte* werden mit dem kleingeschriebenen Tempus-Symbol "$t$" und tiefgestelltem Index bezeichnet.

Das ist soweit gegenüber dem allgemeinen Gebrauch wirklich nicht bahnbrechend. Wesentlich für unsere Behandlungsweise ist jedoch, daß wir diese Darstellung konsequent durchführen, so daß die funktionellen Zusammenhänge zwischen den Zeitabschnitten sprachlich, formelmäßig und graphisch so gut angebbar sind, daß die verschiedenartigen Fragestellungen und Freiheitsgrade beim Entwurf eines Systems klar abgeleitet werden können.

So wird z. B. die Differenz zwischen Maximal- und Minimalverzögerung als *Dispersion* bezeichnet (z. B. $Dna = na - na'$: Verbreiterung des Ungültigkeitsbereichs zwischen Eingang und Ausgang des Schaltnetzes NA).

In Abschn. 2.2 werden Gattermodelle vorgestellt, die sich aus einem "*statischen*" Element, das eine logische Funktion zeitlos (*statisch*) ausführt, und einem "*dynamischen*" Verzögerungselement zusammensetzen. Die Verzögerungszeiten sind noch nach ansteigenden (*rising, r*) und fallenden (*falling, f*) Flanken unterschieden worden, nicht aber nach dem spezifischen logischen Eingang, der die Änderung verursacht. Unser Gattermodell ist auch rückwirkungsfrei.

Verfeinerte Modelle, die unsymmetrische Eingänge berücksichtigen, ebenso wie Modelle von Schaltern oder Tristate-Ausgängen sind hier nicht behandelt. Sie müssen natürlich bei der quantitativen Berechnung des analogen Verhaltens von entsprechenden "Elementen" berücksichtigt werden (z. B. SPICE). In unserem Blickfeld steht vornehmlich der funktionale Aspekt, und dafür genügt das einfache Gattermodell.

Auf einige wichtige Aspekte bei der Berechnung zusammengeschalteter Gatternetze wird in Abschn. 2.2.3 und im Anhang C hingewiesen (z. B. Kaskadierung, Statistik). Schließlich wird aber ein Schaltnetz mit nur zwei Verzögerungszeiten ($na, na'$) zwischen den Eingangs- und Ausgangsschnittstellen beschrieben. Diese Zeit-Schnittstellen können logisch ganz verschiedene Funktionen darstellen und sogar räumlich verteilt sein.

Wichtige Grundfunktions-Elemente sequentieller Schaltungen sind Speicherelemente und taktgesteuerte Isolierelemente, aus denen Regenerierelemente aufgebaut werden können.

Wir behandeln vornehmlich statisch rückgekoppelte Speicherelemente (Abschn. 2.3). Nach kurzen Abhandlungen instabiler und metastabiler (Anhang A.2) Zustände definieren wir das *Basis-Flipflop*, das ohne Steuerung durch einen Takt nur die Funktion "Auffangen" (*latch*) ausführen kann. Wir zeigen, daß bei bestimmten logischen Bedingungen am Eingang dieses Element eine bestimmte minimale *Schreibzeit* (*latch time,*

*Lf*) erfordert. Außerdem gibt es nur noch zwei weitere Zeit-Parameter, die maximale und die minimale Verzögerungszeit ($f$, $f'$).

Die Synchronisierung durch einen gemeinsamen Takt wird in unserer Systematik hauptsächlich durch die Steuerung von *Isolierstufen* in entweder *transparente* oder *isolierende Funktionsphasen* bewirkt. Hier gehen wir ziemlich weit ins analytische Detail und betrachten sehr genau die Übergangsbereiche dieser Funktionsphasen, die von der Takttoleranz, den verschiedenen Verzögerungs-Parametern der Isoliergatter und dem Betriebsmodus (Einfach- oder Mehrfach-Signalübergang) abhängen. Ziel dieser Analysen war primär, alle derartigen Details auch bei der praktischen Anwendung auf der Detailebene lösen zu können und schließlich bei der Verwendung von Isolierstufen bei Flipflop-Stufen und Prozeß-Stufen (s. u.) eine extrem einfache, aber doch korrekte Elementdefinition zu erhalten. Wir können in jedem Fall einen scharfen (d. h. toleranzfreien) Übergangszeitpunkt zwischen den Funktionsphasen (Isolation, Transparenz) definieren, und zwar in bezug auf die Dateneingänge der Stufe. Die wirkliche Lage der Taktflanken dazu hängt wieder von den Gatter-Parametern, Takttoleranzen und Betriebsmodi ab und wird als eine einzige (worst-case-)Größe pro Flanke, der *Versetzung*, angegeben.

Als sekundäres Ergebnis der detaillierten Isolierstufen-Analyse folgt eine systematische Auflistung aller "Tricks", die man mit Ausblendgattern machen kann (von "Pulsunterdrückung" bis "dynamische Speicherung"). Eine ähnliche, in sich vollständige Darstellung aller Pulsformungen, die mit einer Verzögerungsstufe und einem logischen Gatter (mit zwei Eingängen) möglich sind, ist in Anhang A.4 angegeben.

Es gibt noch eine andere Art, die Funktionsfähigkeit einer Stufe durch einen Takt zu steuern. Sie ergibt sich aus der Kombination von Rückkopplung und Isolation. Wir entwickeln sie aus dem "Basis-Flipflop" und definieren in Abschn. 2.5 ein "Rücksetz-Flipflop", dem Grundelement eines D-Flipflops, das vom Takt zwischen einer Transparenz- und einer Auffangphase gesteuert wird.

Durch Kombination solcher steuerbaren Funktionselemente kann man alle Funktionen und Sequenzen dieser Funktionen erzeugen, die für Regenerationselemente in synchronen Systemen nötig sind (Abschn. 2.6). Wir folgern daraus, daß es in bezug auf das Zeitverhalten nur transparente und nicht-transparente Flipflops gibt, die wir *Elementar-Flipflop-Stufen* nennen. Man könnte die transparenten Flipflops "pegelgesteuert" (level triggered) und die nicht-transparenten Flipflops "flankengesteuert" (edge triggered) nennen. Wir vermeiden diese Bezeichnungen aber weitgehend, weil sie in der üblichen Fachliteratur im allgemeinen nicht einheitlich verwendet werden.

Alle Flipflops kann man mit genau drei unabhängigen Zeitparametern beschreiben: maximale Verzögerungszeit ($f$), minimale Verzögerungszeit ($f'$) und Schreibzeit (*latch time*, *Lf*). Diese Größen hängen von der spezifischen Schaltung, den Detail-Parametern mit Toleranzen, den Taktflankentoleranzen und dem Betriebsmodus am Ausgang ab. Die Zeitreferenz ist bei nicht-transparenten Flipflops durch einen einzigen *Synchronisationspunkt* ($t_s$) gegeben, der über die *Versetzung* von einer Taktflanke gesteuert wird. Bei transparenten Flipflops sind es zwei Synchronisationspunkte.

In Abschn. 2.7 wird für jeden Typ ein Schaltungsbeispiel vorgestellt und auf der Basis des worst-case-Modells der Gatter die drei Flipflop-Parameter bestimmt. Im Anhang B sind weitere Beispiele und Fälle behandelt. Aktuelle Beispiele aus modernen Datenbüchern ergänzen diese analytischen Betrachtungen (Anhang B.4).

Am Beginn des Kap. 3 ("Schaltwerkstrukturen") fassen wir Flipflop-Stufen und anschließende allgemeine "Logik"-Schaltnetze zu Prozeßstufen zusammen, die (durch Einbeziehung der Schreibzeiten der jeweiligen Folgestufe) nur noch zwei Zeit-Parameter benötigen (z. B. für die Prozeßstufe S: die Maximalverzögerung $s$ und die Minimalverzögerung $s'$).

Wir können nun synchrone Schaltwerke jeder Art als Netze, "Zeit-Konfigurationen", mit solchen Prozeßstufen beschreiben, genauer gesagt als gerichtete Graphen mit Prozeßstufen als Verbindungen zwischen "Synchronisationsknoten". Die Synchronisationsknoten sind die Eingänge von Flipflop-Stufen, charakterisiert durch ein bestimmtes Taktraster, d. h. die gleichen Synchronisationszeitpunkte $t_s$ und evtl. $t'_s$. Sie können logisch ganz verschiedene Bedeutungen haben und sogar räumlich verteilt sein. Die Prozeßstufen bestehen, wie gesagt, primär aus Flipflop-Stufen, d. h. Registern, die die Daten speichern, bis durch den Takt getriggert ein *Änderungsprozeß* angestoßen wird. Das angeschlossene Schaltnetz transformiert logisch den Registerinhalt, wobei in einer Stufe alle die (logischen) Netze zusammengefaßt sind, die das gleiche Zeitverhalten haben. (Für verschiedene Verzögerungszeiten und verschiedene Zielknoten muß man verschiedene Prozeßstufen definieren.)

In Abschn. 3.1 werden die Grundstrukturen — Prozeßketten (Pipelines) und rückgekoppelte Ketten (Schaltwerke) — in bezug auf die Stufenverzögerung und Zykluszeit, sozusagen zum Eingewöhnen, vorgestellt. Dann gibt es getrennte Abschnitte über den allgemeinen Einfluß von Transparenz, von Takt-Skew und den Begriff von "lokalen Stationen" im Gegensatz zu den "Verbindungsprozeßstufen" (*link stages*, LS) und ihren Darstellungen.

Bild 3.1-9 gibt einen oft zitierten Überblick über die "Zeitkonfigurationen", die als Standardtypen für ganze Klassen von Schaltwerken in den folgenden Abschnitten (3.2 bis 3.5) im Detail behandelt werden. Das sind im wesentlichen:

- einphasige Schaltwerke,

- Master-Slave-Schaltwerke und

- doppelstufige Schaltwerke (mit Verbindungen in nur einer und andererseits in beiden Taktphasen).

Diese Abschnitte sind deshalb so umfangreich, weil unter verschiedenen Voraussetzungen (z. B. Transparenz oder Nicht-Transparenz, Prioritäten bei lokalen oder Verbindungstufen) jeweils andere *Verluste* (d. h. nicht für Schaltnetzverzögerungen ausgenutzte Teile der Zykluszeit) und Grenzen der *Aufteilungsmöglichkeiten* (zwischen den beiden Schaltnetzlaufzeiten bei doppelstufigen Schaltwerken) möglich sind.

Um bei der großen Anzahl der Fälle noch eine lineare Lesbarkeit anzustreben, wurden
viele Parameter-Einflüsse nur jeweils an einer Konfiguration diskutiert und bei anderen
nur Querverweise angegeben (z. B. der Einfluß von "Laufzeitabgleich" nur in Abschn.
3.2.1.3 und der Einfluß von Transparenz in den Koppelpunkten zu lokalen Stationen in
Abschn. 3.2.1.6). Wegen der Neuartigkeit unseres Beschreibungssystems konnten wir
an vielen Stellen nicht auf vorhandene Literatur verweisen und mußten die Ableitungen
und Beweise in den Text integrieren. Insofern hat das Buch in sich zum Teil den
Charakter eines Nachschlagewerks. Die ausführliche Gliederung von Text und Anhang
(s. Inhaltsverzeichnis) sowie das Schlagwortverzeichnis sollen dabei helfen.

Anhand der Prozeßzeitdiagramme werden für die einzelnen "Fälle" die Beziehungen
zwischen den Prozeßstufen- bzw. Element-Parametern, dem Skew und der Zykluszeit (bzw. Verlust) formelmäßig angegeben. Dargestellt werden diese Relationen zum
Zwecke der Vergleichbarkeit durch *Trenddiagramme*, bei denen jeweils die Maximalzeit
der (oder einer der) Schaltnetz-Verzögerungen (z. B. $lnb_{max}$) als gegeben angesehen
wird, weil oft ein maßgebliches Element (z. B. ein Speicher, eine Buslaufzeit oder eine
Übertragungszeit) die Zykluszeit bestimmt. Wir nehmen auch an, daß die Flipflop-
Parameter und auch die minimale Schaltnetz-Verzögerung (z. B. $lnb'$) für jeden "Fall"
konstant sind. Die Zykluszeit wird dann über dem Skew als Hauptvariable aufgetragen,
wobei es dann meist Grenzwerte für Fallunterscheidungen oder für "Skew-Verträglichkeit" gibt. Bei doppelstufigen Schaltwerken kommt dann noch die Aufteilbarkeit der
nützlichen Zykluszeit auf die beiden Teilnetze hinzu, angegeben durch die Minimalwerte, den *verfügbaren* Anteil (*disposable delay*), den Trend und die Grenzwerte.

In dem letzten Abschnitt (3.6) sind auch sequentielle Schaltwerke analysiert, die so
groß sind, daß Skew und Verbindungslaufzeiten die Bestimmung der lokalen Teilzykluszeiten verbieten. Die behandelten Konfigurationen (Ketten-, Frequenzteilungswerke
und asynchrone Verbindungswerke) sind in Bild 3.6-1 und 3.6-2 zusammengestellt, die
Trendkurven in Bild 3.6-4.

Die Ergebnisse der detaillierten Zeitstruktur-Untersuchungen sind in Kap. 4 dargestellt.
Zunächst ist versucht worden, "Ziele", "Wege" und "Probleme" beim Entwurf optimaler synchroner Systeme in allgemeinen Schlagworten zu charakterisieren. Dann folgt
(Abschn. 4.4) eine Zusammenfassung der "Trends" der in Kap. 3 behandelten standardisierten Konfigurationstypen. Eine vereinfachte klassische Kommunikationsaufgabe
wird als Beispiel dafür angegeben, wie man für die gleiche logische Aufgabenstellung
für verschiedene Optimierungsziele zu unterschiedlichen zeitlichen Ablaufstrukturen
gelangt. Insbesondere soll die Beschreibungsmethodik ein exaktes Konstruktionswerk-
zeug für die optimale Lösung unkonventioneller und zeitkritischer synchroner Systeme
sein.

# 2 Grundelemente synchroner Systeme

Dieses Kapitel soll die Grundlagen für die Untersuchung des Zeitverhaltens synchroner Systeme behandeln. Dazu gehört zunächst die Einführung eines Beschreibungssystems für Signale, auf dessen Basis dann die Grundelemente von Schaltungen, nämlich Gatter, Schaltnetze, taktgesteuerte Isolierstufen und rückgekoppelte Elemente (d. h. Flipflops), dargestellt und analysiert werden. Insbesondere arbeiten wir in der Modellentwicklung auf eine Behandlungsebene hin, bei der die Zeitmerkmale der *Datensignale* im Vordergrund stehen (und nicht die der *Taktsignale*). In diesem Buch werden wir uns auf die Analyse synchroner Systeme beschränken, d. h. wir werden davon ausgehen, daß die untersuchten Systeme durch ein *periodisches* Taktsignal gesteuert werden.

Wir wollen die Grundelemente in diesem Kapitel ausführlich behandeln, so daß ihre Eigenschaften und Funktionsweisen, genauso aber auch ihre Grenzen sowie die Beschränkungen unseres Beschreibungsmodells erkennbar werden. Dafür werden wir in der Untersuchung mancher Aspekte zugunsten eines umfassenden Verständnisses und zur Festlegung von Parameterwerten auch über das hinausgehen, was für die Untersuchung des Zeitverhaltens synchroner Systeme in den folgenden Kapiteln unmittelbar benötigt wird. Zu einigen dieser Aspekte finden sich die detaillierten Abhandlungen im Anhang.

Mit den Grundelementen führen wir eine Hierarchie der Betrachtungsebenen ein. Aus den physikalischen bzw. schaltungstechnischen Details entwickeln wir Schaltnetze und Flipflop-Stufen mit nur wenigen Beschreibungs-Parametern. Aus diesen leiten wir am Anfang von Kap. 3 die sogenannten *Prozeßstufen* ab, mit denen dann *Zeitkonfigurationen* definiert werden, die einen übersichtlichen Einblick in das Zeitverhalten von Schaltwerken bei der Analyse und Synthese erlauben.

## 2.1 Signaldarstellung

### 2.1.1 Gültigkeitszustände

Wie bei der Darstellung logischer Systeme üblich (vgl. auch [EG88]), kann ein einzelnes binäres Datensignal $X$ den Zustand "1" oder "0" annehmen, wenn z. B. die darstellende elektrische Spannung $U_x$ höher als eine Schwellspannung ($U_x \geq U_{Hmin}$) bzw. kleiner als eine andere Schwellspannung ist ($U_x \leq U_{Lmax}$). Wie in Bild 2.1-1a dargestellt, kann

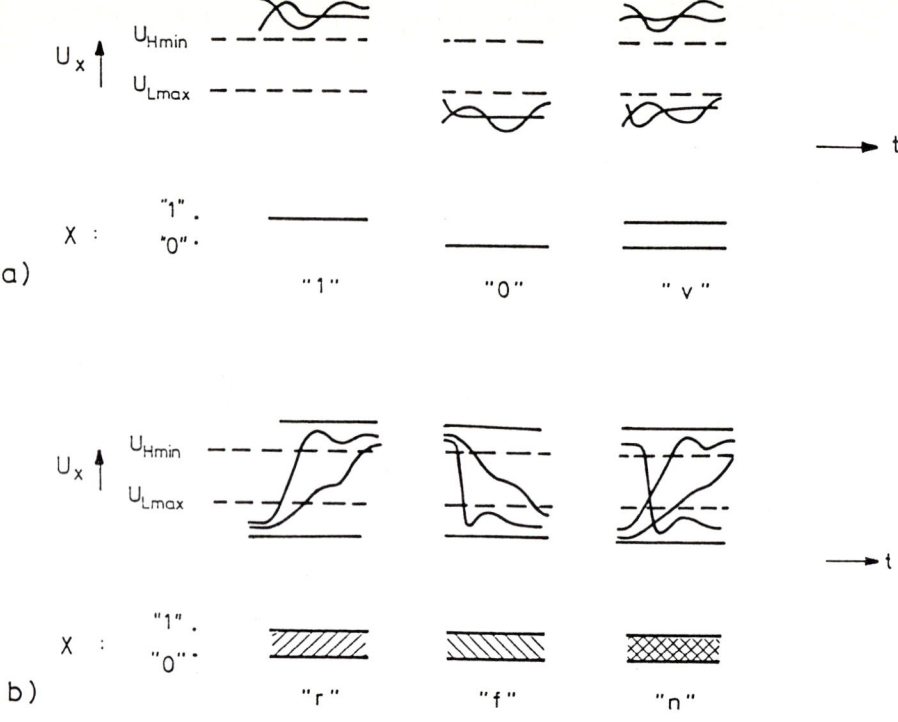

**Bild 2.1-1.** Definition der Signalzustände: a) "stabil", b) "dynamisch"

der (analoge) Spannungsverlauf in den entsprechenden Bereichen zeitlich schwanken; er behält dabei seinen Gültigkeitswert, wenn er nur den Bereich nicht verläßt. Wir bevorzugen die Bezeichnungen "1" und "0" im Gegensatz zu "*High*" und "*Low*", weil wir bei den Grundelementen (bei Isolierstufen und Flipflops) mit logischen Gattern arbeiten.

Zusätzlich zu den logischen Binärzuständen definieren wir noch den Gültigkeitswert *gültig* (*valid, v*), wenn das Signal entweder im 1- oder im 0-Zustand ist (s. Bild 2.1-1a). Dies gilt aber nur, wenn diese 1- oder 0-Werte aus einem determinierten logischen Prozeß entstanden sind. Falls der Wert zwar stabil ist, aber aus einem Zufallsprozeß (z. B. aus einem metastabilen Zustand) hervorgegangen ist, nennen wir den Zustand dennoch *ungültig* (*non-valid, n*, s. u.).

Wir haben also drei "stabile" Gültigkeitszustände,

$$\underline{\text{stabil}} : \begin{cases} 1 : & \text{eins} \\ 0 : & \text{null} \\ v : & \text{gültig } (valid). \end{cases}$$

Falls das Analogsignal zwischen den Grenzwerten $U_{Lmax}$ und $U_{Hmin}$ liegt (oder liegen kann) und damit nicht sicher binär interpretiert werden kann, dann bezeichnen wir den

Gültigkeitswert als "dynamisch". Wir unterscheiden drei dynamische Gültigkeitswerte,

$$\text{dynamisch}: \left\{ \begin{array}{ll} \text{r}: & \text{ansteigend } \textit{(rising)} \\ \text{f}: & \text{abfallend } \textit{(falling)} \\ \text{n}: & \text{ungültig } \textit{(non-valid)}, \end{array} \right.$$

die in Bild 2.1-1b als analoge Signale sowie mit der hier verwendeten sinnfälligen Repräsentation (Aufwärts-, Abwärts- und Kreuzschraffur) dargestellt sind.

Genauer genommen bezeichnen wir mit *ansteigend*, wenn das Signal in einem bestimmten Zeitbereich im Zustand 1 oder 0 (d. h. $v$) oder aber im monotonen Übergang von 0 nach 1 sein kann. Kürzer gesagt heißt ein Zeitbereich *ansteigend*, wenn das Signal darin nicht abfällt. Es gibt daher auch höchstens einen 0-1-Übergang in diesem Bereich, d. h. keine Mehrfachübergänge (Hazards, Fehlimpulse, Glitches). Entsprechendes gilt für *abfallend*.

Ein Signal ist in einem Zeitabschnitt *ungültig*, wenn darin beide Arten von Übergängen oder auch mehrere Übergänge vorkommen können. Man muß einen Signalzustand auch als *ungültig* bezeichnen, falls das Signal gültig, ansteigend oder abfallend sein mag, dieses allerdings nicht gewährleistet ist. Wir verzichten in unserer Analyse auf eine weitere Spezifizierung des ungültigen Zustands in "unbekannt" (*unknown*) und "wechselnd" (*changing*), wie es bei der computergestützten Timing-Analyse i. a. der Fall ist (z. B. [McW80]), und modellieren auch keinen "hochohmigen" Zustand (*high impedance state*, z. B. [MIK85], vgl. Abschn. 2.2).

Die Darstellung eines speziellen analogen (Spannungs-)Signals $U_x$ und seiner Diskretisierung wie in Bild 2.1-3a entspricht erst zum Teil unserem Darstellungskonzept. Beim Entwurf von Systemen muß man allen erlaubten Ausprägungen der Signale Rechnung tragen, wobei die Toleranzbereiche der signalerzeugenden Mechanismen maßgebend sind. Die Deutung der graphischen Darstellung der Signale ist natürlich schwierig, wenn bei statistischer Verteilung die für die Berechnung wichtigen Grenzwerte gerade nicht mehr auftreten sollen. (Bei einem Oszilloskopbild eines periodischen Vorgangs sind die sehr seltenen "statistischen Ausreißer" auch sehr selten zu erkennen.) Oft stellt man daher (z.B. in Bild 2.1-3) entgegen einer Andeutung der Statistik alle "schlechtesten Fälle" dar, um die Grenzen zu veranschaulichen.

## 2.1.2 Leitungsbündel

Wenn man den Gültigkeitszustand eines Bündels von Binärsignalen (z. B. einen Bus) beschreiben will, so muß man die Definition weiter fassen.

Die Signale eines Bündels sind plausiblerweise mit "1" zu bezeichnen, wenn alle Einzelleitungen im 1-Zustand sind. Das Bündel ist gültig ($v$), wenn sowohl 1- als auch 0-Zustände vorkommen. $r$ gilt nur, wenn alle Einzelsignale im oben definierten Sinne ansteigend sind. Das Signalbündel ist in einem Zeitabschnitt ungültig, wenn auch nur ein einziges Signal ungültig sein kann oder wenn sowohl ansteigende als auch abfallende Flanken auftreten können.

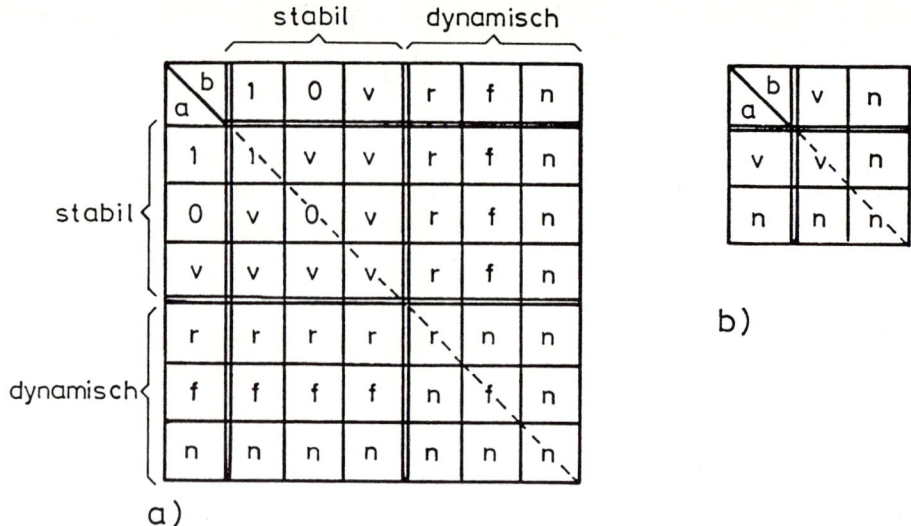

**Bild 2.1-2.** Bündel-Logik (Konkatenation): a) sechs Zustände, b) gültig/ungültig

Alle Kombinationen dieser Bündel-Gültigkeitslogik (Konkatenation, *concatenation*) sind in der Tabelle in Bild 2.1-2a aufgeführt, wobei die Eingangsgrößen (a, b) folgendermaßen zu interpretieren sind:

> Wenn in einem Bündel der Wert a einmal oder mehrmals auftritt und der Rest des Bündels den Wert b hat, dann ist der Gültigkeitszustand des Bündels aus der Tabelle ablesbar.

Wenn man nur gültig ($v$) und ungültig ($n$) unterscheidet, ergibt sich die in Bild 2.1-2b gezeigte konjunktive Beziehung, wobei $v$ als "wahr" und $n$ als "falsch" zu interpretieren sind.

### 2.1.3   Zeitpunkte und Zeitbereiche

Die Grenzzeitpunkte zwischen zwei Gültigkeitszuständen eines Signals $X$ werden mit "$t$" und dem Signalnamen (in Kleinbuchstaben) als Index angegeben. Wenn im betrachteten Zeitverlauf eines Signals mehr als zwei Zustände zu unterscheiden sind, setzen wir als weiteren Index das Symbol für den Gültigkeitszustand des beginnenden Zeitabschnitts hinzu (z. B. $t_{xr}$ in Bild 2.1-3a für den Zeitpunkt der ansteigenden Flanke beim Signal $X$).

In manchen Fällen ist es zweckmäßig, das Ende eines Zeitabschnitts mit dessen Gültigkeitswert zu bezeichnen. Dazu benutzen wir das Strichsymbol beim $t$. So bezeichnet z. B. $t'_{xr}$ in Bild 2.1-3a den gleichen Zeitpunkt wie $t_{x1}$.

Wenn nur gültige ($v$) und ungültige ($n$) Bereiche zu unterscheiden sind und diese pro Taktperiode T nur einmal vorkommen, dann können wir das Zustandssymbol einsparen

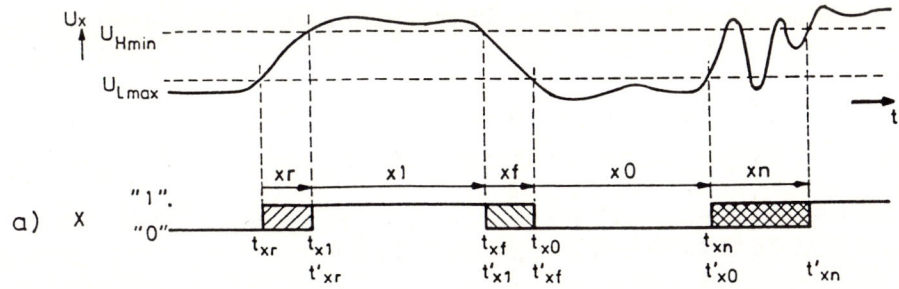

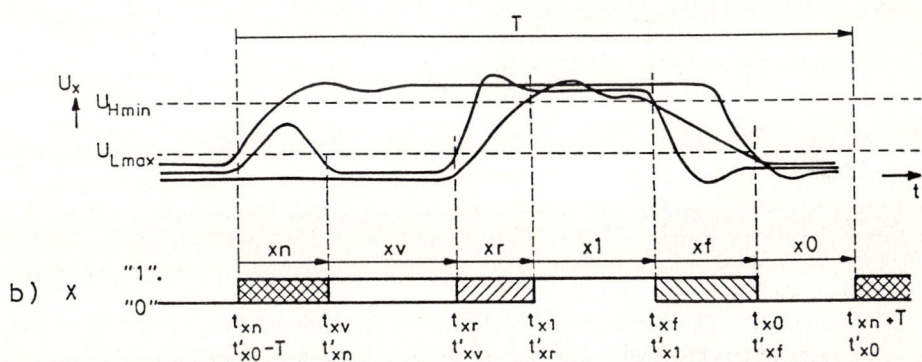

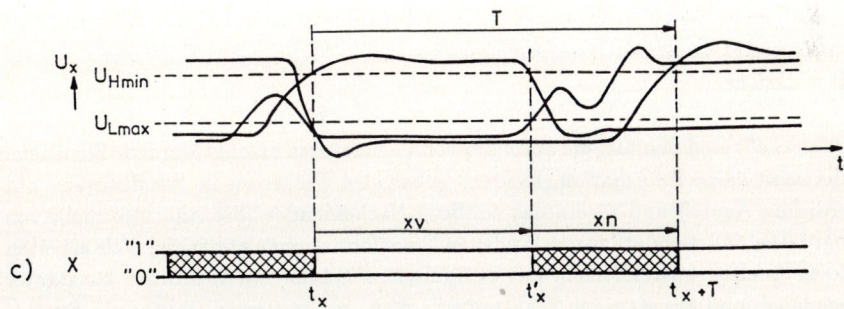

**Bild 2.1-3.** Darstellung von Zeitpunkten, Zeitintervallen und Taktperioden von Signalverläufen: a) einzelner Signalverlauf, b) mehrere Signalverläufe, c) Signalbündel

und nur mit ungestrichenen und gestrichenen $t$-Symbolen arbeiten. Dabei soll der gültige ($v$) Zustand den Vorrang haben, so daß also das ungestrichene Symbol ($t_x$, in Bild 2.1-3c) den Übergang vom ungültigen zum gültigen Bereich bezeichnet und das gestrichene Symbol ($t'_x$) den Übergang vom gültigen zum ungültigen Bereich.

Man sollte beachten, daß ein physikalisches Signal von einem gültigen Zustand zum anderen stets nur innerhalb eines endlich langen dynamischen Zustands übergehen kann ($r, f, n$). Wir gehen von dieser Tatsache nur zu Erläuterungszwecken ab, wenn die Übergangsbereiche keine Rolle spielen (z. B. Bild 2.4-1).

*Zeitintervalle* zwischen zwei Grenzzeitpunkten werden in unserer Analyse eine weit größere Rolle als die Zeitpunkte selbst spielen. Wir verwenden daher für deren Bezeichnung zur bestmöglichen Lesbarkeit und zur Unterscheidung von Zeitpunkten einfach den Namen des Signals und den Gültigkeitswert in Kleinschreibweise (z. B. $xv$ in Bild 2.1-3c), solange keine weiteren Unterscheidungen innerhalb einer Zykluszeit notwendig sind. Aufgrund der oben eingeführten Bezeichnungsweise für den Anfangs- und den Endzeitpunkt eines Gültigkeitsbereiches gilt z. B.

$$xr = t'_{xr} - t_{xr} \qquad (2.1\text{-}1)$$

für das Beispiel in Bild 2.1-3a, und für die noch einfachere Unterscheidung nur von $v$ und $n$ in Bild 2.1-3c gilt:

$$xv = t'_x - t_x. \qquad (2.1\text{-}2)$$

Wir werden diese Kleinschreibweise auch für die Zeitintervalle zwischen Zeitpunkten von verschiedenen Signalen, insbesondere Verzögerungszeiten (Laufzeiten, "Prozeßzeiten"), beibehalten. Dazu kommen dann gestrichene Größen als minimale Laufzeiten. Einige bestimmte Klassen von Zeitbereichen bezeichnen wir mit Großbuchstaben, z. B. Zyklus- bzw. Teilzykluszeiten.

### 2.1.4   Takte

Takte ("clocks") sind Signale, die autonom von Generatoren erzeugt werden. Sie tragen normalerweise keine Information, sondern geben den Prozessen in Schaltwerken nur den zeitlichen Anstoß und regeln das zeitliche Nacheinander. Sie sind also nicht von Eingangsdaten und den daraus entstandenen Transformationen abhängig. Wir arbeiten in unserer Analyse ausschließlich mit periodischen Takten mit möglichst konstanter Periodendauer und konstantem "Taktraster", d. h. bei mehreren Takten im System mit gleichbleibender Abfolge der Taktflanken innerhalb einer Periode.

Ein Taktsignal $CL$ hat typisch die in Bild 2.1-4 gezeigte Form. Sie besteht aus den 1- und 0-Phasen der Längen $cl1$ und $cl0$. Dazwischen liegen die Anstiegs- und Abfallbereiche $clr$ und $clf$. Die Zykluszeit $T$ (nur hierfür verwenden wir das große "$T$") ist also:

$$T = clr + cl1 + clf + cl0. \qquad (2.1\text{-}3)$$

In jedem Übergangsbereich gibt es genau einen Signalübergang, eine "Taktflanke" ("clock edge"), die einen Schalt-Prozeß (z. B. in einer "Prozeßstufe") anstößt. Ein

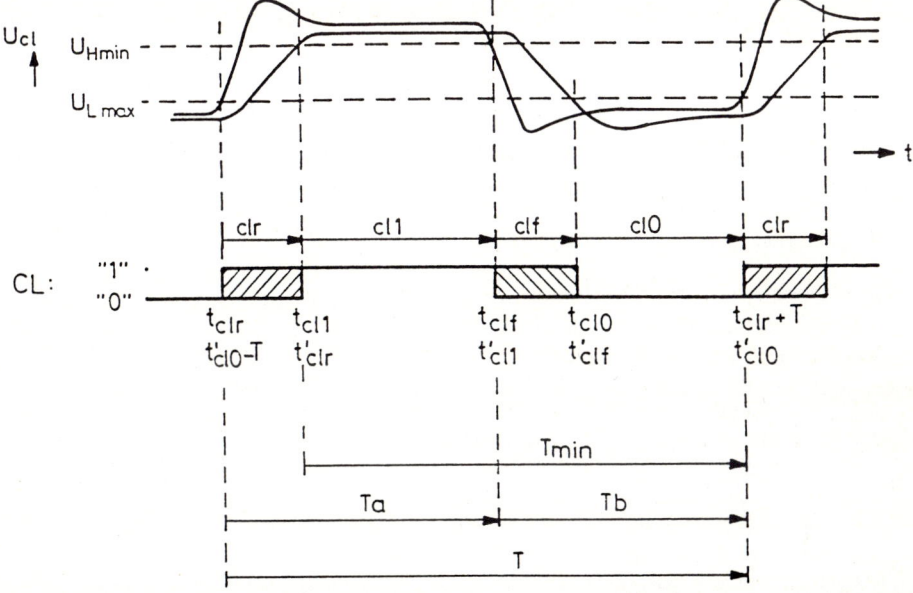

**Bild 2.1-4.** Zeitpunkte und Zeitintervalle von Taktverläufen

derartiger Prozeß verwandelt eine (gültige) Eingangsinformation innerhalb einer spezifizierten maximalen Laufzeit in eine gültige Ausgangsinformation. Erst nach dieser maximalen Laufzeit darf ein Folgeprozeß angestoßen werden, der die erzeugte Ausgangsinformation weiter verwendet.

Am verbreitetsten sind die sog. *einstufigen Schaltwerke*, bei denen je Taktperiode nur ein Prozeßanstoß gegeben wird (s. Abschn. 3.2). Es gibt dann im wesentlichen nur eine "Prozeßstufe", die auf sich selbst rückgekoppelt ist. Sie besteht aus einem kombinatorischen Schaltnetz und einer Speicherstufe, die dafür sorgen muß, daß der neue Systemzustand von dem alten Zustand isoliert wird. Für den Takt bedeutet dies, daß zwischen einer (z. B. der ansteigenden) Flanke und der nächsten, nach einem Zyklus folgenden (ansteigenden) Flanke ein zeitlicher Minimalabstand $Tmin$ gewährleistet wird, der mindestens so groß ist wie die längste zulässige Prozeßlaufzeit.

Dieses Problem wäre mit hochkonstanten quarzgesteuerten Taktgeneratoren leicht zu lösen, wenn man den Takt nur an einer Stelle bräuchte. Das Taktsignal wird jedoch selbst innerhalb eines Schaltwerks von vielen Empfängern (Flipflops mit verschiedenen Ansprechschwellen) an verschiedenen Orten benötigt, so daß ein oft aufwendiges Verstärkungs- und Leitungssystem nötig ist, das durch unterschiedliche (und auch zeitlich variable) Laufzeiten den effektiven Übergangsbereich *clr* des "Taktsignalbündels" vergrößert. Man kann die Taktperiode also schreiben als (s. Bild 2.1-4):

$$T = Tmin + clr. \qquad (2.1\text{-}4)$$

Wir betrachten hier *clr* als den Toleranzbereich, der zu jeder beliebigen Zeit an jedem Ort des (in sich beliebig verkoppelten) Systems auftreten kann. Das Problem von

"Skew", d. h. Taktversatz zwischen verschiedenen "lokalen Schaltwerken", wird später behandelt.

Die Übergangsphase *clr* könnte von Periode zu Periode zeitlich variieren (Jitter), ohne daß die Prozeßzeitbedingungen verletzt werden. Das führt zu Darstellungsschwierigkeiten (wie auch bei Oszilloskop-Darstellungen), wenn mehrere Perioden betrachtet werden. Ohne Beschränkung der Allgemeinheit stellen wir hier den Übergangsbereich *clr* konstant dar. Wenn *clr* später in die "Element-Parameter" eingeht, ist immer der Maximalwert gemeint.

Bei *doppelstufigen Schaltwerken* (s. Abschn. 3.3) wird in einer Teilperiode $Ta$ nur ein Teilschaltwerk aktiviert, das dann in der Teilperiode $Tb$ sein Ergebnis dem anderen Teilschaltwerk zur Verfügung stellt.

Für die Steuerung dieser beiden alternierenden Prozesse benutzt man meist die beiden Flanken eines Taktsignals. Mit der Annahme von "random"-Streuungen über die beiden Übergangsbereiche des Taktsignals sind grundsätzlich die Minimallängen der beiden Gültigkeitsbereiche (*cl1* und *cl0*) durch die maximalen Teilprozeßlängen bestimmt, und beide Übergangstoleranzen (*clr*, *clf*) tragen zur Zykluszeit bei (2.1-3).

Wir behandeln die zeitsteuernde Natur der Taktsignale im Gegensatz zum passiven Zeitverhalten der Datensignale derart, daß wir die entsprechenden taktgesteuerten Daten-Transformationselemente (*Isolierstufen*, *Flipflop-Stufen*) mit den Taktsignalen in ihrer *Funktion* steuern. Die genauen Definitionen der *Funktionsphasen* und deren zeitliche Grenzen beziehen wir auf die resultierenden Anforderungen an die Dateneingänge der entsprechenden Funktionsstufen. Beispielsweise fordert die korrekte "Schreibfunktion" einer Flipflop-Stufe, wann die Eingangsdaten in bezug auf die Taktflanken gültig sein müssen.

Die Zeitbeziehungen ("Versetzungen", *displacements*) zwischen Takt- und Funktionsphasen sind durch die Gatterparameter der Funktionsstufen und die Takttoleranzen bestimmt. Wenn diese Versetzungen für ein bestimmtes System festgelegt sind, kann man anstelle der Taktphasen mit den Funktionsphasen arbeiten und spart dadurch bei den weiteren Untersuchungen das Mitführen der Taktsignale.

Wenn wir in Kap. 3 synchrone Schaltwerke untersuchen, dann betrachten wir das Zeitverhalten an sogenannten *Synchronisationsknoten*. Dort gelten zwei Zeitraster, einerseits die Funktionsphasen der nachfolgenden Stufe und andererseits die Signalzustandsfolge der ankommenden (Daten-)Signale. Zwischen den Übergangszeitpunkten dieser beiden Raster lassen sich ebenfalls Zeitparameter bestimmen (z. B. *Wartezeiten Überschußzeiten*). Wir werden diese Zeitbegriffe aber erst in Abschn. 3.1 gründlich vorstellen.

## 2.2   Gatter und Netze

Nachdem wir im letzten Abschnitt die Darstellung von Signalen eingeführt haben, die ja Information repräsentieren, wollen wir nun das Modell für die Behandlung der

Zeitverhältnisse von Elementen entwickeln, die Information transformieren, die also in diesem Sinne gerichtete Verbindungen zwischen Signalen darstellen. Dazu gehören einerseits logische Gatter (UND, ODER, NAND etc.) und andererseits kombinatorische Schaltnetze.

Ein einzelnes Gatter repräsentieren wir durch ein ideales "statisches" Verknüpfungselement, an das sich ein (einziges) Verzögerungselement anschließt (Bild 2.2-2a). Das ideale "statische" Gatter transformiert die Eingangs-Gültigkeitszustände ohne Zeitverzug in Ausgangs-Gültigkeitszustände. Das zeitliche Verhalten wird durch das Verzögerungselement dargestellt, das nur durch extreme Verzögerungszeiten charakterisiert wird. Dadurch ist unser Modell verhältnismäßig einfach. Es muß aber auf vier daraus resultierende Beschränkungen hingewiesen werden:

1. alle Eingänge haben die gleichen Einwirkungen auf die Zeitverhältnisse am Ausgang,

2. die Ausgänge wirken nicht auf die Eingänge zurück (Transmissionsgatter nicht darstellbar),

3. die Ausgänge determinieren den Ausgangszustand (kein "tristate" oder "open collector"-Verhalten darstellbar),

4. worst-case Toleranzschema (s. statistische Betrachtungen, Anhang C).

## 2.2.1   Statische Transformation

Aus der Definition der sechs hier verwendeten Gültigkeitszustände $1, 0, v, r, f, n$ ist die Funktion eines für Binärsignale $(1, 0)$ definierten logischen Gatters unmittelbar ableitbar. Bild 2.2-1 zeigt die Transformationstabellen für einige wichtige Gattertypen mit einem Eingang bzw. mit zwei Eingängen.

Bei der Gegenüberstellung mit der Bündel-Logik (Konkatenation, Bild 2.1-2, hier für zwei Einzelleitungen $a, b$ zu interpretieren) zeigt sich, daß bei UND die "0" dominiert ($x \wedge 0 = 0$), bei ODER die "1" ($x \vee 1 = 1$), während bei der Konkatenation der Ungültigkeitswert $n$ dominiert ($x \circ n = n$). Alle kommutativen logischen Funktionen sind auch für den erweiterten Wertebereich kommutativ, d. h. die Tabellen mit zwei Eingängen sind symmetrisch zur gezeichneten Diagonale.

Wenn der Wertebereich der Eingangsvariablen $(a, b)$ auf 0, 1 beschränkt bleibt, stellen die Tabellen entsprechende logische Funktionen dar. Bei der Erweiterung um den Eingangswert *gültig* ($v$) entstehen auch nur stabile Ausgangswerte $(1, 0, v)$.

Wenn man sich auf die Gültigkeitswerte $v$ und $n$ beschränkt, gilt für alle Einzelgattertypen — auch die hier nicht gezeigten und solche mit mehr als zwei Eingängen, einschließlich der Konkatenation — die in Bild 2.2-1e gezeigte einfache Matrix, in der *ungültig* ($n$) dominiert. Dies kann man auch auf beliebige Netze mit elementaren Gattern erweitern, so daß dies die Funktionsmatrix für alle kombinatorischen Schaltnetze darstellt. Wir nehmen somit an, daß jede Eingangsleitung wenigstens für eine

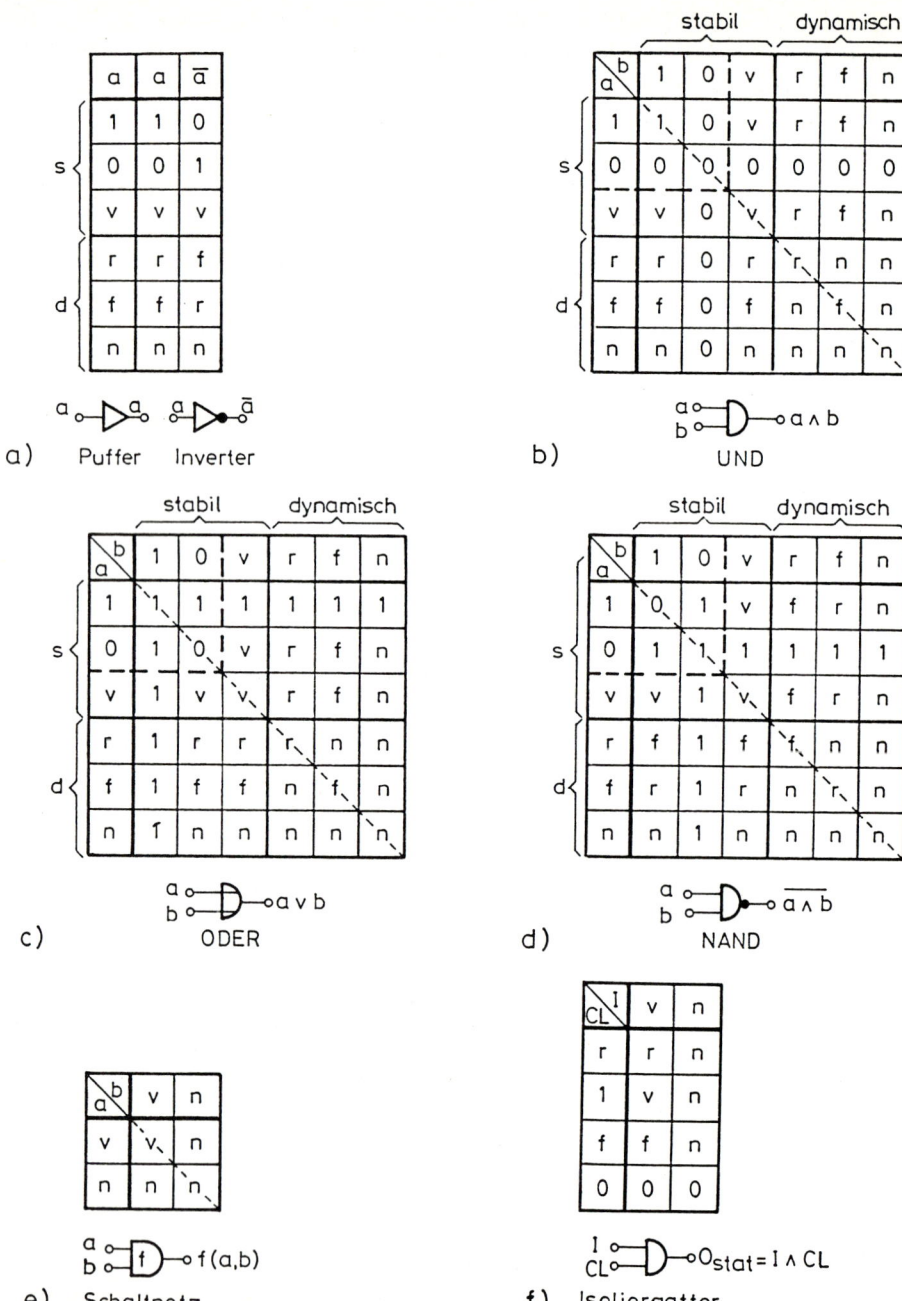

**Bild 2.2-1.** Transformationstabellen verschiedener Gattertypen mit einem oder zwei Eingängen, a) bis f) siehe Text

Kombination der anderen Leitungen einen Einfluß auf wenigstens eine Ausgangsleitung hat. Wir betrachten also keine unbenutzten logischen Eingangskombinationen ("don't cares"), und wir definieren den Ausgang eines Netzes für ungültig, wenn auch nur eine Eingangskomponente ungültig ist. (Falls aber im Einzelfall aus der logischen Funktion ableitbare Bedingungen berücksichtigt werden können, ergeben sich im allgemeinen günstigere Gesamtwerte als bei dem worst-case-Modell, vgl. [BI88] und Abschn. 2.2.3.)

Wenn von einem einfachen logischen Gatter mit zwei Eingängen ein Wert an einem Eingang den Ausgangszustand erzeugt, so ist der Ausgang vom anderen Eingang abgetrennt, "isoliert". Am Beispiel des UND-Gatters mit einem Dateneingang $I$ und einer Steuerleitung $CL$ (Taktleitung mit den vier Zuständen $r, 1, f, 0$) ist die statische Transformationstabelle eines *Isoliergatters* in Bild 2.2-1f gezeigt. Fassen wir dieses Gattersymbol als Parallelschaltung von vielen UND-Gattern mit gleicher Steuerleitung auf und unterscheiden beim Eingangsvektor $I$ nur $v$ und $n$, dann haben wir die statische Funktion einer *Isolierstufe* (mit den Übertragungsfunktions-Zuständen *Isolation* und *Transparenz*). Diese Isolierstufe wird in Abschn. 2.4 ausführlich behandelt.

## 2.2.2   Verzögerungselemente

Die dynamischen, zeitbestimmenden Eigenschaften von Gattern und Netzen sollen durch ein einfaches Verzögerungselement mit einer minimalen Anzahl von Parametern modelliert werden, das dem "statischen Gatter" nachgeschaltet ist. Wir benutzen die in Bild 2.2-2a am Beispiel einer UND-Schaltung gezeigte graphische Darstellungsweise.

Wenn das Gatter insgesamt den Namen "A" hat, bezeichnen wir das statische Gatter mit "As" und das Verzögerungselement (*delay element*) mit "Ad". Die Verzögerungszeiten des gesamten Gatters A werden einfach mit dem Namen des Gatters in Kleinschreibweise, $a$, bezeichnet. Da das statische Gatter definitionsgemäß keine Verzögerungszeit hat, gehört die Laufzeit $a$ zu dem dynamischen Element (Ad).

Man kann natürlich bei der graphischen Darstellung der Signalabläufe auf die Aufteilung verzichten und den statischen Ausgang $O_{stat}$ gar nicht darstellen. Andererseits werden wir auch das Verzögerungselement allein (ohne Logikelement) verwenden, insbesondere wenn wir detaillierte Untersuchungen des dynamischen Verhaltens eines Gatters vornehmen (z. B. in Abschn. 2.4).

Wenn wir hingegen keine Aussagen über den Boole'schen Wert des Eingangs machen können wie bei der Beschreibung eines ganzen kombinatorischen Schaltnetzes, dann verzichten wir auf das angehängte Verzögerungselement und benutzen ein der UND-Schaltung ähnliches (gerichtetes) Symbol wie in Bild 2.2-2b und c. Wir kennzeichnen Schaltnetze mit dem Buchstaben N, evtl. mit einem weiteren Unterscheidungsbuchstaben, z. B. NA für Schaltnetz A.

Aufgrund von Streuungen und betrieblichen Veränderungen der Bauteile muß man mit Variationen der Verzögerungszeiten rechnen. Bei Schaltnetzen kommt noch hinzu, daß die Verzögerungszeit eine Funktion der Boole'schen Zustände vor und nach einem

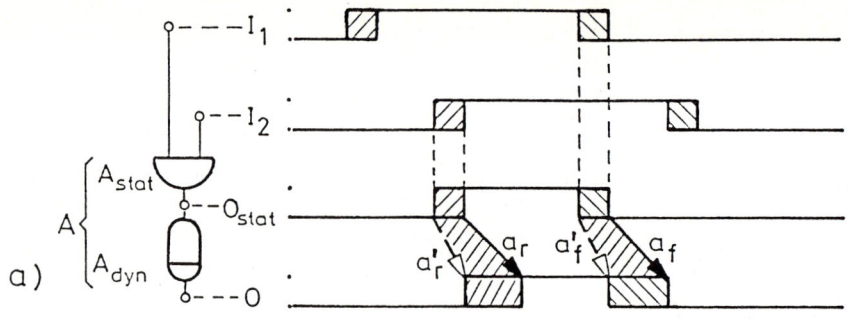

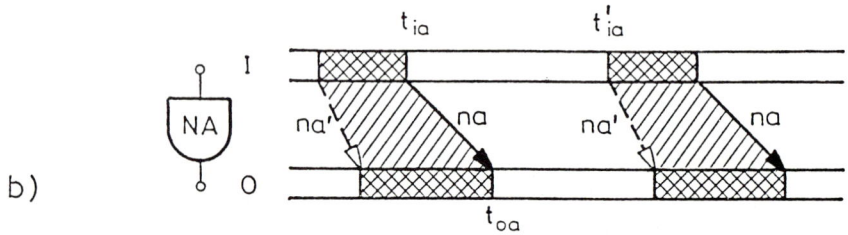

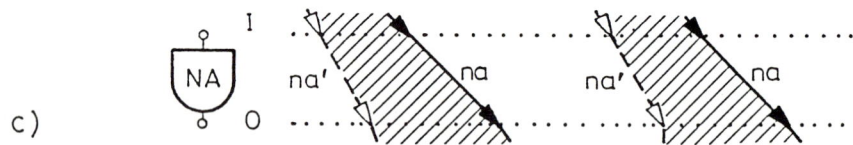

**Bild 2.2-2.** Darstellung des Zeitverhaltens bei Gattern und Netzen, a) bis c) siehe Text

Übergang ist. Wir erfassen diese Variation durch die Angabe der Maximal- und Minimalwerte, die im schlimmsten Falle im Betrieb auftreten können. Wir bezeichnen den Maximalwert der Verzögerungszeit mit dem (ungestrichenen) Namen des Übertragungselementes in Kleinbuchstaben (z. B. $na$) und den Minimalwert durch Anfügung eines Striches (z. B. $na'$).

Da bei nichtlinearen Schaltkreisen die Anstiegs- und Abfallzeiten sehr verschieden sein können, ist es bei Einzelgattern oft zweckmäßig, die Verzögerungszeiten für die beiden Übergänge zu unterscheiden. Wir notieren dies durch ein als Index angehängtes $r$ für *rising* bzw. $f$ für *falling* (z. B. $a_r, a_f, a_r', a_f'$ in Bild 2.2-2a).

Entsprechend dem worst-case-Konzept bei der Signaldarstellung müssen wir die Maximalverzögerung an den spätesten Übergang des Eingangssignals in den neuen gültigen Zustand anfügen und die Minimalverzögerung an den frühesten Übergang vom gültigen in den ungültigen Eingangszustand. Wir können also bei der

　　　　Maximalverzögerung　　　　von einer　　　　*Gültigkeitsverzögerung*

und bei der

　　　　Minimalverzögerung　　　　von einer　　　　*Ungültigkeitsverzögerung*

sprechen. Wir haben die Wirkungsrichtung durch Pfeile zwischen den entsprechenden
Zustandsübergängen der Signale hervorgehoben und zudem die "Ungültigkeitsverzöge-
rungen" durch einen gestrichelten Pfeil mit "hohler" Spitze dargestellt. Graphisch
einleuchtend ist dann auch eine Schraffur des Gebietes zwischen den Verbindungsvektoren, so daß die Illusion einer kontinuierlichen Verbreiterung der Ungültigkeitsbereiche
hervorgerufen wird, etwa wie bei einer gleichmäßigen Leitung mit Dispersion von Signalen. Wir nennen daher auch die Differenzen zwischen den Laufzeiten *Dispersionen*:

$$Da_r \;=\; a_r - a_r', \tag{2.2-1a}$$

$$Da_f \;=\; a_f - a_f'. \tag{2.2-1b}$$

Wie man anschaulich nachvollziehen kann, verbreitern sich die Ungültigkeitsbereiche
vom Eingang zum Ausgang um die entsprechenden Dispersionen.

Wenn man ein ganzes Bündel von Eingangsleitungen mit verschiedenartigen Signal-
zuständen beschreiben will, ist es oft nicht nötig oder auch nicht möglich, zwischen
ansteigenden und abfallenden Flanken zu unterscheiden, sondern nur noch zwischen
gültigen und ungültigen Signalbereichen. Dies bezieht sich insbesondere auf den allgemeinen Fall eines kombinatorischen Schaltnetzes (Bild 2.2-2b). Dann muß natürlich
der jeweilige kritischste Wert der Verzögerungszeiten berücksichtigt werden:

$$na \;=\; \max\left\{ \begin{array}{c} na_r \\ na_f \end{array} \right\}, \tag{2.2-2}$$

$$na' \;=\; \min\left\{ \begin{array}{c} na_r' \\ na_f' \end{array} \right\}. \tag{2.2-3}$$

Die Dispersion ergibt sich dann zu

$$Dna = na - na'. \tag{2.2-4}$$

Die Schraffur zwischen den Verbindungsvektoren macht oft die Darstellung der Zustandsverläufe bei den einzelnen Signalen überflüssig. Besonders bei der binären Unterscheidung zwischen *gültig* (v) und *ungültig* (n) kann man daher die Darstellung
vereinfachen, wie in Bild 2.2-2c gezeigt. Später werden wir davon bei der Diskussion
aufeinanderfolgender Stufen vorteilhaft Gebrauch machen (s. Kap. 3).

## 2.2.3　Kaskadierung

Wenn man mehrere Gatter, Stufen oder Netze kaskadenartig (ohne irgendwelche isolie-
renden Zwischenstufen) aneinanderschaltet, dann ergeben sich für die Gesamtschaltung
grundsätzlich günstigere Verzögerungszeiten, d. h. die maximale Gesamt-Verzögerung

ist kleiner als die Summe der Verzögerungen der Einzelteile und die minimale Verzögerung größer als die Summe der Teile.

Wir kennzeichnen die durch dieses Phänomen bei der Reihenschaltung resultierenden Verzögerungszeiten mit eckigen Klammern. Für die Kaskadierung von zwei Schaltnetzen NA und NB mit den individuellen Verzögerungszeiten $na$, $na'$ bzw. $nb$, $nb'$ schreiben wir z. B.:

$$[na + nb] \leq na + nb, \tag{2.2-5}$$

$$[na' + nb'] \geq na' + nb'. \tag{2.2-6}$$

Es gibt eine Reihe von Gründen für diesen Effekt bei der Kaskadierung. Hier sollen nur einige sehr plausible Mechanismen angedeutet und mit sehr einfachen Beispielen belegt werden.

### 2.2.3.1 Verzahnung

Die Gültigkeitsverzögerung $na$ eines Netzes NA ist die Zeitspanne vom Gültigkeitszeitpunkt $t_{ia}$ am Eingang des Netzes bis zum Zeitpunkt $t_{oa}$, an dem die letzte Komponente (Bitleitung) des Ausgangs gültig geworden ist (vgl. Bild 2.2-2b). Bei der Ankopplung eines anderen Netzwerks, NB, wird dessen Eingang erst für gültig erklärt, wenn alle Komponenten gültig sind, also $t_{ib} = t_{oa}$. Da im allgemeinen nur eine Bitleitung des Netzes NA den schlimmsten Fall repräsentiert, sind alle anderen Komponenten bereits vorher gültig. Das zweite Netz kann bereits vor $t_{ib}$ beginnen, den neuen Zustand einzustellen, so daß der Ausgang $OB$ früher gültig werden könnte als im worst-case-Fall (alle Komponenten von Netz NB erst bei $t_{ib}$ gültig).

Bild 2.2-3a zeigt ein drastisches Beispiel für die Verbesserung der Verzögerungszeit bei Kaskadierung aufgrund dieser Verzahnung.

### 2.2.3.2 Bekanntes Betriebsverhalten

Wenn das Betriebsverhalten der verkoppelten Schaltnetze bekannt ist, bedeutet dies eine Auflockerung des schlimmsten Falles und eine günstigere Spezifikation für das Verbundverhalten.

Ein besonders eingängiges Beispiel ist in Bild 2.2-3b wiedergegeben. Bei dieser Kaskadierung von zwei Invertern mit verschiedenen Anstiegs- und Abfallzeiten ist die Verkürzung der maximalen Verzögerungszeit gleich dem Differenzbetrag dieser beiden Zeiten. Die minimale Verzögerungszeit ist um die Differenz der beiden Minimalzeiten größer. Man kann viele andere Beispiele zitieren, z. B. das gemeinsame Verändern von Schwellwertparametern ("tracking"). Im Anhang A.1 ist ein Beispiel für den Einfluß der Übertragungskennlinie für diese Verbesserung demonstriert.

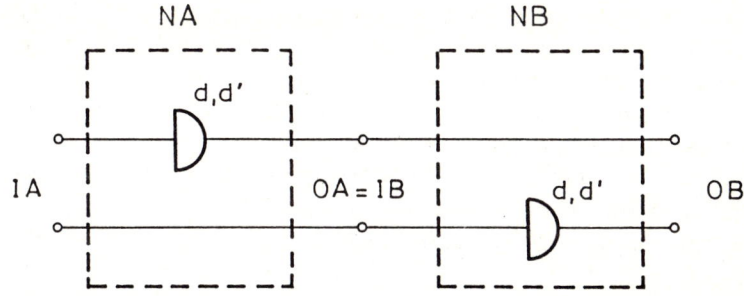

$$na = nb = d \, , \qquad [na + nb] = d < na + nb = 2d$$

a) $\qquad na' = nb' = 0 \, , \qquad [na' + nb'] = d' > na' + nb' = 0$

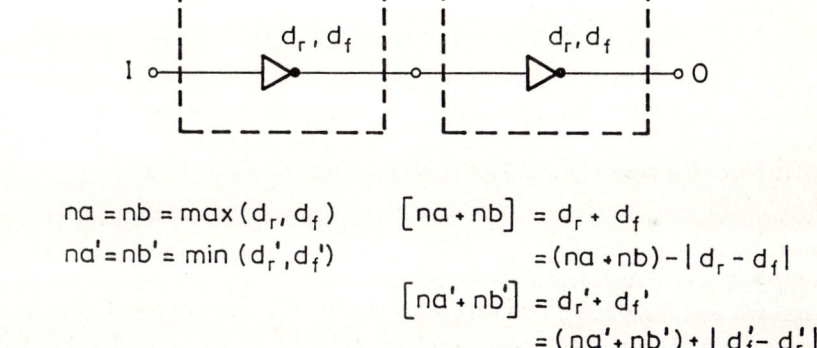

$$na = nb = \max(d_r, d_f) \qquad [na + nb] = d_r + d_f$$
$$na' = nb' = \min(d_r', d_f') \qquad = (na + nb) - |d_r - d_f|$$
$$[na' + nb'] = d_r' + d_f'$$
$$= (na' + nb') + |d_f' - d_r'|$$

b)

**Bild 2.2-3.** Beispiele zur Kaskadierung: a) Verzahnung, b) bekanntes Betriebsverhalten

### 2.2.3.3 Statistische Addition

Wenn die Verzögerungszeiten zweier Verzögerungselemente unabhängige statistische Verteilungen haben und die individuellen worst-case-Verzögerungszeiten Werte sind, die sehr unwahrscheinlich sind (z. B. $p_o = 10^{-20}$), so ist es noch viel unwahrscheinlicher, daß beide schlimmsten Fälle gleichzeitig auftreten ($p_o^2 = 10^{-40}$).

Wenn der gemeinsame Verzögerungswert auch nur so sicher zu sein braucht wie die Teilwerte ($p_o^2 = 10^{-20}$), dann ergeben sich daraus für die Gesamtverzögerung erheblich günstigere Grenzwerte.

Dieser Sachverhalt wird im Anhang C.2 anhand zweier Verzögerungselemente mit unabhängigem statistischem Verzögerungsverhalten näher erläutert.

# 2.3   Rückgekoppelte Elemente

Durch die Rückführung des Ausgangs eines Gatters auf den Eingang können sich dreierlei Phänomene ergeben: stabile Speicherung, Instabilität und Metastabilität. Den Fall der stabilen Rückkopplung wollen wir genauer untersuchen, da er die Grundlage für digitale Speicherelemente, insbesondere für Flipflops, bildet. Das Problem der Metastabilität wird im Anhang A.2 behandelt. Den Fall der Instabilitäten (z. B. Oszillationen) wollen wir zuvor im folgenden Abschnitt kurz anreißen.

## 2.3.1   Instabile Rückkopplung

Für den Fall der instabilen Rückkopplung betrachten wir ein NAND-Gatter, dessen Ausgang $O$ auf den eigenen Eingang zurückgeführt ist und an dessen anderem Eingang $I$ ein Steuersignal liegt (Bild 2.3-1). Wie im letzten Abschnitt erläutert, spalten wir die beiden Funktionen des Gatters — logische Verknüpfung und zeitliche Verzögerung — graphisch auf, indem wir ein ideales Gatter Gs annehmen, das die statische Verknüpfung der Eingangssignale zu einem "statischen" Ausgangssignal $O_{stat}$ bewirkt, und daran anschließend ein Verzögerungselement Gd vorsehen, das die dynamischen Effekte, also die zeitlichen Verzögerungen der verschiedenen Signalübergänge, berücksichtigt.

Zunächst nehmen wir ein vereinfachtes Modell ohne Signaltoleranzen und mit nur einer einzigen Verzögerungszeit $g$ für das Verzögerungselement an. Wir erhalten damit die in Bild 2.3-1a gezeigte Darstellung des Zeitverhaltens dieser Anordnung.

Solange das Steuersignal $I$ 0 ist, ist das Gatter gesperrt, und der Ausgang $O$ liegt damit auf 1. Mit dem Anstieg von $I$ fallen der logische Ausgang $O_{stat}$ und eine Verzögerungszeit $g$ später der Ausgang $O$ auf 0. Durch die Rückkopplung auf den Eingang führt dies nach einer Laufzeit $g$ zum Ansteigen von $O$, was wiederum eine Laufzeit danach zu erneutem Fallen des Ausgangs führt, usf.

Wir erhalten also eine Oszillation mit der Periodendauer $T = 2g$, die solange anhält, bis $I$ wieder in den Ruhezustand (auf 0) geht und das Gatter den Isolationszustand einnimmt. Dann nimmt der Ausgang (spätestens nach der Laufzeit $g$) ebenfalls seinen Ruhezustand, d. h. den Zustand 1, an, und die Oszillation ist beendet. Auf diese Weise lassen sich in vielen praktischen Fällen steuerbare — d. h. abschaltbare — Oszillatoren realisieren (vgl. [LMKZ88], [EG88]).

Wenn wir für unsere Betrachtung das Modell nur um die Dispersion der Verzögerungszeit erweitern, also eine minimale Laufzeit $g'$ und eine maximale Laufzeit $g$ annehmen, dann erhalten wir für dasselbe Element ein Zeitverhalten nach Bild 2.3-1b. Solange das Steuersignal $I$ im Ruhezustand (0) ist, befindet sich auch der Ausgang im Ruhezustand (1). Wenn aber $I$ auf 1 geht, dann kann schon sehr bald (hier nach zwei minimalen Verzögerungen $g'$) keine Aussage über den aktuellen Zustand des Ausgangssignals gemacht werden, sondern er ist nach der Darstellungsweise unseres Modells ungültig ($n$), bis durch das Rücksetzen von $I$ der Ruhezustand wiederhergestellt wird. In Wirklichkeit schwingt das Element mit einer Periodendauer zwischen $2g'$ und $2g$, möglicherweise

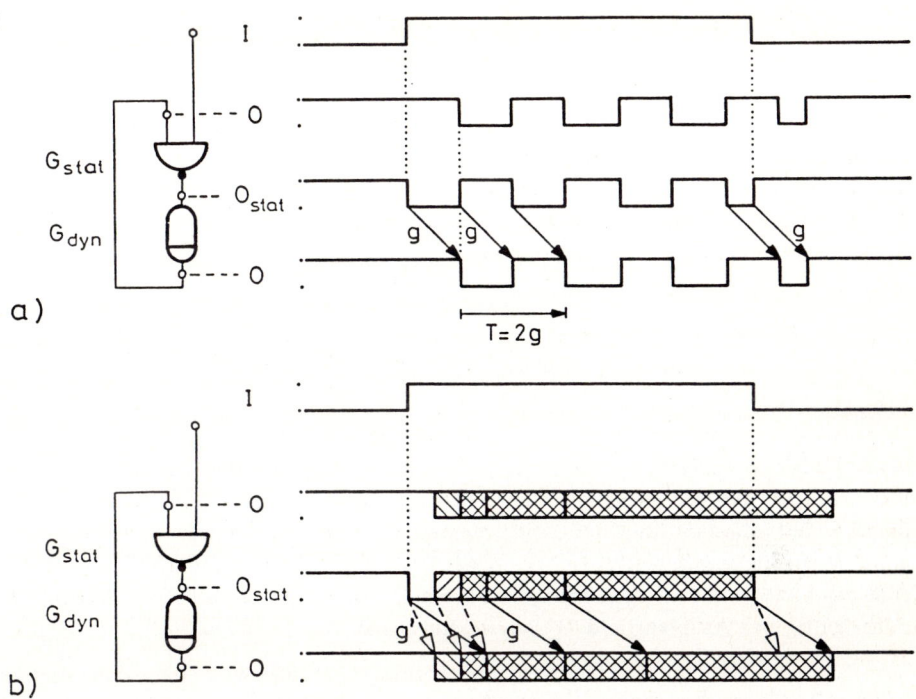

**Bild 2.3-1.** Instabil rückgekoppeltes NAND-Gatter: a) mit idealer Verzögerungszeit g, b) mit minimaler ($g'$) und maximaler ($g$) Verzögerungszeit

aber nicht mit einer Amplitude, die in die Gültigkeitsbereiche reicht. Man benutzt deshalb entweder mehrere Gatter oder auch Quarzstabilisatoren (vgl. [Gos85]).

Obgleich Oszillatoren in zahlreichen praktischen Anwendungen (z. B. auch Taktgeneratoren) eine wichtige Rolle spielen, wollen wir sie hier nicht weiter behandeln, da sie im Rahmen unserer Untersuchungen über das Zeitverhalten synchroner Systeme nicht weiter auftreten.

## 2.3.2 Stabile Rückkopplung

Für die Stabilität bzw. Instabilität ist es entscheidend, ob die Rückkopplung direkt oder invertiert erfolgt. Im letzten Abschnitt haben wir die Instabilitäten bei invertierter Rückkopplung untersucht. Bild 2.3-2 zeigt nun ein stabil rückgekoppeltes Gatter in ähnlicher Struktur wie Bild 2.3-1. Hier ist ebenfalls der Ausgang ($O_{stat}$) des idealen ODER-Gatters Gs über ein Verzögerungselement Gd auf den eigenen Eingang rückgeführt. Der andere Eingang ($I$) dient als Setzeingang.

Wir haben ein ODER-Gatter gewählt, weil dann ein positiver Impuls (wie der Steuerimpuls in Bild 2.3-1) den Setzprozeß aktiviert. (Bei einem UND-Gatter könnte man den Setzvorgang mit invertierten Signalen erläutern.)

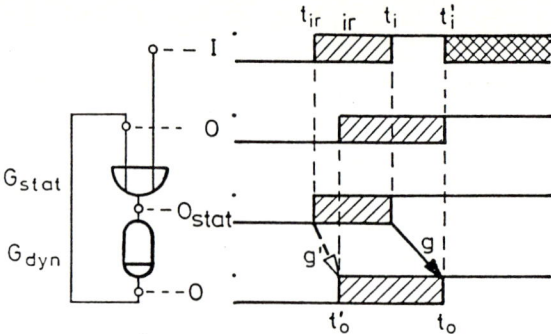

**Bild 2.3-2.** Stabil rückgekoppeltes ODER-Gatter

In Bild 2.3-2 ist das Zeitdiagramm für einen Setzvorgang dargestellt. Wir betrachten hier den Fall, daß die steigende Flanke des Setzsignals $I$ einen Toleranzbereich der Breite $ir$ hat und daß das Verzögerungselement Gd nur eine minimale und eine maximale Verzögerungszeit besitzt ($g'$, $g$). Mit $t_{ir}$ wird der früheste Zeitpunkt benannt, zu dem das Setzsignal ansteigen kann, und $t_i$ ist der Zeitpunkt, an dem der Setzimpuls sicher gültig den Aktivzustand "1" angenommen hat.

Zunächst seien alle Signale auf 0. Wenn der Setzeingang $I$ aktiv wird (spätestens bei $t_i$), dann wird eine maximale Verzögerung $g$ später auch der Ausgang mit Sicherheit aktiv ($t_o$). Durch die Rückführung dieses Signals auf den Gattereingang wird der 1-Zustand von $O_{stat}$ garantiert, und der Setzimpuls kann einen beliebigen Zustand annehmen. Wir haben dies dadurch gekennzeichnet, daß wir das Setzsignal $I$ ab dem Zeitpunkt $t'_i$ als ungültig dargestellt haben. (Diesen "Zustand" könnte man auch als "unwirksam" oder "don't care" bezeichnen.)

Ein frühester Setzvorgang könnte schon um den Toleranzbereich $ir$ des Setzimpulses vor $t_i$, also bei $t_{ir}$, beginnen und eine minimale Verzögerung $g'$ später am Ausgang erscheinen ($t'_o$). Wann immer also ein Setzimpuls am Eingang erscheint, wird er von diesem Element *aufgefangen (latched)*. Wenn allerdings ein solches Element (Bild 2.3-2) einmal gesetzt ist, dann kann es nicht mehr rückgesetzt werden (höchstens durch Ungültigmachen der Voraussetzungen, z. B. durch Abschalten der Versorgungsspannung). Es ist in der Form also für die wenigsten technischen Anwendungen nutzbar.

Eine Struktur mit zwei einstellbaren stabilen Zuständen ergibt sich erst, wenn in die Rückkopplungsschleife ein weiteres Gatter zum Unterbrechen der Rückkopplung eingefügt wird (UND-Gatter, G2, Bild 2.3-3). Durch geeignete Ansteuerung mit den beiden Eingangssignalen $I_1$ und $I_2$ kann man nun jeden der beiden möglichen Zustände (beide Gatterausgänge 0 oder 1) einstellen, und durch die Rückkopplung bleibt der eingestellte Zustand stabil, auch wenn die beiden Eingänge wieder ihren Ruhezustand (d. h. $I_1 = 0$ und $I_2 = 1$) einnehmen.

Das Zeitdiagramm zu dieser Struktur zeigt Bild 2.3-3 in vereinfachter Form, d. h. ohne Impuls- und Verzögerungstoleranzen. Zunächst sind beide Ausgänge auf 0. $I_1$ befindet sich im Ruhezustand, während $I_2$ einen beliebigen Zustand haben kann ($I_2 = n$).

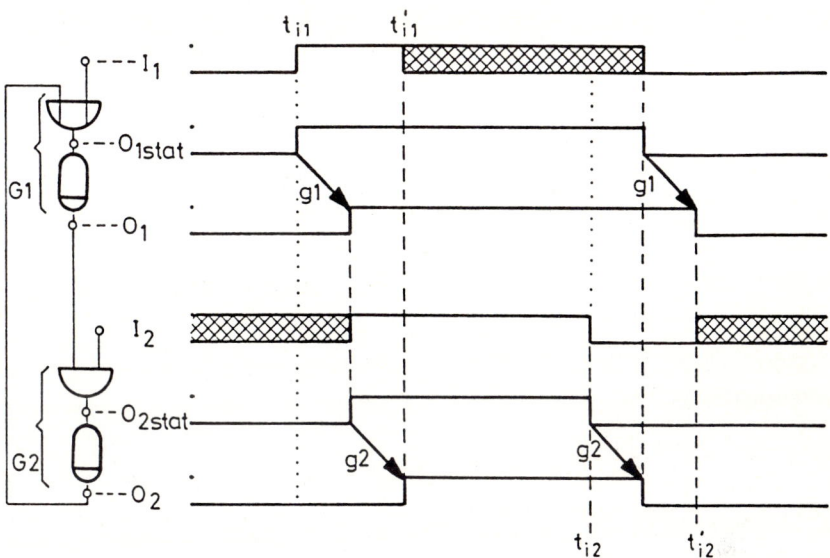

**Bild 2.3-3.** Rückgekoppelte Gatteranordnung mit zwei stabilen Zuständen

Mit einem positiven Impuls an $I_1$ kann der Zustand der Ausgänge $O1$ und $O2$ umgesetzt werden. Wenn $I_1$ auf 1 geht (Zeitpunkt $t_{i1}$), dann folgt eine Verzögerungszeit $g1$ später der Ausgang $O1$ auf 1. Um einen gültigen Umsetzprozeß zu gewährleisten, muß $I_2$ spätestens zu diesem Zeitpunkt seinen Ruhezustand einnehmen ($I_2 = 1$). Nach einer weiteren Verzögerungszeit $g2$ wird der Zustand von $O1$ dann über das durch $I_2 = 1$ freigegebene Gatter G2 auf den Eingang des ersten Gatters G1 rückgekoppelt. Nach Ablauf dieser Zeit ($g1+g2$) ist der Zustand "1" in diesem System stabil rückgekoppelt, und das Signal $I_1$ kann einen beliebigen Zustand annehmen, ohne die beiden Ausgangssignale $O1$ und $O2$ noch zu beeinflussen (Zeitpunkt $t'_{i1}$). Allerdings wird vorausgesetzt, daß $I_2$ in seinem Ruhezustand (1) bleibt.

Für einen Rücksetzvorgang muß $I_2$ aktiv (d. h. $I_2 = 0$) werden und (eine Laufzeit $g2$ später) $I_1$ im Ruhezustand sein. Dies ist in Bild 2.3-3 ab dem Zeitpunkt $t_{i2}$ dargestellt. Es ist selbst bei dieser unsymmetrischen Schaltung zu erkennen, daß der Setz- und der Rücksetzvorgang prinzipiell symmetrische Vorgänge sind; Unterschiede ergeben sich höchstens aus den Werten der Individualparameter der Gatter G1 bzw. G2.

### 2.3.3 Basis-Flipflop

Wir haben gesehen, daß die Schaltung aus Bild 2.3-3 zwei stabile Zustände besitzt, nämlich $O1 = O2 = 0$ und $O1 = O2 = 1$, und daß je nach Ansteuerung mit den beiden Signalen $I_1$ und $I_2$ der eine oder der andere Zustand eingestellt oder aber der zuletzt eingestellte Zustand gespeichert bleiben kann. Bild 2.3-4a zeigt diese Schaltung noch einmal in der einfachen Gatterstruktur ohne die Verzögerungselemente.

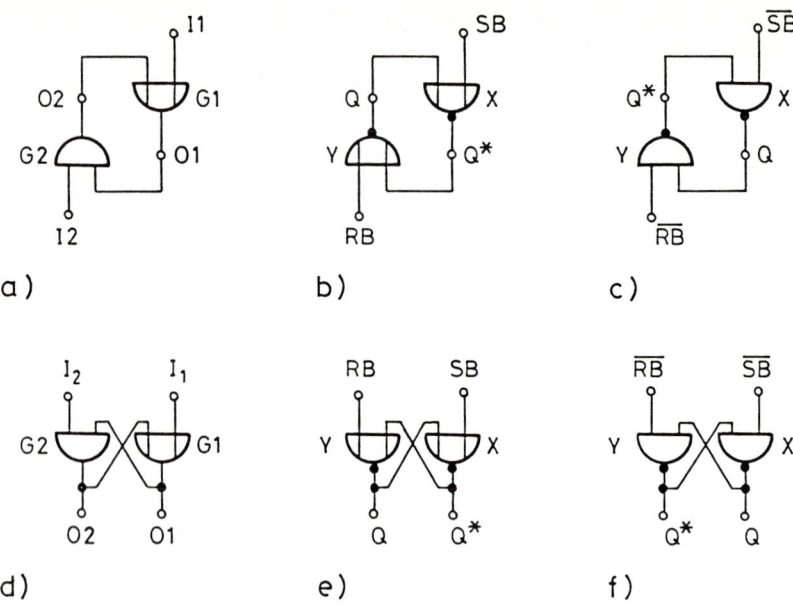

**Bild 2.3-4.** Strukturvarianten des Basis-Flipflops, a) bis f) siehe Text

Für viele Anwendungen ist es ein Nachteil, daß G1 und G2 unterschiedliche Gattertypen und die Steuersignale $I_1$ und $I_2$ nicht von gleicher Polarität sind. Eine Umformung nach De Morgan ergibt die vollsymmetrischen Schaltungen aus je zwei NOR- oder NAND-Gattern (Bild 2.3-4b bzw. c). Hier sind nun die Steuersignale von gleicher Polarität, dafür sind die beiden Ausgänge im wesentlichen komplementär zueinander. Diese symmetrische rückgekoppelte Gatterstruktur bezeichnen wir als *Basis-Flipflop* [1].

Es hat sich eingebürgert, bei den Eingängen vom Setz- bzw. Rücksetzeingang ($S$ bzw. $R$) zu sprechen und die Ausgänge als $Q$ bzw. $Q^*$ zu bezeichnen. Dabei gilt, daß $Q$ derjenige Ausgang ist, der bei einem aktiven Setzsignal auf 1 geht. Wir wollen darüber hinaus dem Gatter mit dem Setzeingang den Namen X und dem mit dem Rücksetzeingang den Namen Y geben.

Um zu kennzeichnen, daß das Setz- und Rücksetzsignal Eingänge des Basis-Flipflops sind, fügen wir ein $B$ an den Signalnamen an ($SB$ oder $RB$). Die Bezeichnungen $S$ und $R$ reservieren wir für die Eingänge des taktgesteuerten RS-Flipflops (Abschn. 2.7.1).

In Bild 2.3-4d bis f sind die Schaltungsvarianten aus a–c umgezeichnet, so daß die bekannte kreuzgekoppelte Struktur des Basis-Flipflops erkennbar wird.

Dieses Basis-Flipflop wollen wir nun anhand der NOR-Version (e) mit vollständigen Takttoleranzen untersuchen. Bild 2.3-5 zeigt das Zeitverhalten dieses Flipflops für einen Setz- (b) und einen Rücksetzvorgang (c). Zur besseren Übersicht haben wir wieder

---

[1]In der uns zugänglichen Fachliteratur (einschl. verschiedener Lexika und Normungsvorschläge) ist die Bezeichnung dieses Elementes nicht einheitlich. Z. B. wird es in [Tex85] oder [Pea80], [Pea72] als *RS-Latch* bezeichnet, während z. B. in [UT86] und [Lan82] das Wort "latch" für ein transparentes D-Flipflop (s. Abschn. 2.7) reserviert wird.

die Darstellungsweise mit idealem Gatter ($X_{stat}$ bzw. $Y_{stat}$) und angehängtem Verzögerungselement ($X_{dyn}$ bzw. $Y_{dyn}$) verwendet (Bild 2.3-5a). Wir betrachten Signale mit Flankentoleranzen und Dispersion der Verzögerungszeiten und unterscheiden darüber hinaus zwischen den Verzögerungen einer steigenden und einer fallenden Flanke ($x_r$, $x_r'$ und $x_f$, $x_f'$ bzw. $y_r$, $y_r'$ und $y_f$, $y_f'$).

Bild 2.3-5b zeigt einen Setzvorgang für dieses Flipflop. Es befindet sich zunächst im rückgesetzten Zustand ($Q = 0$), der Setzeingang ist inaktiv ($SB = 0$) und der Rücksetzeingang beliebig ($RB = n$). Wenn das Setzsignal aktiv wird ($t_{sbr}$), dann kann schon eine minimale Abfallzeit $x_f'$ später der Ausgang $Q^*$ auf 0 gehen. Um einen sicheren Setzvorgang zu garantieren, darf der Rücksetzeingang $RB$ nicht länger als bis zu diesem Zeitpunkt ungültig sein, sondern muß inaktiv werden ($t_{rbn}' = t_{sbr} + x_f'$). Eine Minimalverzögerung $y_r'$ später kann dann der Ausgang $Q$ gesetzt sein (Zeitpunkt $t_o'(S)$).

Wir haben das Setzsignal mit einer Flankentoleranz *sbr* für die steigende Flanke dargestellt. Wenn $SB$ erst um diese Zeitspanne nach $t_{sbr}$ gültig ist und beide Gatter mit ihren Maximalverzögerungen reagieren ($x_f$ und $y_r$), dann erhalten wir den spätesten Gültigkeitszeitpunkt für den Ausgang $Q$ ($t_o(S)$). Zu diesem Zeitpunkt ist der Setzvorgang in jedem Fall sicher abgeschlossen, so daß das Setzsignal beliebig werden darf ($SB = n$, Zeitpunkt $t_{sbn} = t_o(S)$).

Der sehr ähnlich verlaufende Rücksetzvorgang ist in Bild 2.3-5c dargestellt. Das Flipflop ist gesetzt ($Q = 1$), $RB$ inaktiv und $SB$ beliebig. Ein Rücksetzimpuls braucht nur ein Gatter (Y) zu durchlaufen, um am Ausgang zu erscheinen, ist also um eine Gatterlaufzeit schneller als der Setzvorgang. Er muß aber gültig bleiben, bis die Rückkopplung sicher vollendet ist, d. h. noch eine weitere Gatterlaufzeit $x_r$, so daß die Gültigkeitsdauer des Rücksetzimpulses wie beim Setzimpuls durch beide Gatterverzögerungen bestimmt wird.

Das Basis-Flipflop ist aufgrund seiner ungetakteten Struktur ein asynchrones Element und reagiert auf jeden Eingangsimpuls (sofern es sich nicht schon im entsprechenden logischen Zustand befindet). Da es einen Eingangsimpuls gewissermaßen *auffängt*, bezeichnen wir die Funktionsweise des Basis-Flipflops in diesem Sinne als *Auffangen* (*latching*) und bezeichnen die "Funktionsphase" als *Auffang-Phase (latch phase)*. Diese Kennzeichnung von "Funktionsphasen" gewinnt im folgenden bei den taktgesteuerten Flipflops eine größere Bedeutung, die wir insbesondere in Abschn. 2.6 untersuchen wollen.

Wir haben hier nur gültige Setz- bzw. Rücksetzvorgänge dargestellt, d. h. die aktiven Eingangsimpulse dauern lange genug, um eine sichere Rückkopplung zu gewährleisten. Wenn diese Bedingung verletzt wird und die Eingangsimpulse kürzer sind, dann wird das jeweilige Eingangssignal u. U. inaktiv, bevor der neue Zustand stabil eingenommen ist, so daß es zu einer metastabilen Anregung des Flipflops kommt. Diese Frage wird im Anhang A.2 näher betrachtet.

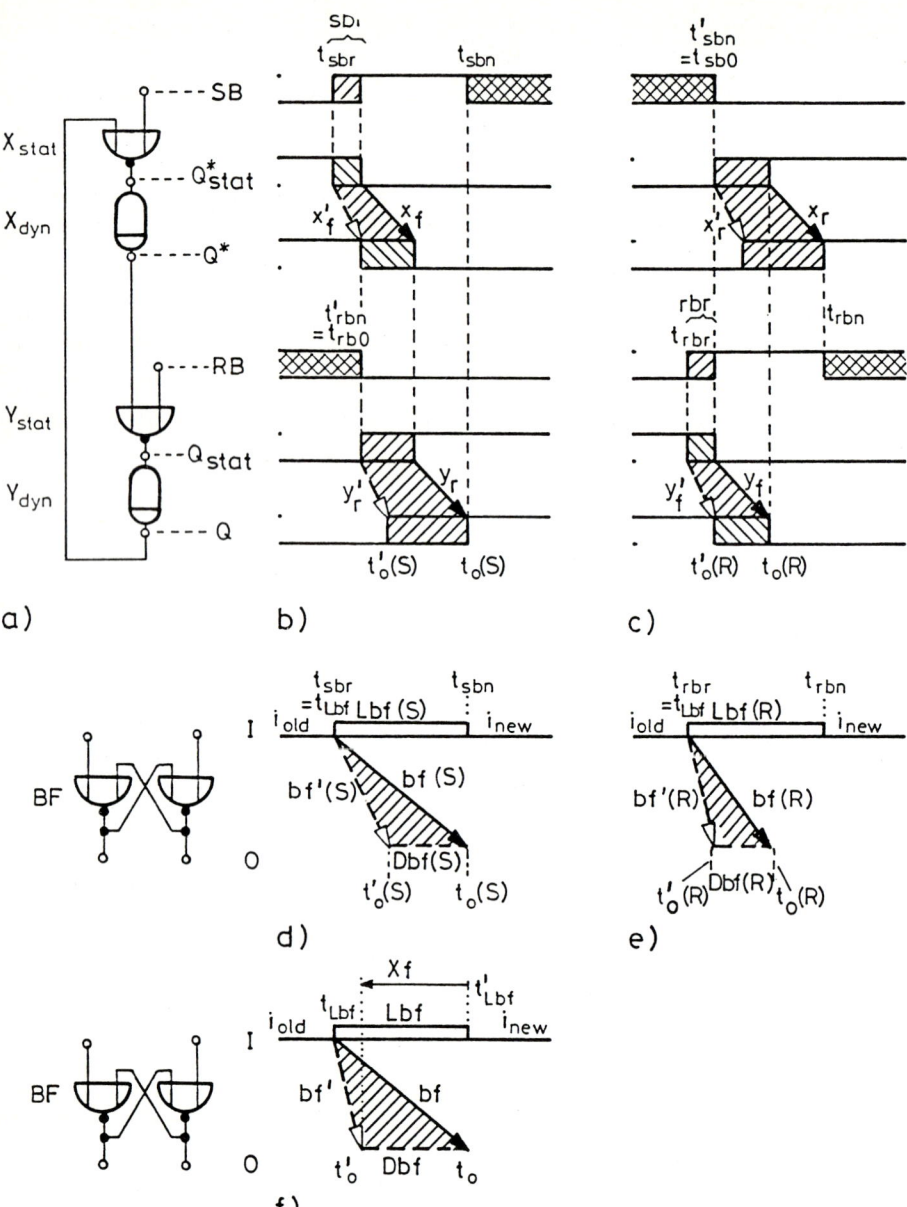

**Bild 2.3-5.** Basis-Flipflop (NOR-Typ): Setz- und Rücksetzvorgang und Darstellung der Flipflop-Parameter, a) bis f) siehe Text

## 2.3.4   Zeitparameter des Basis-Flipflops

Wenn wir das Basis-Flipflop als Strukturelement komplexerer Schaltungen betrachten, dann verlieren die detaillierten internen Zeitabläufe an Bedeutung gegenüber einer Beschreibung des Flipflop-Verhaltens bezüglich der Eingangs- und Ausgangssignale. Wir wollen daher einige Parameter einführen, die es erlauben, das zeitliche Verhalten des Flipflops auf dieser Ebene der Datensignale vollständig zu beschreiben.

Die Ausgangssignale $Q$ und $Q^*$ werden in Bild 2.3-5d bis f durch das Symbol $O$ (für *output*) repräsentiert, entsprechend unserer Betrachtungsweise von Signalbündeln in Abschn. 2.1.2. Hier werden im Ausgangssignal nur noch die Gültigkeitszustände $v$ und $n$, nicht aber 0 oder 1 unterschieden (Bild 2.3-5d und e).

Für die Eingangssignale können wir diese vereinfachte Bezeichnungsweise nicht übernehmen, da der *logische* Zustand der einzelnen Signale beim Basis-Flipflop eine entscheidende Rolle spielt (im Gegensatz zu taktgesteuerten Flipflops und dabei insbesondere zu solchen vom D-Typ, d. h. mit nur einem Dateneingang, s. Abschn. 2.7). Daher fordern wir, daß immer nur eines der beiden Signale aktiv werden darf. Für die Vorderflanke der Eingangssignale nehmen wir Toleranzbereiche an ($sbr, rbr$), aber es dürfen nur eindeutige Signalübergänge (von 0 auf 1) und keine Mehrfachübergänge stattfinden. Es lassen sich also drei Zeitbereiche des Eingangssignals $I$ unterscheiden, die in Bild 2.3-5d bis f mit $i_{old}$, $Lbf$ und $i_{new}$ bezeichnet sind.

Im Zeitbereich $i_{old}$ sei das Eingangssignal, das den Flipflop-Zustand bestimmt hat, beliebig, das andere Eingangssignal sei inaktiv. Dieser Zeitbereich wird beendet, wenn ein Umsetzprozeß der Länge $Lbf$ (*latch time, Schreibzeit des Basis-Flipflops*) beginnt. Dessen Anfangszeitpunkt bezeichnen wir mit $t_{Lbf}$. Das andere Eingangssignal sei während der Zeit (genauer: ab dem entsprechenden Zeitpunkt $t'_{rbn}$ bzw. $t'_{sbn}$) inaktiv und bleibe auch im Zeitbereich $i_{new}$ inaktiv, in dem das während $Lbf$ aktiv gewesene Umsetzsignal beliebig sein darf.

Unter diesen Voraussetzungen gibt es folgende *Zeitpunkte* zur Charakterisierung des Zeitverhaltens des Basis-Flipflops aus der Sicht der Datensignale (vgl. Bild 2.3-5d und e):

$t_{sbr}$ bzw. $t_{rbr}$ bezeichnet den Zeitpunkt, an dem ein Eingangssignal aktiv wird. Dieser Zeitpunkt stellt bei dem asynchronen Basis-Flipflop den Referenzpunkt für unsere Beschreibungsparameter dar und kennzeichnet den Beginn der Schreibzeit $Lbf$. Daher nennen wir ihn auch $t_{Lbf}$.

$t_{sbn}$ bzw. $t_{rbn}$ markieren den Zeitpunkt, bis zu dem das aktive Eingangssignal für einen sicheren Einstellvorgang des Flipflops mindestens aktiv sein muß.

$t_o$ ist der Zeitpunkt, an dem das Ausgangssignal nach einem Umsetzprozeß des Flipflops wieder gültig ist.

$t'_o$ kennzeichnet den Zeitpunkt der frühesten Reaktion des Ausgangssignals auf einen Umsetzimpuls.

Die Zeitpunkte $t'_{sbn}$ bzw. $t'_{rbn}$ kennzeichnen, wann der nicht aktive Eingang bei einem Umsetzprozeß spätestens inaktiv werden muß. Diese Zeitpunkte werden bei der synchronen Arbeitsweise von Flipflops zugunsten einer einfacheren Bestimmung der Zeitbedingungen nicht angegeben, sondern als Detailspezifikation auf Elementebene behandelt (vgl. Abschn. 2.7.1 und Anhang A.2).

Der Beginn eines Umsetzprozesses wird zu dem asynchron erscheinenden Zeitpunkt $t_{Lbf}$ ausgelöst. Die übrigen Zeitpunkte stehen dazu über Schaltkreisparameter und die Flankentoleranz der Eingangssignale in Beziehung. Wir wollen nun ein möglichst einfaches (Zeit-)Parametersystem einführen, das die Beziehungen zwischen den genannten charakteristischen Zeitpunkten der Datensignale des Flipflops angibt. Damit sind wir in der Lage, das Zeitverhalten eines beliebigen Flipflops eindeutig zu beschreiben, ohne auf die interne Realisierung oder Komplexität des Flipflop-Schaltkreises eingehen zu müssen. Dabei stellt ein Teil der Parameter Reaktionszeiten dar, mit denen der Ausgang des Elements auf einen Eingangsimpuls reagiert $(bf, bf')$, während andere Parameter Bedingungen angeben, die von den Eingangssignalen einzuhalten sind $(Lbf)$.

Zunächst wollen wir die neuen Parameter für den Setzvorgang und den Rücksetzvorgang getrennt bestimmen. Wir kennzeichnen dies mit einem an die im folgenden erläuterten Parameter angehängten $(S)$ bzw. $(R)$.

Der erste Parameter, den wir einführen, ist die *maximale Verzögerungszeit bf (flipflop delay time)* des Basis-Flipflops vom Beginn eines Eingangsimpulses (Referenzpunkt $t_{Lbf}$) bis zum spätesten Gültigwerden des Ausgangs $(t_o)$. Wir erhalten für einen Setz- und einen Rücksetzvorgang unterschiedliche Werte (vgl. Bild 2.3-5b und d bzw. c und e):

$$bf(S) \;=\; t_o(S) - t_{Lbf} \tag{2.3-1a}$$
$$=\; x_f + y_r + sbr, \tag{2.3-1b}$$

$$bf(R) \;=\; t_o(R) - t_{Lbf} \tag{2.3-2a}$$
$$=\; y_f + rbr. \tag{2.3-2b}$$

Eine früheste Reaktion am Ausgang kann zum Zeitpunkt $t'_o$ geschehen. Die Zeitspanne zwischen dem Beginn eines Eingangsimpulses und der frühesten Reaktion des Ausgangs nennen wir die *minimale Flipflop-Verzögerung bf' (minimum flipflop delay time)*:

$$bf'(S) \;=\; t'_o(S) - t_{Lbf} \tag{2.3-3a}$$
$$=\; x'_f + y'_r, \tag{2.3-3b}$$

$$bf'(R) \;=\; t'_o(R) - t_{Lbf} \tag{2.3-4a}$$
$$=\; y'_f. \tag{2.3-4b}$$

Am Ausgang ergibt sich zwischen $t'_o$ und $t_o$ ein Bereich, in dem der Zustand des Ausgangssignals nicht eindeutig dem Flipflop-Zustand *gesetzt (Q = 1)* oder *rückgesetzt (Q = 0)* zuzuordnen ist, so daß wir ihn während dieser Zeit als ungültig betrachten. Wir bezeichnen diesen Ausgangs-Übergangsbereich als *Dispersion Dbf (dispersion)*:

$$Dbf = t_o - t'_o. \tag{2.3-5}$$

Nach Bild 2.3-5 erhalten wir für den Setzvorgang

$$
\begin{align}
Dbf(S) &= t_o(S) - t'_o(S) \tag{2.3-6a} \\
&= bf(S) - bf'(S) \tag{2.3-6b} \\
&= x_f + y_r + sbr - x'_f - y'_r \tag{2.3-6c} \\
&= sbr + Dx_f + Dy_r \tag{2.3-6d}
\end{align}
$$

bzw. für den Rücksetzvorgang

$$
\begin{align}
Dbf(R) &= t_o(R) - t'_o(R) \tag{2.3-7a} \\
&= bf(R) - bf'(R) \tag{2.3-7b} \\
&= y_f + rbr - y'_f \tag{2.3-7c} \\
&= rbr + Dy_f. \tag{2.3-7d}
\end{align}
$$

Die Dauer, für die ein Eingangssignal gültig sein muß, damit der neue Zustand sicher eingestellt werden kann, nennen wir die *(Ein-)Schreibzeit Lbf (flipflop latch time)*:

$$
\begin{align}
LBf(S) &= t_{sbn} - t_{Lbf} \tag{2.3-8a} \\
&= sbr + x_f + y_r, \tag{2.3-8b}
\end{align}
$$

$$
\begin{align}
Lbf(R) &= t_{rbn} - t_{Lbf} \tag{2.3-9a} \\
&= rbr + y_f + x_r. \tag{2.3-9b}
\end{align}
$$

Wir können der Vollständigkeit halber noch einen weiteren Detailparameter definieren, nämlich den Zeitversatz, nach dem das *sekundäre* Eingangssignal (der *R*-Eingang beim Setzimpuls bzw. der *S*-Eingang beim Rücksetzimpuls) spätestens inaktiv geworden sein muß. Wir nennen ihn die *Sekundär-Signal-Verschiebung sd (secondary signal displacement)*:

$$
\begin{align}
sd(S) &= t'_{rbn} - t_{Lbf} \tag{2.3-10a} \\
&= x'_f, \tag{2.3-10b}
\end{align}
$$

$$
\begin{align}
sd(R) &= t'_{sbn} - t_{Lbf} \tag{2.3-11a} \\
&= y'_f. \tag{2.3-11b}
\end{align}
$$

Mit den eingeführten Parametern läßt sich das Zeitverhalten des (Basis-)Flipflops vollständig beschreiben. Für eine weitergehende Betrachtung auch komplexerer Schaltungen unter dem Gesichtspunkt ihres Zeitverhaltens ist es oft nicht notwendig, noch logische Bedingungen (wie die Unterscheidung zwischen Setzprozeß und Rücksetzprozeß) mitzuführen. Wir können diese Unterscheidung wegfallen lassen, indem wir mit jedem Parameter den jeweils schlechtesten Fall (*worst case*) berücksichtigen,[2] und erhalten dann die in Bild 2.3-5f gezeigte Darstellung.

Der früheste Ungültigkeitszeitpunkt und der späteste Gültigkeitszeitpunkt des Ausgangs ergibt sich aus dem jeweils schlechtesten Fall, ebenso wie der Zeitpunkt $t'_{LBf}$, der das Ende der Einschreibzeit markiert:

$$t_o = \max \left\{ \begin{array}{c} t_o(S) \\ t_o(R) \end{array} \right\}, \tag{2.3-12}$$

$$t'_o = \min \left\{ \begin{array}{c} t'_o(S) \\ t'_o(R) \end{array} \right\}, \tag{2.3-13}$$

$$t'_{Lbf} = \max \left\{ \begin{array}{c} t_{sbn} \\ t_{rbn} \end{array} \right\}. \tag{2.3-14}$$

Damit erhalten wir folgende Gleichungen für die Zeitparameter des Flipflops:

1. Die *Einschreibzeit Lbf:*

$$Lbf = t'_{Lbf} - t_{Lbf} \tag{2.3-15a}$$

$$= \max \left\{ \begin{array}{c} Lbf(S) \\ Lbf(R) \end{array} \right\} \tag{2.3-15b}$$

$$= \max \left\{ \begin{array}{c} x_f + y_r + sbr \\ y_f + x_r + rbr \end{array} \right\}. \tag{2.3-15c}$$

2. Die *Verzögerungszeit bf:*

$$bf = t_o - t_{Lbf} \tag{2.3-16a}$$

$$= \max \left\{ \begin{array}{c} bf(S) \\ bf(R) \end{array} \right\} \tag{2.3-16b}$$

$$= \max \left\{ \begin{array}{c} x_f + y_r + sbr \\ y_f + rbr \end{array} \right\}. \tag{2.3-16c}$$

3. Die *minimale Verzögerung bf':*

$$bf' = t'_o - t_{Lbf} \tag{2.3-17a}$$

$$= \min \left\{ \begin{array}{c} bf'(S) \\ bf'(R) \end{array} \right\} \tag{2.3-17b}$$

$$= \min \left\{ \begin{array}{c} x'_f + y'_r \\ y'_f \end{array} \right\}. \tag{2.3-17c}$$

Diese drei Parameter ($Lbf$, $bf$, $bf'$) ergeben sich im wesentlichen direkt aus Wirkungszusammenhängen der speziellen Flipflop-Schaltung. Mit ihnen ist das Flipflop bereits vollständig beschrieben.

---

[2]Insbesondere entfällt damit die Berücksichtigung der Sekundär-Signal-Verschiebung, da die Gültigkeitsanforderungen beider Eingangssignale durch die Schreibzeit *Lbf* ausgedrückt sind. Wir werden diesen Parameter nur noch einmal im Anhang B.1 bei der Detailanalyse des taktgesteuerten RS-Flipflops aufgreifen.

Aus der Kombination dieser Größen lassen sich andere Parameter ableiten, die für manche Anwendungen zweckmäßig sind.

4. Die *Dispersion Dbf*:

$$Dbf = t_o - t_o' \tag{2.3-18a}$$
$$= bf - bf' \tag{2.3-18b}$$
$$= \max\left\{ \begin{array}{c} x_f + y_r + sbr \\ y_f + rbr \end{array} \right\} - \min\left\{ \begin{array}{c} x_f' + y_r' \\ y_f' \end{array} \right\}. \tag{2.3-18c}$$

5. Der *Grundüberschuß Xf (flipflop excess time)* kennzeichnet die Zeitspanne zwischen dem Ende der Schreibzeit ($t_{Lbf}'$) und dem Beginn der Ausgangsübergangszeit ($t_o'$). Sie ist bei dem angegebenen Basis-Flipflop negativ. Die Bedeutung dieses Parameters kommt insbesondere bei der Untersuchung der Skew-Verträglichkeit synchroner Systeme (Kap. 3) zum Tragen.

$$Xf = t_o' - t_{Lbf}' \tag{2.3-19a}$$
$$= -Lbf + bf' \tag{2.3-19b}$$
$$= \min\left\{ \begin{array}{c} x_f' + y_r' \\ y_f' \end{array} \right\} - \max\left\{ \begin{array}{c} sbr + x_f + y_r \\ rbr + y_f + x_r \end{array} \right\}. \tag{2.3-19c}$$

Wir haben am Beispiel des Basis-Flipflops in der NOR-Version vorgeführt, wie die nun eingeführten Flipflop-Parameter aus den Schaltungsparametern und Signaltoleranzen abzuleiten sind. In diesem Fall haben wir den Ausgang $Q$ des Gatters Y als Flipflop-Ausgang betrachtet und die Zeitparameter entsprechend abgeleitet. Bei der Symmetrie des Elementes könnte mit gleicher Berechtigung der andere Ausgang ($Q^*$) oder sogar die Zusammenfassung beider Signale ($Q \circ Q^*$) als Element-Ausgang O angesehen bzw. auch eine andere Schaltungsrealisierung nach Bild 2.3-4 gewählt werden. Durch diese unterschiedlichen Betrachtungsweisen würden sich die Formeln geringfügig ändern (z. B. Vertauschung von $S$ und $R$, $x$ und $y$ und *rising* und *falling*), jedoch würde sich das Zeitverhalten prinzipiell nicht dadurch ändern.

Die hier anhand des (ungetakteten) Basis-Flipflops durchgeführten Definitionen der Zeitparameter wären nicht zu rechtfertigen, wenn diese nicht auf alle Flipflop-Typen anwendbar wären. Insbesondere ist bei getakteten Flipflops der Referenzzeitpunkt ($t_{Lbf}$) auf den Takt bezogen und die Definition des Signaleingangs wesentlich einfacher und sinnfälliger. In Abschn. 2.7 werden wir dies anhand der Analyse einiger Grundschaltungen getakteter Flipflops zeigen. Danach werden wir nicht mehr auf den inneren Aufbau von Flipflops eingehen, sondern sie nur noch als getaktete Strukturelemente synchroner Systeme betrachten, die ausschließlich durch die hier eingeführten Flipflop-Parameter beschrieben sind.

## 2.4   Isolierstufen

In synchronen Systemen ist die Ausblendung eines Zeitbereichs aus einem Signal mittels eines zentralen Taktsignals von wesentlicher Bedeutung. Mit dieser Operation kann

einerseits ein Prozeß durch die Aktivierung eines Isoliergatters (vgl. Abschn. 2.2.1) zu einem definierten Zeitpunkt ausgelöst und andererseits ein (ungültiges) Signal mit mehrfachen Übergängen auf einen festen Ruhezustand reduziert werden. Auf diese Weise wird technisch die Erzeugung von Störungen sowie die Verlustleistung in Signaltreibern verringert.

Für das zentrale periodische Taktsignal in synchronen Systemen ist charakteristisch, daß es autonom ist und viele Prozesse gleichzeitig auslöst. Wir verstehen daher unter einer *Isolierstufe* eine Anordnung mehrerer gleichartiger Ausblendgatter, die vom gleichen Taktsignal gesteuert werden.

## 2.4.1   Modelldefinition

Die *Isolierstufe (isolation stage)* schaltet mehrere binäre Signale durch ein gemeinsames Taktsignal *CL*. Im Idealfall wird umgeschaltet zwischen den beiden *Übertragungsfunktionen*:

**Transparenz:** der Eingang wird zum Ausgang durchgeschaltet ("scheint durch"), und

**Isolation:** der Eingang ist isoliert, und am Ausgang wird ein Ruhezustand ("reset") erzeugt.[3]

Bei Ansteuerung durch ein periodisches Taktsignal sprechen wir auch von *Funktionsphasen* (oder kurz *Phasen*) der Isolierstufe. Bild 2.4-1 zeigt die detaillierte Schaltkonfiguration einer Isolierstufe mit UND-Schaltungen, das Kurzsymbol (G) und die idealisierten Zeitdiagramme von Steuersignal (*CL*), Eingang (*I*) und Ausgang (*O*) ohne Toleranzen der Verzögerungszeiten.

Bei der Analyse der Zeitverhältnisse müssen wir zwischen den *Funktionsphasen* und den *Signal-Gültigkeitszuständen* am Eingang und Ausgang der Funktionselemente ganz bewußt unterscheiden, denn beide sind abhängig von der Zeit und zudem vom selben Taktsignal in Zeitabschnitte aufgeteilt. Insbesondere müssen wir auf die Zeitverhältnisse beim Wechsel der Funktionen achten, der ja nicht schlagartig vollzogen wird, sondern, wie auch das steuernde Signal (*CL*), bestimmte Zeitspannen erfordert. Ein weiteres Problem ist schließlich die Verzögerung der Funktionsphasen zwischen Eingang und Ausgang der Isolierstufe.

Zur genauen Definition der Funktionsphasengrenzen betrachten wir die Transformation der Eingangssignalzustände durch die Isolierstufe. Wir beschränken uns auf ein Modell entsprechend Abschn. 2.2, nämlich die Aufteilung der Stufe in ein idealisiertes statisches (Mehrbit-)Gatter (Gs) und ein Verzögerungsglied (Gd), das die momentan erzeugten Gültigkeitszustände ($O_{stat}$, Bild 2.4-2a) bis zum Ausgang (*O*) der Isolierstufe verzögert.

---

[3]Der Isolationszustand könnte auch unbestimmt sein wie der Ausgang eines offenen Schalters (floating), was zu einer "tristate"-Schaltung führt. Diese Möglichkeit ist aber hier nicht verfolgt.

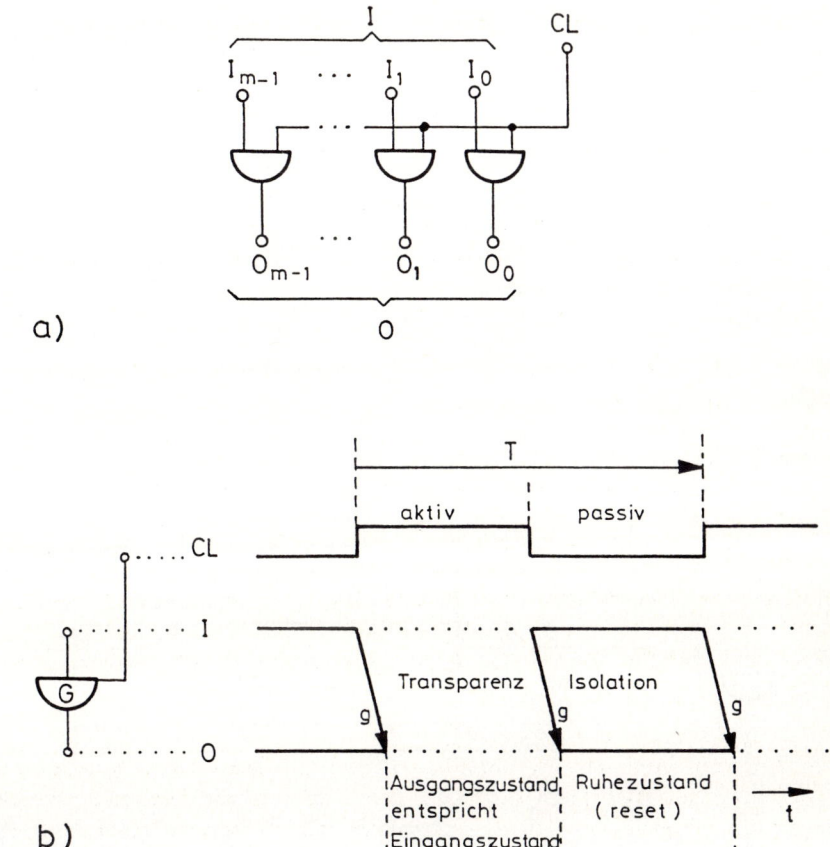

**Bild 2.4-1.** Isolierstufendefinition und idealisiertes Funktionsphasendiagramm: a) Struktur, b) Funktionsphasen

Wir sollten die Grenzen dieses Modells im Auge behalten, die darin bestehen, daß die Verzögerungen als unabhängig davon angesehen werden, welche Eingangsvariable einen Zustandsübergang hervorgerufen hat. Alle Eingangsvariablen werden also insofern gleich behandelt, als für alle die gleiche maximale bzw. minimale Verzögerung $(g, g')$ angenommen wird (später aufgeteilt in Anstiegs- und Abfallverzögerungen, $g_r, g_f, g_r', g_f'$). Daher ist dieses Modell für die Darstellung von dynamischen Speichereffekten in Gattern nur begrenzt geeignet (s. Anhang A.3).

Bild 2.4-2a zeigt ein allgemeines Beispiel für einen Signalzustandsverlauf des Eingangs wie üblich einfach mit der Klemmenbezeichnung $I$, des Taktes $CL$, des statischen Ausgangs $O_{stat}$ und des endgültigen Isolierstufenausgangs $O$.

Ziel der folgenden detaillierten Diskussion ist es, für den Eingang und den Ausgang der Isolierstufe die zeitlichen Grenzen der Funktionsphasen zu definieren. Diese hängen primär von der Lage der Taktflanken ab, genauer jedoch auch von den Taktpulstoleranzen, von den Verzögerungen der Gatterelemente sowie von der geforderten Art der

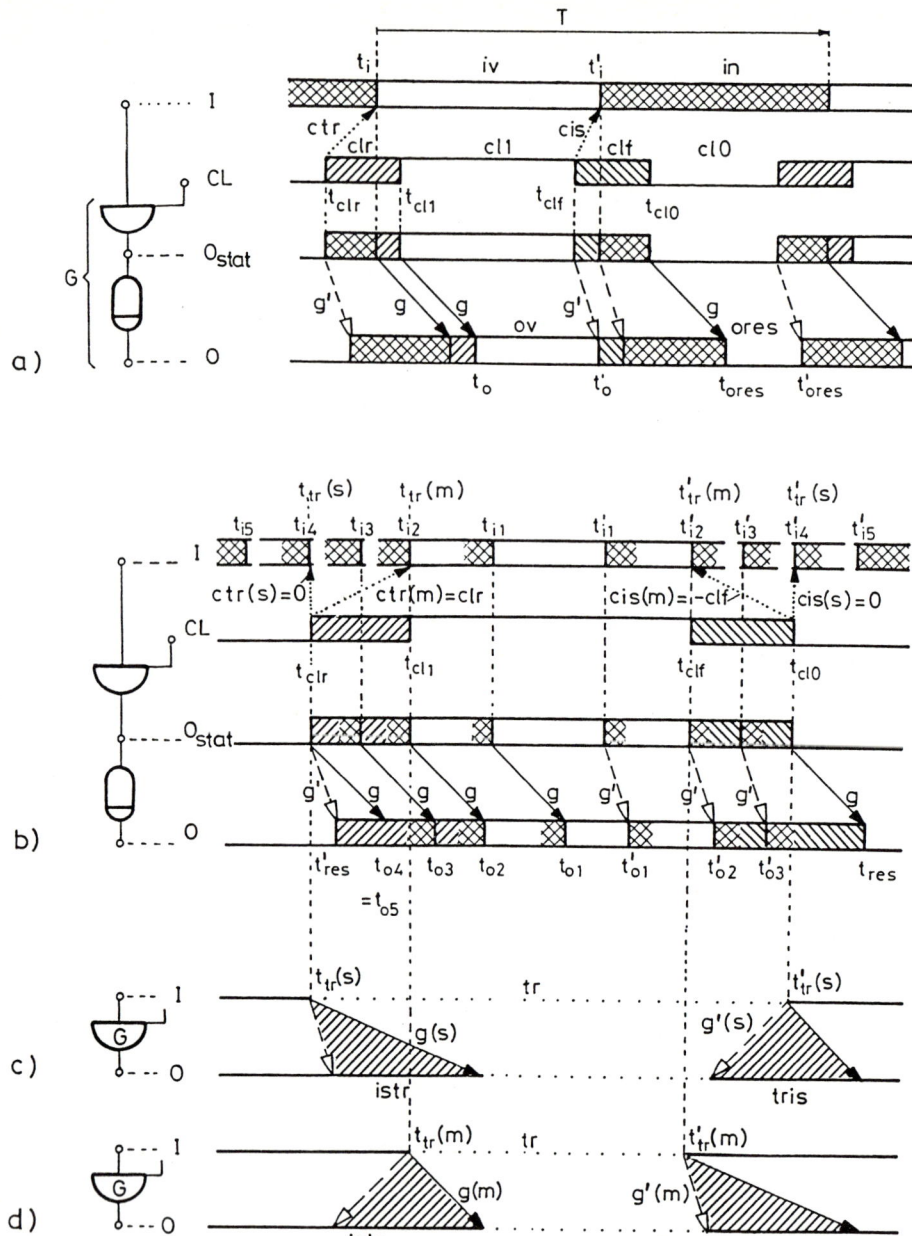

**Bild 2.4-2.** Isolierstufe: Modell mit Signal-Gültigkeitszuständen (a,b) und Funktionsphasen-Diagrammen (c,d)

**Tabelle 2.4-1.** Logische Funktionen der Isolierstufe bei UND-Realisierung

| Funktion | Takt $CL$ | Ausgang $O_{stat}$ | |
|---|---|---|---|
| | | $I = v$ | $I = n$ |
| Isolation ($is$) | 0 | 0 | 0 |
| Übergang ($istr$) | $r$ | $r$ | $n$ |
| Transparenz ($tr$) | 1 | $v$ | $n$ |
| Übergang ($tris$) | $f$ | $f$ | $n$ |

Signalübergänge am Ausgang (dem *Übergangsmodus, transition mode, TM*). Es soll gezeigt werden, daß in jedem Falle nur ein Beginn ($t_{tr}$) und ein Ende ($t'_{tr}$) der Transparenzphase am Eingang definiert zu werden braucht. Die relative Lage dieser Zeitpunkte zu den Taktflanken ist durch *Versetzungen (displacements, cis, ctr)* bestimmt, die auch durch den geforderten Signal-Übergangsmodus am Ausgang bestimmt werden.

Am Ausgang gibt es zwischen den genannten Funktionsphasen Übergangsphasen *(istr, tris)*, bei denen es von den zufälligen Verzögerungswerten und der Lage der Taktsignalflanken abhängt, wie ein Eingangssignal auf den Ausgang durchgeschaltet wird. Die zeitliche Lage der Transparenzphase am Ausgang im Verhältnis zu den Funktionsphasengrenzen am Eingang wird durch die Isolierstufenverzögerungen $g(TM)$ und $g'(TM)$ angegeben, die von den Einzelgatterverzögerungen und auch von dem Signal-Übergangsmodus ($TM$) bestimmt werden.

## 2.4.2 Funktions- und Übergangsphasen

Das Eingangssignal $I$ ist die Zusammenfassung aus mehreren binären Komponenten und hat die beiden Zustände *gültig* und *ungültig*. Wir betrachten nur einen zusammenhängenden Gültigkeitsbereich konstanter Länge *(input valid, iv)* pro Taktperiode, der Rest ist also der Ungültigkeitsbereich ($in$), s. Bild 2.4-2a. Das Taktsignal ($CL$) besteht nach Abschn. 2.1.4 in jeder Taktperiode $T$ aus der festen periodischen Zustandsfolge: steigend (r), eins (1), fallend (f), null (0).

Wir benutzen hier des bessern Verständnisses wegen als Beispiel für das Gatterelement die UND-Schaltung. Entsprechend gilt die statische Übersetzung der Gültigkeitszustände am Eingang auf die des statischen Ausgangs nach der Tabelle in Bild 2.2-1. Andere Grundschaltungen (z. B. ODER, NOR, NAND) haben natürlich andere statische Übersetzungsfunktionen.

Die Funktionsweisen Isolation und Transparenz entsprechen den oben diskutierten Grundfunktionen der Isolierstufe und ergeben sich aus den gültigen Zuständen des Taktsignals (0 bzw. 1). In den Zwischenphasen ist jedoch, wie Bild 2.4-2a verdeutlicht, der statische Ausgang weder im Ruhezustand noch im Durchlaßzustand, sondern entweder ungültig, steigend oder fallend, je nach der Lage der Zustandsübergänge des

Eingangssignals gegenüber den Taktflanken. Wir bezeichnen die beiden Zwischenphasen nach ihrer Lage zur Transparenz $tr$ als $istr$ (zwischen Isolation und Transparenz)
bzw. $tris$ (zwischen Transparenz und Isolation). Tabelle 2.4-1 zeigt die Übertragungsfunktionen für die verschiedenen Phasen.

Für einige wichtige Verwendungen ist es ganz wesentlich, wie sich bei gültigem Eingangssignal im Eingangstransparenzbereich der Übergang zwischen dem Ruhezustand
und dem gültigen Signal am Ausgang und ebenso der Übergang vom Transparenzbereich zum Isolationsbereich vollzieht, d. h. ob mehrere verschiedene Signalübergänge
auftreten oder nicht. Wir werden diese beiden Signal-Übergangsarten *(transition mo-
des, TM)* mit "s" und "m" bezeichnen:

$s$ (single transition): höchstens ein Signalübergang in jeder binären Komponente
    möglich, für die gesamte Stufe nur eine gemeinsame Übergangsrichtung ($0 \rightarrow 1$
    oder $1 \rightarrow 0$),

$m$ (multiple transition): mehrfache Signalübergänge möglich.

Das wichtigste Beispiel in unserer Sicht ist die Triggerung eines RS-Flipflops, das durch
Fehlimpulse fälschlich gesetzt oder in einen metastabilen Zustand (vgl. Anhang A.2)
gebracht werden kann. In anderen Anwendungen (z. B. der Ansteuerung eines transparenten D-Flipflops, Abschn. 2.7) können am Anfang Fehlimpulse zugelassen werden.
Schließlich gibt es Anwendungen, bei denen an beiden Enden multiple Übergänge to-
lerierbar sind und es nur auf die minimale Breite des ungültigen Ausgangsbereichs
ankommt.

Im folgenden soll anhand von Bild 2.4-2b die Funktionsweise des Isolierstufenmodells
bei verschiedenen Signal-Übergangszeitpunkten am Eingang ($t_{ik}, t'_{ik}$) diskutiert werden,
und zwar besonders in den Übergangsphasen, um daraus die Funktionsphasen-Grenzen
am Eingang ($t_{tr}$ etc.) zu definieren. Wir benutzen zunächst das einfachste Verzögerungsmodell ohne Unterscheidung von Anstieg und Abfall ($g = g_r = g_f$, $g' = g'_r = g'_f$).

Wenn das Eingangssignal mitten im Transparenzbereich gültig wird ($t_i = t_{i1} > t_{cl1}$),
ist der statische Ausgang $O_{stat}$ auch bis $t_{i1}$ ungültig, kann also sowohl im Taktanstiegs-
bereich als auch im echten Transparenzbereich multiple ($m$) Signalübergänge haben.

Bei $t_i = t_{i2} = t_{cl1}$ ist $O_{stat}$ in der Zwischenphase ungültig, dann aber sofort gültig. Nach
der gleichen maximalen Verzögerung $g$ wie mitten im Transparenzbereich ist dann auch
der Ausgang $O$ gültig. Deshalb bezeichnen wir diesen Zeitpunkt als den Beginn des
Transparenzbereichs mit vorherigen multiplen Übergängen (Hazards):

$$t_{cl1} = t_{tr}(m). \tag{2.4-1}$$

Bei $t_i = t_{i3}$ (Bild 2.4-2b) ist der Ausgang in der Zwischenphase bis $t_{o3}$ ungültig, dann
steigend (wie auch in Bild 2.4-2a), aber erst bei $t_{o2}$ gültig, da ein spätestes Ansteigen
des Taktsignals erst hier zu einem gültigen Ausgang führt.

Wenn der Eingang schon beim ersten möglichen Anstieg des Taktes gültig wird ($t_i =
t_{i4} = t_{clr}$), kann auch der Ausgang $O_{stat}$ nur steigen oder (falls $I = v = 0$) 0 bleiben, also

höchstens einen einzelnen Zustandsübergang haben (single, $s$). Bei unserem Modell hat dann auch der Ausgang $O$ höchstens einen Übergang bei jeder binären Komponente. Wir nennen daher diesen Zeitpunkt den Beginn des Transparenzbereichs mit einfachem Signalübergang (d. h. ohne Hazards):

$$t_{clr} = t_{tr}(s). \tag{2.4-2}$$

Wenn der Eingang vor dem Taktimpuls gültig wird ($t_i = t_{i5} < t_{clr}$, Bild 2.4-2b), dann wirkt sich der Signalwert in der Vorlaufzeit bis $t_{clr}$ gar nicht auf den Ausgang aus. (Wir werden später diese ungenutzte Zeitspanne als *Wartezeit w* bezeichnen, s. Abschn. 3.1.)

Am Ende der Transparenzzeit kann man ebenfalls fünf Fälle ($t'_{i1}...t'_{i5}$) diskutieren. Es gibt analog zum Anfang:

$t'_{i1} < t_{clf}$: echter Transparenzfall mit minimaler Signalverzögerung $g'$.

$t'_{i2} = t_{clf}$: Grenzfall der transparenten Funktionsweise mit minimaler Verzögerung $g'$. Entspricht Ende des Transparenzbereichs mit multiplen Signalübergängen:

$$t_{clf} = t'_{tr}(m). \tag{2.4-3}$$

$t_{clf} < t'_{i3} < t_{clo}$: partiell multipler Übergang. Ende der Gültigkeit des Ausgangs beim Zeitpunkt $t'_{o2}$.

$t'_{i4} = t_{clo}$: Grenzfall für singulären Übergang,

$$t_{clo} = t'_{tr}(s). \tag{2.4-4}$$

$t'_{i5} > t_{clo}$: Ungenutzte Gültigkeitszeit des Eingangssignals nach der Abfragezeit (später als *Überschußzeit x* bezeichnet, s. Abschn. 3.1).

Nachdem wir die Grenzzeitpunkte der Transparenzphase für die beiden Übergangsarten $s$ und $m$ festgestellt haben, wollen wir für die relative Lage dieser Zeitpunkte zu den Taktflanken die *Versetzungen (displacements)* als Beschreibungsparameter einführen. Den Beginn der Transparenzphase ($t_{tr}$) beziehen wir auf den frühesten Zeitpunkt der steigenden Taktflanke ($t_{clr}$) und definieren die *Versetzung ctr* als

$$ctr = t_{tr} - t_{clr}. \tag{2.4-5}$$

Für die beiden Übergangsarten am Anfang haben wir also in dem hier diskutierten Fall gleicher Verzögerungszeiten ($g = g_r = g_f$, $g' = g'_r = g'_f$):

$$ctr(m) \;= clr, \tag{2.4-6a}$$
$$ctr(s) \;= 0. \tag{2.4-6b}$$

Am Ende des Transparenzbereichs ist der Referenzzeitpunkt die späteste fallende Flanke des Taktsignals ($t_{clo}$). Dort definieren wir die *Versetzung cis* als Zeitspanne zwischen der Flanke des Taktes ($CL$) und dem Ende des Transparenzbereichs am Eingangssignal ($I$),

$$cis = t'_{tr} - t_{cl0}, \tag{2.4-7}$$

und erhalten für die beiden Übergangsarten $s$ und $m$:

$$cis(m) \;=\; -clf, \tag{2.4-8a}$$
$$cis(s) \;=\; 0. \tag{2.4-8b}$$

Für jede geforderte Kombination von Signalübergängen am Ausgang gibt es also nur je einen Funktionsübergangspunkt am Eingang ($t_{tr}, t'_{tr}$) sowie eine maximale und eine minimale Isolierstufenverzögerung ($g(TM)$, $g'(TM)$), wodurch die Grenzen der Transparenzphase am Ausgang bestimmt werden.

Die Länge der Funktions-Übergangsphasen am Ausgang ist unabhängig von der Art der Übergänge, d. h. auch von den Zeitverhältnissen am Eingang. In unserem Falle gilt dafür

$$istr \;=\; clr + Dg, \tag{2.4-9a}$$
$$tris \;=\; clf + Dg \tag{2.4-9b}$$

($Dg = g - g'$ ist die *Dispersion* der Isolierstufe (2.2-4)).

Die Bilder 2.4-2c und d zeigen die Funktionsfolgen einer Isolierstufe für die beiden *Betriebsweisen* "s-s" (einfache Signalübergänge am Anfang und am Ende, (c)) und "m-m" (multiple Übergänge, (d)), wie sie sich entsprechend der diskutierten "Übersetzung" aus Bild 2.4-2b ergeben.

### 2.4.3   Betriebsweisen der Isolierstufe

Bild 2.4-3 zeigt die Zeitdiagramme für alle vier aus den zweimal zwei Übergangsarten kombinierbaren *Betriebsweisen* der Isolierstufe, und zwar jeweils mit den Signalzustandsverläufen und den sich daraus ergebenden Funktionsphasen-Diagrammen. Zusätzlich zu den Zustandsdiagrammen der Ausgänge sind schematische analoge Signalformen als Beispiele dargestellt, die unsere Symbolik nochmals interpretieren, insbesondere aber auf die möglichen Vorschwinger bzw. Fehlimpulse (Hazards) bei den Mehrfachübergängen hinweisen. Der Transparenzbereich des Stufeneingangs ($tr = t'_{tr} - t_{tr}$) ist in allen vier Fällen gleich gezeichnet, so daß die Betriebsweisen durch die Lage des Taktsignals und den Gültigkeitsbereich des Eingangs bestimmt werden.

Aus dieser anschaulichen Übersicht kann man direkt ablesen, daß das Eingangssignal über die gesamte Transparenzphase gültig sein muß, wenn am Ausgang nur Einfachübergänge erlaubt sind (Fall (a)). Die Versetzungen müssen so groß sein, daß der Gültigkeitsbereich ($iv$) des Eingangssignals die Taktflanken überdeckt und dadurch am Ausgang kein Ungültigkeitsbereich entsteht. Wenn multiple Übergänge am Ausgang erlaubt sind, können die Zustandsübergänge des Eingangssignals ($t_i, t'_i$) innerhalb des Transparenzgebiets liegen, ohne daß die Verzögerungszeiten verändert werden. Für die

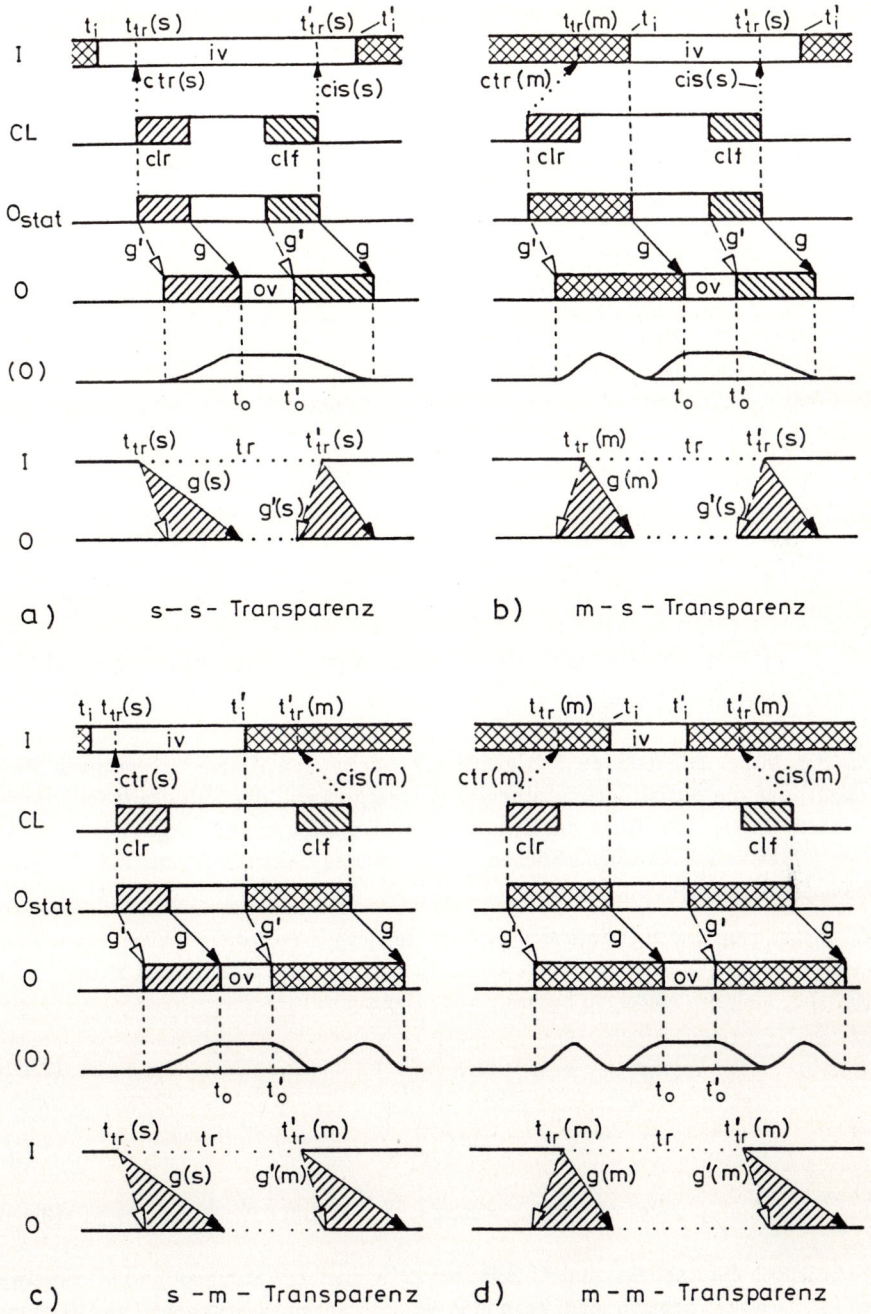

**Bild 2.4-3.** Die vier Betriebsweisen aus der Kombination von Einfach- und Mehrfachübergängen der Ausgangssignale

Tabelle 2.4-2. Versetzungen und Funktionsphasengrenzen der Isolierstufe

|   | **Beginn** | | **Ende** | |
|---|---|---|---|---|
| $s$ | $t_i \quad \leq \quad t_{tr}(s)$ | | $t'_i \quad \geq \quad t'_{tr}(s)$ | |
|   | $ctr(s) \quad = \quad 0$ | | $cis(s) \quad = \quad 0$ | |
|   | $g(s) \quad = \quad g + clr$ | | $g'(s) \quad = \quad g' - clf$ | |
| $m$ | $t_i \text{ auch } \quad > \quad t_{tr}(m)$ | | $t'_i \text{ auch } \quad < \quad t'_{tr}(m)$ | |
|   | $ctr(m) \quad = \quad -clr$ | | $cis(m) \quad = \quad -clf$ | |
|   | $g(m) \quad = \quad g$ | | $g'(m) \quad = \quad g'$ | |

Zustandsübergänge am Eingang $(t_i, t'_i)$, die Versetzungen und die Verzögerungen $(g, g')$ gelten dann also die Werte nach Tabelle 2.4-2.

Bild 2.4-3 verdeutlicht visuell (bei gleich breiten Transparenzbereichen am Eingang) den Preis für die "sauberen" $s$-Übergänge: Die Ausgänge werden später gültig und früher ungültig. Das heißt auch, daß die Breite der Transparenzperioden am Ausgang stärker reduziert wird als im Fall multipler Übergänge.

## 2.4.4   Phänomene bei verschiedenen Anstiegs- und Abfallverzögerungen

Für den bisher behandelten Fall gleicher Anstiegs- und Abfallverzögerungen wurde gezeigt, daß die Signal-Zustandsübergänge verzögert und die Gültigkeitsbereiche verkleinert werden. Die Breite der Zwischen-Funktionsphasen am Ausgang entspricht in allen Fällen den Übergangsbereichen des steuernden Taktsignals plus der Dispersion des Isolationselementes (2.4-9).

Mit diesen pauschalen (minimalen und maximalen) Verzögerungslaufzeiten muß man auch — als worst-case — rechnen, wenn die Anstiegs- und Abfallzeiten zwar verschieden, aber nicht im einzelnen bekannt sind. Dann gilt:

$$g \quad = \quad g_{max} = \max \left\{ \begin{array}{c} g_r \\ g_f \end{array} \right\}, \tag{2.4-10}$$

$$g' \quad = \quad g'_{min} = \min \left\{ \begin{array}{c} g'_r \\ g'_f \end{array} \right\}, \tag{2.4-11}$$

$$Dg \quad = \quad Dg_{max} = \max \left\{ \begin{array}{c} g_r \\ g_f \end{array} \right\} - \min \left\{ \begin{array}{c} g'_r \\ g'_f \end{array} \right\}. \tag{2.4-12}$$

Wenn jedoch die Anstiegs- und Abfallzeiten individuell mit Minimal- und Maximalwerten $(g_r, g_f, g'_r, g'_f)$ bekannt sind, kann man Verzögerungen, Versetzungen und Zeitbereiche genauer bestimmen. Das ergibt im allgemeinen vorteilhaftere Parameter, erfordert jedoch eine Reihe von Fallunterscheidungen, die in Anhang A.3 vollständig dargestellt sind. Im folgenden sollen nur die Grundelemente erläutert werden, die sich aus der Definition der (worst-case-)Verzögerungszeiten ergeben.

Die Anstiegs- und Abfallbereiche von $O_{stat}$ werden von dem Verzögerungselement unterschiedlich verzögert. Da ein Ungültigkeitsbereich als Überlagerung von Anstiegs- und Abfallbereichen zählt, ergibt sich nicht eine pauschale Verbreiterung der Übergangsbereiche ("Dispersion"), sondern eine Verzerrung der Proportionen und eine grundsätzliche Veränderung der Überlappungen der beiden Übergangsbereiche. Wir wollen die daraus resultierenden ausnutzbaren Phänomene anhand einiger Extrembeispiele analysieren (Bild 2.4-4, wobei wir ein Verzögerungselement Gd benutzen, dessen Eingang (I) unserem statischen Ausgang ($O_{stat}$) entspricht, s. Bild 2.2-2).

### Trennung von Anstieg und Abfall

Bild 2.4-4a zeigt, daß sich ein Ungültigkeitsbereich (*in*) mit multiplen Übergängen in zwei Einfachübergangsbereiche aufteilt, wenn die Laufzeiten genügend verschieden sind (hier $g'_r \geq g_f + in$). Der gesamte Übergangsbereich am Ausgang ist dann natürlich wesentlich länger als am Eingang, wobei das Gültigkeitsgebiet zwischen dem Abfall- und dem Anstiegsbereich am Ausgang ebenfalls zum Übergangsbereich gezählt wird:

$$on = in + Dg_{max} \qquad (2.4\text{-}13)$$

mit

$$Dg_{max} = g_r - g'_f. \qquad (2.4\text{-}14)$$

### Überlagerung von Anstieg und Abfall

Bild 2.4-4b zeigt das Umgekehrte, bei dem das Übergangsgebiet am Ausgang kleiner ist als das am Eingang.

Bei der Verwendung von Eingangssignalen mit 0-Bereichen wie bei unserer Isolierstufe ergeben sich zwei Besonderheiten (entsprechendes könnte auch bei NAND- bzw. ODER-Stufen mit 1-Bereichen abgeleitet werden):

### Spätester Abfall

Wenn das Eingangssignal nach einem Übergangsgebiet auf 0 geht (Bild 2.4-4c), dann wird das Ausgangssignal nach der maximalen Abfallverzögerungszeit ($g_f$) garantiert auf 0 fallen, selbst wenn die Anstiegsverzögerung ($g_r$) von einem früheren Anstiegsereignis noch nicht abgelaufen ist. Die Größe von $g_r$ spielt also für das Erreichen des 0-Zustands keine Rolle, weil die Abfallverzögerung ($g_f$) für den schlechtesten Fall definiert ist und damit auch für den Fall, daß das Eingangssignal unmittelbar vor dem spätesten Abfall noch einmal angestiegen ist.

### Frühester Anstieg

Beim Ende des 0-Bereichs kann das Ausgangssignal nach unserer Signaldefinition nicht mehr fallen, auch nicht nach einer noch so frühen Beendigung einer minimalen Abfallzeit ($g'_f$, s. Bild 2.4-4d), sondern nur steigen. Daher spielt für das Ende der 0-Phase die Abfallverzögerung ($g_f$ und $g'_f$) keine Rolle.

Die Kombination der Übergangstrennung mit drastisch verschiedenen Laufzeiten (Bild 2.4-4a) und der Übergangsphänomene in den und aus dem 0-Zustand (Bild 2.4-4c und d) ergibt die Möglichkeit, multiple Übergänge zu Einfachübergängen (*s*) zu machen.

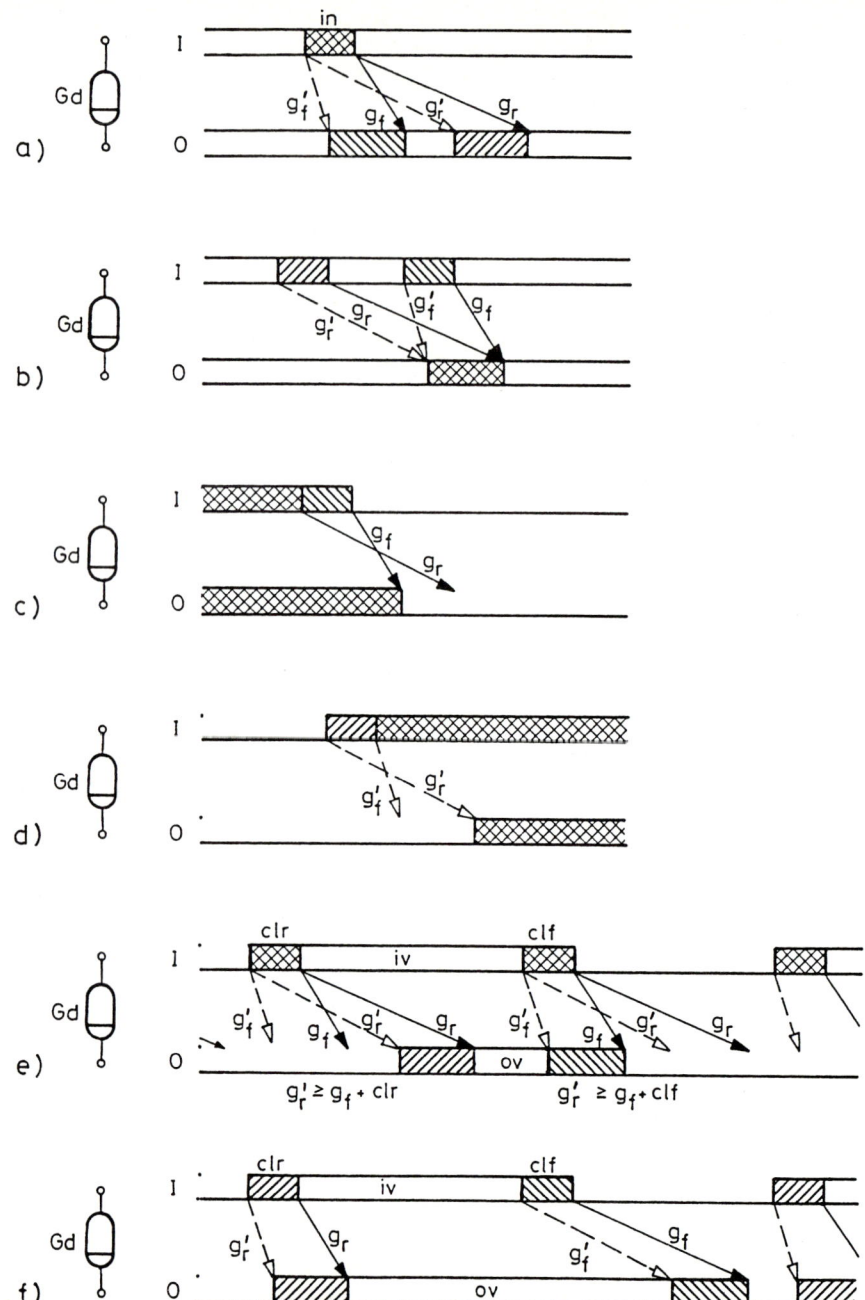

**Bild 2.4-4.** Phänomene bei extrem unterschiedlichen Verzögerungszeiten: a) Trennung und b) Überlagerung von Anstieg und Abfall, c) spätester Abfall, d) frühester Anstieg, e) Einfach-Übergänge, d) dynamischer Speichereffekt

Das gilt bei genügend großen Anstiegszeiten sogar für beide Übergänge in einem Zyklus. Bild 2.4-4e zeigt einen solchen Fall und die Bedingungen, nämlich daß hierbei die minimale Anstiegszeit $g_r'$ größer als die maximale Abfallzeit $g_f$ zuzüglich des jeweiligen Übergangsbereiches (*clr*, *clf*) sein muß:

$$g_r' \;\geq\; g_f + clr, \qquad\qquad (2.4\text{-}15\text{a})$$

$$g_r' \;\geq\; g_f + clf. \qquad\qquad (2.4\text{-}15\text{b})$$

In diesem Fall wird die Gültigkeitsdauer durch die Isolierstufe erheblich reduziert. Wenn man hingegen durch die Versetzung der Impulsflanken bereits vor der Verzögerungsstufe (bzw. schon am Eingang) erreicht, daß nur Einfachübergänge auftreten (Bild 2.4-3a, *s-s-Transparenz*), dann kann man die Gültigkeitsgebiete durch geeignete Anstiegs- und Abfallzeiten sogar vergrößern. Bild 2.4-4f zeigt diesen dynamischen "Speichereffekt" (s. auch Anhang A.3.4).

Im Anhang A.3 werden die Auswirkungen der verschiedenen Anstiegs- und Abfallverzögerungen auf die Parameter der Isolierstufe vollständig und quantitativ dargestellt.

## 2.5   Rücksetz-Flipflop

### 2.5.1   Funktionsphasen

Wir definieren ein *Rücksetz-Flipflop* RF *(clocked reset flipflop*, Bild 2.5-1) als ein Basis-Flipflop, dessen Rücksetzeingang ($RB$) nicht ein zu einer beliebigen Zeit ankommendes (Daten-)Signal ist, sondern ein von einem zentralen Generator abgeleitetes periodisches Taktsignal, das wir

> *Haltetakt HC* (Hold Clock)

nennen wollen. Der Haltetakt teilt die Taktzeitperiode in zwei Funktionsphasen auf (wie bei der Isolierstufe), die wir

> *Auffangphase (latch phase, $HC = 1$)* und
> *Transparenzphase (transparency phase, $HC = 0$)*

nennen. Die Funktionsphasen-Übergänge, die durch die Übergänge des Haltetaktes bestimmt werden, bezeichnen wir mit

> $t_{la}$: Beginn der Auffangphase (gesteuert durch $t_{hc1}$),
> $t_{tr}$: Beginn der Transparenzphase (gesteuert durch $t_{hc0}$).

Wir werden später die genauen *Versetzungen (displacements)* zwischen den Taktflanken und den Funktionsphasen-Übergängen unter Berücksichtigung der verschiedenen Laufzeiten und Toleranzen diskutieren.

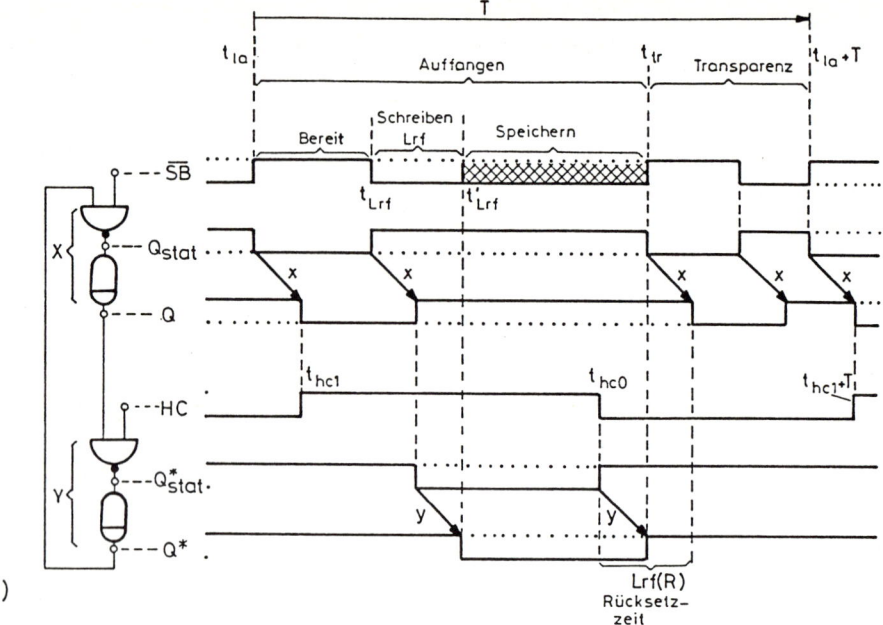

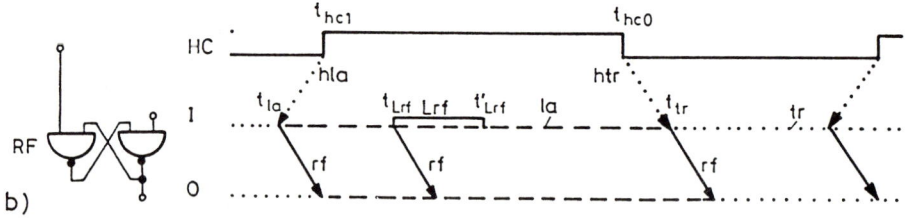

**Bild 2.5-1.** Rücksetz-Flipflop, vereinfachtes Modell: a) Zeitdiagramm, b) Funktionsphasen-diagramm

In Bild 2.5-1a sind die Zeitverhältnisse des Rücksetz-Flipflops unter Vernachlässigung aller Toleranzen dargestellt. Im Unterschied zu Bild 2.3-5 (Basis-Flipflop) wurde hier die NAND-Version (s. Bild 2.3-4) gewählt, die bis auf die Bezeichnungen und Polaritäten der NOR-Version äquivalent ist. Der wesentliche Unterschied zu dem in Abschn. 2.3 untersuchten RS-Basis-Flipflop (Bild 2.3-5) ist jedoch, daß das Rücksetzsignal jetzt periodisch von einer externen Taktquelle kommt und damit die Zeitpunkte $t_{rb0}$ bzw. $t_{rbr}$ an $RB$ nicht mehr beliebig von dem Daten-Ereignis, sondern von dem Taktsignal vorgegeben sind (in Bild 2.5-1: $t_{hc1}, t_{hc0}$). Der Verlauf des Taktes $HC$ ist also vorgegeben und enthält keine Zeitbereiche mehr, in denen der Signalwert unbedeutend ist, wie beim Rücksetzimpuls $RB$ in Bild 2.3-5.

Es gibt nur noch einen Dateneingang, den wir weiterhin $SB$ (Setzeingang des Basis-Flipflops) nennen. Als Element-Ausgang wollen wir bei diesem unsymmetrischen Element nur den Ausgang $Q$ des Gatters X bezeichnen. Der Zustand des Eingangs wirkt

sich auf den Zustand des Ausgangs aus, jedoch in einer Weise, die von der Funktionsphase abhängt, in der sich das Element befindet. Wir wollen dies im folgenden anhand
von Bild 2.5-1 diskutieren.

Wenn $\overline{SB}$ inaktiv ist ($\overline{SB} = 1$), dann ist das Element bei Beginn der Auffangphase im
gleichen Zustand wie nach Beendigung des Rücksetzprozesses des Basis-Flipflops, und
das Element wartet auf den (asynchronen) Beginn des Setzsignals $\overline{SB}$. Der Haltetakt
ist allerdings in der *"Bereitschaftszeit"* (Bild 2.5-1a) aktiv ($HC = 1$) und kann nicht
unbestimmt sein wie beim Basis-Flipflop ($RB = n$).

Es kann sein, daß das Setzsignal in der ganzen Auffangsphase nicht erscheint (punktierte Linie), dann bleibt das Flipflop rückgesetzt ($Q = 0$).

Wenn aber ein Setzsignal erscheint, wie in Bild 2.5-1a gezeigt, geht der Ausgang $Q$
nach einer Verzögerungszeit $x$ auf 1. Dann vollendet das NAND-Gatter Y nach der
Verzögerung $y$ die Rückkopplung. Dazu ist es notwendig, daß das Eingangssignal $\overline{SB}$
über die gesamte Schreibzeit *(flipflop latch time)* aktiv bleibt ($\overline{SB} = 0$),

$$Lrf = x + y. \tag{2.5-1}$$

Andernfalls könnten sich die metastabilen Phänomene ergeben, die im Anhang A.2
beschrieben sind. Diese würden allerdings durch einen folgenden vollen Setzimpuls
oder am Schluß der Auffangphase beendet werden.

Nach Beendigung des vollen Setzimpulses ($t'_{Lrf}$) kann der Eingang jeden beliebigen
Zustand annehmen, weil das Element durch die Rückkopplung ($Q^* = 0$) auf den 1-
Zustand "eingeklinkt" *(latched)* ist. Wir haben diesen Zeitbereich des Eingangs in Bild
2.5-1a als *Speicherzeit* bezeichnet.

Am Ende der Auffangphase wird vom Haltetaktimpuls bei $t_{hc0}$ zunächst der Rücksetzprozeß begonnen, wenn das Element gesetzt war und der Setzeingang wie gezeigt
inaktiv wird (ähnlich wie beim Rücksetzprozeß des Basis-Flipflops). Jedenfalls wird $Q^*$
eine Verzögerungszeit $y$ nach $t_{hc0}$ zu 1, der Ausgang $Q$ nach der weiteren Verzögerung
$x$ zu 0, und damit ist die vorher eingespeicherte Information gelöscht.

Wenn die Inaktivphase des Haltetaktes ($HC = 0$) länger als die Rücksetzzeit ($Lrf(R)$)
dauert, beginnt die echte Transparenzphase. Da ja $HC = 0$ und somit also $Q^*$ immer
auf 1 ist, folgt der Ausgang $Q$ mit der Verzögerung $x$ direkt dem Eingang $\overline{SB}$ (das
Flipflop ist "durchsichtig", *transparent*).

Die genauen Grenzen der Funktionsphasen decken sich nicht mit denen der Taktflanken, selbst in dem vereinfachten Modell ohne Toleranzen. Wir haben diese Grenzen in
bezug auf den Signaleingang und nach dem Gesichtspunkt gewählt, daß in der Transparenzphase keinerlei Einfluß des Haltetaktes, d. h. des Haltekreises und damit der
vorherigen Information, auf den Ausgang einwirkt. Dementsprechend (s. Bild 2.5-1)
beginnt die Transparenzphase erst eine (maximale) Laufzeit $y$ des Haltegatters Y nach
Beendigung des Haltetaktes $HC$ ($t_{hc0}$) bei

$$t_{tr} = t_{hc0} + y. \tag{2.5-2}$$

Andererseits könnte der Haltetakt zum Zeitpunkt $t_{hc1}$ die Eingangsinformation in den Rückkopplungsbereich übernehmen, die bereits eine maximale Laufzeit $x$ des Eingangsgatters X zuvor am Eingang $\overline{SB}$ anliegt. Der Beginn der Auffangphase ist daher

$$t_{la} = t_{hc1} - x. \tag{2.5-3}$$

Die *Versetzungen* zwischen den steuernden Taktflanken $(t_{hc1}, t_{hc0})$ des Haltetaktes *HC* (abgekürzt: "*h*") und den Funktionsphasen-Startpunkten am Eingang $(t_{la}, t_{tr})$ sind also beim toleranzfreien Modell:

$$hla \;=\; t_{la} - t_{hc1} = -x, \tag{2.5-4}$$

$$htr \;=\; t_{tr} - t_{hc0} = +y. \tag{2.5-5}$$

Die anderen Zeitintervalle, die das Rücksetz-Flipflop beschreiben, sind die Einschreibzeit (*flipflop latch time, Lrf*, (2.5-1)) und die Verzögerung zwischen Eingang $\overline{SB}$ und Ausgang $Q$ des Elementes in beiden Phasen,

$$rf = x. \tag{2.5-6}$$

In Bild 2.5-1b sind die taktgesteuerten Funktionsphasen (strichliert für Auffangphase, punktiert für Transparenzphase) sowie die Flipflop-Parameter $(Lrf, rf)$ und die Versetzungen $(hla, htr)$ in kompakter Weise wiedergegeben, so daß wir derartige Darstellungen bei den späteren Behandlungen von Flipflops und synchronen Systemen ohne die vielen Details der Einführung benutzen können.

Wir können mit dieser Darstellungsweise relativ einfach die Grenzen der Zyklus-Einteilungen aufzeigen. Bild 2.5-2a zeigt den Fall ohne Transparenzphase, bei dem an der Grenze zwischen zwei Auffangzyklen genau ein Rücksetzprozeß $(Lrf(R) = htr - hla = y + x)$ stattfindet. Im vereinfachten Modell ohne Toleranzen ist dies am Eingang genau ein Zeitpunkt, der aufeinanderfolgende Taktperioden trennt. Dieser Fall ist z. B. grundlegend für nicht-transparente D-Flipflops, die wir nach Einfügung von Toleranzen und des Eingangsgatters in Abschn. 2.7 behandeln werden. Umgekehrt kann die Auffangphase verkleinert werden, bis nur noch die Schreibzeit *Lrf* übrig bleibt. Bild 2.5-2b zeigt einen Fall ohne Bereitschaftszeit mit sehr kleiner Speicherzeit. Wenn man den metastabilen Fall auch noch berücksichtigt, in dem ja der Eingang den Ausgang beeinflußt und nur die Rückkopplung nicht sicher stabil vollendet wird, dann ist das Element bis zum Ende der Auffangzeit auch als transparent anzusehen und eine Störung der Transparenzfunktion nur noch in dem kleinen Speicherbereich möglich. Es ist also ein stetiger Übergang zur reinen Transparenzfunktion, bei der der *HC*-Eingang dauernd auf 0 ist und die Rückkopplung unwirksam macht, erreichbar.

## 2.5.2   Übergangsphasen

Wenn wir nun die unvermeidbaren Toleranzen der Taktflanken $(hcr, hcf)$ sowie die Laufzeittoleranzen der beiden Gatter, getrennt nach Anstieg und Abfall $(x_r, x_f, x_r', x_f'$ und $y_r, y_f, y_r', y_f')$ einbeziehen, so ergeben sich die in Bild 2.5-3a dargestellten komplizierteren Verhältnisse. Insbesondere ergeben sich zwischen der vorher erläuterten eigentlichen Auffangphase $(la)$ und der Transparenzphase $(tr)$ Übergangsphasen

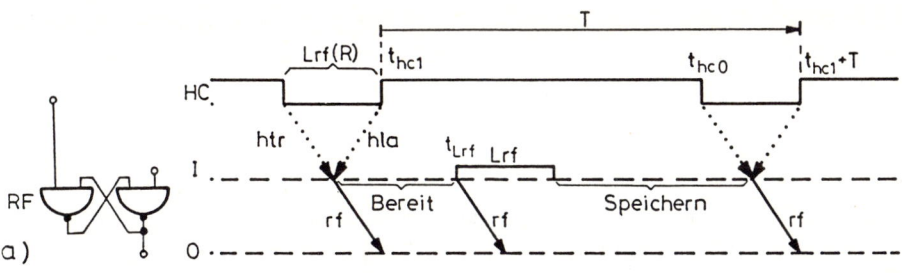

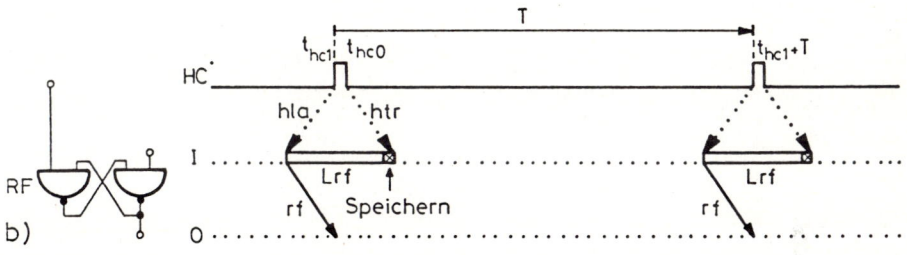

**Bild 2.5-2.** Funktionsphasendiagramm des Rücksetz-Flipflops: a) keine Transparenz, b) nur Transparenz

(*latr* und *trla*). Um trotz der großen Zahl von Detail-Parametern das Zeitverhalten des ganzen Elements mit möglichst wenigen Element-Parametern beschreiben zu können, kennzeichnen wir jede Taktflanke mit nur einem Referenzwert (nun mit $t_{hcr}$ und $t_{hcf}$) und berücksichtigen die Anstiegs- und Abfalltoleranzen des Haltetaktes ($hcr$, $hcf$) wie die Parameter und Toleranzen der Gatterlaufzeiten als Beiträge zu den Element-Parametern.

Wie in Bild 2.5-3a und b dargestellt, bleibt in der eigentlichen Auffangphase die vom Eingang gesteuerte Einteilung in Bereitschafts-, Schreib- und Speicherzeit erhalten. Die Schreibzeit bleibt in ihrer Länge und Bedeutung ebenfalls erhalten und wird nur genauer spezifiziert:

$$Lrf = x_r + y_f + sbf. \tag{2.5-7}$$

Im eigentlichen Transparenzbereich ergeben sich durch die Verzögerungstoleranzen der Gatter (wie bei den Isolierstufen) minimale und maximale Laufzeiten, so daß sich der Ungültigkeitsbereich am Ausgang i. a. vergrößert. Wegen der Unterschiede zu den Laufzeiten beim Phasenübergang fügen wir bei den Element-Parametern im Transparenzbereich ein "t" an:

$$rft = x = \max\left\{\begin{array}{c} x_r \\ x_f \end{array}\right\}, \tag{2.5-8}$$

$$rft' = x' = \min\left\{\begin{array}{c} x'_r \\ x'_f \end{array}\right\}, \tag{2.5-9}$$

$$Drft = x - x' = Dx. \tag{2.5-10}$$

Zwischen den Bereichen der Funktionsphasen gibt es Übergangsbereiche, bei denen es nicht sicher ist, ob der Rückkopplungskreis noch oder schon wirkt. Das hängt von

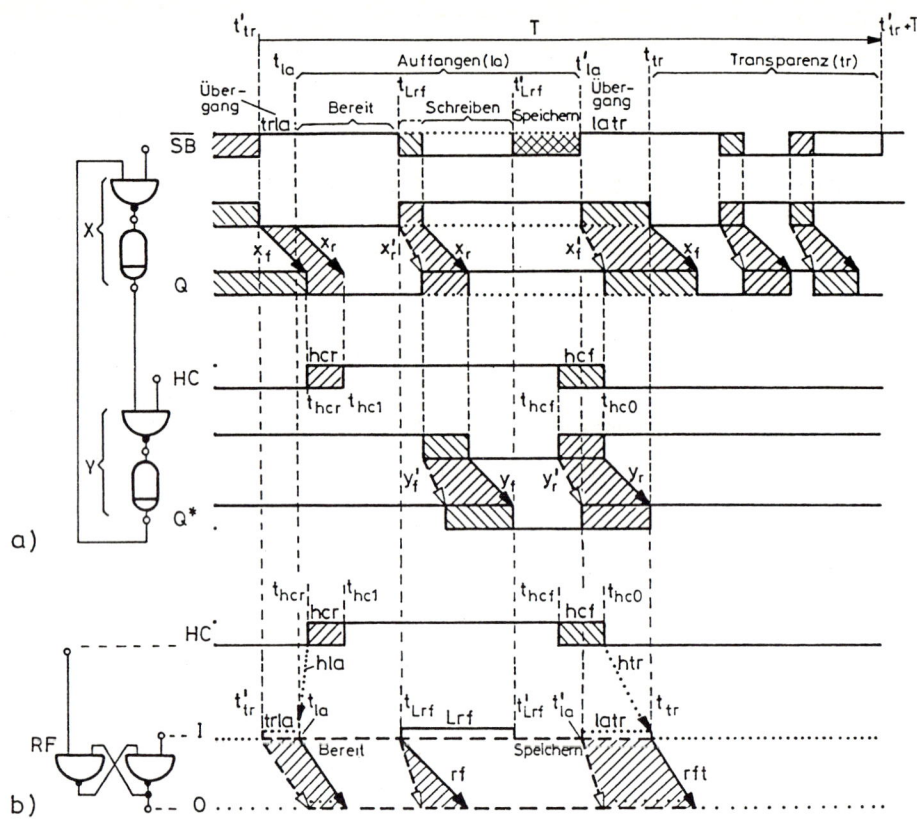

**Bild 2.5-3.** Rücksetz-Flipflop (Detail-Darstellung): a) Zeitdiagramm, b) Funktionsphasendiagramm

dem aktuellen Auftreten der Taktflanken und der Verzögerungswerte innerhalb der Toleranzbereiche ab. Die Zeitpunkte, bei denen die Funktionsphasen gültig zu werden beginnen, sind weiterhin mit (ungestrichenen) indizierten $t$-Symbolen bezeichnet $(t_{la}, t_{tr})$. Die zusätzlichen Zeitpunkte, bei denen nach dem worst-case-Konzept die entsprechenden Funktionen nicht mehr gewährleistet sind, werden mit gestrichenen Größen gekennzeichnet $(t'_{la}, t'_{tr}$, das entspricht auch der Bezeichnungsweise für Gültigkeitszustände, s. Abschn. 2.1.3).

Im einzelnen ist das Ende der Transparenzphase, $t'_{tr}$, so definiert, daß die Änderung des Eingangssignals bis zu diesem Zeitpunkt selbst bei frühestem Halteimpuls ($t_{hcr}$) und längster Abfallzeit ($x_f$) keinen Einfluß auf den Rückkopplungskreis ($Q^*$) haben kann. Dadurch kann auch keine metastabile Schwingung angestoßen werden.

Nach dem Übergang *trla* von der Transparenzphase beginnt bei $t_{la}$ die echte Auffangphase (*la*), in der ein sicherer Setzprozeß gewährleistet ist, sofern der Eingang über die Dauer der *Schreibzeit Lrf* aktiv ist ($\overline{SB} = 0$). In dem gezeichneten Beispiel in Bild 2.5-3a beginnt der Setzprozeß nicht schon bei $t_{la}$, sondern — vom Eingangssignal "ereignisgesteuert" — erst nach einer gewissen Zeit, die wir als *Bereitschaftszeit* bezeichnen. Punktiert ist, wie im Beispiel ohne Toleranzen (Bild 2.5-1a), auch der Fall eingetragen, in dem der Eingang über die gesamte Auffangphase gar nicht aktiv wird. Dann reagiert auch der Ausgang $Q$ nicht und bleibt während der gesamten Auffangphase auf 0.

Nach Ablauf des Einschreibprozesses ($t'_{Lrf}$) folgt wie vorher die Speicherzeit. Sie beendet die Auffangphase bei $t'_{la}$, wenn der Speicherzustand ($Q = 1$) frühestens wieder aufgelöst werden kann, indem der Haltetakt am frühesten wiederkehrt ($t_{hcf}$) und das Haltegatter Y die kleinste Verzögerung hat ($y'_r$). Dann steigt $Q^*$ auf 1, und der Eingang kann bereits wieder Einfluß auf den Ausgang nehmen ($t'_{la} + x'_f$).

Am Ende dieser zweiten Übergangsphase (*latr*), bei $t_{tr}$, ist für $\overline{SB} = 1$ auch im schlechtesten Falle (*HC* spät, d. h. bei $t_{hc0}$, und maximale Laufzeit $y_r$) eine gespeicherte 1 rückgesetzt, und der Eingang allein ist für den Ausgang maßgebend (Transparenz).

Das Übertragungsverhalten des Rücksetz-Flipflops in den Funktions-Übergangsphasen kann man auch dadurch charakterisieren, daß der Wechsel der Funktion irgendwann innerhalb dieser Übergangsphasen passiert. Damit ist aber der Wert am Ausgang (momentan oder auch der gespeicherte Wert) nicht sicher voraussagbar, so daß der Signalwert am Ausgang $Q$ in diesem Bereich i. a. ungültig ($n$) ist. Gegebenenfalls werden deshalb weitere Voraussetzungen über den Eingangssignalverlauf in den Übergangsbereichen gemacht, so daß wir wieder ein determiniertes Verhalten erzielen (z. B. beim D-Flipflop mit $s$-Übergängen, s. Abschn. 2.7).

Die Versetzungen der Funktionsphasengrenzen gegenüber den Taktflanken sind ganz ähnlich denen ohne Toleranzen ((2.5-4) und (2.5-5)), wenn wir uns jeweils auf die Anfangszeitpunkte der gültigen Funktionsphasen beziehen (s. Bilder 2.5-1 und 2.5-3). Als Taktreferenzzeitpunkte nehmen wir die Grenzen der maximalen Aktivphase des Haltetaktes, also $t_{hcr}$ und $t_{hc0}$ (vgl. Abschn. 2.4.2):

$$hla \;=\; t_{la} - t_{hcr} = hcr - x_r, \tag{2.5-11}$$

$$htr \;=\; t_{tr} - t_{hc0} = +y_r. \tag{2.5-12}$$

Die Funktions-Übergangsbereiche erfassen wir zweckmäßig durch ihre Längen, d. h. durch die Abstände zwischen den entsprechenden Funktions-Gültigkeitsphasen:

$$trla \;=\; t_{la} - t'_{tr} = x_f + hcr - x_r, \tag{2.5-13}$$

$$latr \;=\; t_{tr} - t'_{la} = hcf + Dy_r. \tag{2.5-14}$$

In Bild 2.5-3b sind diese für die weitere Diskussion wichtigen Zeitparameter nochmals dargestellt.

# 2.6 Betriebsarten in synchronen Systemen

## 2.6.1 Speichern: Kombiniertes Isolieren und Auffangen

Bei den in den letzten Abschnitten untersuchten Flipflops, dem Basis-Flipflop und dem Rücksetz-Flipflop, haben wir gesehen, daß für die Auffangphase der Elemente bestimmte logische und zeitliche Anforderungen an die Eingangssignale gestellt werden. Insbesondere die *Speicherfunktion* dieser Elemente ergibt sich nur bei definierten Zuständen der Eingangssignale. Demgegenüber müssen Speicherelemente, die den Zustand logischer Signale (im allgemeinen von Ausgängen kombinatorischer Schaltnetze) abfragen und speichern sollen, mindestens zwei Funktionen erfüllen, deren Zeitphasen extern gesteuert werden. Dies ist zum einen die *Schreibfunktion*, in der ein gültiges Eingangssignal direkt den zu speichernden Zustand bestimmt, und zum anderen die *Speicherfunktion*, in der dieser Zustand *unabhängig* vom Eingangssignal beibehalten wird. Daher können das Basis-Flipflop und das Rücksetz-Flipflop allein nicht als Speicherelemente in diesem Sinne gelten.

Es ergibt sich also aus dieser Definition für Speicherelemente die Notwendigkeit, den Eingang der Flipflops während der Speicherphase zu isolieren. Dies ist mit einer Isolierstufe möglich, wie sie in Abschn. 2.4 behandelt ist.

Das Vorschalten einer Isolierstufe (Bild 2.4-1) an den Eingängen eines Basis-Flipflops (Bild 2.3-4f) ergibt ein *getaktetes RS-Flipflop* (Bild 2.6-1c). Das Basis-Flipflop kennt nur eine Funktion, nämlich die Auffang-Funktion. Die unterschiedlichen Funktionsweisen des getakteten RS-Flipflops werden daher durch die beiden Funktionszustände der Isolierstufe bestimmt:

1. Ist der Eingang durch die Isolierstufe isoliert, dann befindet sich das gesamte Flipflop im Speicherzustand.

2. Ist der Eingang der Isolierstufe transparent, dann befindet sich das kombinierte Element im Auffangzustand.

Die Kombination einer Isolierstufe mit einem Rücksetz-Flipflop (Bild 2.5-1) ergibt ein *getaktetes D-Flipflop* (Bild 2.6-1e). Da das Rücksetz-Flipflop im Gegensatz zum Basis-Flipflop außer der Auffang-Funktion noch eine Transparenz-Funktion besitzt, ergeben sich durch die Kombination mit einer Isolierstufe vier verschiedene Funktionsweisen für das getaktete D-Flipflop (Bild 2.6-1e):

1. Wenn die Isolierstufe transparent und das Flipflop in der Auffangphase ist, dann befindet sich das gesamte Element in der *Auffangphase*.

2. Wenn die Isolierstufe den Eingang isoliert und das Flipflop sich in der Auffangphase befindet, dann ist das gesamte Element in der *Speicherphase*.

3. Wenn die Isolierstufe den Eingang isoliert (d. h. der Ausgang der Isolierstufe im Ruhezustand ist) und das Flipflop gleichzeitig transparent ist, dann ist das gesamte Element in der *Rücksetzphase*, d. h. der Ausgang $Q$ ist im Ruhezustand ("0").

4. Wenn schließlich sowohl die Isolierstufe als auch das Flipflop transparent ist, dann befindet sich das gesamte Element ebenfalls in der *Transparenzphase*.

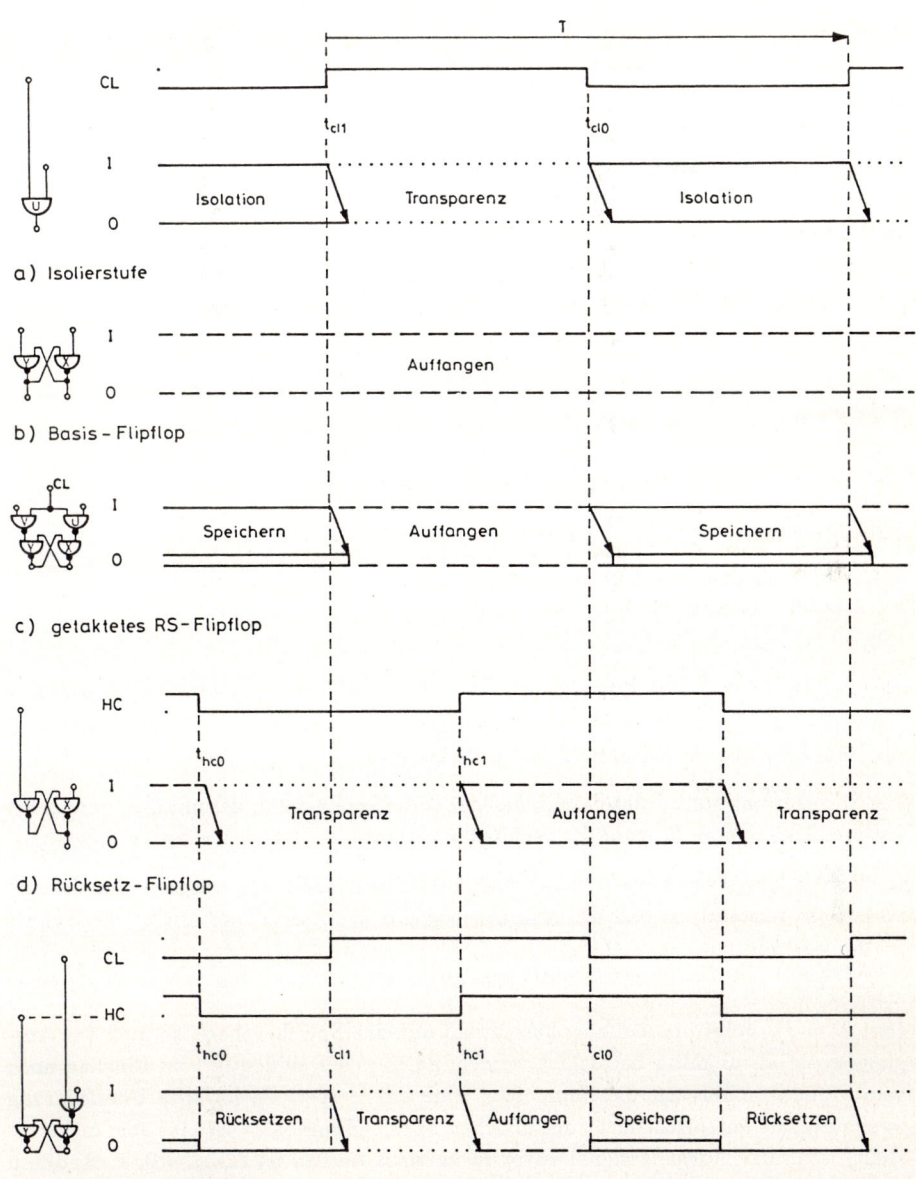

a) Isolierstufe

b) Basis - Flipflop

c) getaktetes RS - Flipflop

d) Rücksetz - Flipflop

e) getaktetes D - Flipflop

**Bild 2.6-1.** Funktionphasendiagramme synchroner und asynchroner Elemente

In Analogie zu den statischen Transformationen, die wir bei Gattern und Netzen betrachtet haben (vgl. Abschn. 2.2.1), bekommen wir für die vier Funktionsweisen des
*getakteten D-Flipflops* vier Übertragungsfunktionen zwischen den Eingangs- und den
Ausgangszuständen, die wir in der Tabelle 2.6-1 dargestellt haben. In dieser Tabelle
befinden sich in der ersten Spalte die vier Funktionsweisen des kombinierten Elements
sowie in der zweiten und dritten Spalte die zugehörigen Funktionen von Isolierstufe
und Rücksetz-Flipflop, aus denen das getaktete D-Flipflop zusammengesetzt ist.

**Tabelle 2.6-1.** Funktionsweisen des getakteten D-Flipflops

| Funktionsweisen | | | Ausgang | |
|---|---|---|---|---|
| Kombiniertes Element | Isolierstufe ($CL$) | Rücksetz-Flipflop ($HC$) | $I = v$ | $I = n$ |
| Auffangen | Transp. (1) | Auffangen (1) | $Q^*$ | $n$ |
| Speichern | Isolation (0) | Auffangen (1) | $Q_{old}$ | $Q_{old}$ |
| Rücksetzen | Isolation (0) | Transp. (0) | 0 | 0 |
| Transparenz | Transp. (1) | Transp. (0) | $v$ | $n$ |

Die Ausgangssignale des Elements hängen im Speicherzustand und im Auffangzustand
unter gewissen Umständen vom vorherigen Zustand ab, da in diesen beiden Zuständen
die Rückkopplung im Rücksetz Flipflop wirksam ist.

Die Speicherfunktion beruht darauf, daß der vorherige Zustand, der mit $Q_{old}$ bezeichnet
ist, unabhängig vom Eingang beibehalten wird.

In der Auffangphase besteht keine einfache Abhängigkeit des Ausgangssignals vom
vorherigen Zustand, so daß der Ausgangszustand in dieser Phase mit $Q^*$ bezeichnet
ist, für den gilt:

$$Q^* = Q_{old} \vee I \tag{2.6-1}$$

(mit $D = I$). Folgt die Auffangphase direkt auf eine Speicherphase, so muß das Ausgangssignal als ungültig betrachtet werden, da es weder eindeutig vom Eingang noch
vom vorherigen Zustand bestimmt ist. Eine solche spezielle logische Überlagerung
zweier Signale entspricht nicht der üblichen Speicherfunkton. Diese ist aber sicherge-
stellt, wenn das Ausgangssignal zuvor rückgesetzt worden ist ($Q_{old} = 0$, z. B. durch
eine Rücksetzphase). Dann hängt der Ausgang eindeutig vom aktuellen Zustand des
Eingangssignals ab ($Q^* = I$). (Einen Sonderfall, in dem dieser Mischzustand kurzzeitig erwünscht ist, bildet der sogenannte "$s$-Übergangs-Modus", der im Anhang B.2
beschrieben wird.)

Ein ungültiges Eingangssignal ($I = n$) hat im Speicherzustand und im Rücksetz-
Zustand aufgrund der Trenneigenschaft der Isolierstufe keine Auswirkung auf den Ausgang. In den durch die Transparenz der Isolierstufe bestimmten Flipflop-Zuständen
Auffangen und Transparenz führt ein ungültiges Eingangssignal zu einem ebenfalls
ungültigen Ausgangssignal.

## 2.6.2 Synchroner Betrieb

Für den Betrieb der Speicherelemente in synchron getakteten Systemen ist charakteristisch, daß jede Zustandsänderung eines Signals innerhalb dieses Systems die direkte Folge einer Flanke eines Synchronisationstaktes ist. Da die Verzögerungsparameter aber bekannt sind, sind auch die Grenzen der Übergangsbereiche, d. h. also die Gültigkeitszeitpunkte, bekannt, und das Signal kann in der nächsten Taktperiode ausgewertet werden. Dazu genügt es, eine *Schreibzeit (latch time, Lf)* von minimaler Dauer in einem Mindestabstand zum vorherigen Synchronisationstakt anzuordnen.

Im Gegensatz zum asynchronen Betrieb, bei dem das Flipflop irgendwann, wenn ein gültiger Setzimpuls kommt, gesetzt wird ("einschnappt"), wird der Zustand des Eingangssignals im synchronen Betrieb in einem definierten Zeitintervall abgefragt und bis zur nächsten Abtastzeit gespeichert. Das Setzen eines Flipflops ist hier also ein (vom Synchronisationstakt) gesteuertes Ereignis. (Wir sprechen später von "Änderungs-Prozessen", die von Taktflanken angestoßen werden.)

In einem synchronen System ist das Eingangssignal eines Speicherelementes im allgemeinen entweder das Ausgangssignal eines Schaltnetzes oder der Ausgang eines anderen Speicherelementes. Eine dritte Möglichkeit wäre nur der Ausgang eines Netzwerkes mit Isolierstufe. Da aber das Taktsignal, das diese Isolierstufe ansteuert, ebenfalls zu dem synchronen System gehört, von dem die Speicherelemente kontrolliert werden, kann man die beiden als ein eigenständiges neues Speicherelement betrachten, dessen Element-Parameter sich direkt aus den Parametern seiner Bestandteile ableiten. Mit dieser Betrachtungsweise, daß sich ein synchrones System nur aus Speicherelementen und kombinatorischen Netzwerken (Schaltnetzen) zusammensetzt, wird die Untersuchung synchroner Schaltwerke, wie sie in Kap. 3 vorgenommen wird, deutlich erleichtert.

Die Auffangphase sollte also in einem synchronen Betrieb so kurz wie möglich sein, also nur so lang, wie es zu einem sicheren Betrieb unter den schlechtest möglichen Bedingungen nötig ist. Dann folgt notwendigerweise die Speicherphase, d. h. die Eingangsstufe muß den Speicherzustand gegen weitere Einwirkungen des Eingangs isolieren ($CL = 0$).

Das RS-Flipflop kann in der Auffangphase gesetzt oder rückgesetzt oder im alten Zustand belassen werden. Die Auffangphase kann also direkt als Schreibphase bezeichnet werden (s. Bild 2.6-1c). Ihre minimale Länge (*latch time, Lf*) wird in Abschn. 2.7.1 bestimmt.

Beim getakteten D-Flipflop mit zwei getakteten Elementen (Isolierstufe und Rücksetz-Flipflop, s. Bild 2.6-1e) ist die Zuordnung der vier besprochenen Funktionsphasen zur Schreibphase (*latch time*) nicht so eindeutig und einfach. Der Rücksetzvorgang wird schließlich allein durch den Takt (*HC*) vollzogen, und das Datensignal kann nur auf ein rückgesetztes Element wirken. Es muß andererseits in jeder Taktperiode den Zustand neu einstellen. Daher widmen wir noch einen weiteren allgemeinen Unterabschnitt vorwiegend den verschiedenen möglichen Abfolgen der Funktionsphasen des getakteten D-Flipflops.

## 2.6.3   Abfolge der Funktionsphasen

Wir haben dargelegt, daß es bei Speicherelementen vier verschiedene *Funktionsweisen* (*Auffangen, Speichern, Rücksetzen* und *Transparenz*) gibt, die durch den Zustand der Taktsignale (beim getakteten RS-Flipflop: *CL*, beim getakteten D-Flipflop: *CL* und *HC*) bestimmt werden. Es gibt für die Verwendung dieser Elemente in synchronen Systemen nun unterschiedliche *Betriebsarten*, die durch die Dauer und die Abfolge der Funktionsphasen in einem Taktzyklus charakterisiert sind. (Bild 2.6-1e stellt nur eine der möglichen Betriebsarten vor.)

Da die Funktionsphasen von den Zuständen der Taktsignale bestimmt werden, hängen insbesondere die Phasenübergänge von den Taktübergängen ab. Damit lassen sich die Betriebsarten durch die relative Lage der Übergangszeitpunkte der Taktsignale ($t_{cl1}$ und $t_{cl0}$ bei *CL* sowie $t_{hc0}$ und $t_{hc1}$ bei *HC*) in einem Taktzyklus charakterisieren.

Das *getaktete RS-Flipflop* (vgl. Bild 2.6-1c) hat nur die beiden Funktionsphasen Auffangen und Speichern. Es gibt bei diesem Element keine Transparenz, während der die Eingänge direkt auf den Ausgang "durchscheinen" (vgl. Abschn. 2.4.1 und 2.5.1). Da wir in synchronen Systemen fordern, daß der Eingang während der gesamten Auffangphase (Einschreibzeit) gültig ist, gibt es für ein idealisiertes Modell ohne Toleranzen am Ausgang pro Taktperiode nur einen einzigen Zeitpunkt $t_o$, an dem sich der Zustand des Ausgangssignals ändert. Dieser Zeitpunkt hängt von der Vorderflanke von *CL* ab ($t_{cl1}$). Der Gültigkeitsbereich des Ausgangssignals umfaßt dann die gesamte Taktperiode, da bei synchroner Betrachtungsweise Einschreibzeit und Speicherphase am Ausgang zu einem zusammenhängenden Gültigkeitsbereich zusammengefaßt werden.

Die fallende Flanke von *CL*, $t_{cl0}$, beendet die Auffangphase. Dieser Bereich kann auf ein Minimum reduziert werden, so daß gerade noch eine stabile Rückkopplung (vgl. Abschn. 2.4) erfolgen kann:

$$iv_{min} = t_{cl0} - t_{cl1} = Lf. \qquad (2.6\text{-}2)$$

Die beiden Taktübergänge $t_{cl1}$ und $t_{cl0}$ sind also durch Parameter der Schaltkreiselemente voneinander abhängig, so daß man beide durch eine entsprechende Schaltung aus einer einzigen Flanke ableiten kann. Damit entspricht der Betrieb aber einer "Ein-Flanken-Steuerung" (*flankengesteuertes RS-Flipflop*, Abschn. 2.7.1).

Da das Eingangssignal während der gesamten Auffangphase gültig sein muß, bedeutet jede Vergrößerung dieser Phase über das Minimum hinaus ($iv > iv_{min}$) eine unnötige Aufweitung des Gültigkeitsbereiches des Eingangssignals (und damit unter Umständen eine Vergrößerung der Taktperiode.

Andererseits gibt es Fälle, in denen die Auffangphase wesentlich länger sein darf, ohne daß dadurch eine Verletzung irgendwelcher Gültigkeitsanforderungen oder eine Aufweitung der Taktperiode auftritt (z. B. die Slave-Stufe in einem Master-Slave-System). In diesen Fällen kann die Auffangphase zugunsten einer einfacheren Realisierung der Taktversorgung verlängert werden.

Das *getaktete D-Flipflop* (Bild 2.6-1e) besitzt zwei Taktsignale, *CL* und *HC*, so daß mit der Kombination ihrer Flanken theoretisch eine Vielzahl von Betriebsarten denkbar wäre. Allerdings ist nicht jede Abfolge von Funktionsphasen sinnvoll. So muß der Speicherphase in der Regel eine Schreibzeit vorausgehen, damit ein gültiger Zustand gespeichert werden kann (die einzige Ausnahme wäre, daß der Ruhezustand über die eigentliche Rücksetzphase hinaus beibehalten werden soll; in diesem Fall würde die Speicherphase direkt auf die Rücksetzphase folgen, vgl. Bild 2.6-2a).

Die Auffangzeit vor der Speicherzeit sollte so kurz wie möglich sein. Der Minimalwert ergibt sich aus den Verzögerungsparametern der beteiligten Gatter und den Taktflankentoleranzen. Beim D-Flipflop muß aber gewährleistet sein, daß beim Anschalten des Haltetakts ($t_{hc1}$) die Daten am Eingang von Gatter Y (Bild 2.6-1e) sicher gültig sind. Daher müssen die Daten am Eingang bereits zwei Gatterlaufzeiten vorher gültig sein, nach unserer Funktionsdefinition also bereits am Ende des Transparenzbereichs. Ebenso ergeben sich Minimalwerte für die Länge der Rücksetzphase (entspr. dem "Rücksetzimpuls" $\overline{HC}$).

Bei Berücksichtigung aller solcher Forderungen verbleiben noch sechs Fälle für die relative Lage der Taktflanken zueinander (entsprechend sechs Betriebsarten des Flipflops), die in Bild 2.6-2 dargestellt sind. In diesem Bild finden sich in vereinfachter Darstellung für jeden Fall die beiden Taktsignale *CL* und *HC* sowie das daraus nach Tabelle 2.6-1 bestimmte Funktionsphasendiagramm.

In der rechten Spalte (b, d, f) tritt eine Transparenzphase ($CL = 1, HC = 0$) auf, in der linken Spalte (a, c, e) gibt es keine Transparenz. Es gibt generell nur diese beiden Flipflop-Klassen, nämlich

> *transparente Flipflops* und
>
> *nicht-transparente Flipflops,*

Jede Klasse hat dann noch drei Varianten (s. Bild 2.6-2).

In Fall (c) sind die vier Taktflanken in der Weise aufeinander bezogen, daß die Rücksetzphase minimal ist und am Ausgang nur ein einziger Übergangszeitpunkt entsteht ($t_o$). Außer der Schreibzeit *Lf* erscheint also nur die Speicherphase. Die relative Lage der vier Flanken zueinander ergibt sich direkt aus den Schaltkreisparametern des Elementes, so daß man, anstatt zwei Taktpulse mit je zwei aktiven Flanken zu verwenden, genauso alle vier Flanken durch eine geeignete Schaltung aus nur einem Taktpuls mit nur einer einzigen aktiven Flanke ableiten kann. Somit kann man das Element in dieser Betriebsart als *flankengesteuertes D-Flipflop* betrachten (vgl. auch *flankengesteuertes RS-Flipflop*, s. o., Details in Abschn. 2.7.2).

Die Erweiterung dieser Betriebsart um eine Transparenzphase (Zustand $CL = 1, HC = 0$ von endlicher, nicht minimaler Dauer, Fall (d)) führt zu einer Ansteuerung des Elementes mit jeweils zwei aufeinander bezogenen Taktflanken ($t_{cl1}$ ist an $t_{hc0}$ gekoppelt, $t_{cl0}$ an $t_{hc1}$), so daß diese Ansteuerung durch ein einziges Taktsignal mit zwei aktiven Flanken realisiert werden kann. Diese Betriebsart entspricht damit einem *transparenten D-Latch (taktpegelgesteuertes D-Auffang-Flipflop,* Details in Abschn. 2.7.3).

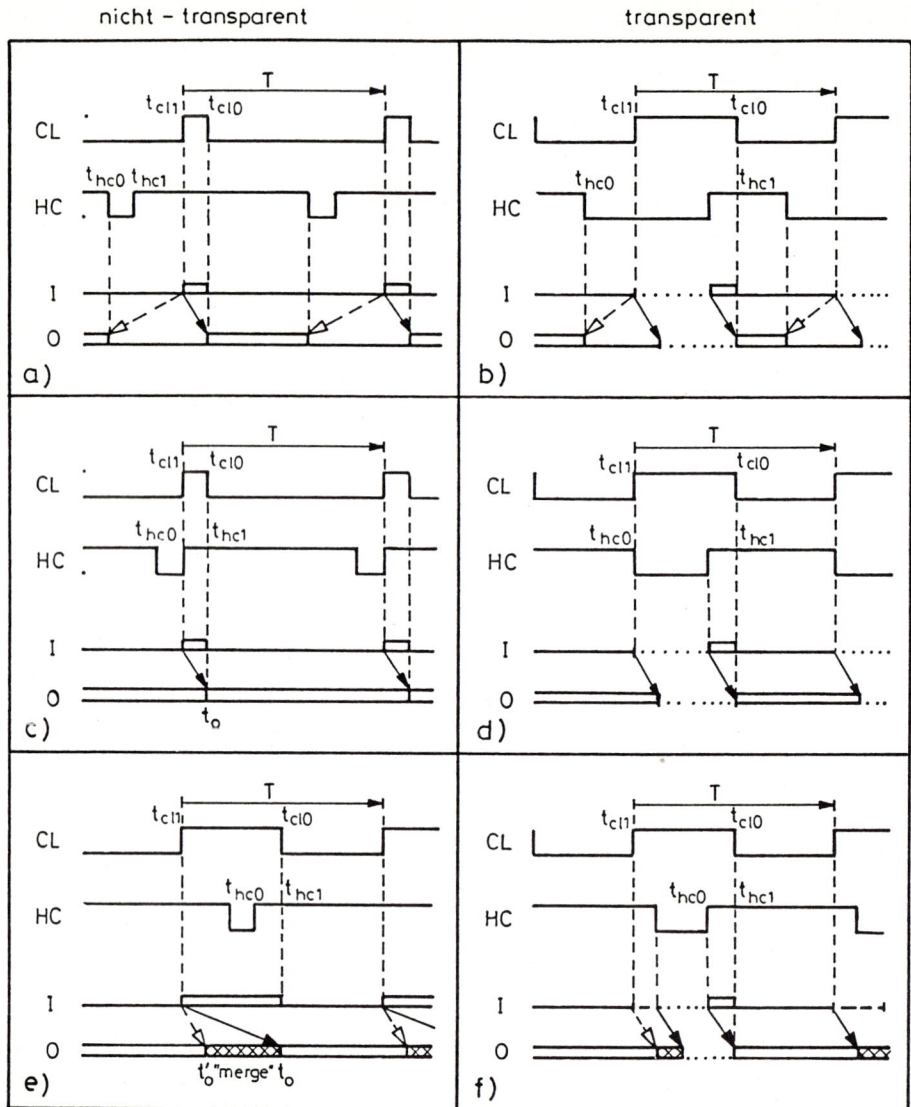

**Bild 2.6-2.** Betriebsarten des getakteten D-Flipflops, a) bis f) siehe Text

Wenn beim flankengetriggerten D-Flipflop (Fall c) der neue Zustand der gleiche ist
wie der gespeicherte, dann tritt theoretisch am Ausgang zum Zeitpunkt $t_o$ kein Übergang und damit kein Fehlimpuls (Hazard) auf, da das Rücksetzen des alten Zustandes
(bedingt durch $t_{hc0}$) mit dem neuen Schreibprozeß (durch $t_{cl1}$ initiiert) zusammenfällt,
d. h. der alte Zustand wird direkt in den neuen übergehen.

In der Praxis kann man nicht von solchen idealisierten Voraussetzungen ausgehen,
sondern muß mit Toleranzen in den Gatterverzögerungen und mit endlicher Flanken-
teilheit bzw. Unschärfe der Taktübergänge rechnen. Die dadurch entstehenden Phasenübergänge werden später einzeln behandelt. Hier sollen aber schon mit dem stark
idealisierten Modell die grundsätzlichen Funktionsphasenfolgen erläutert werden.

Es besteht also keine Sicherheit darüber, welcher der beiden Vorgänge (Rücksetzen und
Schreiben) tatsächlich zuerst beginnt. Es ist daher möglich, daß das Ausgangssignal
bei einem 1-1-Übergang kurzzeitig auf 0 geht, bevor es den neuen Zustand 1 annimmt
(Glitch, Hazard), ein auch bei synchronen Systemen sehr unerwünschter Effekt hin-
sichtlich Störungserzeugung und Leistungsverbrauch.

Zur Vermeidung dieses Effekts kann man die Taktansteuerung so gestalten, daß der
späteste Zeitpunkt der steigenden Flanke von $CL$ ($t_{cl1}$) <u>vor</u> dem frühesten Zeitpunkt
der fallenden Flanke von $HC$ ($t_{hc0}$) liegt ($t_{cl1} < t_{hc0}$, Fall e). Wenn am Eingang eine
1 anliegt, dann beginnt mit $t_{cl1}$ der Setzprozeß (sofern der gespeicherte Zustand nicht
schon 1 ist), der zum Zeitpunkt $t'_o$ zu einem gültigen Ausgangssignal führt. Bei einer
0 am Eingang wird der Rücksetzprozeß dagegen erst durch $t_{hc0}$ ausgelöst und führt
zum Zeitpunkt $t_o$ zu einem gültigen Zustand am Ausgang. Somit ist der Zustand des
Ausgangs im Zeitbereich zwischen $t'_o$ und $t_o$ ein "Mischzustand" (*merge*) aus altem und
neuem Zustand, $Q^* = Q_{old} \lor I$ (vgl. (2.6-1)), und damit nach unserer Definition ungültig
(vgl. Abschn. 2.6.1). Es können in diesem Bereich aber keine Mehrfachübergänge (Hazards), sondern nur einfache und eindeutige Signalübergänge auftreten. Ohne Toleranzen — wie die Diagramme in Bild 2.6-2 dargestellt sind — würde entweder eine
steigende Flanke bei $t'_o$ oder eine fallende Flanke bei $t_o$ oder aber gar kein Signalübergang auftreten. Die Breite des "merge"-Bereichs bestimmt man schließlich aus den
Laufzeit- und Taktimpulstoleranzen (s. Anhang B.2, "D-Flipflop mit $s$-Übergang").

In bestimmten Anwendungen (z. B. beim "Latch Bus System", [LD89]) ist es erforder-
lich, daß das Ausgangssignal vor einem neuen Setzprozeß definiert rückgesetzt wird.
Zu dem Zweck muß die fallende Flanke von $HC$, die das Rücksetzen des gespeicher-
ten Zustands einleitet, vor der steigenden Flanke von $CL$ liegen, die das Setzen des
neuen Zustands initiiert ($t_{hc0} < t_{cl1}$). $HC$ kann dann durchaus vor $t_{cl1}$ wieder auf 1
gehen ($t_{hc1}$), da der Rücksetz-Zustand bis zum neuen Setzprozeß ($t_{cl1}$) gespeichert wird
(Fall a). Wir erhalten damit eine sog. *Return-to-Zero*-Betriebsweise ("RTZ-Modus",
s. Anhang B.3).

Die zu den Fällen (a) ("RTZ-Modus") und (e) ("$s$-Übergangs-Modus") korrespondie-
renden Fälle mit Transparenz sind in Bild 2.6-2 mit aufgenommen (b und f). Sie werden
aber nicht weiter untersucht, da wir keine sinnvolle Anwendung dieser Betriebsarten
sehen — insbesondere ist die Vermeidung von Hazards beim "$s$-Übergangs-Modus" un-
sinnig, wenn darauf ein Transparenzbereich folgt, in dem mehrfache Signalübergänge
zulässig sind.

Wir werden im nächsten Abschnitt und im Anhang die vier sinnvollen Betriebsarten der gleichen vorgestellten Schaltung des getakteten D-Flipflops im Detail behandeln, die sich also nur durch die Taktansteuerung unterscheiden. Das getaktete RS-Flipflop gehört zu den nicht-transparenten Flipflops, wird aber wegen der anderen Eingangslogik getrennt behandelt. Insgesamt behandeln wir folgende Flipflop-Typen:

1. Getaktetes RS-Flipflop (Bild 2.6-1c, Abschn. 2.7.1)

2. Nicht-transparentes D-Flipflop

   – mit minimaler Übergangszeit (Bild 2.6-2c, Abschn. 2.7.2)
   – mit $s$-Übergang (merge-Modus) (Bild 2.6-2e, s. Anhang B.2.1)
   – mit Rücksetzphase (RTZ-Modus) (Bild 2.6-2a, s. Anhang B.2.2)

3. Transparentes D-Flipflop (Bild 2.6-2d, Abschn. 2.7.3).

Für jeden Typ gibt es über die betrachtete Struktur aus drei Gattern (bzw. vier beim RS-FF) hinaus noch viele Realisierungen, die sich infolge der Technologie-Eigenheiten oder auch wegen der beabsichtigten Größen der Parameterwerte oft drastisch unterscheiden (vgl. Anhang B.4).

Die Frage der Einsetzbarkeit in rückgekoppelten Systemen wird erst später (in Kap. 3) behandelt. Daraus sind auch erst Master-Slave-Eigenschaften erklärbar (s. Abschn. 3.2.2).

## 2.7  Flipflops

Wir haben im letzten Abschnitt verschiedene Betriebsarten von Flipflops erläutert und einige davon von ihrem Zeitverhalten her als Elementar-Typen herausgestellt. Natürlich gibt es viele verschiedene Realisierungen für Flipflops, und durch Eingangsschaltungen können weitere Varianten erzeugt werden. Im allgemeinen wird dadurch allerdings vorwiegend das logische Verhalten der Flipflops verändert, nicht aber das prinzipielle Zeitverhalten. Aus dem Grunde werden wir als Beispiele für die elementaren Betriebsarten einfache und leicht überschaubare Strukturen vorstellen, insbesondere genügt für alle D-Typen eine einzige Schaltung (aus drei NAND-Gattern, s. Abschn. 2.6.1) mit jeweils unterschiedlicher Ansteuerung durch die beiden Taktsignale.

Wir wollen zeigen, wie wir anhand einer Detailanalyse der Flipflops auf Gatterebene zu den Flipflop-Element-Parametern kommen und wählen dazu das RS-Flipflop sowie von den verschiedenen Betriebsarten unseres D-Flipflops den nicht-transparenten Fall (mit minimaler Übergangszeit) und den transparenten Fall. Weitere Fälle sind dann im Anhang B aufgeführt.

Man kann sicher noch andere Charakteristika definieren als in Abschn. 2.6 und dementsprechend weitere Flipflop-Typen betrachten. Jedoch das ist wesentliche Zeitverhalten

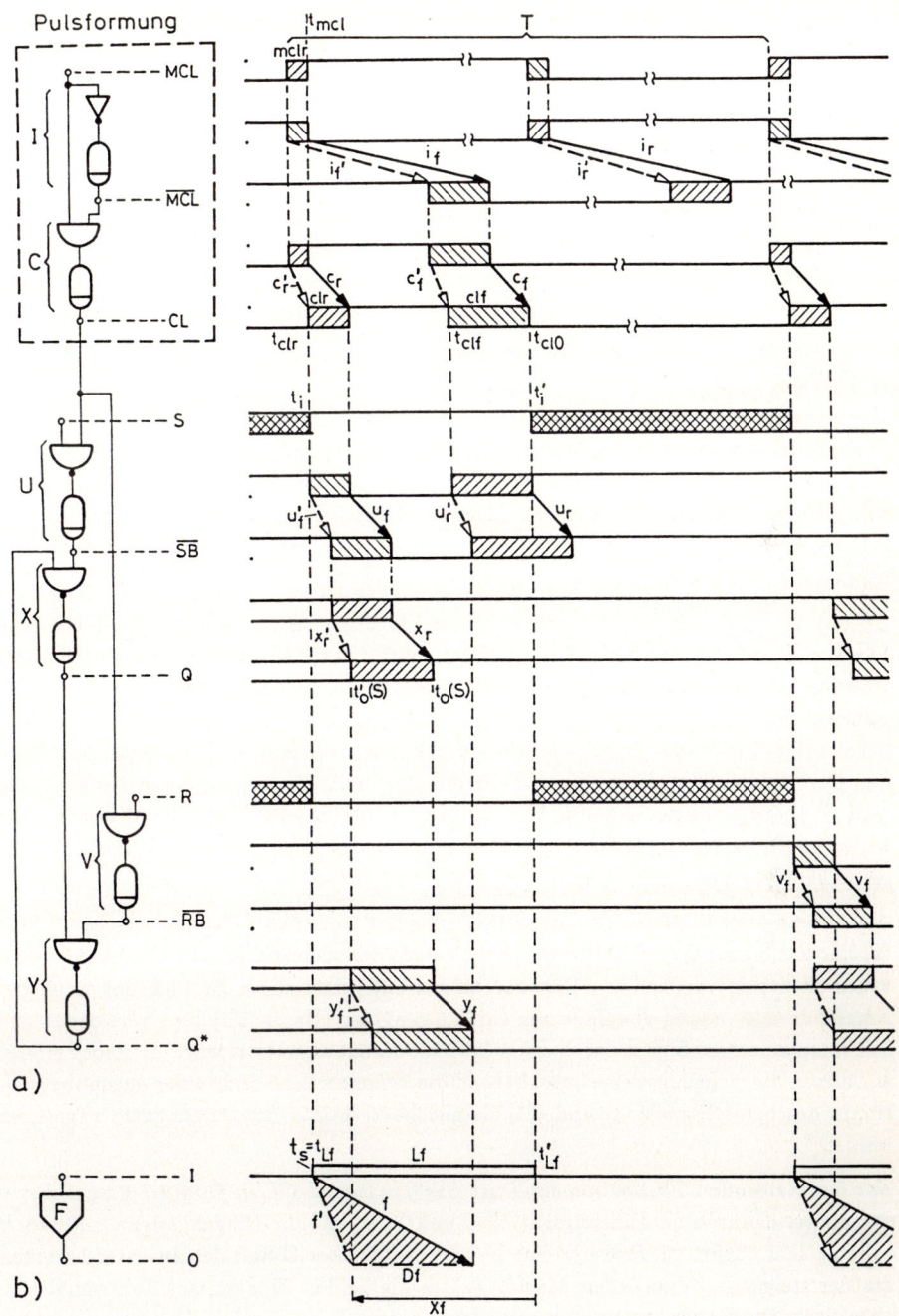

**Bild 2.7-1.** Taktgesteuertes RS-Flipflop: a) Zeitdiagramm, b) Darstellung der Element-Parameter

jedes Flipflop-Typs mit nur drei Zeitparametern beschreibbar, deren Größe durch die jeweilige Schaltungskonfiguration, die dynamischen Eigenschaften ihrer Komponenten, die Betriebsweise und die Taktparameter bestimmt wird.

## 2.7.1   Taktgesteuertes RS-Flipflop

Ein taktgesteuertes RS-Flipflop ist ein RS-Basis-Flipflop (s. Bild 2.3-4f), dessen Eingänge durch eine Isolierstufe (vgl. Abschn. 2.4) vom Taktsignal gesteuert werden. Bild 2.7-1 zeigt ein solches Flipflop mit dem zugehörigen Zeitdiagramm, und zwar aus Gründen der Übersichtlichkeit nur für einen Setzvorgang (der Rücksetzvorgang ist dual dazu, und die dritte zulässige Eingangskombination, $R = S = 0$, würde gar keine Änderung bewirken).

Wir verwenden hier das Gattermodell entsprechend Abschn. 2.2 mit der Aufteilung in ein statisches Verknüpfungselement und ein nachgeschaltetes dynamisches Element, verzichten allerdings auf die Benennung des Zwischensignals. Wir betrachten die Zeitabläufe unter Berücksichtigung von Toleranzen der Taktsignalflanken, Dispersion der Signalverzögerungen und individuellen Anstiegs- und Abfallzeiten.

Die Eingänge $S$ und $R$ (Setz- bzw. Rücksetzeingang) wirken über die vom selben Takt $CL$ gesteuerten Isoliergatter U und V auf die Eingänge $\overline{SB}$ und $\overline{RB}$ des Basis-Flipflops (Gatter X und Y). Weil wir bei der Betrachtung der Zeitverhältnisse keinerlei logische Unterscheidungen mitführen wollen, fordern wir, daß beide Eingänge ($S$ und $R$) während der Schreibzeit gültig sind. Diese Zeit kann aber möglichst kurz gemacht werden, so daß ihre Dauer im wesentlichen durch interne Schaltkreisparameter bestimmt ist. Damit kann der notwendige $CL$-Impuls aber mit einem geeigneten Netz (s. Anhang A.4) aus einer einzigen Flanke eines Master-Taktes ($MCL$) abgeleitet werden, wie wir es in Bild 2.7-1 dargestellt haben, so daß wir das Flipflop als *einflankengesteuert* betrachten können.

Als Ausgang des Flipflops betrachten wir zunächst trotz der vollsymmetrischen Struktur nur das Signal $Q$ (vgl. Abschn. 2.3.4), da wir den gleichen Ansatz bei den verschiedenen D-Typen verwenden. Darüber hinaus entspricht diese Betrachtung auch der Praxis, da dort häufig ebenfalls nur ein Ausgang des (Basis-)Flipflops verwendet und das komplementäre Signal durch einen Inverter daraus abgeleitet wird. Dennoch wollen wir dieser Betrachtungsweise anschließend die symmetrische Sichtweise gegenüberstellen, in der beide Signale, $Q$ und $Q^*$, als gleichberechtigte Ausgangssignale angesehen werden.

Vor der steigenden Flanke von $MCL$ ist das Taktsignal $CL$ in Bild 2.7-1 zunächst 0 und sperrt dadurch die Eingangsgatter U und V, so daß die Eingangssignale $S$ und $R$ beliebig sein dürfen ($S, R = n$). Durch das UND-Gatter C und den Inverter I werden aus der steigenden Flanke des Master-Taktes die beiden Flanken des Taktsignals $CL$ abgeleitet. Die Dauer des entstehenden Impulses ist dabei von I abhängig und muß an die geforderte Schreibzeit angepaßt werden.

Da beim RS-Flipflop jeder unerwünschte Eingangsimpuls zu einer fehlerhaften Anregung des Flipflops führen kann (vgl. Anhang A.2, Metastabilität), fordern wir, daß am Ausgang der Eingangsgatter nur einfache (single, $s$-)Übergänge stattfinden ($s$-$s$-Transparenz der Isolierstufe, vgl. Abschn. 2.4.3). Das heißt aber, daß $S$ und $R$ gültig sein müssen, wenn das Taktsignal ansteigen kann:

$$t_i \leq t_{clr} = t_{mcl} - mclr + c'_r. \tag{2.7-1}$$

Dabei gehen wir davon aus, daß jeweils nur höchstens eines der beiden Eingangssignale ($S$ oder $R$) aktiv ist, damit wir auch nur eindeutige Schaltvorgänge des Flipflops erhalten.

### 2.7.1.1 Asymmetrische Betrachtungsweise

Unter den oben genannten Voraussetzungen wird ein Setzprozeß allein vom Auftreten der Taktvorderflanke gestartet, also frühestens zum Zeitpunkt $t_{clr} = t_i$ (Bild 2.7-1a). Zwei minimale Gatterlaufzeiten ($u'_f + x'_r$) später kann dann der Ausgang $Q$ ansteigen ($t'_o(S)$), womit wir die minimale Verzögerungszeit $f'(S)$ für einen Setzprozeß erhalten.

$$f'(S) = t'_o(S) - t_i \tag{2.7-2a}$$
$$= u'_f + x'_r. \tag{2.7-2b}$$

Eine weitere Laufzeit $y'_f$ danach könnte die Rückkopplung frühestens vollendet sein.

Ein spätester Setzvorgang kann durch einen spätesten Taktanstieg um eine Flankentoleranz $clr$ nach $t_{clr}$ ($= t_i$) gestartet werden und erreicht nach zwei maximalen Verzögerungen ($u_f + x_r$) den Ausgang $Q$ (Gültigkeitszeitpunkt $t_o(S)$), woraus sich die Flipflop-Verzögerungszeit $f(S)$ ergibt.

$$f(S) = t_o(S) - t_i \tag{2.7-3a}$$
$$= (u_f + x_r) + clr. \tag{2.7-3b}$$

Spätestens nach einer weiteren maximalen Abfallzeit $y_f$ ist dann das Basis-Flipflop vollständig gesetzt ($Q^* = 0$), so daß $\overline{SB}$ inaktiv werden darf. Wir haben hier einen Taktimpuls von optimaler Dauer gezeichnet, dessen Abfallbereich gerade so beginnt, daß eine früheste Abfallflanke des Taktes ($t_{clf}$) mit der minimalen Verzögerung durch das Isoliergatter ($u'_r$) genau diesen Zeitpunkt erreicht. Das Pulsformungsnetz enthält also eine Abfallverzögerung des Inverters von

$$i'_f = f(S) + y_f - u'_r + c'_r - c'_f. \tag{2.7-4}$$

Mit dem gezeichneten Toleranzbereich $clf$ ist das Taktsignal aber erst zum Zeitpunkt $t_{clo}$ sicher auf 0, und solange müssen auch die Eingangssignale (zumindest aber das Rücksetzsignal $R$, s. u.) gültig bleiben ($t'_i = t_{clo}$). Daraus erhalten wir die Schreibzeit $Lf(S)$ für dieses Flipflop:

$$Lf(S) = t'_i - t_i \tag{2.7-5a}$$
$$= (u_f + x_r) + (y_f - u'_r) + clr + clf. \tag{2.7-5b}$$

Die Dispersion $Df(S)$ enthält die Flankentoleranz $clr$ der Taktvorderflanke sowie die Dispersionen der Gatter U und X:

$$Df(S) \;=\; t_o(S) - t'_o(S) \tag{2.7-6a}$$

$$=\; f - f' \tag{2.7-6b}$$

$$=\; Du_f + Dx_r + clr. \tag{2.7-6c}$$

Wenn das Flipflop zuvor gesetzt war ($Q = 1$), dann reagiert allein das Signal $\overline{SB}$ in der beschriebenen Weise auf den Setzimpuls. An $Q$ oder $Q^*$ erscheinen in dem Fall keine Reaktionen, vor allem eben auch keine fehlerhaften Signalübergänge (Hazards) oder Ungültigkeitszustände.

Ein Rücksetzvorgang läuft sehr ähnlich ab wie der Setzprozeß. Auch er kann frühestens mit dem Ansteigen des Taktsignals ($t_{clr}$) beginnen, allerdings erreicht der Rücksetzimpuls erst nach Durchlaufen dreier Gatter (V, Y und X) den Ausgang $Q$, so daß $f'$ und $f$ hier um eine Gatterlaufzeit länger sind als beim Setzprozeß. Dafür ist aber mit dem Gültigwerden des Ausgangs $Q$ die Rückkopplung bereits erfüllt, so daß $\overline{RB}$ inaktiv werden kann. Der längere Durchlaufweg bis zum Ausgang hat somit keinen Einfluß auf die Einschreibzeit $Lf$.

Im Detail ergeben sich folgende Zeitparameter für den Rücksetzprozeß:

$$f'(R) \;=\; t'_o(R) - t_i \tag{2.7-7a}$$

$$=\; v'_f + y'_r + x'_f, \tag{2.7-7b}$$

$$f(R) \;=\; t_o(R) - t_i \tag{2.7-8a}$$

$$=\; v_f + y_r + x_f + clr, \tag{2.7-8b}$$

$$Lf(R) \;=\; t'_i - t_i \tag{2.7-9a}$$

$$=\; (v_f + y_r + x_f) - v'_r + clr + clf, \tag{2.7-9b}$$

$$Df(R) \;=\; t_o(R) - t'_o(R) \tag{2.7-10a}$$

$$=\; f - f' \tag{2.7-10b}$$

$$=\; Dv_f + Dy_r + Dx_f + clr. \tag{2.7-10c}$$

Aus diesen Detailparametern für den Setz- und Rücksetzprozeß können die Flipflop-Parameter des taktgesteuerten RS-Flipflops gewonnen werden, indem man jeweils den schlechtesten Fall berücksichtigt ($S$ oder $R$). Der früheste mögliche Zeitpunkt für einen Anstieg des Taktes sei gleichzeitig der Gültigkeitszeitpunkt der Eingangssignale und somit der Anfangszeitpunkt der Schreibzeit ($t_{clr} = t_i = t_{Lf}$). Mit den entsprechenden Definitionsgleichungen aus Abschn. 2.3.4 erhalten wir dann die folgenden Parameter:

1. Die *Einschreibzeit Lf* (vgl. (2.3-15))

$$Lf \;=\; t'_{Lf} - t_{Lf} \tag{2.7-11a}$$

$$=\; \max \left\{ \begin{array}{c} Lf(S) \\ Lf(R) \end{array} \right\} \tag{2.7-11b}$$

$$=\; \max \left\{ \begin{array}{c} u_f + x_r + y_f - u'_r \\ v_f + y_r + x_f - v'_r \end{array} \right\} + (clr + clf). \tag{2.7-11c}$$

2. Die *Verzögerungszeit* $f$ (vgl. (2.3-16))

$$f = t_o - t_{Lf} \tag{2.7-12a}$$

$$= \max \left\{ \begin{array}{c} f(S) \\ f(R) \end{array} \right\} \tag{2.7-12b}$$

$$= \max \left\{ \begin{array}{c} u_f + x_r \\ v_f + y_r + x_f \end{array} \right\} + clr. \tag{2.7-12c}$$

3. Die *Minimalverzögerung* $f'$ (vgl. (2.3-17))

$$f' = t'_o - t_{Lf} \tag{2.7-13a}$$

$$= \min \left\{ \begin{array}{c} f'(S) \\ f'(R) \end{array} \right\} \tag{2.7-13b}$$

$$= \min \left\{ \begin{array}{c} u'_f + x'_r \\ v'_f + y'_r + x'_f \end{array} \right\}. \tag{2.7-13c}$$

4. Die *Dispersion* $Df$ (vgl. (2.3-18))

$$Df = t_o - t'_o \tag{2.7-14a}$$

$$= f - f' \tag{2.7-14b}$$

$$= \max \left\{ \begin{array}{c} u_f + x_r \\ v_f + y_r + x_f \end{array} \right\} + clr - \min \left\{ \begin{array}{c} u'_f + x'_r \\ v'_f + y'_r + x'_f \end{array} \right\}. \tag{2.7-14c}$$

5. Der *Grundüberschuß* $Xf$ (vgl. (2.3-19))

$$Xf = t'_o - t'_{Lf} \tag{2.7-15a}$$

$$= f' - Lf \tag{2.7-15b}$$

$$= \min \left\{ \begin{array}{c} u'_f + x'_r \\ v'_f + y'_r + x'_f \end{array} \right\} - (clr + clf) - \max \left\{ \begin{array}{c} u_f + x_r + y_f - u'_r \\ v_f + y_r + x_f - v'_r \end{array} \right\}. \tag{2.7-15c}$$

Die in diesen Gleichungen auftretenden Takttoleranzen $clr$ und $clf$ ergeben sich durch die Takttoleranzen des Master-Taktes und die durch das Pulsformungsnetz verursachte Dispersion, nämlich

$$clr = mclr + Dc_r, \tag{2.7-16a}$$

$$clf = mclr + Di_f + Dc_f. \tag{2.7-16b}$$

### 2.7.1.2  Symmetrische Betrachtungsweise

Entsprechend der vollsymmetrischen Struktur des RS-Flipflops ist es gerechtfertigt (und z. B. in Schiebeketten so benutzt), daß die Ausgänge $Q$ und $Q^*$ gleichberechtigt als Elementausgänge verwendet werden. Damit ändern sich die Gesichtspunkte zur Bestimmung der Zeitpunkte $t_o$ und $t'_o$, da diese nun den jeweils schlechteren Fall von

$Q$ oder $Q^*$ erfassen, und demzufolge ergeben sich auch andere Detailparameter bei der Bestimmung der Flipflop-Parameter. Von dieser symmetrischen Betrachtungsweise bleibt allein die Einschreibzeit unbeeinflußt, da sie sich nur auf die Eingangszeitpunkte $t_i$ und $t_i'$ bezieht.

1. *Einschreibzeit $Lf_{sym}$*: wie in (2.7-11).

2. *Verzögerungszeit $f_{sym}$*:

$$f_{sym} = \max \left\{ \begin{array}{c} u_f + x_r + y_f \\ v_f + y_r + x_f \end{array} \right\} + clr. \tag{2.7-17}$$

3. *Minimalverzögerung $f_{sym}'$*:

$$f_{sym}' = \min \left\{ \begin{array}{c} u_f' + x_r' \\ v_f' + y_r' \end{array} \right\}. \tag{2.7-18}$$

4. *Dispersion $Df_{sym}$*:

$$Df_{sym} = \max \left\{ \begin{array}{c} u_f + x_r + y_f \\ v_f + y_r + x_f \end{array} \right\} + clr - \min \left\{ \begin{array}{c} u_f' + x_r' \\ v_f' + y_r' \end{array} \right\}. \tag{2.7-19}$$

5. *Grundüberschuß $Xf_{sym}$*:

$$Xf_{sym} = \min \left\{ \begin{array}{c} u_f' + x_r' \\ v_f' + y_r' \end{array} \right\} - (clr + clf) - \max \left\{ \begin{array}{c} u_f + x_r + y_f - u_r' \\ v_f + y_r + x_f - v_r' \end{array} \right\}. \tag{2.7-20}$$

Auch in den Gleichungen zur Bestimmung der Flipflop-Parameter schlägt sich die Symmetrie nieder, denn in den min/max-Ausdrücken setzen sich die beiden Alternativen jetzt jeweils aus gleicher Anzahl und gleicher Art von Verzögerungszeiten zusammen, so daß man von nahezu gleichen Werten für Setz- und Rücksetzvorgang ausgehen kann. Unterschiede sind im wesentlichen in den Streuungen der Parameter beim Herstellungsprozeß begründet und liegen damit innerhalb eines Elementes (auf einem Chip) in sehr engen Grenzen.

## 2.7.2   D-Flipflop ohne Transparenz

Das getaktete D-Flipflop, das wir in Abschn. 2.6 (s. Bild 2.6-1) aus einem Rücksetz-Flipflop und einem Isoliergatter entwickelt haben, besitzt im Gegensatz zum getakteten RS-Flipflop nur einen Dateneingang ($D$) und auch nur einen Ausgang ($Q$). Die Ansteuerung mit zwei Takten (d. h. vier Flanken) läßt wegen der großen Zahl möglicher Anordnungen der Flanken viele verschiedene Betriebsweisen zu. Wir beschränken uns hier auf einen nicht-transparenten und den transparenten Fall. Im Anhang B finden sich noch weitere Beispiele.

Bild 2.7-2a zeigt das Zeitdiagramm für das D-Flipflop ohne Transparenz. Wir haben hier einen Fall mit minimaler Dispersion $Df$ gezeichnet. Dies soll hier kurz erläutert werden.

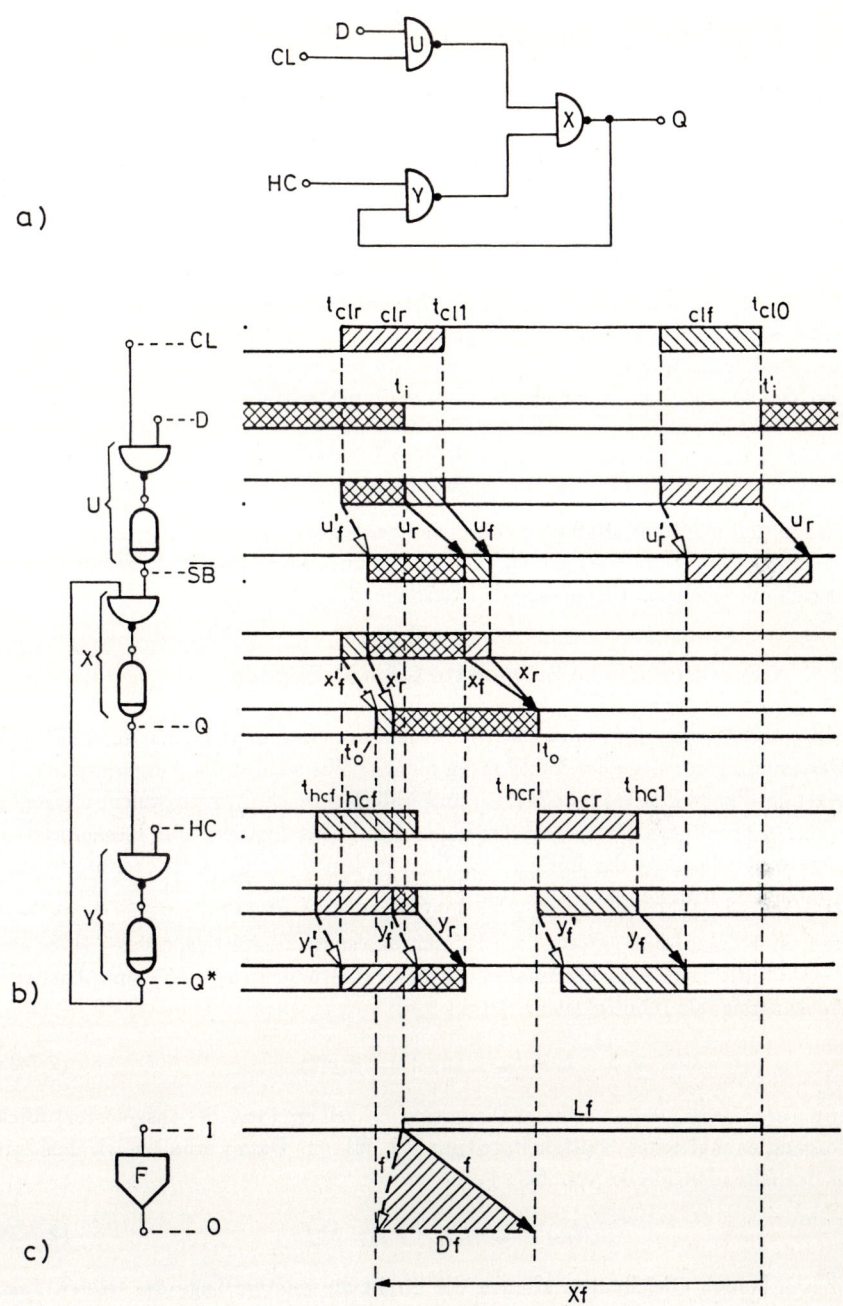

**Bild 2.7-2.** D-Flipflop ohne Transparenz: a) Struktur, b) Zeitdiagramme, c) Darstellung der Element-Parameter

### 2.7.2.1   Betriebsfall mit minimaler Dispersion

Bei einem Setz- und einem Rücksetzprozeß entstehen jeweils unterschiedliche Dispersionsbereiche am Ausgang $Q$. Die erreichbaren Minimalwerte bei gegebenen Takttoleranzen und Verzögerungsparametern sind

$$Df(S) = clr + Du_f + Dx_r, \qquad (2.7\text{-}21\text{a})$$

$$Df(R) = hcf + Dy_r + Dx_f. \qquad (2.7\text{-}21\text{b})$$

Die Dispersion bei einem Setzprozeß ist also im wesentlichen durch den Toleranzbereich von $CL$ bestimmt, bei einem Rücksetzprozeß durch $HC$. Die Gesamtdispersion wird nun minimal, wenn man die Flanken $t_{clr}$ und $t_{hcf}$ so gegeneinander verschiebt, daß der kleinere der beiden Dispersionsbereiche innerhalb des größeren liegt. Dann gilt

$$Df_{min} = \min \left\{ \begin{array}{c} clr + Du_f + Dx_r \\ hcf + Dy_r + Dx_f \end{array} \right\}. \qquad (2.7\text{-}22)$$

Wir haben hier den Spezialfall gezeichnet, daß beide Dispersionsbereiche auf denselben Gültigkeitszeitpunkt am Ausgang ($t_o$) zielen. Bei unseren gewählten Parameterwerten ergibt sich die Rücksetz-Dispersion als bestimmend.

### 2.7.2.2   Charakteristische Zeitpunkte beim D-Flipflop

Zunächst wollen wir einige grundsätzliche Beziehungen angeben, die bei diesem Flipflop zur Bestimmung der Lage der Taktflanken dienen. Wir wählen als Ausgangspunkt die ansteigende Flanke des Taktes $CL$ ($t_{clr}$) und wollen entwickeln, über welche Beziehungen sich bei gegebenen Gatterverzögerungen und Takttoleranzen das Gesamtsystem, genauer gesagt die Lage der übrigen drei Taktflanken sowie die Gültigkeitszeitpunkte des Eingangs bestimmen lassen (s. Bild 2.7-2a).

Ein spätester Setzprozeß ($D = 1$) wird durch das späteste Ansteigen des Taktes ausgelöst und führt nach zwei maximalen Gatterverzögerungen ($u_f + x_r$) zum Ansteigen des Ausgangssignals (Gültigkeitszeitpunkt $t_o$):

$$t_o = t_{clr} + (u_f + x_r) + clr. \qquad (2.7\text{-}23)$$

Unter unserer Bedingung minimaler Dispersion $Df$ soll ein (von $HC$ ausgelöster) Rücksetzvorgang zum gleichen Gültigkeitszeitpunkt $t_o$ führen. Damit erhalten wir den Zeitpunkt der fallenden Flanke von $HC$:

$$t_{hcf} = t_o - (y_r + x_f) - hcf. \qquad (2.7\text{-}24)$$

Mit diesen beiden Gleichungen können wir direkt die relative Lage der beiden Taktvorderflanken $t_{clr}$ und $t_{hcf}$ zueinander bestimmen:

$$t_{hcf} - t_{clr} = (u_f + x_r) - (y_r + x_f) + clr - hcf. \qquad (2.7\text{-}25)$$

Bevor der Haltetakt wieder ansteigen darf ($t_{hcr}$), muß ein Rücksetzprozeß sicher abgeschlossen sein, da es sonst zur Rückkopplung eines ungültigen Zustands kommen kann (vgl. Metastabilität, Anhang A.2). Der Setzprozeß ist für die Bestimmung von $t_{hcr}$ unkritisch, so daß wir diesen Zeitpunkt allein aus den Parametern des Rücksetzvorgangs ableiten:

$$t_{hcr} = t_{hcf} + (y_r + x_f) + hcf \qquad (2.7\text{-}26a)$$

$$= t_o. \qquad (2.7\text{-}26b)$$

Die Rücksetzphase des Haltetaktes ($HC = 0$) einschließlich der Flankentoleranzen ergibt sich damit zu

$$t_{hc1} - t_{hcf} = (y_r + x_f) + hcf + hcr, \qquad (2.7\text{-}27)$$

so daß wir die Flanken des Haltetaktes für unseren Fall vollständig bestimmt haben.

Bei einem Setzvorgang wird der gültige Ausgangszustand ($Q = 1$) erst durch den ansteigenden Haltetakt ($HC = 1$) auf den Eingang des Gatters X rückgekoppelt. Die Eingangsinformation muß bis zur Vollendung dieser Rückkopplung vorhanden sein, so daß wir aus dieser Bedingung das Ende der Aktivphase des Taktes $CL$ ($t_{cl0}$) erhalten:

$$t_{cl0} = t_{hcr} + (y_f - u_r') + hcr + clf. \qquad (2.7\text{-}28)$$

Mit (2.7-23) und (2.7-26b) können wir die Dauer der Aktivphase von $CL$ bestimmen:

$$t_{cl0} - t_{clr} = (u_f + x_r) + (y_f - u_r') + hcr + clr + clf. \qquad (2.7\text{-}29)$$

Wir haben jetzt alle vier Taktflanken des Flipflops über Schaltungsparameter aufeinander bezogen. Man kann dieses spezielle Taktmuster auch jeweils lokal für die Flipflop-Stufe aus einer einzigen Flanke eines Master-Taktes erzeugen (vgl. auch das RS-Flipflop, Bild 2.7-1), so daß sich die Flipflop-Stufe nach außen als *einflankengetriggert* darstellt.

Schließlich wollen wir noch die Gültigkeitszeitpunkte für das Eingangssignal $D$ festlegen. Mit den in Bild 2.7-2a gewählten Parametern ist die Verzögerung eines Setzvorgangs kleiner als die eines Rücksetzvorgangs:

$$(u_r + x_f) > (u_f + x_r). \qquad (2.7\text{-}30)$$

Da für beide Prozesse am Ausgang derselbe Gültigkeitszeitpunkt $t_o$ gilt, ergibt sich der Eingangsgültigkeitszeitpunkt $t_i$ aus $t_o$ und der Rücksetzverzögerung:

$$t_i = t_o - (u_r + x_f). \qquad (2.7\text{-}31)$$

Für andere Größenverhältnisse verschiebt sich entsprechend die Lage von $t_i$. Bei sehr großer Rücksetzverzögerung ist $t_{clr}$ der früheste Zeitpunkt für $t_i$, und für eine kleine Rücksetzverzögerung ist $t_{cl1}$ der späteste Zeitpunkt für $t_i$. In diesen extremen Fällen haben dann der Setzvorgang und die (vom Eingang initiierte) Rücksetzverzögerung nicht den gemeinsamen Gültigkeitszeitpunkt $t_o$.

$$(u_r + x_f) \geq (u_f + x_r) + clr \quad : \quad t_i = t_{clr}, \qquad (2.7\text{-}32a)$$

$$(u_r + x_f) \leq (u_f + x_r) \quad : \quad t_i = t_{cl1}. \qquad (2.7\text{-}32b)$$

(Im ersten Fall mit sehr großer Rücksetzverzögerung ist zwischen zwei aufeinander folgenden Taktzyklen eine Erholungszeit zu berücksichtigen (s. auch Anhang A.3, Bild A.3-4). Die Schreibzeit beinhaltet dann drei Takttoleranzen, und die Verzögerungszeit enthält ebenfalls eine Takttoleranz.)

Der Ungültigkeitszeitpunkt $t_i'$ bestimmt sich aus der Forderung, daß (bei einem Rücksetzprozeß) keine ungewollten Impulse am Ende der Taktaktivphase entstehen dürfen, die zu einer fehlerhaften Anregung des Rücksetz-Flipflops führen könnten. Wir haben also die Phasenübergänge am Eingang entsprechend der $m$-$s$-Transparenz (vgl. Abschn. 2.4.3, Bild 2.4-3b). Daher muß der Eingang $D$ gültig bleiben, bis der Takt $CL$ sicher inaktiv ist:

$$t_i' = t_{clo}. \tag{2.7-33}$$

Mit Hilfe dieser Beziehungen zwischen den verschiedenen charakteristischen Zeitpunkten des D-Flipflops können wir nun die Flipflop-Parameter ermitteln.

### 2.7.2.3  Flipflop-Element-Parameter

Wir wollen die Flipflop-Parameter für das in Bild 2.7-2a gezeigte D-Flipflop ermitteln. Die Randbedingungen für die hier dargestellte Betriebsweise sind:

- minimale Dispersion $Df$,

- keine Transparenz ($tr = 0$),

- multiple Übergänge am Ausgang erlaubt.

Unter diesen Randbedingungen und mit den hergeleiteten Beziehungen für die verschiedenen charakteristischen Zeitpunkte des Flipflops erhalten wir also für die Element-Parameter dieses Flipflops folgende Gleichungen:

1. Einschreibzeit $Lf$:

$$\begin{aligned} Lf &= t_i' - t_i & \text{(2.7-34a)} \\ &= (u_r + x_f) + (y_f - u_r') + hcr + clf. & \text{(2.7-34b)} \end{aligned}$$

2. Verzögerungszeit $f$:

$$\begin{aligned} f &= t_o - t_i & \text{(2.7-35a)} \\ &= u_r + x_f. & \text{(2.7-35b)} \end{aligned}$$

3. Minimalverzögerung $f'$:

$$\begin{aligned} f' &= t_o' - t_i & \text{(2.7-36a)} \\ &= (u_r + x_f) - \max \left\{ \begin{array}{l} Du_f + Dx_r + clr \\ Dy_r + Dx_f + hcf \end{array} \right\}. & \text{(2.7-36b)} \end{aligned}$$

4. Dispersion $Df$:

$$Df \;=\; t_o - t'_o \tag{2.7-37a}$$

$$=\; \max\left\{ \begin{array}{l} Du_f + Dx_r + clr \\ Dy_r + Dx_f + hcf \end{array} \right\}. \tag{2.7-37b}$$

5. Grundüberschuß $Xf$:

$$Xf \;=\; t'_o - t'_i \tag{2.7-38a}$$

$$=\; -(y_f - u'_r) - (hcr + clf) - \max\left\{ \begin{array}{l} Du_f + Dx_r + clr \\ Dy_r + Dx_f + hcf \end{array} \right\}. \tag{2.7-38b}$$

Bei dem untersuchten Fall mit minimaler Dispersion ist gleichzeitig die Einschreibzeit $Lf$ optimiert. Andere Verhältnisse ergeben sich, wenn die Rücksetzverzögerung kleiner als die Setzverzögerung ist, so daß sich als Gültigkeitszeitpunkt des Eingangs das späteste Ansteigen des Taktes ergibt, aber die beiden Prozesse nicht mehr den gleichen Gültigkeitszeitpunkt $(t_o)$ am Ausgang erzeugen.

$$(u_r + x_f) \;<\; (u_f + x_r):$$
$$t_i \;=\; t_{cl1}. \tag{2.7-39}$$

In diesem Fall kann man $HC$ so verschieben, daß entweder $Df$ oder $Lf$ minimal wird. Letzteres ist zum Beispiel der Fall, wenn ein spätester von $HC$ gestarteter Rücksetzprozeß auf den gleichen Gültigkeitszeitpunkt am Ausgang führt (vor $t_o$) wie ein bei $t_i$ vom Eingang aus beginnender Rücksetzvorgang.

$$t_i + (u_r + x_f) \;=\; t_{hcf} + (y_r + x_f) + hcf, \tag{2.7-40a}$$
$$t_{hcf} \;=\; t_i + (u_r - y_r) - hcf. \tag{2.7-40b}$$

Da der Haltetakt dann ansteigen darf, wenn der späteste Rücksetzvorgang sicher abgeschlossen ist, kann die steigende Flanke von $HC$ bereits um den Betrag, um den die Rücksetzverzögerung schneller ist als die Setzverzögerung, vor $t_o$ beginnen:

$$t_o - t_{hcr} = (u_f + x_r) - (u_r + x_f). \tag{2.7-41}$$

Um diesen Betrag ist die Einschreibzeit $Lf$ günstiger, als wenn der Haltetakt erst bei $t_o$ ansteigt. (Formelmäßig ist die Einschreibzeit identisch mit (2.7-34b).) Dieser Gewinn kann maximal so groß werden wie die Anstiegstoleranz $hcr$ von $HC$, da bei noch größerer Setzverzögerung die Rückkopplung nicht mehr durch das späteste Ansteigen von $HC$ bei $t_{hc1}$, sondern dann vom Setzprozeß selbst bei $t_o$ gestartet wird. Es gilt hier also:

$$\text{für } (u_f + x_r) \;\geq\; (u_r + x_f) + hcr:$$
$$Lf \;=\; (u_f + x_r) + (y_f - u'_r) + clr. \tag{2.7-42}$$

Im Gegensatz zu (2.7-34b) ist nun eine Takttoleranz weniger in der Einschreibzeit $Lf$ $(= t'_i - t_i)$ enthalten.

## 2.7.3    Transparentes D-Latch

Beim nicht-transparenten D-Flipflop ist die relative Lage aller vier Taktflanken der
beiden Ansteuertakte immer nach gewissen Optimierungskriterien aufeinander bezogen. Dies ist beim transparenten D-Flipflop (D-Latch) nicht der Fall, hier sind nur die
beiden Vorderflanken und die beiden Rückflanken aufeinander bezogen. Stattdessen
liegen die Vorder- und Rückflanken der beiden Takte jeweils soweit auseinander, daß
das gesamte Element nun eine echte Transparenzphase (vgl. Abschn. 2.5.1 bzw. 2.6.1)
besitzt. Die Länge dieser Phase ist durch den Takt ($HC$) von außen steuerbar. Bild
2.7-3 zeigt das Zeitdiagramm für diese Betriebsweise des getakteten D-Flipflops.

### 2.7.3.1    Grenzen des Transparenzbereichs

In der Transparenzphase folgt der Ausgang des Flipflops (mit der entsprechenden
Verzögerung) direkt dem Zustand des Eingangssignals. Es ist daher nicht sinnvoll, am
Beginn der Transparenzphase $s$-Übergänge zur Vermeidung von Fehlimpulsen (Hazards) vorzusehen, wenn anschließend beliebige Zustandsübergänge zulässig sind. Die
Lage der beiden Vorderflanken der Takte $CL$ und $HC$ ($t_{clr}$ und $t_{hcf}$) kann also wie
beim D-Flipflop ohne Transparenz unter Tolerierung multipler Übergänge so eingerichtet werden, daß ein Setzprozeß und ein Rücksetzprozeß auf denselben Gültigkeitszeitpunkt ($t_o$) am Ausgang führen (vgl. (2.7-25)).

In Bild 2.7-3 haben wir den Fall gezeigt, daß der Takt $CL$ durch einen Inverter C direkt
aus $HC$ abgeleitet ist. Damit ist $HC$ der Master-Takt, und die globale Taktversorgung
braucht nur noch einen einzigen Takt mit zwei aktiven Flanken, genauer gesagt mit
einem aktiven ("1") und einem inaktiven ("0") Zustand, über das System zu verteilen
(sog. "Pegelsteuerung"). Allerdings ist die Anpassung bei dieser einfachen Taktablei-
tung nicht für jeden Parametersatz optimal (bezüglich Dispersion oder Schreibzeit).

Der Anfangszeitpunkt der Transparenzphase ($t_{tr}$) kann ebenfalls so gewählt werden,
daß hier beginnende Setz- und Rücksetzprozesse zum selben Gültigkeitszeitpunkt des
Ausgangs führen wie die durch den Takt initiierten Prozesse:

$$t_{tr} = t_o - (u_r + x_f) \tag{2.7-43}$$

(für den gezeichneten Fall $(u_r + x_f) > (u_f + x_r)$), oder ganz allgemein

$$t_{tr} = t_o - \max\left\{ \begin{array}{c} \min\left\{ \begin{array}{c} u_r + x_f \\ u_f + x_r + clr \end{array} \right\} \\ u_f + x_r \end{array} \right\}. \tag{2.7-44}$$

Die *Taktversetzung ctr* (s. Abschn. 2.4.2 und Anhang A.3) läßt sich damit als Zeitstrecke
zwischen $t_{hcf}$ und $t_{tr}$ bestimmen und ergibt

$$ctr = t_{tr} - t_{hcf} \tag{2.7-45a}$$

$$= u_f + x_r + c_r - \max\left\{ \begin{array}{c} \min\left\{ \begin{array}{c} u_r + x_f \\ u_f + x_r + Dc_f + hcr \end{array} \right\} \\ u_f + x_r \end{array} \right\} + hcf \tag{2.7-45b}$$

$$= (u_f + x_r) - (u_r + x_f) + c_r + hcf \qquad \text{(für unser Bild).} \tag{2.7-45c}$$

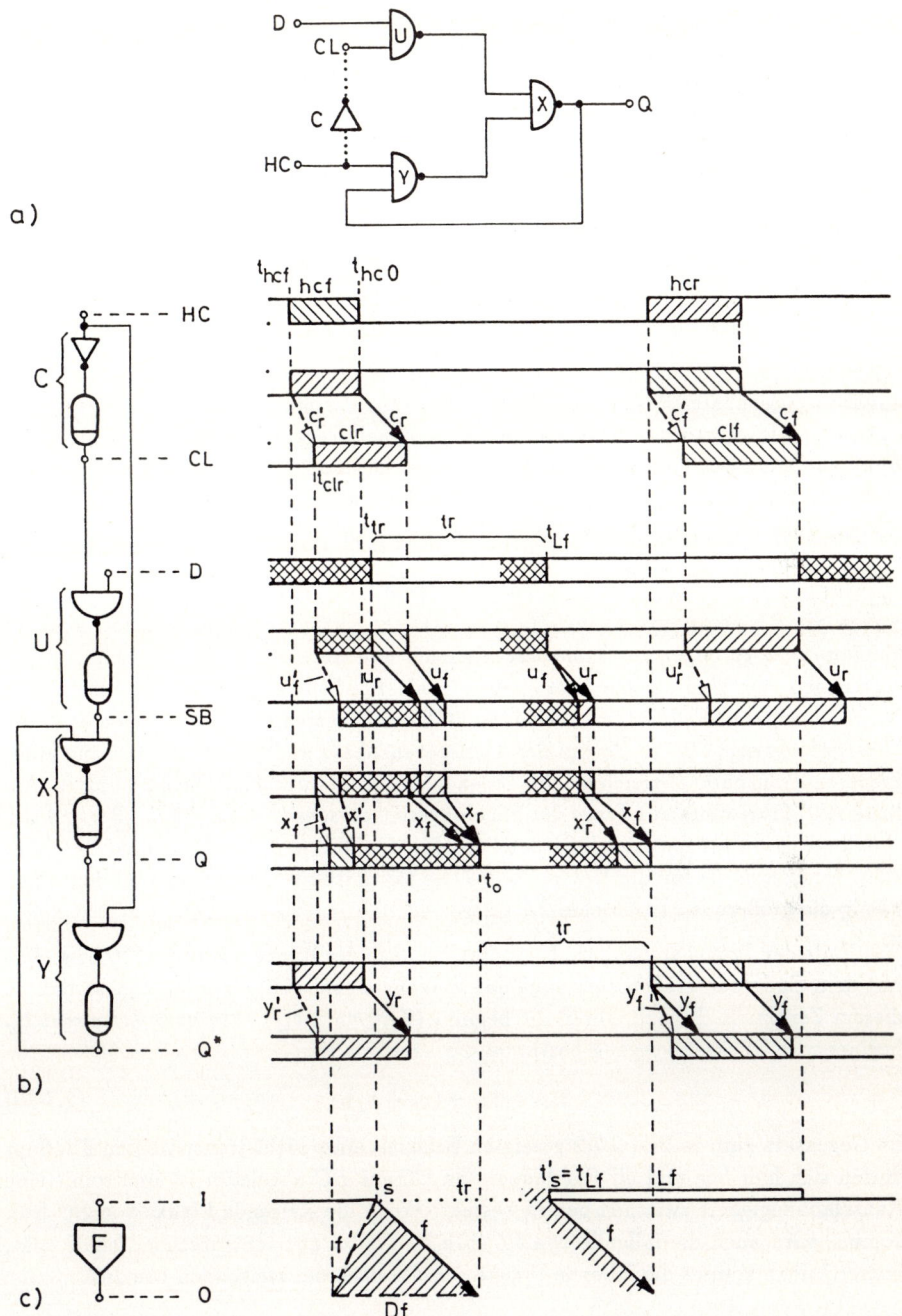

**Bild 2.7-3.** Transparentes D-Flipflop: a) Struktur, b) Zeitdiagramm, c) Darstellung der Element-Parameter

Der Zeitpunkt $t_{tr}$ kann — je nach dem Verhältnis von Setz- und Rücksetzverzögerung — zwischen den durch die Flankentoleranz $clr$ bestimmten Grenzen $t_{clr}$ und $t_{cl1}$ liegen. Als Verzögerungswert am Anfang des Transparenzbereiches gilt dabei das Maximum dieser beiden Verzögerungsprozesse:

$$f = \max \left\{ \begin{array}{c} u_r + x_f \\ u_f + x_r \end{array} \right\}. \qquad (2.7\text{-}46)$$

Allerdings kann der Maximalwert

$$fmax = u_f + x_r + clr \qquad (2.7\text{-}47)$$

am Eingang nicht überschritten werden (s. Abschn. 2.4.4, "Frühester Anstieg", und Bild 2.4-4d).

Im Transparenzbereich ist die Flipflop-Verzögerung das Maximum der beiden Prozesse Setzen und Rücksetzen, die nur vom Eingangssignal ausgelöst werden. Als Unterscheidung zur Verzögerung am Beginn der Transparenzphase fügen wir an den Parameter in der Transparenzphase ein "$t$" an (vgl. Abschn. 2.5.2):

$$ft = \max \left\{ \begin{array}{c} u_r + x_f \\ u_f + x_r \end{array} \right\}. \qquad (2.7\text{-}48)$$

Sofern die Rücksetzverzögerung ($u_r + x_f$) kleiner als $fmax$ (2.7-47) bleibt, sind die Flipflop-Verzögerungen im Transparenzbereich und am Beginn des Bereiches gleich, so daß wir nur eine einzige Verzögerung $f$ als Flipflop-Parameter anzugeben brauchen. Im anderen Fall bekämen wir innerhalb des Transparenzbereichs einen *größeren* Verzögerungswert als am Beginn der Transparenzphase und damit am Ausgang einen größeren Transparenzbereich als am Eingang. Eine entsprechende Behandlung (s. Anhang A.3) führt dann zur Frage der Erholungszeit zwischen zwei Zyklen. (Bei anderen Flipflop-Realisierungen ist häufig der Pfad für die Wirkung des Taktes auf den Ausgang komplexer als für die Daten, so daß die taktinitiierte Anfangsverzögerung dann häufig die größere ist, s. Abschn. 2.7.4.2.)

Das Ende der Transparenzphase bestimmt die Lage der Rückflanken von $CL$ bzw. $HC$. Mit dem Ende der Transparenz muß das Eingangssignal gültig werden ($t_i$), so daß ab diesem Zeitpunkt die Schreibzeit $Lf$ beginnt (Zeitpunkt $t_{Lf}$). Ein zum Zeitpunkt $t_{Lf}$ beginnender Rücksetzvorgang bestimmt die Lage von $t_{hcr}$:

$$t_{hcr} = t_{Lf} + (u_r + x_f). \qquad (2.7\text{-}49)$$

Im Gegensatz zum in Bild 2.7-2 gezeigten Beispiels eines nicht-transparenten Flipflops dürfen sich hier $hcr$ und $clf$ überlappen, da $CL$ aus $HC$ abgeleitet ist und somit eine Kausalabhängigkeit zwischen beiden besteht: Wenn die steigende Flanke von $HC$ früh kommt, wird auch die fallende von $CL$ früh sein, oder aber entsprechend beide spät, immer jedoch kommt die fallende Flanke von $CL$ nach der steigenden von $HC$.

### 2.7.3.2  Flipflop-Parameter

Wir können nun also wie in den vorangegangenen Abschnitten die Flipflop-Parameter für das transparente D-Latch bestimmen, allerdings sind einige Einschränkungen zu beachten. Zunächst kann bei einer Rücksetzverzögerung $(u_r + x_f)$, die um mehr als die Takttoleranz $clr$ größer ist als die Setzverzögerung $(u_f + x_r)$, die Flipflop-Verzögerung im Transparenzbereich $(ft)$ von dem Wert am Phasenanfang abweichen. Weiter gilt die Minimalverzögerung $f'$ nur für den Zeitpunkt des Funktionsphasen-Überganges zur Transparenzphase, nicht aber innerhalb der Transparenzphase von jedem beliebigen Gültigkeitszeitpunkt des Eingangssignals aus. Und schließlich läßt sich der Grundüberschuß $Xf$ aus den Detailparametern nur für den Sonderfall bestimmen, daß die Transparenzphase minimal $(tr = 0)$ ist, da deren Dauer $tr$ prinzipiell durch die Takte beliebig einstellbar ist, so daß wir diesen Parameter hier nicht mit aufgenommen haben.

Somit erhalten wir die folgenden Zusammenhänge:

1. Einschreibzeit $Lf$:

$$Lf = \max \left\{ \begin{array}{c} u_r + x_f \\ u_f + x_r \end{array} \right\} + c_f + hcr. \tag{2.7-50}$$

2. Verzögerungszeit $f$:

$$f = \max \left\{ \begin{array}{c} u_r + x_f \\ u_f + x_r \end{array} \right\}. \tag{2.7-51}$$

3. Minimalverzögerung $f'$:

$$f' = (u_r + x_f) - \max \left\{ \begin{array}{c} Du_f + Dx_r + Dc_r \\ Dy_r + Dx_f \end{array} \right\} - hcf. \tag{2.7-52}$$

4. Dispersion $Df$:

$$Df = c_r + u_f + x_r - \min \left\{ \begin{array}{c} c'_r + u'_f + x'_r \\ y'_r + x'_f \end{array} \right\} + hcf. \tag{2.7-53}$$

## 2.7.4 Flipflop-Element-Parameter aus Datenbuchangaben

Die Flipflop-Element-Parameter lassen sich natürlich nicht nur aus Extremwerten der Schaltkreisparameter ableiten, wie wir es in den letzten Abschnitten vorgeführt haben. Man könnte von den in Abschn. 2.2.3 und Anhang A.2 sowie Anhang C angedeuteten Möglichkeiten der Kaskadierung, Statistik und Metastabilität vorteilhaft Gebrauch machen, d. h. genauere Modelle benutzen. Natürlich sind auch Meßergebnisse möglich und üblich. Wie auch immer die Zeitparameter bestimmt werden oder wurden: Man kann immer die drei Zeitparameter unseres Modells daraus ableiten. Dies wollen wir im folgenden für die Datenbuchangaben eines flankengetriggerten D-Flipflops und eines transparenten D-Latches prinzipiell erläutern.

Beispiele dazu haben wir im Anhang B.4 anhand charakteristischer (flankengesteuerter und transparenter) Flipflop-Typen aus verschiedenen gebräuchlichen Technologien dargestellt.

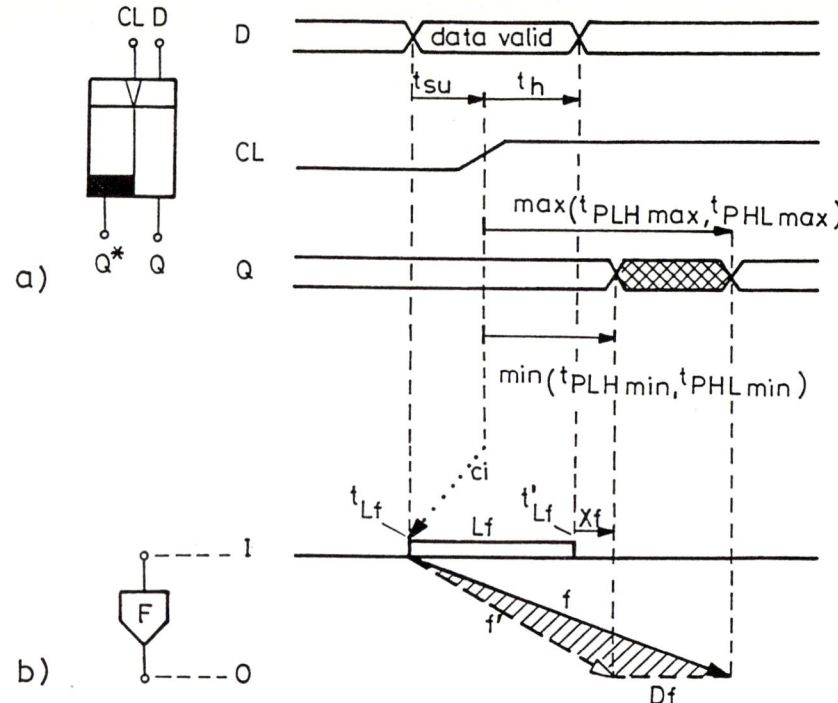

**Bild 2.7-4.** Umsetzung von Datenbuch-Werten in Flipflop-Element-Parameter: a) konventionelle Beschreibung, b) Darstellung der Element-Parameter

### 2.7.4.1  Flankengetriggertes D-Flipflop

Bild 2.7-4 zeigt die "Übersetzung" von Datenbuchparametern in unser Beschreibungsmodell am Beispiel eines flankengetriggerten D-Flipflops. Teilbild a gibt die Datenbuchparameter wieder, Teilbild b stellt diesen die Flipflop-Parameter nach unserem Modell gegenüber. Die aus dem Datenbuch entnommenen Zeitparameter sind worstcase-Werte. Im einzelnen sind folgende Parameter von Bedeutung:

1. $t_{su}$ ist die "setup time". Sie bestimmt den zeitlichen Abstand, um den der Dateneingang vor der aktiven Taktflanke stabil anliegen muß.

2. $t_h$ ist die "hold time". Sie bemißt die Zeit, um die der Dateneingang nach der aktiven Taktflanke noch gültig gehalten werden muß. (Für diesen Parameter kann man gelegentlich auch negative Werte finden. Das bedeutet, daß der Dateneingang bereits vor der aktiven Taktflanke wieder ungültig werden darf.)

3. $t_{PLH}, t_{PHL}$ sind Verzögerungszeiten (*propagation delays*), gemessen von der aktiven Taktflanke bis zu einer Reaktion am Ausgang. Hier wird unterschieden zwischen einem Übergang von 0 nach 1 ("*LH*") und einem von 1 nach 0 ("*HL*"). Es war bisher üblich, neben dem maximalen nur den typischen Verzögerungswert anzugeben. Inzwischen setzt es sich aber durch, auch das Minimum an-

zugeben, was für den Einsatz der Flipflops unbedingt nötig ist, z. B. für die
Skew-Verträglichkeit (s. Abschn. 3.2).

Anders als in der von uns gebrauchten Schreibweise bedeuten diese Zeitparameter keine
Zeitpunkte, sondern Zeitstrecken. Wir können mit diesen Werten die Gleichungen für
die Flipflop-Parameter aufstellen und erhalten folgende Zusammenhänge, die sich aus
Bild 2.7-4 leicht nachvollziehen lassen:

1. Einschreibzeit $Lf$:

$$Lf = t_{su} + t_h. \tag{2.7-54}$$

2. Verzögerungszeit $f$:

$$f = t_{su} + \max \left\{ \begin{array}{c} t_{PLHmax} \\ t_{PHLmax} \end{array} \right\}. \tag{2.7-55}$$

3. Minimalverzögerung $f'$:

$$f' = t_{su} + \min \left\{ \begin{array}{c} t_{PLHmin} \\ t_{PHLmin} \end{array} \right\}. \tag{2.7-56}$$

4. Dispersion $Df$:

$$Df = \max \left\{ \begin{array}{c} t_{PLHmax} \\ t_{PHLmax} \end{array} \right\} - \min \left\{ \begin{array}{c} t_{PLHmin} \\ t_{PHLmin} \end{array} \right\}. \tag{2.7-57}$$

5. Grundüberschuß $Xf$:

$$Xf = \min \left\{ \begin{array}{c} t_{PLHmin} \\ t_{PHLmin} \end{array} \right\} - t_h. \tag{2.7-58}$$

Die Zeitparameter aus Datenbüchern sind jeweils auf die aktive Taktflanke bezogen.
Als Meßpunkt für die Zeitwerte wird dafür bei allen Signalen nur ein Referenzpunkt
festgelegt, der typisch 1,5 V (oder auch 1,3 V) bei TTL-Schaltkreisen und 50% Vcc bei
CMOS-Schaltkreisen beträgt. In den Werten ist allerdings eine maximal zulässige An-
stiegszeit des Taktes (in ns oder ns/V) enthalten, die der von uns explizit angegebenen
Anstiegstoleranzzeit (z. B. $clr$ in Bild 2.7-2) entspricht.

### 2.7.4.2  Pegelgesteuertes D-Flipflop (transparentes D-Latch)

In Bild 2.7-5 haben wir entsprechend Bild 2.7-4 die Umsetzung der Zeitangaben für
ein transparentes Flipflop dargestellt. Da dieses Element taktpegelgesteuert ist, haben
wir hier zwei Referenzflanken des Steuersignals $EN$ (*Enable*, auch als *latch enable* oder
*clock* bezeichnet) zu betrachten. Im Gegensatz zum flankengetriggerten Flipflop gibt es
hier zwei verschiedene Verzögerungen, nämlich zum einen die Reaktion des Ausgangs
$Q$ auf die Vorderflanke von $EN$ ($EN \rightarrow Q$) und zum anderen die Verzögerung des
Dateneinganges $D$ bei aktivem Steuersignal $EN$ ($D \rightarrow Q$), mit unseren Begriffen also
während der Transparenz. Wie beim flankengesteuerten Flipflop gibt es eine *setup time*
$t_{su}$ und eine *hold time* $t_h$, die sich nun aber auf die fallende Flanke von $EN$ beziehen.

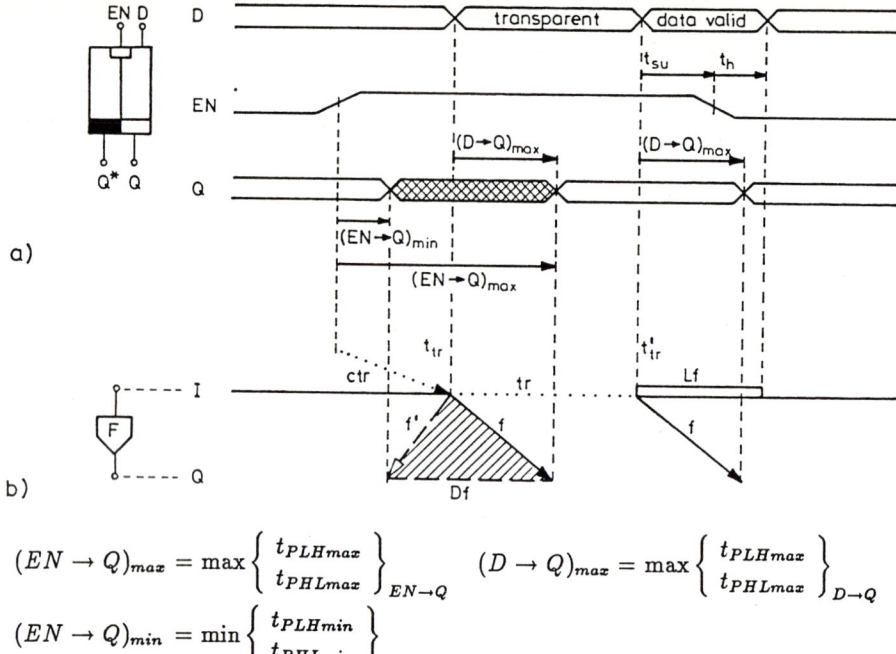

$$(EN \to Q)_{max} = \max \left\{ \begin{matrix} t_{PLHmax} \\ t_{PHLmax} \end{matrix} \right\}_{EN \to Q} \qquad (D \to Q)_{max} = \max \left\{ \begin{matrix} t_{PLHmax} \\ t_{PHLmax} \end{matrix} \right\}_{D \to Q}$$

$$(EN \to Q)_{min} = \min \left\{ \begin{matrix} t_{PLHmin} \\ t_{PHLmin} \end{matrix} \right\}_{EN \to Q}$$

**Bild 2.7-5.** Umsetzung von Datenbuch-Werten in Flipflop-Element-Parameter bei transparenten D-Latches

Zur Erleichterung der Erläuterung des Synchronisationszeitpunkts, d. h. also des Transparenzbeginns auf Datenebene, sowie der (meist) negativen Minimalverzögerung geben wir hier die Versetzung *ctr* mit an. Die Umsetzung der Zeitparameter geschieht dann nach folgenden Formeln:

1. Schreibzeit *Lf*:

$$Lf = t_{su} + t_h. \tag{2.7-59}$$

2. Verzögerungszeit *f*:

$$f = (D \to Q)_{max} \tag{2.7-60a}$$

$$= \max \left\{ \begin{matrix} t_{PLHmax} \\ t_{PHLmax} \end{matrix} \right\}_{D \to Q}. \tag{2.7-60b}$$

3. Versetzung *ctr*:

$$ctr = (EN \to Q)_{max} - (D \to Q)_{max} \tag{2.7-61a}$$

$$= \max \left\{ \begin{matrix} t_{PLHmax} \\ t_{PHLmax} \end{matrix} \right\}_{EN \to Q} - \max \left\{ \begin{matrix} t_{PLHmax} \\ t_{PHLmax} \end{matrix} \right\}_{D \to Q}. \tag{2.7-61b}$$

4. Minimalverzögerung $f'$:

$$f' = -ctr + (EN \rightarrow Q)_{min} \qquad (2.7\text{-}62a)$$

$$= -ctr + \min \left\{ \begin{array}{c} t_{PLHmin} \\ t_{PHLmin} \end{array} \right\}_{EN \rightarrow Q} \qquad (2.7\text{-}62b)$$

$$= (D \rightarrow Q)_{max} - \big( (EN \rightarrow Q)_{max} - (EN \rightarrow Q)_{min} \big). \qquad (2.7\text{-}62c)$$

5. Dispersion $Df$:

$$Df = f - f' \qquad (2.7\text{-}63a)$$

$$= (EN \rightarrow Q)_{max} - (EN \rightarrow Q)_{min} \qquad (2.7\text{-}63b)$$

$$= \max \left\{ \begin{array}{c} t_{PLHmax} \\ t_{PHLmax} \end{array} \right\}_{EN \rightarrow Q} - \min \left\{ \begin{array}{c} t_{PLHmin} \\ t_{PHLmin} \end{array} \right\}_{EN \rightarrow Q}. \qquad (2.7\text{-}63c)$$

Die Schreibzeit ergibt sich also genau wie beim flankengesteuerten Flipflop (2.7-54). Einfacher bestimmt sich die Maximalverzögerung $f$, die nämlich identisch ist mit dem Maximum der angegebenen Datensignal-Verzögerungen $(D \rightarrow Q)$.

Aufgrund unserer Definition des Transparenzbeginns in der Form, daß eine Reaktion des Ausgangs auf das $EN$-Signal und eine Reaktion auf $D$ jeweils zum selben Gültigkeitszeitpunkt am Ausgang führen, ist für die Dispersion am Anfang der Transparenzphase allein die minimale und maximale Reaktionszeit auf die Vorderflanke von $EN$ maßgebend.

Im allgemeinen ist der Wirkungspfad des $EN$-Signals auf den Ausgang länger als der von $D$. Die Differenz dieser beiden Verzögerungen ist nach Bild 2.7-5 die Versetzung $ctr$. Dieser Betrag geht negativ in die Minimalverzögerung $f'$ ein, so daß sich für transparente Latches üblicherweise negative Werte für $f'$ ergeben. Zudem ist der interne Aufbau transparenter Latches i. a. einfacher als bei flankengesteuerten Flipflops, so daß die Maximalverzögerung $f$ typisch kleiner ist als bei den flankengesteuerten Elementen (vgl. Anhang B.4).

In Abhängigkeit von der Technologie, der internen Struktur, der Taktansteuerung etc. weisen Flipflops z. T. sehr unterschiedliche Eigenschaften bezüglich ihrer Parameter auf. Die Kenntnis dieser Eigenschaften und der gezielte Einsatz entsprechender Flipflops erlauben somit eine Optimierung von Schaltwerken, wie wir dies für das Zeitverhalten von Schaltwerken in Abschn. 3.2 diskutieren werden.

# 3  Schaltwerkstrukturen

Nachdem wir unser Beschreibungsmodell eingeführt und die Grundelemente synchroner Schaltwerke mit Hilfe dieses Modells erläutert haben, wenden wir uns nun den *Schaltwerken* als solchen zu. Wir werden unterschiedliche Konfigurationen von Schaltwerken unter dem Gesichtspunkt der Zusammenhänge von Taktperiode und Verzögerungszeiten untersuchen und legen dabei einen Schwerpunkt auf den Einfluß, den der *Taktversatz (Skew, clock skew)* auf das zeitliche Verhalten von ein- und zweistufigen Schaltwerken mit und ohne Transparenz hat.

## 3.1  Prozeßnetze

### 3.1.1  Prozeßstufen

Als endgültiges und einziges Transformationselement unseres Zeitmodells für Schaltwerke definieren wir die *Prozeßstufe*. Sie besteht aus einer Flipflop-Stufe, gefolgt von einem kombinatorischen Schaltnetz.

Bild 3.1-1a zeigt einen elementaren Ausschnitt aus einem synchronen Schaltwerk mit einer Flipflop-Stufe FA und einem Schaltnetz NAB, gefolgt von einer anderen Flipflop-Stufe FB. Da die Eingänge der Flipflop-Stufen zeitlich durch Takte gesteuert werden, bezeichnen wir $SA$ und $SB$ als *Synchronisationsknoten (synchronization nodes, "sync nodes")* dieser Struktur.

Die zeitlichen Charakteristika der Synchronisationsknoten ergeben sich durch zwei Mechanismen, nämlich durch die Taktsteuerung und durch die Gültigkeitszustände der Datensignale. Die Takte bestimmen die Funktionsphasen. Die Zeitpunkte des Beginns der Transparenzphasen werden als *Triggerpunkte* (Synchronisationspunkte, *sync points*) der Stufe angesehen und entsprechend mit $t_{sa}$ oder $t_{sb}$ bezeichnet. Sie stehen nach den Definitionen in Abschn. 2.7.3 in festen Zeitverhältnissen (den *Versetzungen*) zu den Flanken des Versorgungstaktes, die durch Schaltungsparameter der Flipflops und der Taktverteilung gegeben sind. Die Endzeitpunkte der Transparenzphasen $(t'_{sa}, t'_{sb})$ sind ebenfalls durch die Systemtaktflanken gegeben.

Auf der Ebene der Prozeßstufen markieren wir die Synchronisationspunkte in den Zeitdiagrammen mit den gleichen Kennzeichen wie die entsprechenden Synchronisationsknoten in den Strukturgraphen. In Bild 3.1-1b bis e haben wir für die beiden Knoten verschiedene graphische Symbole (Kreis und Raute) zur deutlichen Unterscheidung be-

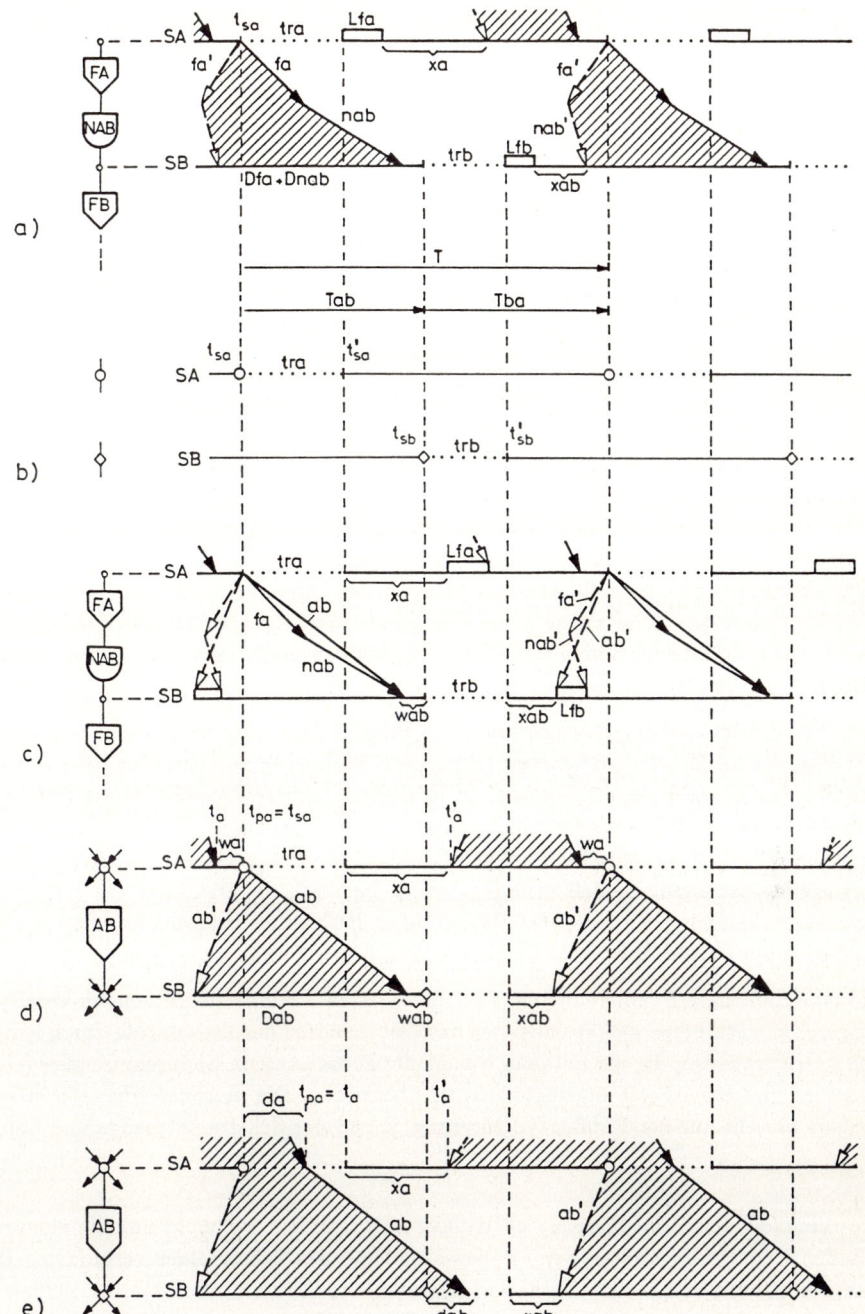

**Bild 3.1-1.** Definition einer Prozeßstufe: a) Element-Darstellung, b) Taktraster am Synchronisationsknoten, c) Erläuterung der Prozeßstufen-Parameter, d) Prozeßstufe ohne Transparenznutzung, e) mit Transparenznutzung

nutzt (dies ist besonders nützlich für die sog. "flache" Darstellung der Zeitdiagramme, Abschn. 3.1.6).

Den Phasenversatz (Stufenversatz) zwischen zwei gekoppelten Synchronisationsknoten nennen wir *Teilperiode* und bezeichnen ihn in unserem Demonstrationsbeispiel mit

$$Tab = t_{sb} - t_{sa}. \tag{3.1-1}$$

In manchen Fällen ist auch die komplementäre Teilperiode ("Komplementärzeit") zwischen $t_{sb}$ und dem nächsten Triggerpunkt $t_{sa} + T$ des Eingangs von Bedeutung:

$$Tba = T - Tab. \tag{3.1-2}$$

(*Tba* kann auch negativ sein, vgl. die Prozeßzeit und Taktzeit bei Pipelines, z. B. Bild 3.1-2d.)

Die zweite zeitliche Eigenschaft eines Synchronisationsknotens ist der Gültigkeitszustand der ankommenden Signale. Am Synchronisationsknoten $SA$ nennen wir den Gültigkeitszeitpunkt der Eingangssignale $t_a$ und den Ungültigkeitszeitpunkt $t'_a$. Bei mehreren ankommenden Signalen entsteht nach der "Gültigkeitslogik" (Abschn. 2.1) $t_a$ als Maximalwert aller Gültigkeitszeitpunkte und $t'_a$ als Minimalwert aller Ungültigkeitszeitpunkte. Es gibt in unserem System in jeder Periode i. a. nur ein Intervall mit gültigem Signal ($v$), d. h. nur je einen Gültigkeits- und einen Ungültigkeitszeitpunkt. Zur deutlichen Unterscheidung schraffieren wir oft den ungültigen Zeitbereich, s. Bild 3.1-1.

Bild 3.1-1c zeigt dieselbe Konfiguration wie Bild 3.1-1a, jetzt mit den zusätzlich eingetragenen Prozeßstufen-Parametern, um deren Herleitung zu veranschaulichen, und Teilbild d zeigt die Prozeßstufendarstellung allein. Da diese Prozeßstufe die Synchronisationsknoten $SA$ und $SB$ verbindet, wird sie "AB" genannt. Wir kennzeichen die Prozeßstufe durch ein gerichtetes Symbol, wie eine verlängerte Flipflop-Stufe. Mit unserem Beschreibungsmodell können wir nun die Zeitkonfigurationen wie gerichtete Graphen behandeln, bei denen die Prozeßstufen die Kanten zwischen den Synchronisationsknoten darstellen.[1]

Für eine einfachere Handhabung der Parameter fassen wir die entsprechenden Verzögerungszeiten zusammen und spezifizieren das Zeitverhalten der Prozeßstufe durch lediglich zwei Parameter, die wir mit dem Namen der Prozeßstufe in Kleinschreibweise (einmal ohne und einmal mit angefügtem Strich) benennen. Die *maximale Prozeßverzögerung ab* besteht aus der Flipflop-Verzögerung *fa* und der Schaltnetzverzögerung *nab*,

$$ab = fa + nab. \tag{3.1-3}$$

Die *minimale Prozeßverzögerung ab'* definieren wir, indem wir nicht nur die entsprechenden Verzögerungszeiten der Flipflop-Stufe und des Schaltnetzes verbinden. Da eine Prozeßstufe immer auf eine darauf folgende Prozeßstufe Einfluß nimmt, schließen wir auch die Schreibzeit (*Lfb*) der folgenden Flipflop-Stufe mit ein (s. Bild 3.1-1c):

$$ab' = fa' + nab' - Lfb. \tag{3.1-4}$$

---

[1]Das Zeitverhalten der Schaltwerkstrukturen wurde mit graphentheoretischen Mitteln (z. B. von Coolahan in [Coo84]) untersucht.

Aufgrund dieser Definition kann die minimale Prozeßverzögerung auch negative Werte annehmen (selbst $fa'$ kann ja negativ sein, s. Abschn. 2.7.2).

Wir definieren zusätzlich eine *Dispersion Dab* für die Prozeßstufe, die sich wie bereits bei Flipflops und Schaltnetzen als Differenz zwischen maximaler und minimaler Verzögerung ergibt:

$$Dab \;=\; ab - ab' \qquad\qquad (3.1\text{-}5a)$$

$$=\; Dfa + Dnab + Lfb. \qquad\qquad (3.1\text{-}5b)$$

In Hinblick auf die Detailuntersuchungen verschiedener Schaltwerk-Konfigurationen in den folgenden Abschnitten ist es zweckmäßig, hier noch einen weiteren Parameter einzuführen. Da die maximale Schaltnetzverzögerung als eigentliche nutzbare Zeit angesehen wird, betrachten wir den restlichen Teil der Dispersion als *Verlust*. Wir definieren hier also den *Grundverlust Woab* (*waste*) für die Stufe AB als:

$$Woab \;=\; Dab - nab \qquad\qquad (3.1\text{-}6a)$$

$$=\; Dfa + Lfb - nab'. \qquad\qquad (3.1\text{-}6b)$$

Damit vereinfacht sich die Dispersion (3.1-5b) zu der anschaulichen Darstellung aus maximaler Schaltnetzverzögerung und Grundverlust, nämlich

$$Dab = Woab + nab. \qquad\qquad (3.1\text{-}7)$$

In den Prozeßstufenparametern sind alle Verzögerungsparameter der Schaltkreise erfaßt, einschließlich die der Taktversorgung. Demgegenüber gehören alle taktbestimmten Parameter wie Transparenz, Periodendauer und Teilperiode zur Definition der Synchronisationsknoten (Bild 3.1-1b).

Wir bezeichnen auch die Zeitintervalle zwischen den Signalen und den Taktphasen. In Bild 3.1-1d wird das Eingangssignal der Prozeßstufe vor $t_{sa}$ gültig. Das Zeitinterval zwischen $t_a$ und $t_{sa}$ wird *Wartezeit wa* (*wait time*) genannt, weil das gültige Eingangssignal früher als nötig "gesetzt" wird und auf den Takttrigger warten muß. Der Prozeßstartpunkt $t_{pa}$ ist in diesem Fall der Synchronisationspunkt $t_{sa}$.

Falls die Prozeßstufe transparent ist, kann der Eingang auch erst nach $t_{sa}$ gültig werden. Der Gültigkeitszeitpunkt darf das Ende der Transparenzphase natürlich nicht überschreiten, damit die "Setzbedingung" erfüllt bleibt (d. h. die Schreibzeit nicht verletzt wird). Ein solcher Fall ist in Bild 3.1-1e gezeichnet. Hier wird der Prozeß durch den Gültigkeitszeitpunkt des Dateneingangs, $t_{pa} = t_a$, gestartet. Wir nennen die Zeitstrecke zwischen $t_{sa}$ und $t_{pa}$ den *Verzug da* (*deferment*). Für den Prozeßstartpunkt können wir also schreiben

$$t_{pa} = \max \left\{ \begin{array}{c} t_a \\ t_{sa} \end{array} \right\}. \qquad\qquad (3.1\text{-}8)$$

Das Zeitintervall zwischen dem Ende der Schreibzeit (*Lfa* in Bild 3.1-1a) und dem Beginn der Signalungültigkeitsphase nennen wir *Überschußzeit* (*excess time, xa*), weil das Eingangssignal einen gegenüber der "Haltebedingung" überschüssigen Gültigkeitsbereich hat. Weil in unserem Modell die Schreibzeit (*Lfb*) in der Definition der minimalen

Prozeßzeit ($ab'$, (3.1-4)) enthalten ist, erscheint die Überschußzeit bei der Prozeßzeit-
darstellung unmittelbar nach der Transparenzzeit ($t'_{sb}$, und genauso nach $t'_{sa}$, Bild 3.1-1c
bis e). Ohne Transparenz würde sich $xa$ direkt an $t_{sa}$ anschließen. Natürlich darf $xa$
nicht negativ sein, weil dann die Schreibzeit verletzt würde ("Haltebedingung").

Der Ausgang der Prozeßstufe AB ist mit dem Eingang der darauf folgenden Prozeßstufe
(dem Synchronisationsknoten $SB$) verbunden. Es können verschiedene Prozeßstufen
auf $SB$ einwirken, so daß der Gültigkeitszeitpunkt $t_b$ dieser Stufe durch die Gültigkeitszeit des zuletzt ankommenden Prozesses bestimmt wird. Bei ähnlichen Erwägungen
wird der Ungültigkeitszeitpunkt $t'_b$ durch die früheste Ungültigkeitszeit aller ankommenden Prozesse bestimmt.

## 3.1.2  Prozeßketten (Pipelines)

Die einfachste Struktur, die man aus Prozeßstufen aufbauen kann, ist eine Kettenschaltung gleichartiger nicht-transparenter Stufen S, eine *Pipeline*. Bild 3.1-2 zeigt
diese Struktur mit ihrem Zeitdiagramm. Im Vergleich zur allgemeinen Prozeßstufe von
Bild 3.1-1d hat jede Stufe nur einen Vorgänger und einen Nachfolger, es fehlt die Transparenz, und die Warte- und Überschußzeiten sind wegen der Gleichheit der Stufen nur
mit $w$ und $x$ gekennzeichnet.

Der Phasenversatz je Stufe (vgl. auch die Teilperiode bei der allgemeinen Prozeßstufe)
ist

$$Ts - s + w, \tag{3.1-9}$$

die Taktperiode (Wiederholzeit der Daten) ergibt sich aus

$$T = x - s' + s + w \tag{3.1-10a}$$
$$= Ds + w + x, \tag{3.1-10b}$$

und die Durchlaufzeit für $i$ Stufen ist

$$T_i = i \cdot Ts. \tag{3.1-11}$$

Der minimale Stufenversatz $Ts$ und die Taktperiode $T$ für gegebene Stufenparameter
ergeben sich offensichtlich für verschwindende Warte- und Überschußzeiten ($w = x =$
0), d. h. wenn die Setz- und Haltbedingungen genau erfüllt sind, zu

$$Ts = s, \text{ und} \tag{3.1-12a}$$
$$T = Ds. \tag{3.1-12b}$$

(Wir führen keine "min"-Bezeichnung mit, weil wir künftig grundsätzlich Minimalwerte
betrachten.)

Die Bilder 3.1-2b und c zeigen derartige Minimalpipelines für positive bzw. negative
Minimalverzögerungen $s'$, so daß die Stufenverzögerung ($Ts = s$) größer bzw. kleiner
ist als die Taktperiode ($T = s - s'$). Wenn man die Synchronisationspunkte einer
Stufe mit ihrem räumlichen Nachfolger in Beziehung setzt und dort den zeitlich vorhergehenden Prozeß betrachtet, also die durch die Minimalverzögerung $s'$ verbundenen

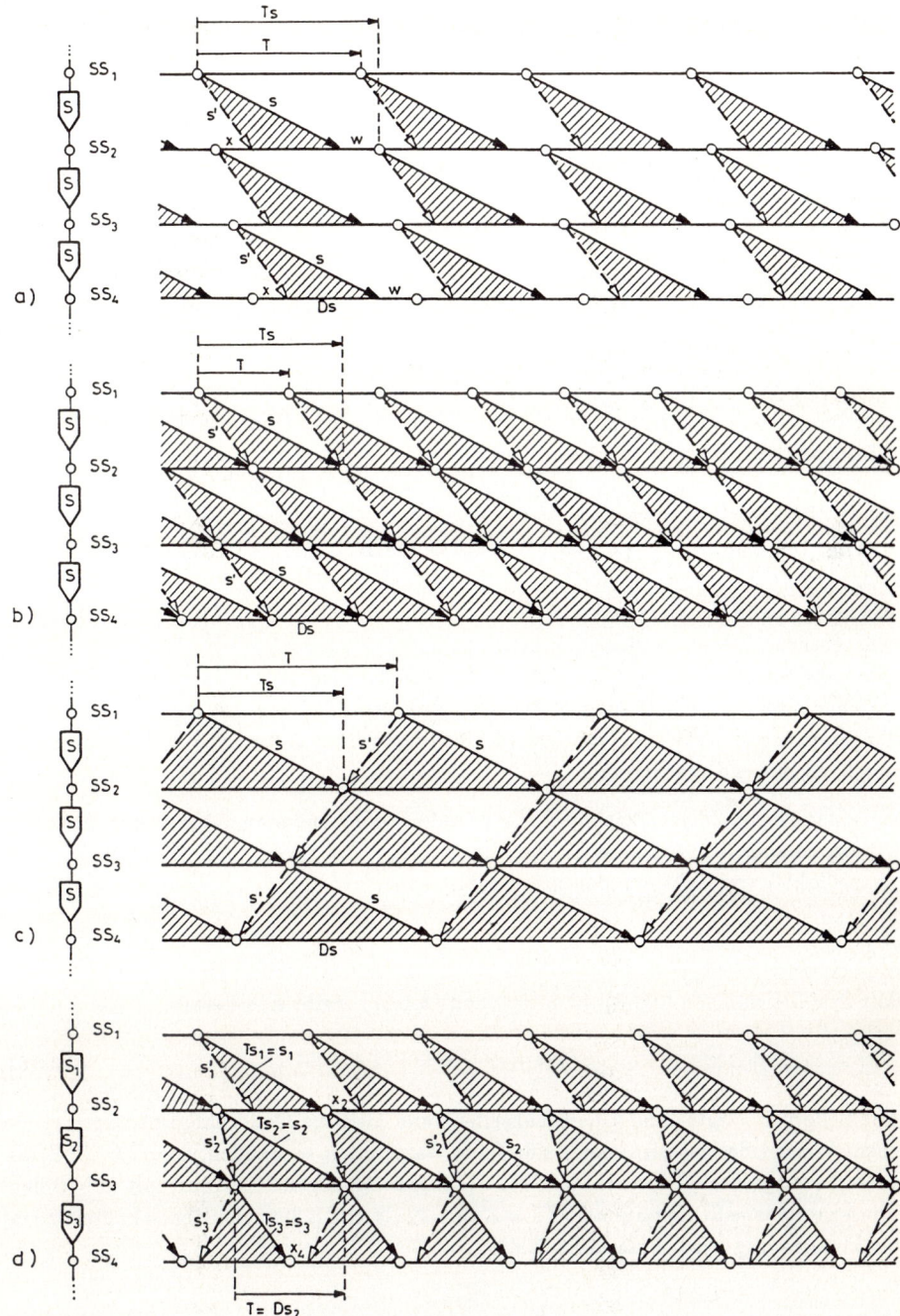

**Bild 3.1-2.** Prozeßketten (Pipelines): a) allgemeine Pipeline, b) optimale Pipeline, $s' > 0$, c) optimale Pipeline, $s' < 0$, d) unterschiedliche Pipelinestufen $S_i$

Synchronisationspunkte betrachtet ("Komplementärzeit" nach (3.1-2) und Bild 3.1-1),
so erscheint der Takt einmal vorverschoben ($s' > 0$, Bild 3.1-2b) und einmal verzögert
($s' < 0$, Bild 3.1-2c). Wenn $s' \gg Ds$ ist, kann diese Vorverschiebung auch mehrere
Taktperioden betragen (s. u.).

Wenn die $i$ Stufen verschiedene Parameter haben, kann der Phasenversatz je Stufe
verschieden sein, also

$$Ts_i = s_i, \tag{3.1-13}$$

aber die Taktperiodendauer muß für alle Stufen die gleiche bleiben, weil sich bei einer
synchronen Verarbeitung kein Stau bilden kann. Diese Periode ist dann das Maximum
der Prozeßdispersionen,

$$T = \max\{Ds_i\}, \tag{3.1-14}$$

und bei allen Stufen mit kleinerer Dispersion tritt eine Überschußzeit $x_i$ auf. Bild
3.1-2d zeigt ein Beispiel für diesen Fall.


### 3.1.3   Rückgekoppelte Prozeßketten

Rückgekoppelte Schaltwerkstrukturen kann man als rückgekoppelte Pipeline-Struktu-
ren ansehen. Bei einer idealen Pipeline ist die Taktphasenlage der Folgestufe jeweils
durch die maximale Prozeßverzögerung der Stufe festgelegt. Bei einer rückgekoppelten
Pipeline muß die Phasenlage der Endstufe aber identisch sein mit der Phasenlage der
Eingangsstufe, so daß man von den Idealbedingungen $x = 0$ und $w = 0$ abgehen und
den Takt passend machen muß.

Bei einer gleichmäßigen Pipeline-Struktur mit $i$ Stufen muß man dafür sorgen, daß nach
der Durchlaufzeit $T_i$ wieder ein neuer Takt beginnt, daß also in dieses Zeitintervall eine
ganze Zahl $k$ von Taktperioden hereinpaßt:

$$T_i = k \cdot T. \tag{3.1-15}$$

Mit den Gleichungen (3.1-9), (3.1-10b) und (3.1-11) ergibt sich daraus

$$k\,(Ds + w + x) = i\,(s + w). \tag{3.1-16}$$

Mit Hilfe von Warte- und Überschußzeiten kann man die Ganzzahligkeit von $k$ erreichen. Wenn möglich, wird man dafür keine Wartezeiten verwenden, da $w$ sowohl $T$ als
auch $Ts$ vergrößert. Vielmehr läßt man (bei gleichmäßigen Pipelines) mit $w = 0$ den
Phasenversatz je Stufe minimal ($Ts = s$, (3.1-12a)) und läßt soviel Überschußzeit $x$ zu,
bis $k$ ganzzahlig wird. Formal heißt das:

$$k = \left\lfloor \frac{i \cdot s}{Ds} \right\rfloor, \tag{3.1-17a}$$

$$x = \frac{i}{k} \cdot s - Ds. \tag{3.1-17b}$$

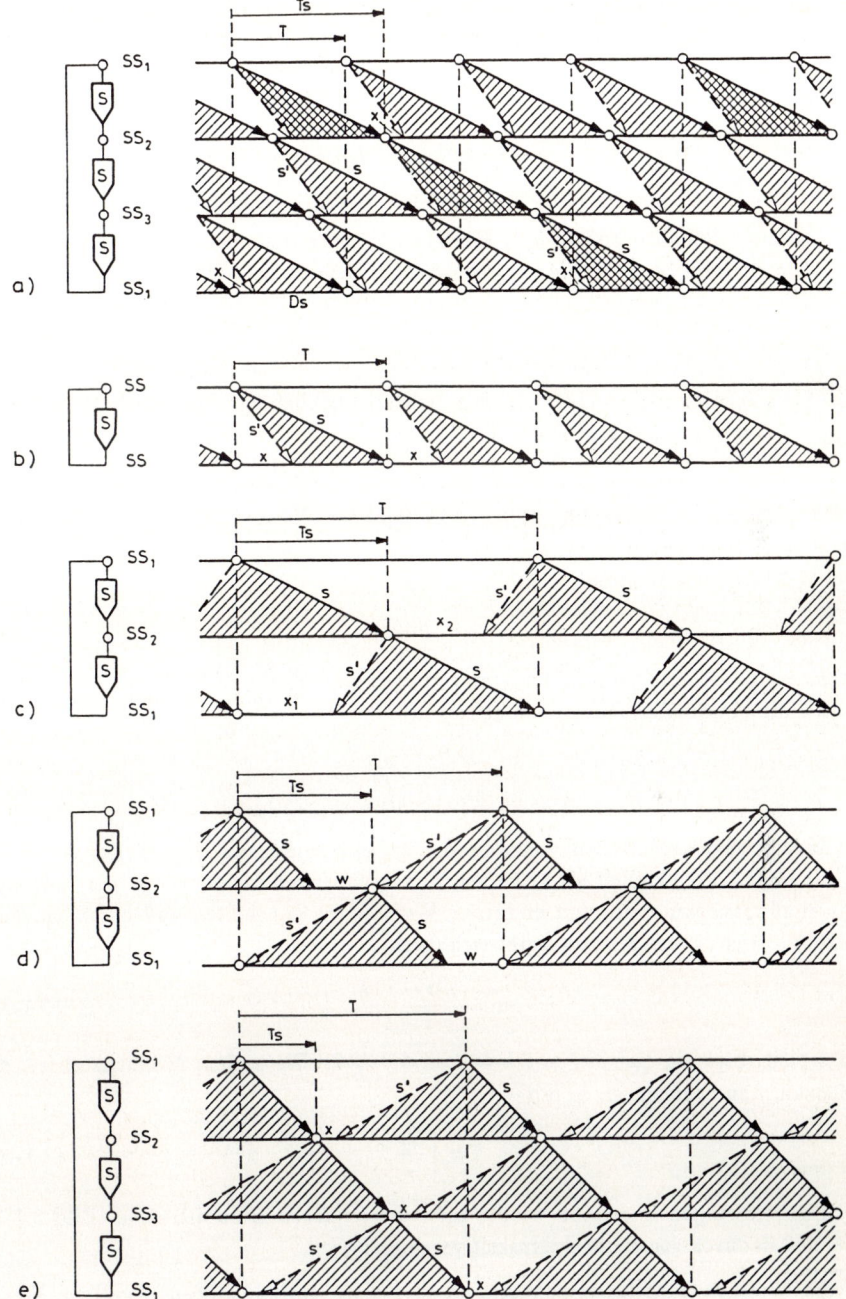

**Bild 3.1-3.** Rückgekoppelte Prozeßketten (Schaltwerke): a) mehrstufig, $T < Ts$, $i = 3$, $k = 4$, b) einstufig, c) doppelstufig, $Ts = s$, d) doppelstufig, $Ts = -s'$, e) mehrstufig, $T > Ts$, $i = 3$, $k = 1$

Bild 3.1-3a zeigt, wie man eine dreistufige Pipeline mit den Parametern von Bild 3.1-2b rückkoppppeln kann. In diesem Beispiel ergeben sich $k = 4$ und eine kleine Überschußzeit ($x = \frac{3}{4}s - Ds = s' - \frac{1}{4}s$). Die vier Prozeßketten mit je drei Stufen sind aber voneinander unabhängig, so daß dies eine spezielle logische Struktur darstellt (eine solche Kette ist durch Kreuz-Schraffur hervorgehoben). Die üblichen rückgekoppelten Strukturen (Schaltwerke, Automaten) haben nur eine in sich geschlossene Prozeßkette, d. h. $k = 1$. Einige allgemeine Eigenschaften sollen hier kurz angedeutet werden.

Bei einstufigen Schaltwerken ($i = 1$, $k = 1$) ist $T_i = Ts = T$. Sie erfordern eine positive Minimalprozeßzeit ($s' > 0$), die gleichzeitig die Überschußzeit ist:

$$x = s'. \tag{3.1-18}$$

Bild 3.1-3b zeigt die Struktur und das Zeitdiagramm für diesen Fall. Selbst bei diesem einstufigen Schaltwerk ($i = 1$) ließen sich mehrere unabhängige Prozeßabläufe einfügen, d. h. $k > 1$, wenn nämlich $s \gg Ds$ (3.1-17a).

Bei Schaltwerken mit zwei gleichen Stufen ($i = 2$, $k = 1$) sind auch negative Minimalprozeßzeiten ($s' < 0$) zulässig. Bild 3.1-3c zeigt ein Beispiel dafür. Es entstehen im allgemeinen Überschußzeiten:

$$x \;=\; 2s - Ds \tag{3.1-19a}$$
$$\;=\; s + s'. \tag{3.1-19b}$$

Daraus ergibt sich für ein solches symmetrisches doppelstufiges Schaltwerk ohne Wartezeiten die Maximalgröße von $-s'$ zu

$$-s' \;\leq\; s, \tag{3.1-20a}$$
$$Ds \;\leq\; 2s. \tag{3.1-20b}$$

Für extrem negative Größen von $s'$ und gegebene Stufenzahl $i$ kann der Ausdruck $i \cdot s/Ds$ in (3.1-17a) kleiner als 1 werden, d. h. rechnerisch $k = 0$, was keinen Sinn hat. Dann muß man zum einen mit endlichen Wartezeiten $w$ arbeiten und $x = 0$ machen, so daß $k = 1$ ist. Aus (3.1-16) ergibt sich dann

$$w = \frac{Ds - i \cdot s}{i - 1}. \tag{3.1-21}$$

Bild 3.1-3d zeigt ein Beispiel mit $k = 1$ und $i = 2$. Die andere Möglichkeit ist, die Stufenzahl $i$ zu erhöhen, d. h. mit

$$i = \left\lceil \frac{Ds}{s} \right\rceil \tag{3.1-22}$$

$k \geq 1$ zu erzwingen und dann wieder mit Überschußzeit $x$ zu arbeiten. Bild 3.1-3e zeigt, daß dadurch sogar die Zykluszeit verringert wird.[2]

Für die heutigen Schaltkreistechnologien sind diese extrem großen negativen Werte für die minimalen Stufenverzögerungen nicht von Bedeutung. Daher finden ein- und zweistufige Schaltwerke die meiste Anwendung ($i = 1$ und 2; $k = 1$). Sie werden in den folgenden Abschnitten ausführlich behandelt.

---

[2]Ein Beispiel mit $i = 4$ wurde von Konrad Zuse in [Zus53] für einen Relais-Rechner beschrieben.

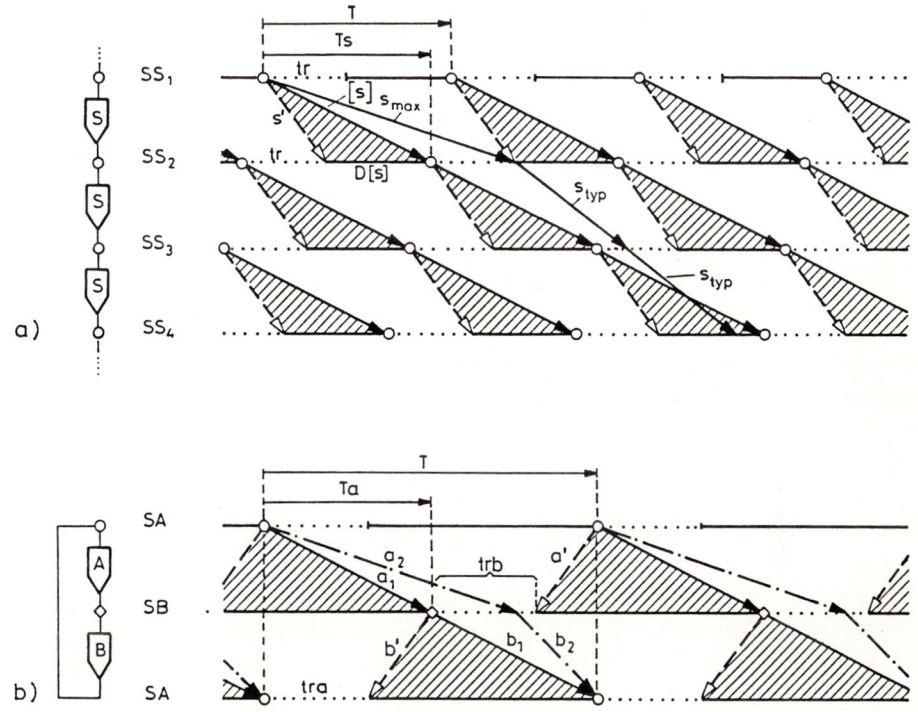

**Bild 3.1-4.** Transparente Schaltwerke: a) mehrphasig, b) doppelstufig

### 3.1.4 Einfluß von Transparenz

Die Funktionsweise der Transparenz wurde in Kap. 2 dargestellt und in Abschn. 3.1.1 (Bild 3.1-1) für Prozeßstufen zusammengefaßt: Bei einer transparenten Prozeßstufe wird der Prozeß typisch von den Eingangsdaten und nicht vom Taktimpuls gestartet. Dabei kommen einerseits die Vorteile der in Abschn. 2.2.3 angesprochenen Kaskadierung von (kombinatorischen) Schaltnetzen zum Tragen, nämlich "Verzahnung", "bekanntes logisches Verhalten" und "statistische Addition". Insofern kann man bei der Kaskadierung von transparenten Stufen bei gleicher Zuverlässigkeit kleinere Verzögerungszeiten ansetzen als bei den gleichen Stufen ohne Transparenz (die reduzierten Prozeßzeiten schreiben wir in eckigen Klammern):

$$[s] < s. \tag{3.1-23}$$

Der zweite Vorteil ist, daß die Verzögerungszeiten in den einzelnen Stufen größer angesetzt werden können als der Stufenversatz $Ts$. Bild 3.1-4b zeigt ein Beispiel, in dem die Prozeßzeit $a_2$ größer als die Teilperiode $Ta$ ist.

Bei Pipelines wirkt sich die Einfügung von Transparenz wegen $[s] < s$ in jedem Fall günstig auf die Durchlaufzeit $T_i$ aus (Bild 3.1-4a, vgl. (3.1-11) und (3.1-12a)). Allerdings muß für die Taktperiode $T$ die ganze Transparenzzeit $(tr)$ zu der reduzierten Dispersion $D[s]$ addiert werden, was den Gewinn kompensiert und sogar je nach der statistischen Verteilung der Prozeßmaximalverzögerung zur Verlängerung von $T$ führen kann.

$$Ts = [s], \tag{3.1-24a}$$

$$T = [s] - s' + tr \tag{3.1-24b}$$

$$= D[s] + tr. \tag{3.1-24c}$$

Bei doppelstufigen Schaltwerken mit nicht extrem großen negativen Minimalprozeßzeiten (wie z. B. in Bild 3.1-3c) spielt Transparenz eine große Rolle. Grundsätzlich kann man Überschußzeiten, die ja ungenutzte Daten-Gültigkeitsbereiche darstellen, in Transparenzzeiten umwandeln, solange die Flipflop-Logik dies zuläßt. Wie wir gesehen haben, gibt es bei rückgekoppelten Pipelines im allgemeinen Überschußzeiten (3.1-17b), um die Taktanpassung zwischen Ende und Anfang der Pipeline zu erzielen.

Wegen der Möglichkeit, beim Entwurf transparenter Systeme die maximalen Prozeßzeiten größer als die Teilperioden ansetzen zu können, kann man die Zykluszeit eines zweistufigen Schaltwerks in gewissen Grenzen beliebig auf die beiden Prozeßzeiten aufteilen. Bild 3.1-4b zeigt ein zweistufiges symmetrisches Taktsystem (wie Bild 3.1-3c) mit transparenten Stufen (A und B) und zwei verschiedenen Prozeßaufteilungen ($a_1$ und $b_1$ bzw. $a_2$ und $b_2$). Den zur beliebigen Aufteilung verfügbaren Anteil nennen wir *"disposable delay, dd"*.

Für die Prozeßaufteilung spielt die Takteinteilung in den beiden Teilperioden (Taktphasenversatz) i. a. keine primäre Rolle, solange nur die Transparenz für die Kopplung der Prozesse genutzt wird, so daß man nicht so scharfe Anforderungen an das Taktsystem zu stellen braucht.

Weitergehende Untersuchungen ein- und doppelstufiger Schaltwerke folgen in Abschn. 3.2 bis 3.5.

### 3.1.5   Taktversatz (Skew)

Ein wichtiger Aspekt beim Zeitverhalten von synchronen Schaltwerken ist die Tatsache, daß in großen Systemen der Takt selbst nicht exakt gleichzeitig an die Eingänge der einzelnen Flipflops einer Stufe herangebracht werden kann. Selbst wenn man dafür sorgt, daß die Wege auf dem Verteilungsnetz von einem Taktgenerator zu allen Endpunkten des Netzes gleich wären (wie z. B. beim H-Baum in Bild 3.1-5a), ergibt sich ein unkontrollierbarer Taktversatz, weil bei den notwendigen Verstärkern im Verteilerbaum unabhängige Laufzeittoleranzen auftreten können (Bild 3.1-5b; zum Thema Taktverteilung und Skew s. auch [FK85], [FP86], [Wag88]). Man kann allerdings nach üblicher Ingenieurpraxis bei jedem System eine obere Schranke für die Größe dieses Taktversatzes angeben, der in dem System auftreten kann. Wir nennen diese Größe — wie im Englischen üblich — *"Skew"* (= Schrägstellung). Das wichtigste Charakteristikum von Skew ist, daß wir i. a. nicht vorhersagen können, mit welchem Taktversatz (Skew) ein einzelnes Flipflop getriggert wird. Wir müssen also dafür sorgen, daß die Halte- und Setzbedingungen in jedem möglichen Fall eingehalten werden, d. h. auch bei maximalem Skew.

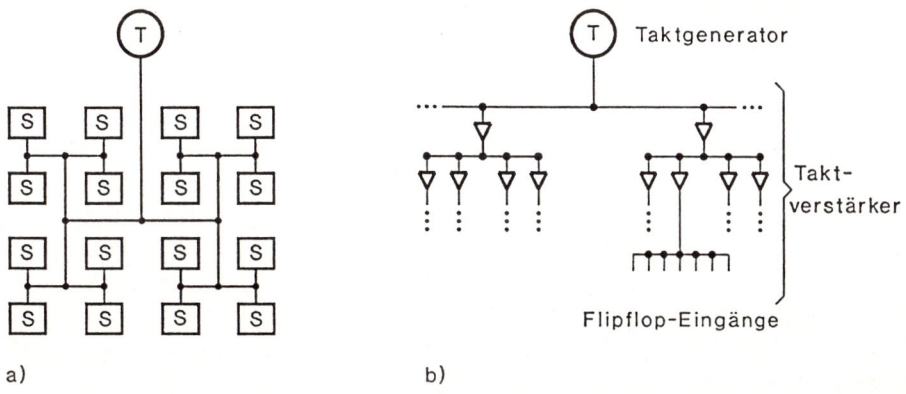

a)                                                    b)

**Bild 3.1-5.** Taktverteilung: a) H-Baum, b) Taktverstärker im Verteilerbaum

Die Einflüsse des Taktversatzes sollen möglichst anschaulich graphisch erläutert werden, damit nicht durch die Vielzahl der Fälle und Kombinationen der Überblick verloren geht. Wir benutzen dazu die Hilfsvorstellung, daß der Takt mit einer laufzeitbehafteten Leitung verteilt würde und die Flipflops "nah" (*near, n*) oder "fern" (*far, f*) von der Taktquelle positioniert seien. In Bild 3.1-6a sind dementsprechend eine Reihe von Synchronisationsknoten $SA(n)$ bis $SA(f)$ dargestellt, die nach ihrem Taktversatz geordnet sind, als ob sie von der angedeuteten Laufzeitkette (mit der Gesamtlaufzeit $sk$) gestaffelt mit dem Takt $A$ versorgt würden. Darunter ist die entsprechende Kette für die Synchronisationsknoten $SB$, die mit dem Takt $B$ versorgt werden, der durch die Stufenverzögerung $Tab$ gegenüber Takt $A$ verzögert ist.

Diese Hilfsvorstellung darf aber nicht zu der falschen Interpretation verleiten, jeder Station sei physikalisch ein bestimmter Taktversatz zugeordnet und man könnte womöglich diese "Skew-Position" vorhersagen oder gar kompensieren. Dies ist nach obiger Definition nicht möglich. Vielmehr kann im allgemeinsten Fall sogar an einer Station der aktuelle Taktversatz variieren bzw. zeitlich springen (*Jitter*). Bei der Unterscheidung sog. lokaler und Verbindungsstationen (Abschn. 3.1.6) müssen wir allerdings gewährleisten, daß an jeder Station die aktuellen Teilperioden den spezifizierten Wert nicht unterschreiten. Der zulässige *jitter* wird dann nur noch durch die lokalen Taktsignaltoleranzen erfaßt (s. Abschn. 2.1.4).

Es soll nun der Fall diskutiert werden, daß eine einzige Prozeßstufe jeden $SA$-Knoten mit jedem $SB$-Knoten unabhängig von der Skew-Position sicher verbinden kann. Wir nennen im Gegensatz zur Kommunikation zwischen zwei Punkten ohne Taktversatz (z. B. $SA$ nach $SB$ in Bild 3.1-1) die Prozeßstufe *Verbindungsstufe* (*Link Stage*, LAB) und beschreiben sie durch die Skew-unabhängigen Prozeßparameter *lab* und *lab'*. Im Strukturbild in Bild 3.1-6a sind einige verschiedene Pfade der Verbindungsstufe durch ein Prozeßsymbol angedeutet. Wir sprechen dabei auch von verschiedenen "Rollen", die eine Prozeßstufe spielen kann — nämlich von (*n*) nach (*n*), von (*f*) nach (*n*) etc. —, und stellen im folgenden häufig nur die beiden extremen Rollen dar ("nah-fern" und "fern-nah"), obwohl man nicht vergessen darf, daß es sich nur um eine einzige Prozeßstufe handelt, die alle Skew-versetzten $SA$-Knoten mit allen $SB$-Knoten verbindet.

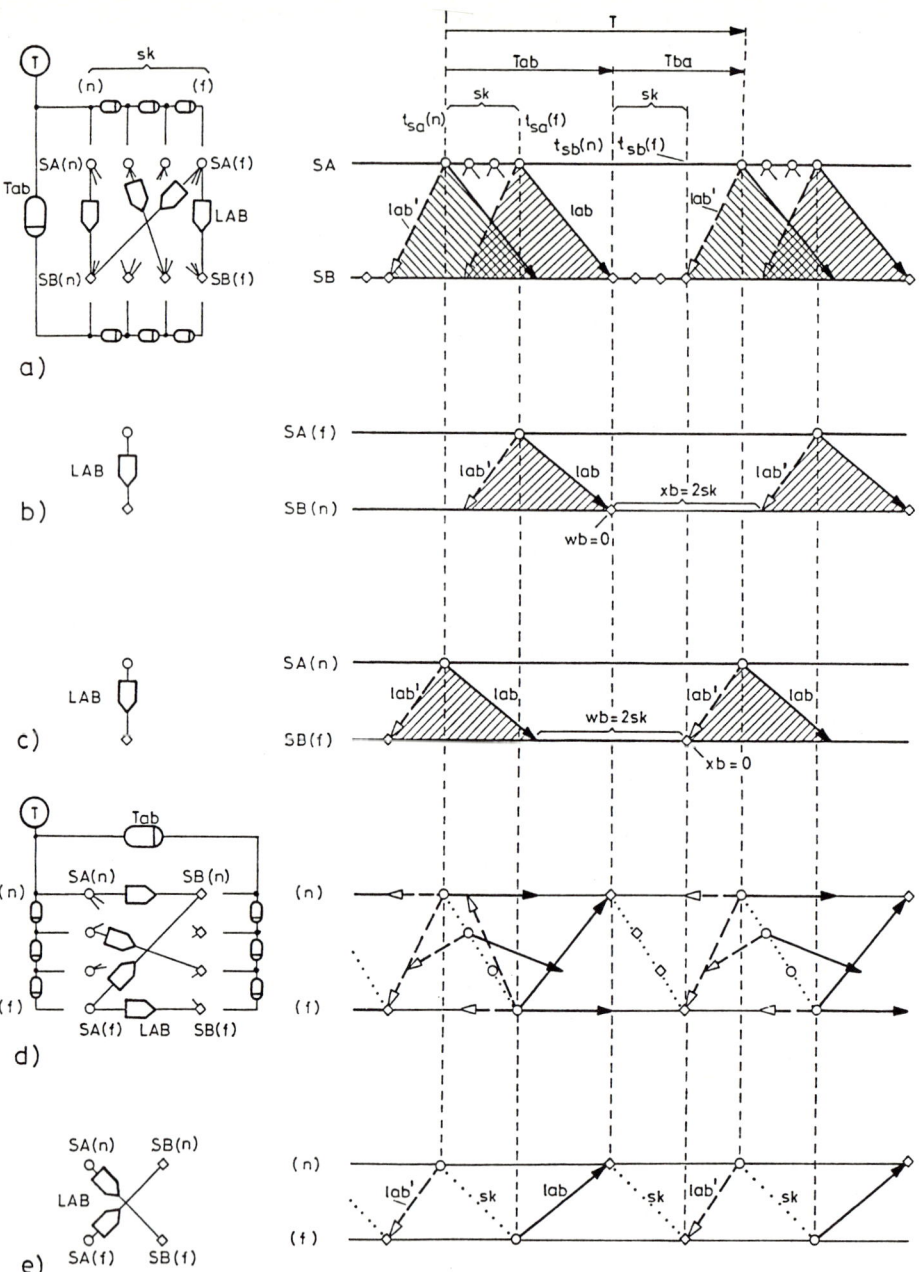

**Bild 3.1-6.** Darstellung von Taktversatz (Skew). Erläuterung zu a) bis e) siehe Text

Für den hier gezeichneten Fall einer nicht-transparenten Verbindungsstufe ist es aus dem Zeitdiagramm offensichtlich, daß zur Einhaltung der Setzbedingung für die Maximalverzögerung nur die Zeit vom spätesten A-Synchronisationspunkt $t_{sa}(f)$ zum frühesten B-Punkt $t_{sb}(n)$ zur Verfügung steht und nicht die gesamte Stufenverzögerung $Tab$. Andererseits muß der früheste Taktimpuls $t_{sa}(n)$ der nächsten Taktperiode spät genug erfolgen, so daß die Minimalverzögerung $lab'$ nicht beim spätesten Triggerpunkt der Folgestufe $t_{sb}(f)$ die Haltebedingung verletzt. Der Stufenversatz $Tab$ und die Komplementärzeit $Tba$ sind also gegenüber dem optimalen Fall ohne Taktversatz um den Skew vergrößert,

$$Tab \;=\; lab + sk, \tag{3.1-25a}$$
$$Tba \;=\; sk - lab'. \tag{3.1-25b}$$

Die Prozeßdiagramme (Bild 3.1-6a) überlagern sich, da ja auf den beiden horizontalen Zeitachsen die Zustände und Phasen einer ganzen Kette von Synchronisationspunkten überlappend dargestellt werden müssen. Damit ist in diesem Diagramm kaum darstellbar, an welchen Synchronisationspunkten Warte- und Überschußzeiten auftreten. In Bild 3.1-6b und c ist dies für die beiden Grenzfälle herausgezeichnet. Die anderen Fälle — mit sowohl Wartezeiten $w$ als auch Überschußzeiten $x$ — sind leicht interpolierbar.

Bei der Untersuchung verschiedener Schaltwerkstrukturen ist diese Art der Darstellung mit der Wirkungsrichtung von oben nach unten, bei der jedem Synchronisationsknoten eine eigene Zeitebene zugeordnet ist, graphisch nicht immer einfach zu handhaben. Es ist daher angezeigt, hiervon abzugehen und die (nach unserer Hilfsvorstellung) "räumliche" Skew-Position (von "nah" nach "fern") in der Vertikalen anstatt in der Zeitebene anzuordnen (s. Bild 3.1-6d). Dann überlagern sich allerdings die Quell- und Zielpunkte ($SA$, $SB$) auf der Zeitachse, so daß es sich hier als zweckmäßig erweist, verschiedene Symbole wie Kreis und Raute für $t_{sa}$ und $t_{sb}$ zu benutzen.

Wenn man, wie angedeutet, viele Verbindungsfälle darstellen will, wird die Figur unübersichtlich, auch wenn man die Schraffuren fortläßt. Wir verwenden später meist nur die graphische Kurzform nach Bild 3.1-6e, bei der nur die kritischen Größen eingezeichnet sind. Die Bedeutung ist dann bei Bedarf aus den hier zum Vergleich herausgezeichneten vollständigeren Darstellungen zu ergänzen. (Man beachte, daß natürlich immer nur die waagerechte Komponente die Zeitdistanz darstellt.)

### 3.1.6  Stationen und Verbindungen

Die Diskussion einer Verbindung zweier Synchronisationsknoten mit Prozeßstufen unter dem Einfluß von Taktversatz zeigt schon in der einfachsten Form, daß mit wachsendem Skew ungenutzte Gültigkeitsbereiche (Warte- bzw. Überschußzeiten, s. Bild 3.1-6b und c) auftreten, die sich bei geschlossenen Systemen dahingehend auswirken, daß bei gegebenen Prozeßzeiten die Zykluszeiten anwachsen oder bei gegebenen Zykluszeiten nur kleinere Schaltnetzverzögerungen zugelassen werden dürfen.

In gewissen räumlich begrenzten Teilen eines synchron getakteten Schaltwerks (sog. "Inseln", "*islands*"), z. B. auf einem Chip, kann man aber davon ausgehen, daß die

Taktflanken nicht versetzt sind (wie z. B. bei allen Flipflops, die von einem Takt-verstärker nach Bild 3.1-5b versorgt werden). Wir nennen diese lokalen Bereiche, in denen kein Skew auftritt, *"Stationen" (stations)*. Hier möchte man natürlich nicht dafür Einbußen an zulässiger Verzögerungszeit hinnehmen, weil im gleichen System viele taktversetzte "Stationen" (z. B. durch ein Bussystem) miteinander kommunizieren müssen. Wir unterscheiden daher in unserem Modellsystem und in den Anwendungs-beispielen *lokale Prozeßstufen* in den Stationen und *Verbindungsprozeßstufen* zwischen Stationen. Allerdings muß man darauf achten (und wir setzen dies in unseren weite-ren Betrachtungen voraus), daß bei mehrphasigen Systemen in jeder Station für alle Taktphasen der gleiche Taktversatz bezüglich der Taktversorgung des Gesamtsystems besteht, so daß innerhalb der Station kein Skew auftritt. In Bild 3.1-7a ist angedeutet, daß in jeder lokalen Station eine eigene Verzögerungsleitung $Tab$ enthalten ist, die aus dem Eingangstakt $A$ den phasenversetzten Takt $B$ ableitet. In der Praxis kann man entweder in jeder Station solche Verzögerungselemente vorsehen, oder aber man nutzt die beiden Flanken des Taktimpulses für die beiden Taktphasen in der Station aus. Schließlich kann man auch einen Takt in doppelter Frequenz übertragen und benutzt nur einen Flankentyp (z. B. die beiden Vorderflanken) zur Synchronisation. Auf diese Weise schließt man aus, daß die Teilperioden durch unterschiedliche Verzögerung der Vorder- und Rückflanke in den Taktverstärkern verzerrt werden.

Bei der Darstellung der verschiedenen Prozeßzeiten $lab, lab'$ und $ab, ab'$ in den verschie-denen "Rollen" (d. h. Verbindungen in bezug auf die Skew-Positionen der Quell- und Zielpunkte) gibt es einige graphische Darstellungsprobleme. Bild 3.1-7a zeigt das aus Bild 3.1-6d abgeleitete Strukturbild der vier extremen Verbindungsrollen zwischen den Synchronisationsknoten $SA$ und $SB$, nämlich $(nn), (nf), (fn)$ und $(ff)$. Hier sind die "Skew-Positionen" als Raum- und nicht als Zeitgrößen (entsprechend der fiktiven Taktversorgungsleitung) auf der Vertikalen angeordnet. Das bedingt, daß für die loka-len Prozesse ($(nn)$ und $(ff)$ sind gezeichnet) Quell- und Zielpunkte die gleiche Höhe haben, so daß die lokalen Zeitdiagramme "flach" erscheinen.

Für eine detailliertere Zeitdarstellung der Prozesse müßten wir alternative geometri-sche Anordnungen der gleichen topologischen Struktur wählen. In Teilbild b ist die Struktur kreuzungsfrei gezeichnet; auseinandergezogen erlaubt sie die Anordnung der Prozeßzeitdiagramme ohne Überlappungen (z. B. Teilbild c). Der lokale nahe Prozeß liegt oben, der ferne unten und die Verbindungsprozesse in der Mitte. Allerdings müssen bei derartigen Darstellungen immer zwei Synchronisationsknoten doppelt ge-zeichnet werden (hier $SB(n)$ und $SB(f)$), so daß eine anschauliche Deutung nicht ganz einfach ist.

Schiebt man aber die beiden Zweige von Bild c so übereinander, daß $SB(n)$ auf die Höhe von $SA(n)$ kommt und $SA(f)$ auf die von $SB(f)$ (s. Verweislinien in Bild 3.1-7c), dann entsteht Bild 3.1-7d. Wir haben die Synchronisationsknoten auch seitlich so versetzt, daß $SB$ immer rechts von $SA$ erscheint. Der Graph bekommt dadurch zwar wieder seine Überschneidung, aber die graphische Raum-Zeit-Interpretation erscheint am günstigsten. Das Zeitdigramm für diesen Graphen gibt eine ausführliche, bestmög-liche Interpretation der Kurzform von Bild 3.1-7e, die wir in den folgenden Abschnitten vorwiegend benutzen. (In diesem Beispiel ist angenommen, daß die Dispersion der

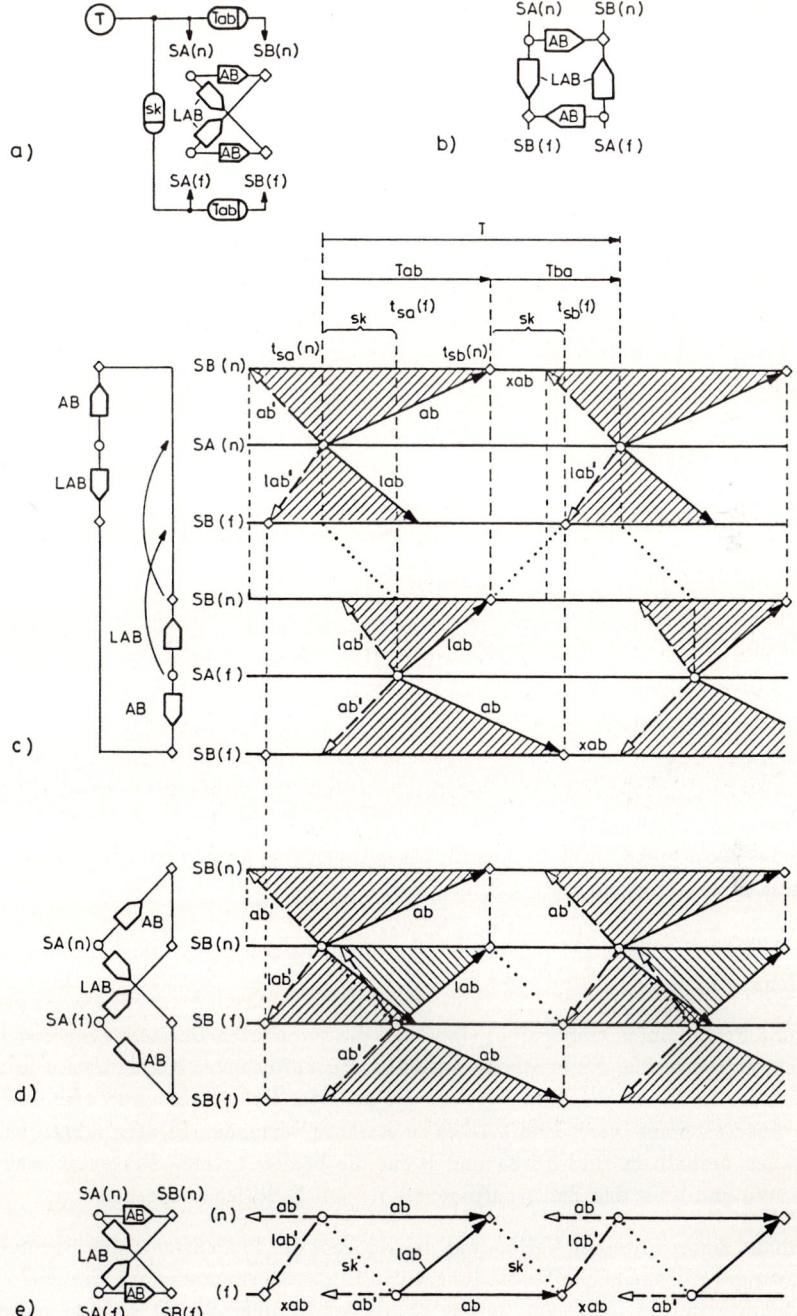

**Bild 3.1-7.** Lokale und Verbindungsstationen zwischen zwei Knoten: a) Struktur, b) kreuzungsfreier Graph, c) Zeitdiagramm, d) Überlagerung der Verbindungsprozesse, e) vereinfachtes Zeitdiagramm

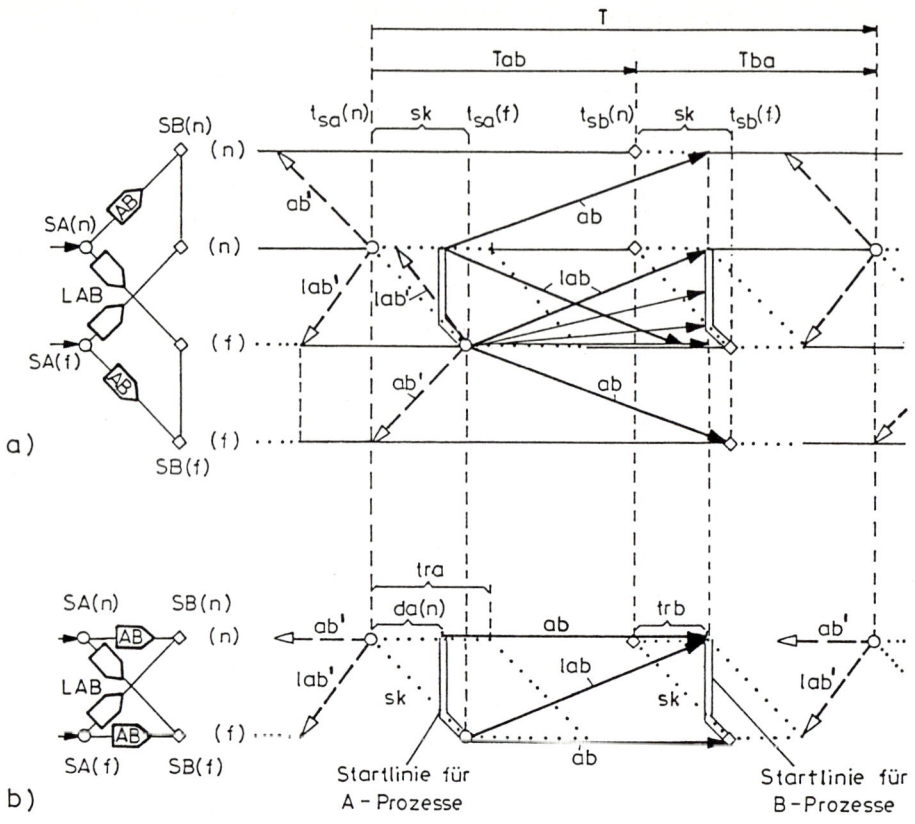

**Bild 3.1-8.** Lokale und Verbindungsstationen zwischen zwei Knoten mit Transparenz:
a) Zeitdiagramm, b) vereinfachtes Zeitdiagramm

Verbindungsstufe, *Dlab*, bei gegebenem Skew die Zykluszeit bestimmt. Näheres dazu
in Abschn. 3.3.3.1.)

Wenn die Prozeßstufen transparent sind, sind die kompakten Darstellungen erst recht
nützlich, weil selbst bei dieser relativ einfachen, standardisierten Konfiguration mit nur
einer lokalen und einer Verbindungsstufe die Zahl der Referenzlinien in dem ausführlichen Zeitdiagramm (nach Bild 3.1-7c) zu stark verwirrenden Bildern führen würde.
Wir haben deshalb in Bild 3.1-8a und b nur die beiden unteren Präsentationen aus
Bild 3.1-7d und e für den Fall transparenter A- und B-Stufen wiederholt.

Um anhand dieser einzelnen Verbindung das Konzept der *Prozeßstartlinien* einzuführen,
haben wir die größtmögliche Verbindungsverzögerung *lab* eingezeichnet. Sie reicht vom
frühesten Startpunkt $t_{sa}(f)$ am "fernen" Ende des Knotens $SA(f)$ bis zum spätesten
Endpunkt $t_{sb}(n) + trb$ beim "nahen" Knoten $SB(n)$. In allen anderen $SB$-Knoten
einschließlich $SB(f)$ ist aber der Verbindungsprozeß *lab* zum selben Zeitpunkt beendet. In allen Zwischenstationen, bei denen der Synchronisationspunkt $t_{sb}$ vor diesem
Zeitpunkt liegt, herrscht also die transparente Funktionsphase, und die Folgeprozesse

— lokale und Verbindungsprozesse — werden dort streng gleichlaufend (*concurrent*) gestartet. Unterhalb, wo die Synchronisationsimpulse erst nach dem Ende von $lab(f)$ ankommen, werden die Folgeprozesse durch den Takttrigger gestartet. In unserer nach der "Skew-Position" geordneten Darstellung starten die Prozesse also dort gestaffelt wie die Skew-Linie. Durch diese Überlagerung ergibt sich die als Doppellinie gezeichnete geknickte Prozeßstartlinie für die bei $SB$ beginnenden Folgeprozesse.

Wir haben angenommen, daß auch die Startpunkte der von $SA$ ausgehenden Prozesse ($lab$ und $ab$) durch einen entsprechenden (aber nicht gezeigten) Vorgänger derart beeinflußt werden, damit in dem gezeichneten Fall auch die lokalen Prozesse $ab$ die durch die Verbindungsprozesse $lab$ gegebenen Startlinien bei $SB$ nicht überschreiten.

Man kann den Knickpunkt durch Veränderung der Zeitparameter senkrecht (in der Raumachse) verlagern oder auch die ganze Startlinie horizontal (in der Zeitachse) verschieben und damit verschiedene Betriebsweisen (Modi) einplanen, so daß in einem System mit gegebenem "Taktrahmen" verschiedene worst-case-Aufteilungen von lokalen und Verbindungsprozeßzeiten realisiert werden können (Abschn. 3.3.3.2).

### 3.1.7 Strukturauswahl und Ergebnisdarstellungen

In den folgenden vier Abschnitten werden wir nun die wichtigsten Grundtypen von praktisch verwendeten Schaltwerkstrukturen in bezug auf die hier zusammengestellten Möglichkeiten und Probleme untersuchen.

Eine für die Anwendung offenbar interessante Fragestellung ist, welche minimale Zykluszeit $T$ in Abhängigkeit vom Skew $sk$ erreichbar ist, wenn die maximale Schaltnetzverzögerung $n$ (bei doppelstufigen Systemen: eine der beiden Netzverzögerungen) gegeben ist. Diese Abhängigkeiten stellen wir in sog. *Trenddiagrammen* dar, die also für die verschiedenen Schaltwerkstrukturen unsere wichtigsten Ergebnisse repräsentieren.

Ganz naheliegend ist bei dieser Betrachtungsweise der Begriff des *Verlustes, W (waste)*, der angibt, wieviel die minimale Zykluszeit $T$ größer ist als die Schaltnetzverzögerung. Bei lokalen einphasigen Schaltwerken ist z. B.

$$W_n = T - n \qquad (3.1\text{-}26)$$

(bei doppelstufigen Schaltwerken $na + nb$ anstatt $n$). Bei Schaltwerken mit Skew nehmen wir die Maximallaufzeit $ln$ des Verbindungsnetzes als gegeben an und definieren als *Verbindungsverlust* $W_{ln}$ (mit dem Index "$ln$")

$$W_{ln} = T - ln \qquad (3.1\text{-}27)$$

(bei doppelstufigen Systemen $lna + lnb$ anstatt $ln$). Dann wächst natürlich der Verlust mit dem Skew. In Abhängigkeit von den Flipflop-Parametern, von $ln'$ und der Transparenz gibt es bei doppelstufigen Systemen bestimmte Skew-Eigenwerte ($sko$, $sk1$, $sk2$), zwischen denen die Trendkurven verschiedene Steigungen haben. Bei einphasigen Schaltwerken existiert immer eine endliche maximale Skew-Verträglichkeit $skos$.

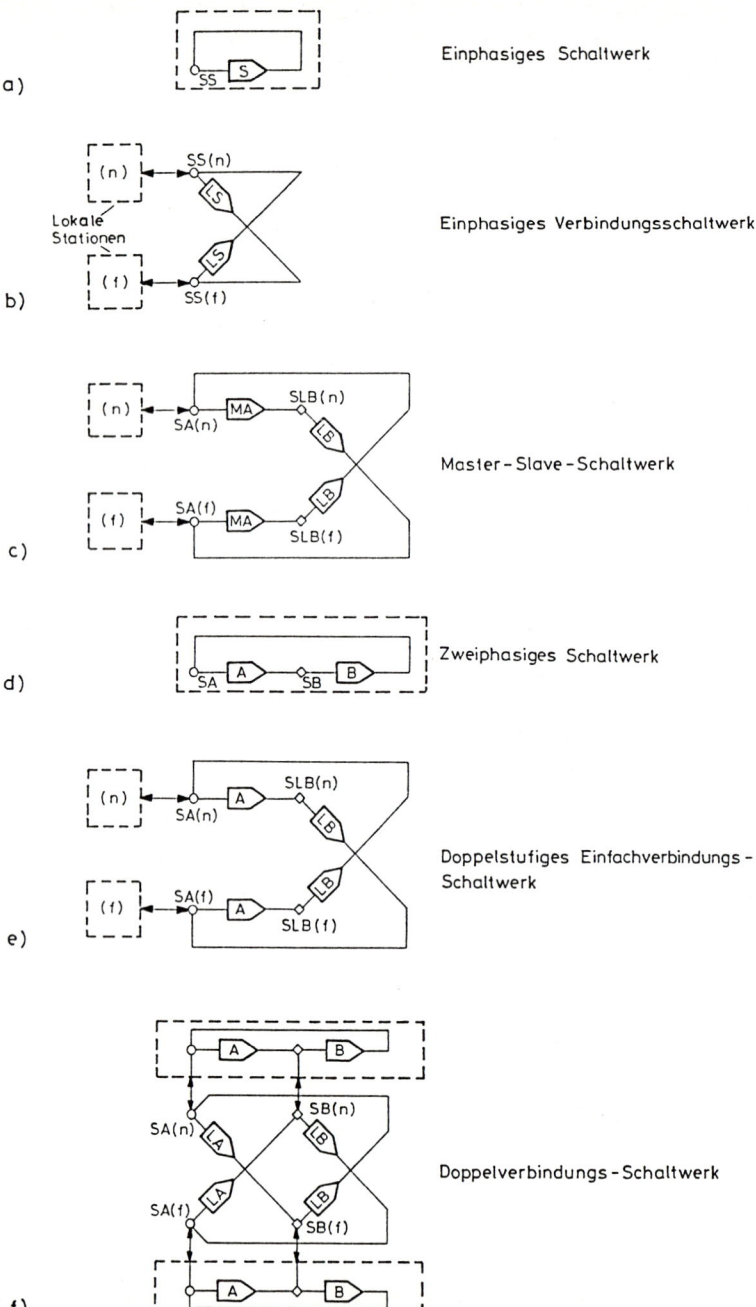

a)  Einphasiges Schaltwerk

b)  Einphasiges Verbindungsschaltwerk

c)  Master-Slave-Schaltwerk

d)  Zweiphasiges Schaltwerk

e)  Doppelstufiges Einfachverbindungs-Schaltwerk

f)  Doppelverbindungs-Schaltwerk

**Bild 3.1-9.** Zeitkonfigurationen von Schaltwerken

Bei der Betrachtung der Zeitverhältnisse auf der Ebene von Prozeßstufen, die bei doppelstufigen Systemen vorwiegend angebracht ist, erscheint der Verlust zunächst als "*Prozeßzeitverlust*" $W_l$ (bei den Verbindungsprozessen) bzw. als $W$ (ohne Index: bei den lokalen Prozessen). Durch Addition der Flipflop-Verzögerungen ergeben sich daraus dann die Verluste in bezug auf die Schaltnetze:

$$W_n = W + f, \qquad\qquad (3.1\text{-}28\text{a})$$
$$W_{ln} = W_l + f \qquad\qquad (3.1\text{-}28\text{b})$$

(mit $fa + fb$ statt $f$ bei doppelstufigen Systemen).

Bei doppelstufigen Schaltwerken besteht die Möglichkeit, den nützlichen Teil der Zykluszeit verschiedenartig auf die beiden Prozeßstufen und auf die Lokal- oder Verbindungsstufen aufzuteilen. Dadurch entsteht eine große Zahl von Kombinationsmöglichkeiten. Deshalb sind "Aufteilungsdiagramme" ein weiteres Hilfsmittel zur Darstellung der Ergebnisse.

Bild 3.1-9 gibt einen Überblick über die in Abschn. 3.2 bis 3.5 behandelten Schaltwerkstrukturen. Wir unterscheiden zunächst allgemein *einphasige* (a und b) und *zweiphasige* (c bis f) Systeme, je nachdem, ob in der Rückkopplungsschleife des Schaltwerks ein oder zwei taktgesteuerte Speicherelemente enthalten sind. Die zweiphasigen Schaltwerke beinhalten entweder in nur einer Phase oder in beiden Phasen je ein Schaltnetz, so daß wir von *einstufigen* (a bis c) oder *doppelstufigen* (d bis f) Schaltwerken sprechen (entsprechend unserer Definition der *Prozeßstufe* aus Schaltnetz und Flipflop-Stufe). Demnach ist also das Master-Slave-Schaltwerk in Bild 3.1-9c ein zweiphasiges, einstufiges Schaltwerk, während einphasige von vornherein nur einstufig sein können.

Schließlich unterscheiden wir bei den verschiedenen Konfigurationen noch, ob innerhalb der Stufen Skew auftritt oder nicht. Damit erhalten wir dann *lokale* Schaltwerke (a und d), *Einfachverbindungs-* (b, c und e) und *Doppelverbindungs-*Schaltwerke (f).

Bei den Verbindungsschaltwerken setzen wir i. a. voraus, daß an den Synchronisationsknoten lokale Schaltwerke angekoppelt sind, die dem Taktraster am Koppelpunkt genügen. Dies ist in Bild 3.1-9 durch die gestrichelten Kästen angedeutet, die solche lokalen Stationen repräsentieren.

Im letzten Abschnitt (3.6) wird der Frage nachgegangen, die eigentlich am Anfang des Forschungsprojektes stand, nämlich welche strukturellen Möglichkeiten bestehen, ein beliebig großes und schnelles getaktetes Schaltwerk (Multiprozessorsystem) aufzubauen, und wie deren Zeitcharakteristika objektiv mit asynchronen Systemen zu vergleichen sind. Der Überblick ist in Bild 3.6-1 (Kettenwerke) und Bild 3.6-2 (Frequenzteilung) gegeben.

# 3.2   Einstufige Schaltwerke

"Einstufige Schaltwerke" haben nur eine logisch wirksame Stufe im Rückkopplungskreis, d. h. nur ein kombinatorisches Schaltnetz N. In diesem Sinne kommen bei der
üblichen "logischen" Schaltkreistheorie bzw. Automatentheorie nur "einstufige Schaltwerke" vor (z. B. [Wen74], [Lag87]). Im Sinne unserer Zeitprozesse kann aber außer
der Prozeßstufe, die das Schaltwerk repräsentiert (also aus diesem Schaltnetz und einer
Flipflop-Stufe besteht), auch noch eine zusätzliche Flipflop-Stufe ohne Schaltnetz vorhanden sein. Wir unterscheiden daher in den folgenden Unterabschnitten "einphasige
Schaltwerke" mit einer einzigen Prozeßstufe S (Bild 3.1-9a) und andererseits "Master-
Slave-Schaltwerke", bestehend aus einer Master-Flipflop-Stufe und einer vollständigen
Slave-Prozeßstufe (Bild 3.1-9c).

## 3.2.1   Einphasige Schaltwerke

### 3.2.1.1   Lokale Prozesse ohne Transparenz

Bild 3.2-1 zeigt ein "lokales einphasiges Schaltwerk" ohne Transparenz und ohne Skew
mit den zugehörigen Zeitdiagrammen, und zwar zunächst als Prozeßstufe S, die auf
sich selbst rückgekoppelt ist, und dann in Detaildarstellungen ihrer Elemente (Flipflop-
Stufe F und Schaltnetz N). Diese Diagramme bilden die Basis für die Verifizierung der
folgenden Formelbeziehungen und Trenddiagramme.

Die Beziehungen zwischen den Prozeßgrößen $s, s'$ und der minimalen Zykluszeit $T$ ergeben sich hier sehr einfach (Bild 3.2-1a). Da wir hier noch keinen Skew berücksichtigen,
kennzeichnen wir die minimale Zykluszeit mit einem "o" als Grundwert ohne Skew,
also $To$. Zunächst ist

$$T = To = s, \qquad (3.2\text{-}1)$$

d. h. die Setzbedingung ist genau erfüllt, und die Wartezeit $ws$ ist 0. Andererseits muß
die Haltebedingung erfüllt sein, d. h. die Überschußzeit $xs$ darf nicht negativ sein. Hier
gilt also:

$$xs = s' \geq 0. \qquad (3.2\text{-}2)$$

In Bild 3.2-1b haben wir die "flache" Darstellung der Parameter $s, s'$ und $Ds$ gezeichnet,
wie wir sie später auch als plastische Bezifferung der Trenddiagramme verwenden.
Zur Diskussion der Maßnahmen für die Erzielung höchstmöglicher Taktfrequenzen bei
sicherem Betrieb müssen wir diese Beziehungen mit den Parametern der Flipflop-Stufe
F und des Schaltnetzes N ausdrücken. Wir wollen sie anhand der Zeitdiagramme in
Bild 3.2-1 möglichst anschaulich interpretieren.

Die Prozeßzeit $s$ und damit die Zykluszeit $T$ besteht nach Bild 3.2-1c aus der maximalen
Flipflop-Verzögerung $f$ und der maximalen Schaltnetzlaufzeit $n$:

$$To = f + n. \qquad (3.2\text{-}3)$$

Wir bezeichnen den Teil der Zykluszeit $T$, der nicht für die maximale Laufzeit $n$ des

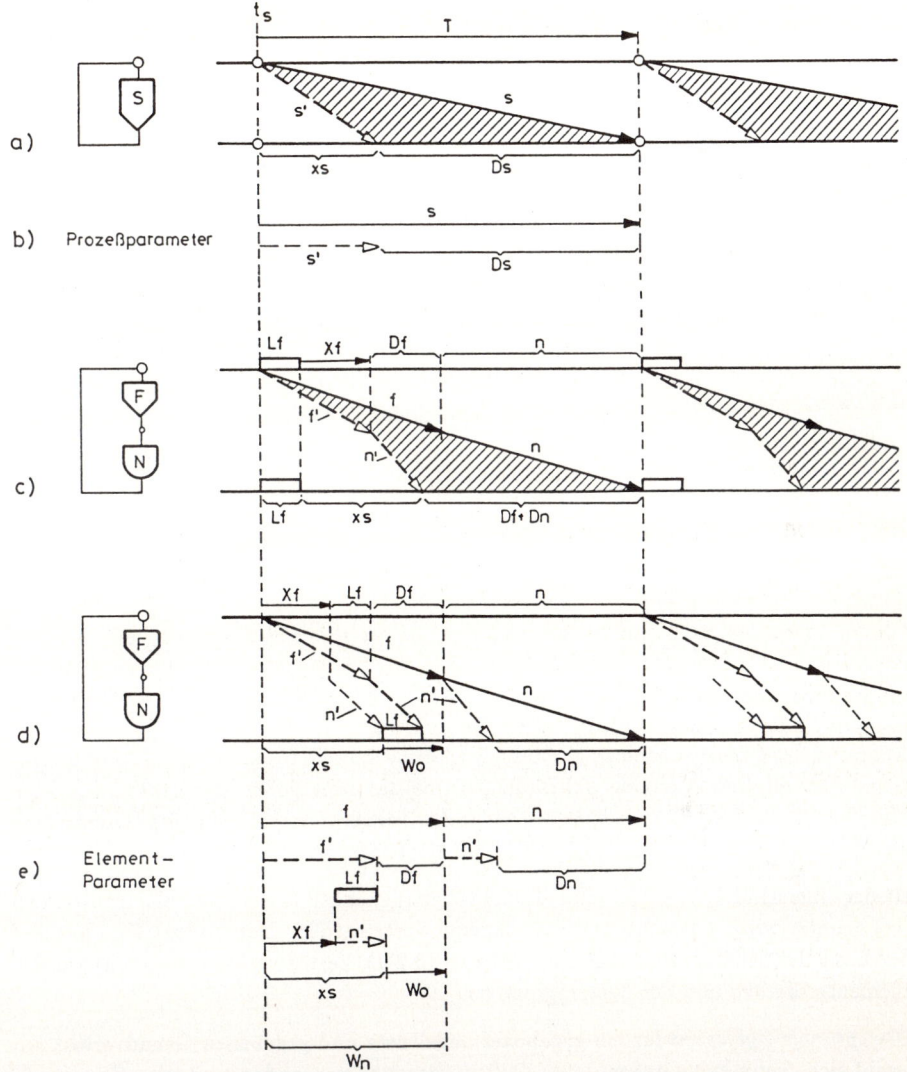

**Bild 3.2-1.** Zeitparameterdarstellungen für einphasige lokale Schaltwerke (ohne Skew und Transparenz): a) Prozeßebene, b) flache Darstellung der Prozeßgrößen, c) Elementebene, d) Erläuterung des Grundverlustes, e) flache Darstellung der Element-Parameter

kombinatorischen Schaltnetzes ausgenutzt werden kann, als *Verlust $W_n$ (waste,* mit Index n für Netz-bezogen):

$$W_n = To - n = f. \tag{3.2-4}$$

In diesem lokalen System ohne Skew stellt also die Maximallaufzeit $f$ den Verlust dar, und es ist zu analysieren, wie klein man $f$ machen kann.

Zur Erfüllung der Haltebedingung muß die Summe aus Grundüberschuß $Xf$ und Minimallaufzeit $n'$ positiv sein:

$$xs = Xf + n' \geq 0. \tag{3.2-5}$$

Damit und aus der Zusammensetzung der Flipflop-Laufzeit nach Bild 3.2-1c ergeben sich folgende Beziehungen für den Verlust:

$$
\begin{aligned}
W_n &= f &&\text{(3.2-6a)}\\
&= Lf + Xf + Df &&\text{(3.2-6b)}\\
&= (Lf + Df - n') + xs. &&\text{(3.2-6c)}
\end{aligned}
$$

Die algebraischen Kommutationen bei diesen Ausdrücken sind durch Umstellungen der Zeitabschnitte gegenüber dem physikalischen Ablauf in Bild 3.2-1d graphisch nachvollzogen. Dies entspricht genau der Umstellung bei der Definition der allgemeinen Prozeßstufe (Abschn. 3.1.1, Bild 3.1-1), nämlich der Vertauschung von Schreibzeit ($Lf$) und Überschußzeit ($xs$).

Der Verlust besteht also aus einem Anteil von Elementparametern, den wir *Grundverlust Wo* nennen (vgl. Abschn. 3.1.1 und (3.1-6)),

$$Wo = Lf + Df - n', \tag{3.2-7}$$

und dem Überschuß $xs$, der für das hier gezeigte lokale Schaltnetz (ohne Skew) ungenutzt ist:

$$W_n = Wo + xs. \tag{3.2-8}$$

Aufgrund der Umstellungen zeigt Bild 3.2-1d diese Anteile geometrisch zusammenhängend. Die eindimensionalen Vektordiagramme darunter geben die Zusammenhänge zwischen diesen Begriffen nochmals in einer Art wieder, die später für die Beschriftung der Trenddiagramme (Abschn. 3.2, Bild 3.2-4) benutzt wird.

Da der Überschuß später entweder als Skew-Verträglichkeit (*skos*) oder als Transparenz (*tr*) genutzt wird, betrachten wir $xs$ als eine Systemgröße. Der Verlust $W_n$, hier auf der Basis der Schaltnetzverzögerung definiert (3.2-4), besteht also nach (3.2-8) aus der Elementgröße $Wo$ und der Systemgröße $xs$.

Die *optimale Zykluszeit* für ein gegebenes Schaltnetz und gegebenen Grundverlust $Wo$ ergibt sich, wenn keine ungenutzten Gültigkeitszeiten vorhanden sind, also für $xs = 0$:

$$
\begin{aligned}
To_{opt} &= Wo + n &&\text{(3.2-9a)}\\
&= Ds. &&\text{(3.2-9b)}
\end{aligned}
$$

Die optimale Zykluszeit entspricht also der Dispersion der Prozeßzeit (Bild 3.2-2), d. h. der Summe aus den Dispersionen der Flipflop-Stufe und des Schaltnetzes sowie der Schreibzeit. Dazu gehört eine *optimale Flipflop-Stufe* mit

$$Xf_{opt} = -n' \tag{3.2-10}$$

(für $xs = 0$, s. (3.2-5)). Die Bilder 3.2-2b und c zeigen zwei Beispiele für optimale Flipflop-Stufen, einmal mit endlicher minimaler Netzverzögerung $n' > 0$, das andere

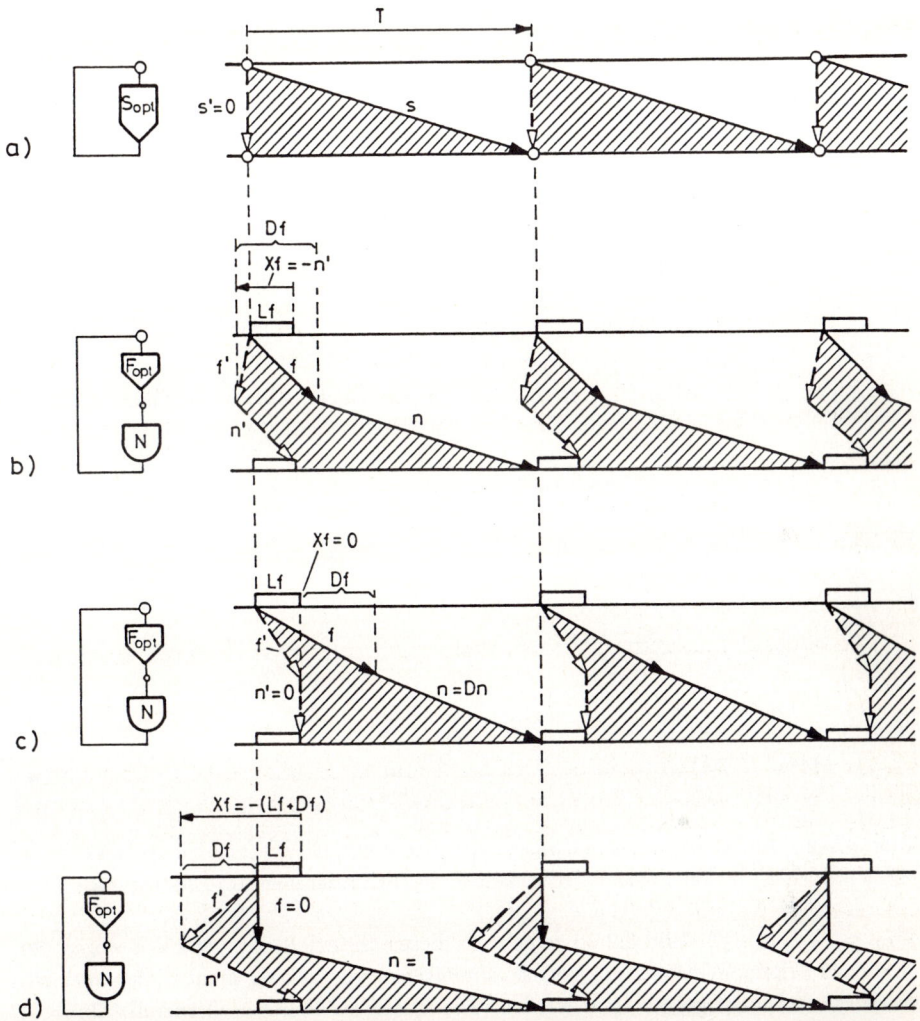

**Bild 3.2-2.** Optimale lokale einphasige Schaltwerke (ohne Transparenz): a) Prozeßebene, b) Elementebene, $Xf = -n'$, c) $Xf = 0$, d) $Xf = -(Lf + Df)$

Mal für ein "allgemeines Schaltnetz" mit $n' = 0$, das also auch verzögerungsfreie Brücken vom Eingang zum Ausgang enthält (wie z. B. bei Schieberegistern).

Der Verlust ist natürlich auch bei optimalen Flipflop-Typen abhängig von der minimalen Netzlaufzeit $n'$,

$$W_{n,opt} = Wo \qquad (3.2\text{-}11a)$$
$$= Lf + Df - n'. \qquad (3.2\text{-}11b)$$

Beim allgemeinen Schaltnetz mit $n' = 0$ ist der Verlust am größten $(Lf + Df)$. Er sinkt mit wachsendem $n'$ und verschwindet beim theoretischen Grenzwert $f = 0$ mit

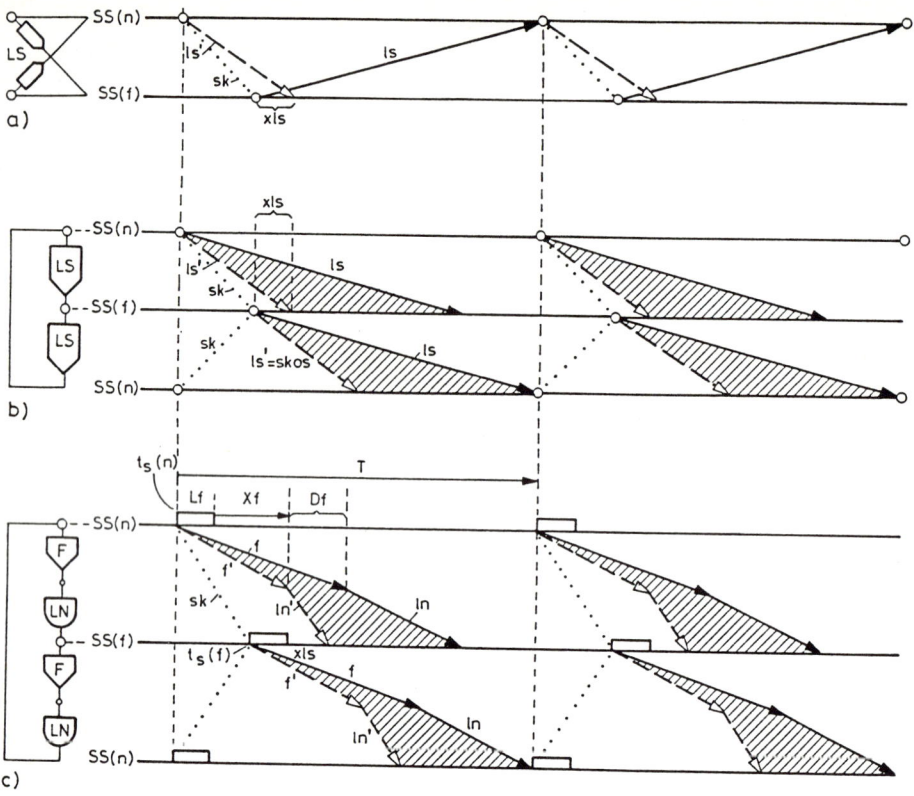

**Bild 3.2-3.** Zeitdiagramme einphasiger Schaltwerke mit Skew (ohne Transparenz, ohne lokale Stationen): a) vereinfachte Prozeßdarstellung, b) Prozeßebene, c) Elementebene

$Xf_{opt} = -(Lf + Df)$. Bild 3.2-2d zeigt auch diesen Grenzfall, der natürlich wegen der endlichen Flipflop-Verzögerung (durch mindestens zwei Gatter) nicht realisierbar ist. Auch kann $n'$ nicht größer als $n$ werden. Für diesen zusätzlichen Grenzfall ($Dn = 0$) bleibt $To_{opt}$ noch endlich, nämlich $Lf + Df$.

### 3.2.1.2  Verbindungsprozesse ohne Transparenz

Der Einfluß von *Taktversatz* auf einphasige Schaltwerke mit der einzigen, nicht-transparenten Prozeßstufe LS (*Link Stage*, Definition s. Abschn. 3.1.6) wird in Bild 3.2-3 erläutert. In Bild a ist das vereinfachte Zeitdiagramm mit nur den kritischen Prozeßzeiten (nach Bild 3.1-6e) dargestellt. Bild b zeigt die vollständigen Zeitdiagramme für die beiden Prozeßverbindungen von "nah" nach "fern" und zurück und Bild c dasselbe Beispiel im Detail mit aufgegliederten Prozeßstufen (jeweils eine Flipflop-Stufe F und ein Schaltnetz LN).

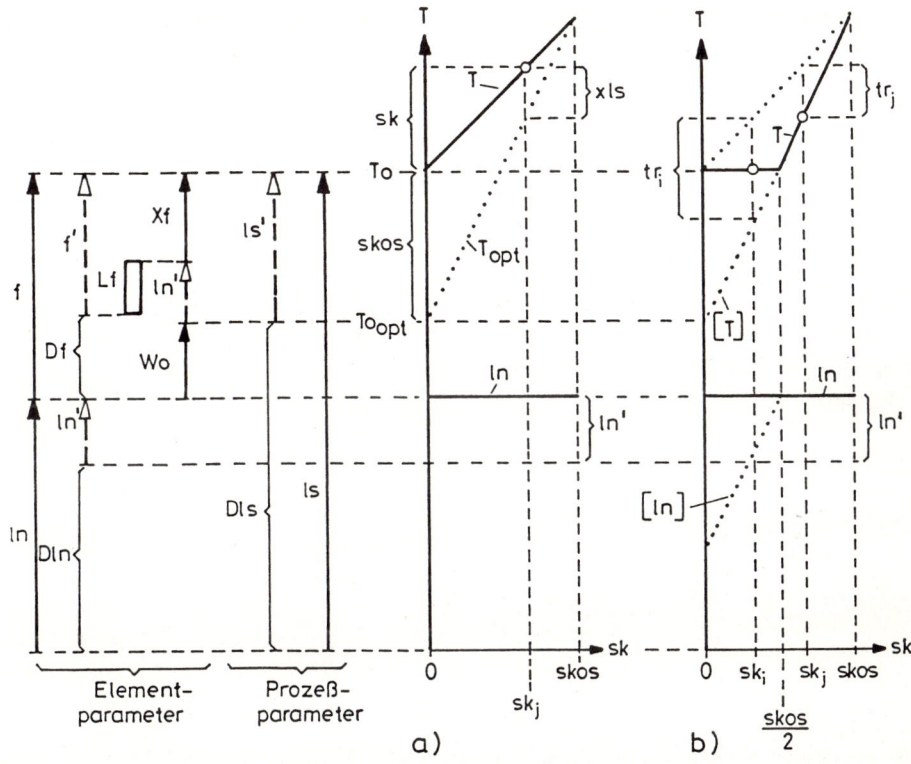

**Bild 3.2-4.** Trenddiagramme für einphasige Verbindungs-Schaltwerke: a) ohne Transparenz, b) mit Transparenz

Wie man graphisch nachvollziehen kann, müssen die Formeln für die minimale Zyklus-zeit in folgender Weise durch den Skew-Term $(sk)$ ergänzt werden:

$$T = ls + sk \qquad\qquad (3.2\text{-}12a)$$
$$= f + ln + sk \qquad\qquad (3.2\text{-}12b)$$
$$= Lf + Df + Xf + ln + sk \qquad\qquad (3.2\text{-}12c)$$
$$= Wo + Xf + ln' + ln + sk. \qquad\qquad (3.2\text{-}12d)$$

Die Zykluszeit steigt also linear mit dem Skew. Bild 3.2-4a zeigt diesen Trend $T(sk)$ mit der Bezeichnung der Element- und Prozeßparameter nach Bild 3.2-1b und e (allerdings mit den Parameterbezeichnungen für die Verbindungsstufe $ls, ls'$ sowie $ln, ln'$).

Die Bedingung für $Xf$ ist jetzt nicht mehr wie in Bild 3.2-1a die Haltebedingung für die lokalen Prozesse ($xs \geq 0$, (3.2-5)), sondern nach Bild 3.2-3c:

$$xls = Xf + ln' - sk \geq 0, \qquad\qquad (3.2\text{-}13)$$

d. h. daß die Überschußzeit $xls$ im Verbindungssystem nicht negativ werden darf. Sie fällt linear mit dem aktuellen Skew $sk$ und erreicht bei dem Skew-Wert

$$skos = ls' \tag{3.2-14a}$$
$$= Xf + ln' \tag{3.2-14b}$$

den Grenzwert 0. Damit kann man die Überschußzeit nach (3.2-13) auch als Differenz zwischen Skew-Verträglichkeit und aktuellem Skew schreiben, nämlich

$$xls = skos - sk \geq 0. \tag{3.2-15}$$

Bei noch höherem Skew ist die Haltebedingung nicht mehr erfüllt. Wir nennen *skos* daher die *Skew-Verträglichkeit* des einphasigen Systems und können die minimale Zykluszeit wie folgt ausdrücken:

$$T = ln + Wo + skos + sk \tag{3.2-16a}$$
$$= Dls + skos + sk \tag{3.2-16b}$$

(s. Bild 3.2-4a). Wenn man für jeden aktuellen Skew-Wert $sk$ die Skew-Verträglichkeit anpassen könnte ($skos = sk$), d. h. die Flipflop-Stufe bzw. die minimale Netzverzögerung $ln'$ optimal einstellen und ohne Überschuß arbeiten könnte ($xls = 0$, (3.2-15)), dann würde man die *optimale Zykluszeit* erzielen:

$$T_{opt} = ln + Wo + 2sk \tag{3.2-17a}$$
$$= Dls + 2sk \tag{3.2-17b}$$

(s. punktierte Gerade in Bild 3.2-4a). Die optimale Zykluszeit ist um $xls$ kleiner als ohne Anpassung.


### 3.2.1.3   Laufzeitabgleich

Wenn man die Skew-Verträglichkeit bei gegebener Flipflop-Stufe über $skos$ hinaus erweitern möchte, kann man die Minimallaufzeit $ln'$ des Schaltnetzes vergrößern. Dabei gibt es zwei praktisch eingesetzte Methoden, "Laufzeitabgleich" (Bild 3.2-5) und "dynamische Verzögerungsstufen" (Bild 3.2-6).

"Laufzeitabgleich" bedeutet hier, daß speziell in die Pfade des kombinatorischen Schaltnetzes mit den kleinsten Minimallaufzeiten zusätzliche Verzögerungselemente eingesetzt werden, um den Gesamtwert von $ln'$ zu erhöhen, ohne den Maximalwert $ln$ zu erhöhen oder die Flipflop-Stufen zu verändern.

Dies ist insbesondere bei Übertragungssystemen möglich und üblich, weil es dort — im Gegensatz zu allgemein vermaschten logischen Netzen — relativ einfach ist, dafür geeignete Knotenpunkte zu finden. Bei Verbindungskabelsystemen verwendet man oft tatsächlich Verzögerungskabel als "dummy lines". Bei allgemeinen Netzen, z. B. VLSI-Schaltungen, sind oft aufwendige Berechnungen notwendig, um die Einbaustellen für die Verzögerungselemente (z. B. Inverterketten) zu finden. Nichtsdestoweniger wird bei speziellen Hochgeschwindigkeitssystemen von dieser Methode Gebrauch gemacht (vgl. [Lan82], [Wag88]).

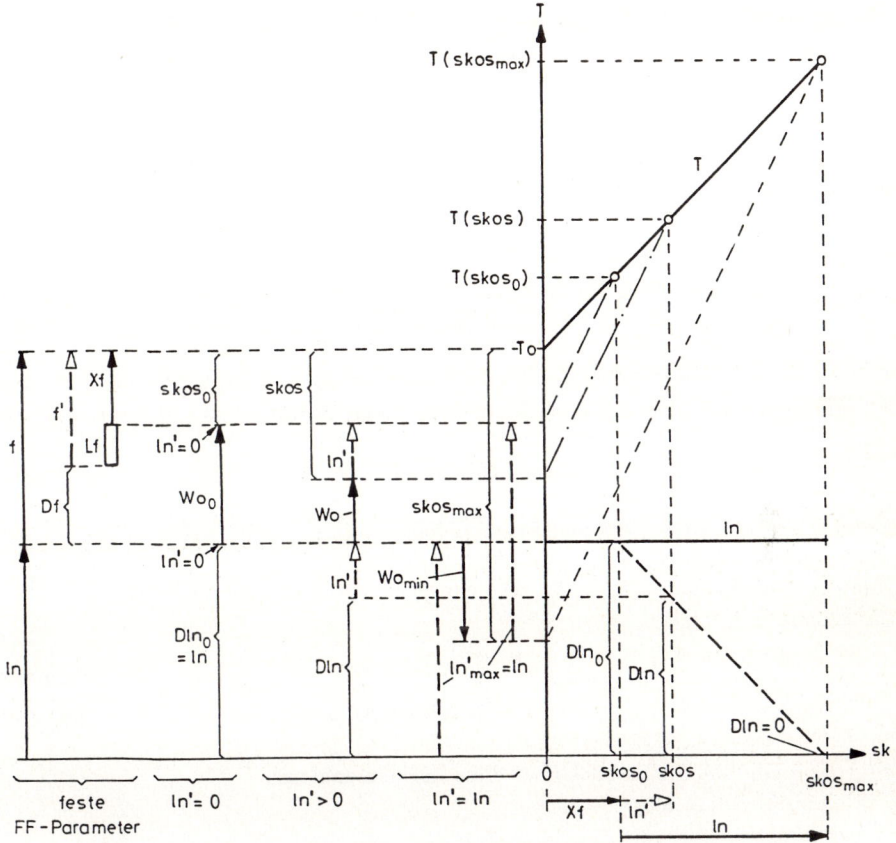

**Bild 3.2-5.** Erhöhung der Skew-Verträglichkeit durch Laufzeitabgleich

Durch Vergrößerung der Minimalverzögerung $ln'$ bei gegebenen Flipflop-Stufen steigt die Skew-Verträglichkeit (3.2-14b), aber der Grundverlust ($Wo = Lf + Df - ln'$, nach (3.2-7)) fällt in demselben Maße. Der Trend der Zykluszeit bei festem $ln$ bleibt also unbeeinflußt (3.2-12b). In Bild 3.2-5 sind die Trendkurven $T(sk)$ für drei $ln'$-Werte gleichzeitig aufgetragen. Es ergeben sich daraus drei verschiedene *skos*- und Grundverlust-Werte:

$$ln' = 0 \quad \longrightarrow \quad skos_0, \quad Wo_0,$$
$$ln' > 0 \quad \longrightarrow \quad skos, \quad Wo \quad \text{(allgemein)},$$
$$ln'_{max} = ln \quad \longrightarrow \quad skos_{max}, \quad Wo_{min}.$$

Da $ln'$ keinen Einfluß auf die Zykluszeit hat, bleibt die aktuelle Zykluszeit $T$ also bestehen, auch wenn man $ln'$ für eine höhere Skew-Verträglichkeit *skos* dimensioniert hat als für den aktuellen Skew ($skos > sk$).

Wichtig ist aber die Deutung dieses Diagramms, daß bei größerem Minimalwert $ln'$ und gleichbleibendem Maximalwert $ln$ die Dispersion des Verbindungsnetzes,

$$Dln = ln - ln', \tag{3.2-18}$$

immer kleiner wird (s. gestrichelte Kurve im Trenddiagramm) und daher der Realisierung relativ gleichbleibender Schaltnetz-Verzögerungen Grenzen gesetzt sind. Der
theoretische Grenzfall idealer Verzögerungen ohne Dispersion ($Dln = 0, ln'_{max} = ln$)
ergibt die eingezeichnete Grenze für die Skew-Verträglichkeit eines Systems,

$$skos_{max} = skos(ln'_{max} = ln) = Xf + ln, \qquad (3.2\text{-}19)$$

mit der maximalen Zykluszeit

$$
\begin{aligned}
T(skos_{max}) &= Lf + Df + 2skos_{max} && (3.2\text{-}20a) \\
&= Lf + Df + 2(Xf + ln). && (3.2\text{-}20b)
\end{aligned}
$$

Der andere gezeichnete Grenzwert entspricht einem einphasigen System mit einem
allgemeinen Schaltnetz, das auch Durchverbindungen enthält ($ln' = 0$), mit

$$skos_0 = skos(ln' = 0) = Xf. \qquad (3.2\text{-}21)$$

Diese Größe ist bei einer sog. "System-Flipflop-Stufe", d. h. bei einer Stufe aus üblichen
flankengetriggerten Flipflops, die immer auf sich selbst rückkoppelbar ist, größer als 0
und durch die Schaltung gegeben. Die dazugehörige Zykluszeit bei maximalem Skew,
$sk = skos_0 = Xf$, ist

$$
\begin{aligned}
T(skos_0) &= ln + Lf + Df + 2skos_0 && (3.2\text{-}22a) \\
&= ln + Lf + Df + 2\,Xf. && (3.2\text{-}22b)
\end{aligned}
$$

Bild 3.2-5 gibt einen Überblick über diese Zusammenhänge.

### 3.2.1.4   Dynamische Verzögerung

Ohne speziellen Abgleich eines als bestehend angenommenen Schaltnetzes LN kann
man die Skew-Verträglichkeit eines einphasigen Schaltwerks durch die Zuschaltung eines Verzögerungsnetzes DN ("delay network") in Reihe mit dem Verbindungs-Schalt-
netz LN erhöhen (Bild 3.2-6a). Dabei ist es gleichgültig, ob diese Zusatzverzögerung am
Anfang des Schaltnetzes (am Flipflop-Ausgang), am Ende des Schaltnetzes (vor dem
Eingang des folgenden Flipflops) oder an irgendeiner Zwischenschnittstelle angeordnet
ist. Praktisch ist diese Verzögerung als integraler Bestandteil der Flipflops anzusehen,
d. h. als Verlängerung des Grundüberschusses $Xf$ (s. u.).

Die Skew-Verträglichkeit eines einphasigen Schaltwerks mit gegebener minimaler Netzlaufzeit $ln'$ und zusätzlicher Minimalverzögerung $dn'$ ist also (mit Index "d" für "delay")

$$
\begin{aligned}
skod &= Xf + dn' + ln' && (3.2\text{-}23a) \\
&= skos + dn'. && (3.2\text{-}23b)
\end{aligned}
$$

Im Unterschied zum Laufzeitabgleich erhöht sich bei zusätzlichen Verzögerungsstufen
allerdings nicht nur die Skew-Verträglichkeit, sondern auch noch die Zykluszeit $T$, die ja

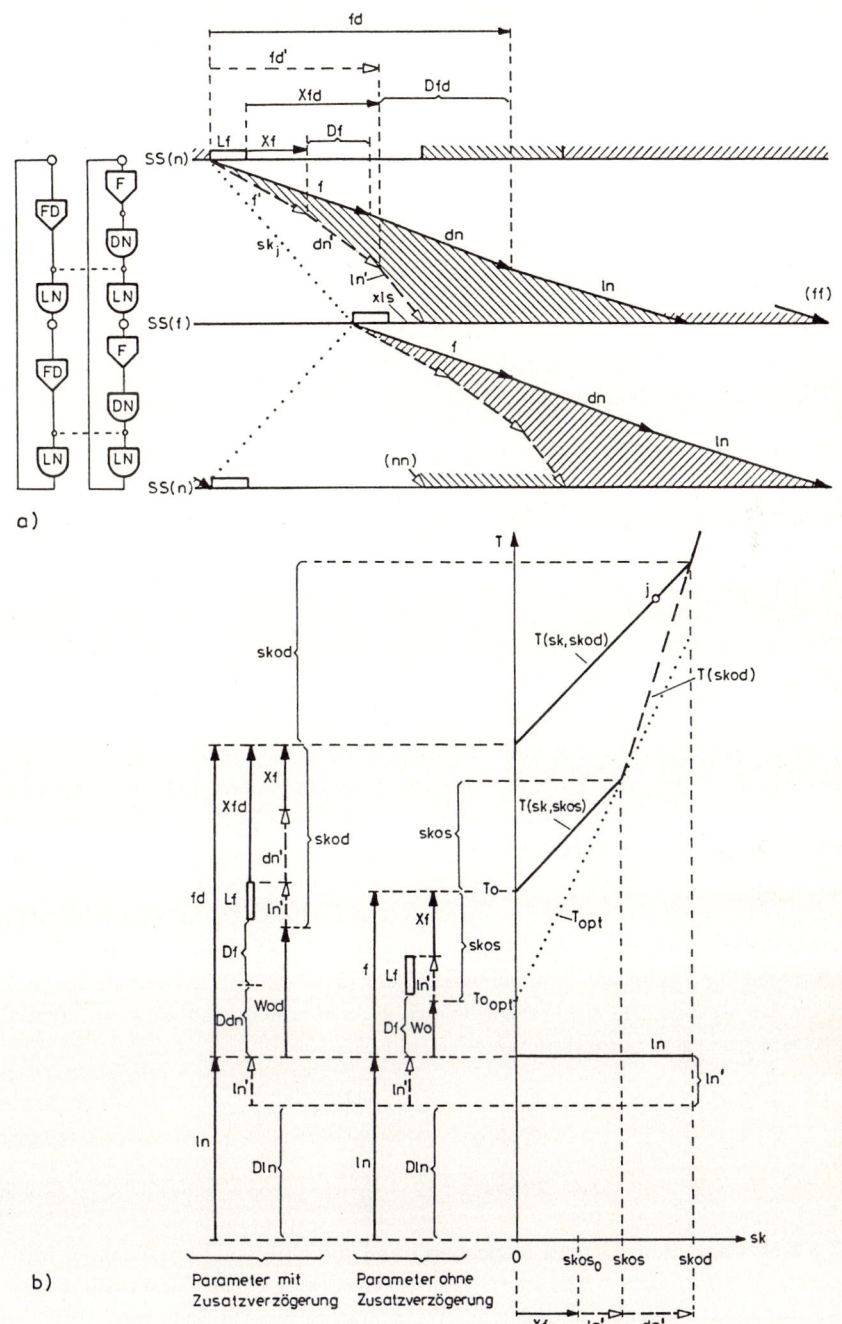

**Bild 3.2-6.** Einphasiges Schaltwerk mit Zusatzverzögerung: a) Zeitdiagramm, b) Trenddiagramm

die Maximalverzögerung $dn$ des Verzögerungsnetzwerks enthalten muß. Statt (3.2-12) gilt hier (s. Bild 3.2-6):

$$T \;=\; ls + dn + sk \qquad\qquad (3.2\text{-}24a)$$
$$=\; f + dn + ln + sk \qquad\qquad (3.2\text{-}24b)$$
$$=\; Wo + Xf + ln' + dn + ln + sk. \qquad\qquad (3.2\text{-}24c)$$

Man kann die Zusatzverzögerung als Vergrößerung des Grundüberschusses $Xf$ ansehen, so daß eine mit DN kombinierte Flipflop-Stufe FD mit

$$Xfd = Xf + dn' \qquad\qquad (3.2\text{-}25)$$

entstanden ist. Dann ist die Dispersion der Zusatzverzögerung, $Ddn = dn - dn'$, der Flipflop-Dispersion $Df$ zuzuschlagen, so daß der Grundverlust der kombinierten Flipflop-Stufe, $Wod$, folgendermaßen erscheint:

$$Wod = Lf + Df + Ddn - ln'. \qquad\qquad (3.2\text{-}26)$$

Diese Größen sind in Bild 3.2-6a und b entsprechend eingetragen, ebenso die vergrößerten Flipflop-Verzögerungen $fd$ und $fd'$ (nur $Lf$ bleibt konstant).

Da wir immer mit einer endlichen Dispersion des passiven Verzögerungsnetzes

$$Ddn = dn - dn' \qquad\qquad (3.2\text{-}27)$$

zu rechnen haben, wächst die Maximalverzögerung ($dn = dn' + Ddn$) mit der Minimalverzögerung. Für die Trendanalyse wollen wir annehmen, daß bei vorgegebener Technologie die Dispersion $Ddn$ im gleichen Maße wie die Laufzeit selbst wächst, d. h. die relative Dispersion konstant bleibt:

$$\frac{Ddn}{dn'} = const. \qquad\qquad (3.2\text{-}28)$$

Dann wächst die Zykluszeit bei maximalem Skew ($sk = skod$) mit mehr als dem Faktor zwei um den Gewinn an Skew-Verträglichkeit gegenüber dem einphasigen System ohne Zusatzverzögerung ($T(skos)$) an, nämlich (mit (3.2-23b))

$$T(skod) \;=\; f + dn + ln + skod \qquad\qquad (3.2\text{-}29a)$$
$$=\; T(skos) + dn + dn' \qquad\qquad (3.2\text{-}29b)$$
$$=\; T(skos) + \left(2 + \frac{Ddn}{dn'}\right) \cdot (skod - skos). \qquad\qquad (3.2\text{-}29c)$$

Bild 3.2-6b zeigt diesen Trend (strichliert) und die zitierten Komponenten mit der Annahme, daß für einen bestimmten Skew jeweils das optimale Zusatznetz eingesetzt wird (also $skod = sk$, für $sk > skos$). Wenn ein bestimmtes Zusatznetz DN — wie gezeichnet — installiert ist, bleibt die zusätzliche Maximalverzögerung $dn$ erhalten, auch wenn der aktuelle Taktversatz $sk$ kleiner als der Grenzwert $skod$ bleibt. Daher ist

$$T(sk, skod) = f + dn + ln + sk. \qquad\qquad (3.2\text{-}30)$$

Bild 3.2-6b stellt auch diese Kurve dem Originaltrend $T(sk, skos)$ gegenüber.

Insgesamt zeigt die Gegenüberstellung der Trends für die Skew-Verträglichkeit und Zykluszeitabhängigkeit einphasiger Schaltwerke die Problematik der Methode der passiven Zusatzverzögerungen. Dies ist die Motivation für getaktete Verzögerungen, die in Abschn. 3.2.2 ("Master-Slave-Flipflops") behandelt werden. Vorher werden noch die Einflüsse von Transparenz und von lokalen Stationen auf einphasige Systeme behandelt.

### 3.2.1.5  Einphasige Schaltwerke mit Transparenz

Überschußzeiten ($xs$ oder $xls$) in nicht-transparenten einphasigen Schaltwerken stellen lediglich Verlustzeiten dar, wie man aus Bild 3.2-4a quantitativ ablesen kann. Trotzdem treten in Schaltwerkrealisierungen meist Überschußzeiten auf, da die Elemente i. a. nicht auf den aktuell vorliegenden Taktversatz $sk$ ideal angepaßt sind. Die Gründe sind oft ökonomischer Natur, d. h. man möchte es sich nicht leisten, für jedes System — mit gegebenem oder bekanntem Skew – spezielle Flipflop-Stufen und Netze zu entwerfen, z. B. durch Optimierung von $Xf$ (Abschn. 3.2.1.1), durch Laufzeitabgleich (Abschn. 3.2.1.3) oder durch Zusatzverzögerungen (Abschn. 3.2.1.4). Umgekehrt ist beim Entwurf dieser Elemente nicht vorhersehbar, welche Skew-Werte in den Systemen auftreten, in denen man sie einsetzt.

Es gibt aber auch Möglichkeiten, durch die Verwendung transparenter Flipflop-Stufen eine Optimierung durchzuführen. Man kann Überschußzeiten immer durch Transparenzphasen ersetzen, wenn die logischen Bedingungen der Flipflops dies zulassen, d. h. bei D-Flipflops ("Latches"), die in jeder Taktperiode neu gesetzt werden. Die Transparenzphasen aber können durch die gemeinsame Taktversorgung gesteuert werden. Es ist also möglich, ein vorgefertigtes System (mit gegebener Skew-Verträglichkeit $skos$) von Flipflop- und Schaltnetz-Elementen lediglich durch das Tastverhältnis des Taktimpulses ("Pegelsteuerung", s. Abschn. 2.7.3) an den aktuell auftretenden Skew anzupassen.

Im folgenden soll analytisch untersucht werden, welche quantitativen Vorteile sich daraus ergeben, d. h. wie man durch Transparenz den Verlust an Zykluszeit in einphasigen Schaltwerken reduzieren kann. Es gibt zwei Mechanismen, erstens die "Statistik", die wir zunächst anhand eines lokalen Schaltwerks (ohne Skew) erläutern, und zweitens die "Knickung" bzw. Senkrechtstellung der Prozeßstartlinien bei Verbindungsschaltwerken mit erheblichem Skew.

Wenn die maximale Prozeßzeit aus der zeitlich unabhängigen Wahrscheinlichkeitsverteilung dieser Prozeßzeit bestimmt wurde, so kann man annehmen, daß ein extrem seltener "maximal" langer Verzögerungsprozeß $s_{max}$ sich in der Folgeperiode nicht wiederholt. Er kann also (bei einer transparenten Prozeßstufe) die Periodenzeit $T$ überschreiten, und die "typischen" Verzögerungszeiten $s_{typ}$ bewirken, daß spätestens nach einigen Perioden wieder Wartezeiten $w$ vor den Synchronisationspunkten auftreten. Unter gewissen Voraussetzungen, die in der Praxis oft erfüllt sind, kann man daher bei den gleichen Zuverlässigkeitsforderungen die Taktperiode um den gesamten Transparenzbereich verkürzen. Bild 3.2-7b zeigt ein derartiges Prozeßdiagramm für eine transparente lokale Stufe (d. h. ohne Skew). In Teilbild a ist die gleiche Stufe ohne

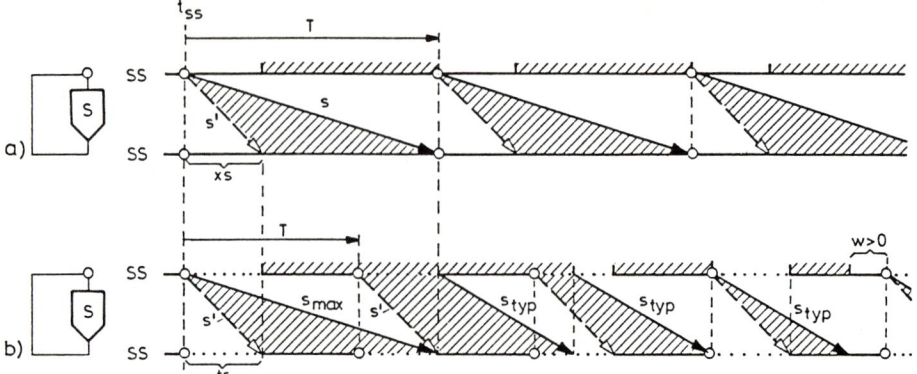

**Bild 3.2-7.** Lokale einphasige Schaltwerke: a) ohne Transparenz, b) mit Transparenz

Transparenz zum Vergleich dargestellt. Hier muß die Periodendauer $T$ die Maximalverzögerung $s = s_{max}$ überdecken. Die Ableitung für die statistischen Bedingungen bei Normalverteilung ist im Anhang C gegeben.

Unabhängig von diesen statistischen Betrachtungen bietet der Einsatz von Transparenz bei Vorhandensein von Skew auch beim worst-case-Ansatz Vorteile. Bei transparenten Verbindungsprozeßstufen ist es möglich, die Prozesse nicht fest zu den "räumlich" gestaffelten Synchronisationszeitpunkten $(t_s)$ zu starten, sondern zu Prozeßstartpunkten $(t_p)$, die in Abhängigkeit von der Skew-Position mehr oder weniger verzögert in den Transparenzbereichen liegen. Grundsätzlich wurde dieses Startlinienkonzept in Abschn. 3.1.6 (Bild 3.1-8) erläutert. Für ein einphasiges Schaltwerk ist diese Möglichkeit in Bild 3.2-8 wiedergegeben.

In den Teilbildern 3.2-8a, b und c ist in drei Darstellungsweisen der gleiche Fall gezeichnet, in dem der Skew größer ist als die Transparenz $(sk > tr)$. Die Zykluszeit kann hier gegenüber dem nicht-transparenten System um die gesamte Transparenzzeit $(tr = xls)$ verkürzt werden. Mit (3.2-15) und (3.2-16) ergibt sich also (s. auch Bild 3.2-8c):

$$T = Dls + 2sk \quad (sk \geq tr). \tag{3.2-31}$$

Der Trend ist in Bild 3.2-4b wiedergegeben. Die Zykluszeit ist also die gleiche wie bei einem optimal angepaßten nicht-transparenten System (3.2-17b). Alle Prozesse an den Stationen, deren aktueller Taktversatz um weniger als $tr$ vom nahen Synchronisationspunkt abweicht, starten zum selben durch den vom fernen Synchronisationspunkt ausgehenden Prozeß bestimmten Zeitpunkt. Die Stationen mit einer größeren Taktabweichung bis zum Maximalwert $sk$ werden jeweils durch den Takttrigger gestartet. Dies führt zu der geknickten Prozeßstartlinie in Bild 3.2-8c.

Bild 3.2-8d zeigt den Grenzfall für $sk = tr$, d. h. auch $sk = skos/2$ (nach (3.2-15), mit $tr = xls$). Hier ist die Prozeßstartlinie durchgehend senkrecht, d. h. alle Prozesse, ganz gleich, ob die Stationen "nahe" oder "ferne" Skew-Positionen haben, starten gleichzeitig (*"Gleichlauf"*, *"concurrent mode"*). Das Zeitdiagramm zeigt einleuchtend, daß die

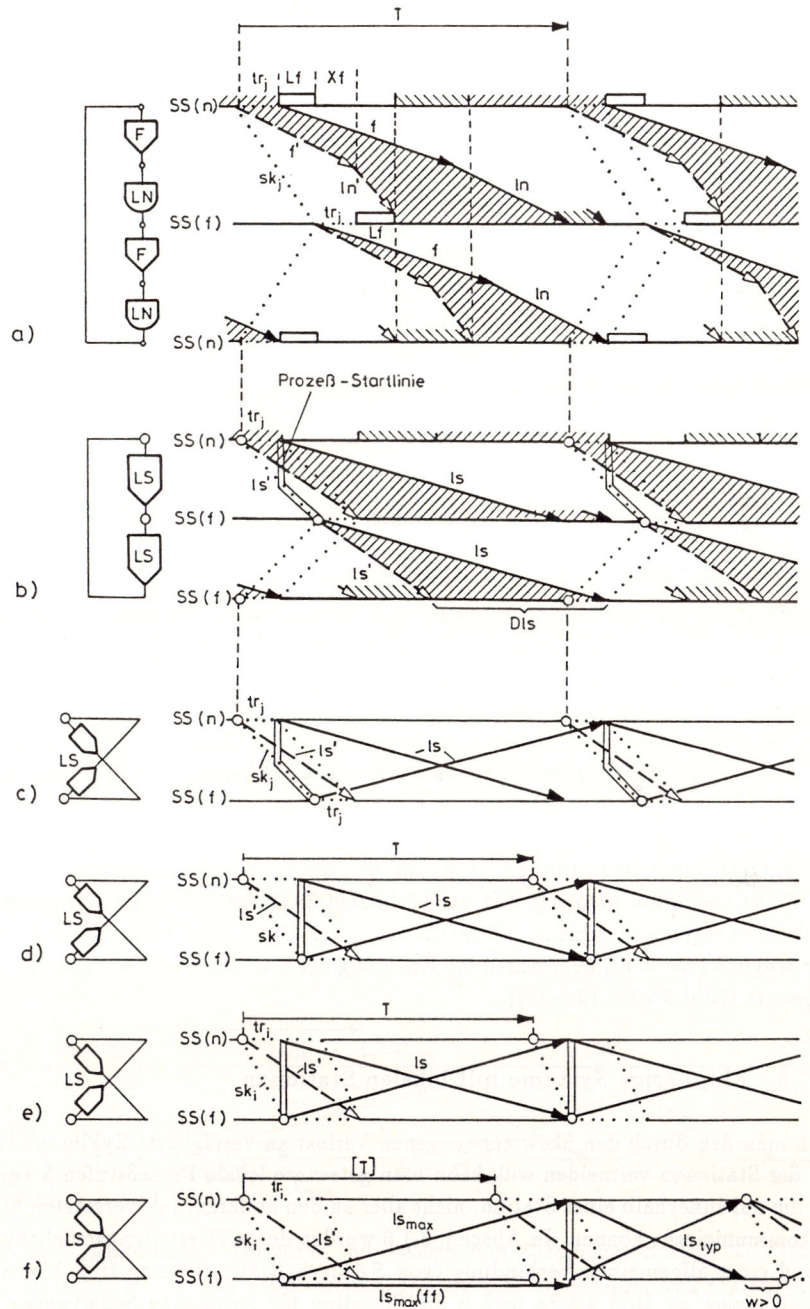

**Bild 3.2-8.** Einphasige Schaltwerke mit Transparenz (nur Verbindungsstufen): a) Element-ebene, b) Prozeßebene, c) vereinfachte Prozeßebene, $sk_j > tr_j$, d) $sk = tr$, e) $sk_i < tr_i$, f) statistisch

Man kann auch von einem *lokalen Prozeßzeit-Gewinn* gegenüber den Verbindungsprozessen sprechen:

$$G_p = s - ls \qquad (3.2\text{-}36\text{a})$$

$$= sk. \qquad (3.2\text{-}36\text{b})$$

Nun kommt aber ein Aspekt hinzu, der bei der Betrachtung der Prozeßzeiten nicht
offensichtlich ist. Wir sind nämlich an der möglichst guten Ausnutzung der Periodenzeit
$T$ nicht nur für die Prozeßzeit $s$, sondern primär für die maximale Verzögerungszeit $n$
des lokalen Schaltnetzes interessiert.

Hier kann man versuchen, anstatt der in Bild 3.2-9a gezeichneten lokalen Prozeßstufen
mit endlicher Überschußzeit ($xs = s'$) optimale Prozeßstufen mit $s' = 0$ einzusetzen,
wie sie in Abschn. 3.2.1.1 analysiert wurden. Danach ist der lokale Verlust im besten
Falle (3.2-11)

$$W_{n,opt} = Wo = Lf + Df - n', \qquad (3.2\text{-}37)$$

während der Verlust in bezug auf die Verbindungsverzögerung $ln$, der sogenannte "Verbindungsverlust" $W_{ln}$, entsprechend (3.2-16a) sich auf

$$W_{ln} = Wo + skos + sk \qquad (3.2\text{-}38)$$

beläuft.

Der optimale *Gewinn $G_{opt}$*, d. h. die Verlängerung der zulässigen maximalen lokalen
Schaltnetzverzögerung $n_0$ bzw. die Reduktion des Verlustes bei den lokalen Stationen,
ist also

$$G_{opt} = W_{ln} - W_{n,opt} \qquad (3.2\text{-}39\text{a})$$

$$= n_{opt} - ln \qquad (3.2\text{-}39\text{b})$$

$$= (Wo - Wo_{opt}) + skos + sk \qquad (3.2\text{-}39\text{c})$$

(mit $n_{opt} = ln + skos + sk$).

Zur Diskussion des Trends für den Gewinn nehmen wir die gleiche Flipflop-Stufendis-
persion und die gleiche Schreibzeit sowie die gleichen "Grundverluste" ($Wo = Wo_{opt}$),
d. h. auch die gleichen minimalen Schaltnetzverzögerungen ($ln' = n'$) in der lokalen
und der Verbindungsstation, an. Dann ist der optimale Gewinn bei nicht-transparenten
Systemen

$$G_{opt} = skos + sk. \qquad (3.2\text{-}40)$$

Außer dem oben erläuterten Prozeßzeit-Gewinn $G_p = sk$ (3.2-36b) kann in der lokalen
Station also der gesamte Wert der maximalen Skew-Verträglichkeit *skos* der Verbindungsstufe gewonnen werden, den ja die ideale lokale Flipflop-Stufe nicht zu realisieren
hat. Bild 3.2-10a zeigt den Trend der resultierenden lokalen Verzögerungszeit $n_{opt}$.
Dazu sind auch die Parameter der lokalen Elemente geometrisch angegeben. (Bild
3.2-2b gibt das Zeitdiagramm der hier angenommenen Lokalstation wieder.)

Bei *transparenten* einphasigen Verbindungsprozeßstufen ist der Gewinn bei den lokalen
Stationen deutlich geringer. Einerseits ist der Gewinn $G_p(tr)$ an Prozeßzeit geringer,

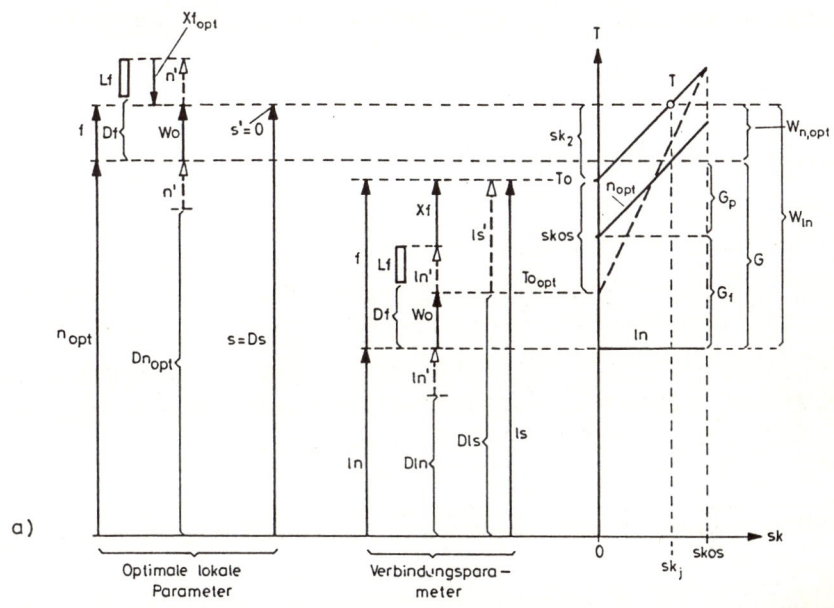

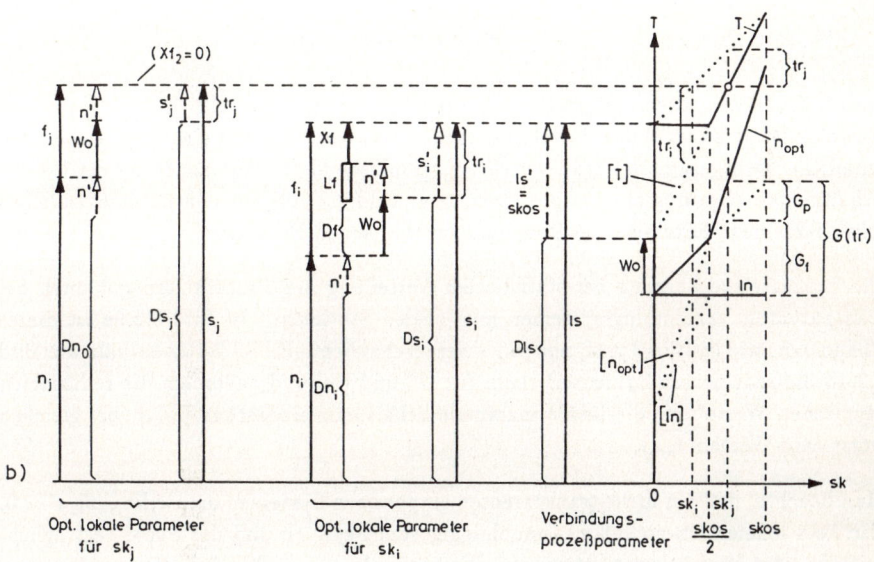

**Bild 3.2-10.** Trenddiagramme für einstufige Schaltwerke mit opimalen lokalen Stationen: a) nicht-transparent, b) transparent

da durch Transparenz in den Verbindungsstufen der durch Skew hervorgerufene Anteil des Verlustes reduziert wird. Durch die Senkrechtstellung der Prozeßstartlinie (s. Bild 3.2-9c und d) beträgt der Prozeßzeitunterschied für $tr \leq sk$ nur

$$G_p(tr) \;=\; s - ls \tag{3.2-41a}$$
$$=\; sk - tr \tag{3.2-41b}$$
$$=\; 2sk - skos. \tag{3.2-41c}$$

Bei $sk \leq skos/2$ sind also die lokalen Prozesse gleich den Verbindungsprozessen (Bild 3.2-9d), und der Prozeßzeitgewinn wird zu 0 $G_p(tr \geq sk) = 0$.

Andererseits müssen auch die optimalen lokalen Prozesse eine Minimalverzögerung garantieren, die der Transparenz $tr = ls' - sk$ entspricht (Bild 3.2-9c). Also ist der Gewinnanteil $G_f$ durch ein optimales lokales Flipflop auch nur

$$G_f(tr) \;=\; ls' - s' \tag{3.2-42a}$$
$$=\; sk. \tag{3.2-42b}$$

Wir haben also bei den gleichen Voraussetzungen wie oben für die transparenten Verbindungsprozeßstufen nur einen Prozeßgewinn in den lokalen Stationen von

$$G(tr) \;=\; G_p(tr) + G_f(tr) \tag{3.2-43a}$$
$$=\; 3sk - skos. \tag{3.2-43b}$$

Dieser Trend gilt aber nur im Bereich $skos/2 \leq sk \leq skos$, also für $tr \leq sk$, weil darunter ($sk < skos/2$) der Prozeßgewinn $G_p$ 0 ist. Dort existiert also nur der Gewinnanteil $G_f$. Den gesamten Trend von $G(tr)$, graphisch als die Verlängerung der lokalen Schaltnetzverzögerung zu interpretieren, zeigt Bild 3.2-10b mit den unterschiedlichen lokalen Element-Parameter-Aufteilungen für die beiden Bereiche.

Die Zykluszeitverkürzung bei statistischer Verteilung der Prozeßzeiten gilt auch bei transparenten Verbindungssystemen mit lokalen Stationen. In Bild 3.2-9e ist dieses Phänomen, wie in Bild 3.2-8f, nochmals veranschaulicht. Bild 3.2-10b enthält wie Bild 3.2-4b die reduzierten Zykluszeittrends für $[T]$ und $[ln]$ und außerdem die reduzierten "typischen Werte" für die lokale maximale Schaltnetzverzögerung $[n_{opt}]$ (bei gleichen worst-case-Werten $n_{opt}$).

Man beachte, daß bei nicht-transparenten einphasigen Systemen die Bedingung $s' = 0$, also kein lokaler Überschuß $xs$, unabhängig vom Skew $sk$ und der Skew-Verträglichkeit $skos$ des Verbindungssystems ist. Die optimale maximale lokale Netzverzögerung ($n_{opt} = ln + skos + sk$, (3.2-39)) ist allerdings an $sk$ und $skos$ anzupassen.

Bei transparenten Systemen ist zwar die Zykluszeit kleiner, andererseits sind aber die Minimalprozeßzeiten der lokalen Stationen zusätzlich an $sk$ und $skos$ anzupassen (d. h. zu vergrößern, $s' = tr = skos - sk$).

## 3.2.2 Master-Slave-Schaltwerke

### 3.2.2.1 Master-Slave-Schaltwerke ohne Transparenz

Die Alternative zur "dynamischen Verzögerung" eines Flipflop-Ausgangs zur Vergrößerung der Skew-Verträglichkeit eines einstufigen Schaltwerks (Abschn. 3.2.1.4) ist die "getaktete Verzögerung" durch eine nachgeschaltete, verzögert getaktete zusätzliche Flipflop-Stufe. Zusammengenommen bilden die beiden Flipflop-Stufen eine Master-Slave-Flipflop-Stufe (abgekürzt: *"MS-Stufe"*). Daher nennen wir Schaltwerke mit derartigen Flipflop-Stufen und einem logischen Schaltnetz *Master-Slave-Schaltwerke* (bzw. *"MS-Schaltwerke"*). Die hier definierte Arbeitsweise entspricht der von sog. "Data-Lock-Out-Flipflops" und nicht der von vielfach erläuterten "klassischen" Master-Slave-Flipflops (s. Abschn. 3.2.2.3 und Bilder 3.2-16 und 3.2-17).

Die getaktete Verzögerung ermöglicht es, zum einen beliebige Elementar-Flipflops verwenden zu können, die nicht die Forderung nach dem geeigneten Grundüberschuß $Xf$ erfüllen, jedoch minimale Schreibzeit oder Dispersion haben oder aus technologischen oder ökonomischen Gründen Vorteile bieten. Zum anderen ist es möglich, beliebig große Skew-Verträglichkeit durch eine einzige Systemgröße einstellen zu können, nämlich durch die Phasendifferenz zwischen den beiden aktiven Taktflanken (in unserer Terminologie: durch die Teilzykluszeit $Ta$).

Dies bedeutet, daß man ein System mit einem bestimmten Skew-Wert $sk$ (der eine Systemeigenschaft darstellt) durch die Wahl eines entsprechenden Taktimpulses (ebenfalls als Systemeigenschaft angesehen) optimal anpassen kann. "Optimal" heißt, wie schon früher gebraucht, daß im ungünstigsten Fall die Haltebedingung nicht übererfüllt wird ($xls = 0$), so daß die Zykluszeit nicht unnütz verlängert wird. Man muß dazu nicht die Elemente des Systems verändern, wie wir es durch "Laufzeitabgleich" (Abschn. 3.2.1.3), "Zusatzverzögerung" (Abschn. 3.2.1.4) oder "optimale lokale Flipflops" (Abschn. 3.2.1.6) diskutiert haben, sondern kann die Anpassung an zentraler Stelle durch die Taktversorgung vornehmen. Da die zentrale Taktanpassung technisch sehr viel genauer realisiert werden kann als eine passive Verzögerung aller Datensignale, bleibt dabei der Grundverlust $Wo$ klein und wächst z. B. nicht mit der Dispersion der Zusatzverzögerung wie in (3.2-26).

Die hier beschriebenen Charakteristika sind im Rahmen unseres Modellsystems in Bild 3.2-11b dargestellt. Wir haben normale nicht-transparente Elementar-Flipflops für die Flipflop-Stufen FA und FB gezeichnet, die selbst keine Skew-Verträglichkeit besitzen.

Der Skew-Wert ist relativ groß, so daß die Haltebedingung ohne Überschuß erfüllt ist ($xa = 0$). Wir nennen diesen Fall daher auch den *Haltefall* und haben die Zykluszeit und die Teilzykluszeit mit einem "$H$" markiert, also "$TH$" und "$TaH$". Wir sehen, daß hier eine Wartezeit $wb$ bei allen Synchronisationsknoten $SB$ auftritt. Wir nehmen an, daß die beiden Taktphasen gleichmäßig versetzt sind, d. h. daß $TaH$ unabhängig von der Skew-Position ist, weil zwischen den unmittelbar räumlich benachbarten Master- und Slave-Stufen kein Skew auftreten kann.

In Teilbild a ist das gleiche Beispiel auf Prozeßebene dargestellt, wobei die Flipflop-

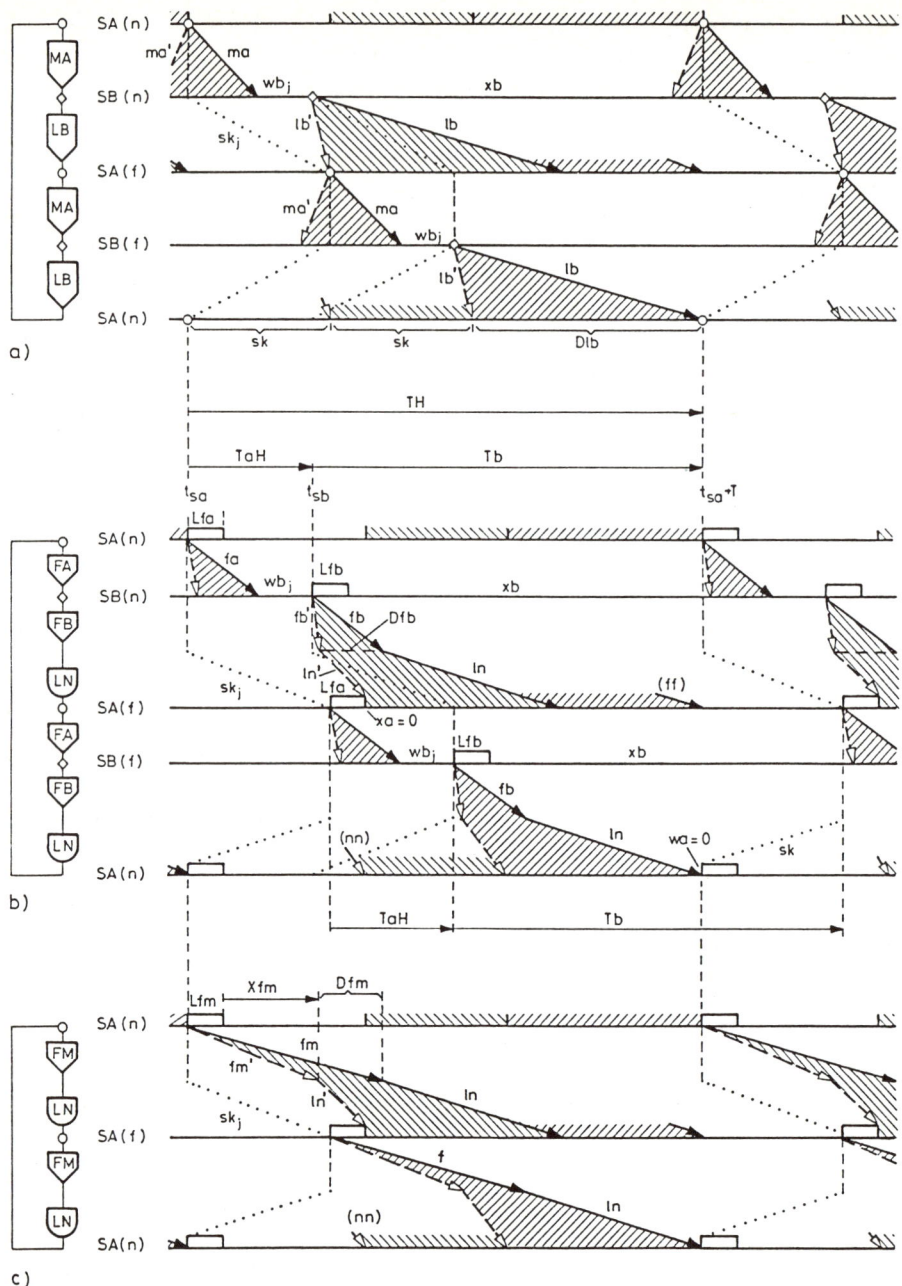

**Bild 3.2-11.** Master-Slave-Schaltwerke, Haltefall ohne Transparenz (H-NTR): a) Prozeß-stufe LB, b) Elementebene, c) Master-Flipflop-Stufe (FA+FB)

Stufe FA allein als Master-Prozeßstufe MA und die Flipflop-Stufe FB mit dem Verbindungsnetz LN als Verbindungsprozeßstufe LB aufzufassen sind.

Wir können aber auch die Funktion beider Flipflop-Stufen durch nur eine äquivalente Flipflop-Stufe beschreiben, die in einem einphasigen Schaltwerk verwendet werden kann (Bild 3.2-11c). Zur Erinnerung an den internen Aufbau aus Master-Slave-Flipflops markieren wir die Stufe mit FM und fügen auch an alle zugehörigen Flipflop-Parameter ein "m" an. Sonst entspricht dieses Bild weitgehend dem Bild 3.2-3c (mit $sk = skos$). Es könnte natürlich auch in der Prozeßdarstellung wie Bild 3.2-3a und b gezeichnet werden.

Aus den Bildern 3.2-11b und c kann man die folgenden Parameterbeziehungen für eine solche Flipflop-Stufe ablesen:

$$Lfm = Lfa, \tag{3.2-44a}$$

$$Dfm = Dfb, \tag{3.2-44b}$$

$$fm = TaH + fb, \tag{3.2-44c}$$

$$fm' = TaH + fb - Dfb, \tag{3.2-44d}$$

$$Xfm = TaH + fb - (Lfa + Dfb). \tag{3.2-44e}$$

Die Schreibzeit und die Dispersion sind jeweils die einer einzigen Elementar-Flipflop-Stufe. Damit ist der Grundverlust

$$Wom = Lfa + Dfb - ln' \tag{3.2-45}$$

in etwa auch von der Größenordnung einer einzigen Flipflop-Stufe. Die beiden Verzögerungen $fm$ und $fm'$ sind nun aber mit der Taktphase $TaH$ steuerbar. Im wesentlichen ist dadurch der Grundüberschuß $Xfm$ und somit die Skew-Verträglichkeit an den aktuell vorliegenden Skew $sk$ anpaßbar, so daß wir stets eine "optimale Flipflop-Stufe" realisieren können, ohne die Systemelemente zu ändern. Die erste Teilperiode muß also in diesem Betriebsmodus ("Haltefall") folgenden Wert haben:

$$TaH = sk + ((Lfa + Dfb) - fb - ln') \tag{3.2-46a}$$

$$= sk + Wom - fb. \tag{3.2-46b}$$

Die zweite Teilperiode wird durch die Setzbedingung ($wa = 0$) bei der fern-nah-Verbindung bestimmt (s. Bild 3.2-11b):

$$Tb = fb + ln + sk. \tag{3.2-47}$$

Daraus ergibt sich also die gesamte Periodenlänge für den Haltefall:

$$TH = TaH + Tb \tag{3.2-48a}$$

$$= Lfa + Dfb + ln - ln' + 2sk \tag{3.2-48b}$$

$$= Wom + ln + 2sk \tag{3.2-48c}$$

$$= Dlb + 2sk. \tag{3.2-48d}$$

$Dlb$ ist die Dispersion der Verbindungsstufe LB in Bild 3.2-11a und entspricht also $Dls$ in dem einphasigen Schaltwerk. Durch Vergleich mit (3.2-17b) sehen wir, daß dieser Trend der optimalen Zykluszeit $T_{opt}$ entspricht, die man mit einem einphasigen Schaltwerk erreichen kann (vgl. dazu die Bilder 3.2-4a und 3.2-13a). Natürlich gilt auch hier die Abhängigkeit von $ln'$, die in Abschn. 3.2.1.3 ausführlich diskutiert wurde.

Wenn man jedoch von der Anpassung der Skew-Verträglichkeit an den aktuellen Skew abweicht und die Teilperiode $Ta$ z. B. durch das Taktgenerierungssystem festlegt (Index "F" wie "fest", "fixed"):

$$Ta = TaF, \tag{3.2-49}$$

dann erhält man wieder einen Zykluszeittrend wie bei einem einphasigen System mit einer festen Skew-Verträglichkeit $skof$, nämlich

$$skof = TaF - Wom + fb, \tag{3.2-50}$$

anstatt der allein durch die Elemente des einphasigen Schaltwerks festgelegten Skew-Verträglichkeit $skos$ (3.2-14b). Die Zykluszeit ist bei $sk < skof$ entsprechend (3.2-16b):

$$TF = Dlb + skof + sk. \tag{3.2-51}$$

Bild 3.2-12a zeigt diese Situation für die nah-fern-Verbindung mit dem Beispielwert $sk_k < skof$, der auch in Bild 3.2-13a eingetragen ist.

Eine dritte Trendkurve ist zu diskutieren, die bei kleiner werdendem Skew erreicht wird. Wenn nämlich die Wartezeit $wb$ zu 0 wird (s. Bild 3.2-12b und c), dann kann die Teilzykluszeit $Ta$ nicht mehr verringert werden, da sonst die Setzbedingung für die Flipflop-Stufe FB verletzt werden würde. Wir nennen daher diesen Betriebsfall den "Setzfall" mit

$$Ta = TaS = fa. \tag{3.2-52}$$

In Bild 3.2-12b haben wir (wieder nur als nah-fern-Verbindung) den Grenzfall mit den detaillierten Zeitparametern der drei Elemente dargestellt, insbesondere, um den Grenzwert des Skews ($sko$) dafür zu veranschaulichen:

$$sko = fa + fb - Lfa - Dfb + ln' \tag{3.2-53a}$$

$$= (fa + fb) - Wom \tag{3.2-53b}$$

$$= Xfmo + ln'. \tag{3.2-53c}$$

Im "Setzbereich" $sk \leq sko$ gibt es also wieder eine Überschußzeit $xa(f)(= xa_i)$, und es gilt wieder die Trendkurve von einphasigen Systemen mit der Skew-Verträglichkeit $sko$. Das dazugehörige Zeitdiagramm (Bild 3.2-12c) entspricht der nah-fern-Verbindung von Bild 3.2-3c mit $Xf = Xfmo$ und $skos = sko$. Wesentlich ist natürlich, daß bei Master-Slave-Schaltwerken der Grenzwert $sko$ nicht die absolute Grenze der Skew-Verträglichkeit wie $skos$ darstellt, sondern nur den Grenzwert für eine andere Trendkurve $T(sk)$.

Mit der Definition der Skew-Grenzwerte $skof$ und $sko$ kann man die drei Trendkurven $T(sk)$ relativ einfach beschreiben:

$$TH = Wom + ln + 2sk \qquad (sk \geq sko), \tag{3.2-54}$$

$$TF = Wom + ln + skof + sk \quad (sk \leq skof), \tag{3.2-55}$$

$$TS = Wom + ln + sko + sk \quad (sk \leq sko). \tag{3.2-56}$$

(Man kann hier auch $Wom + ln$ zur Prozeßdispersion $Dlb$ zusammenfassen.)

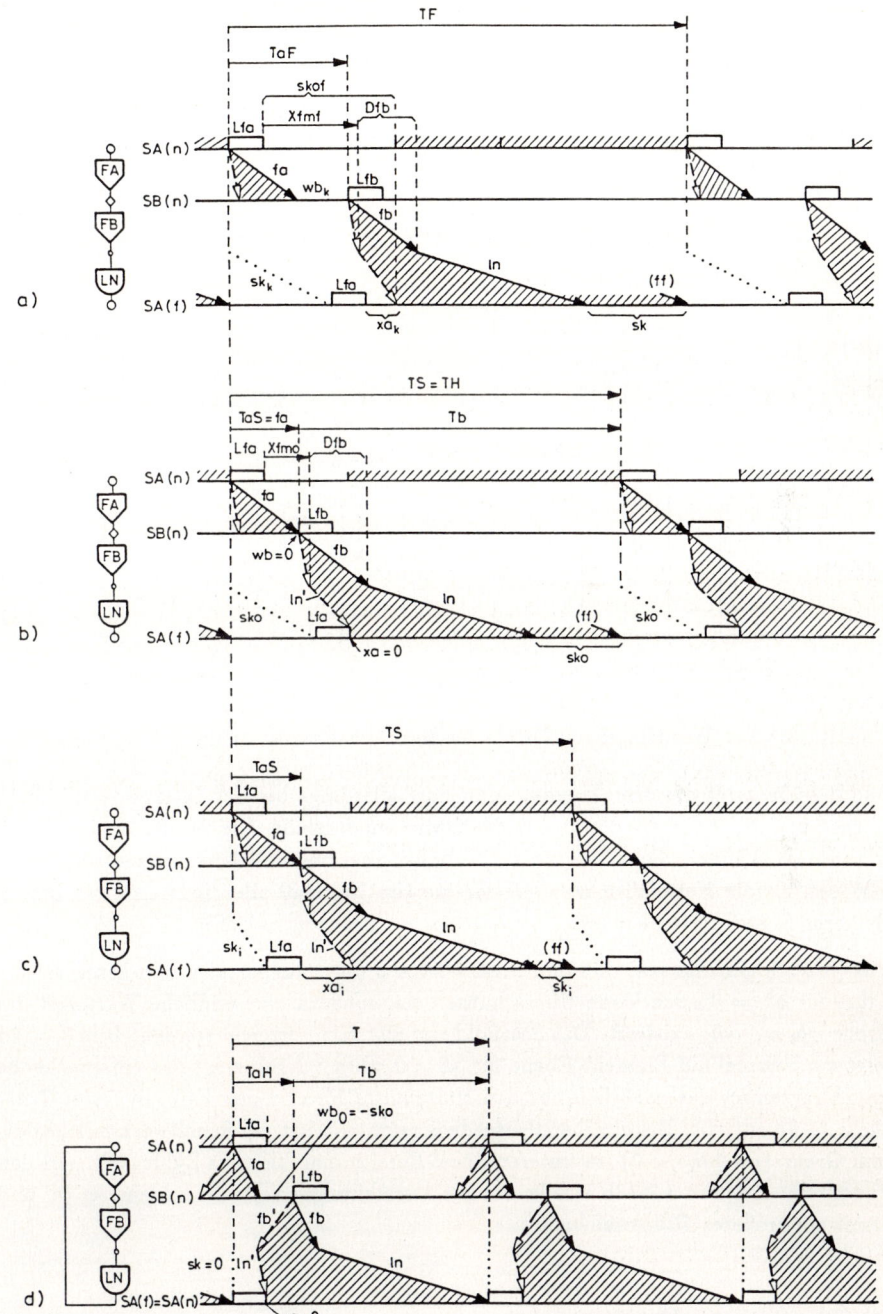

**Bild 3.2-12.** Master-Slave-Schaltwerke ohne Transparenz: a) fester Phasenversatz *skof*, b) Grenzfall *sk = sko*, c) Setzfall *sk < sko*, d) *sk = 0*, *sko < 0*

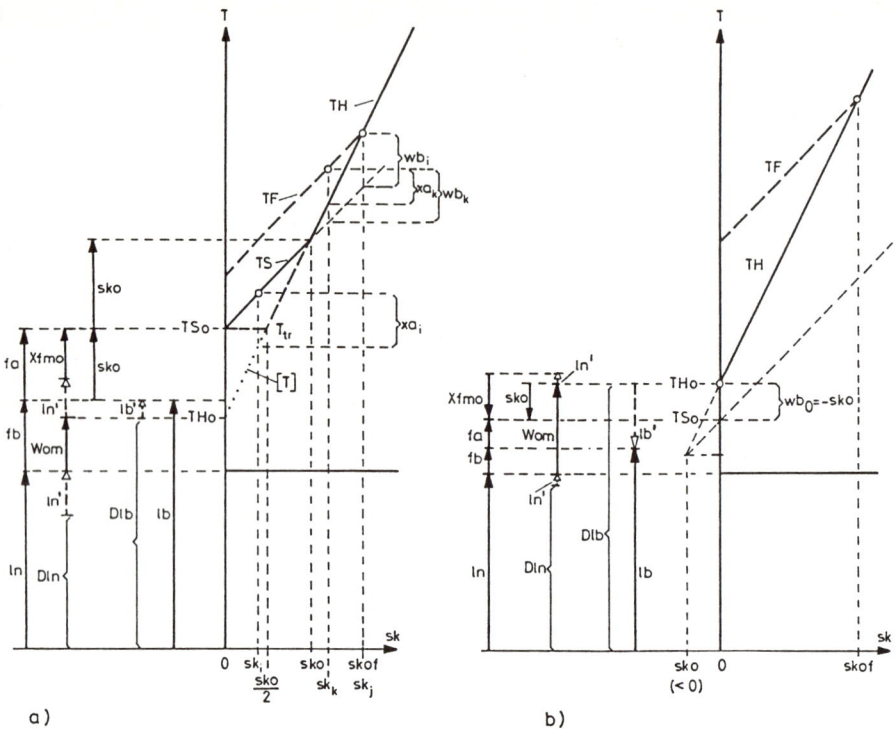

**Bild 3.2-13.** Trenddiagramm für Master-Slave-Schaltwerke: a) $sko > 0$, b) $sko < 0$

Bild 3.2-13a zeigt die drei Trends. Man darf allerdings bei der Interpretation nicht vergessen, daß die steilere Kurve $TH$ das Optimum darstellt. Die Setzfall-Funktion $TS$ erlaubt zwar kleinere Skew-Werte als $TH$, liefert aber um die Überschußzeit $xa$ größere Perioden als die Haltefall-Kurve $TH$ für die (im Haltefall allerdings unerreichbaren) kleineren Skew-Werte $sk < sko$.

Aus (3.2-53) geht hervor, daß der Grenzwert $sko$ durchaus negativ sein kann, so daß selbst für $sk = 0$ noch keine Überschußzeit $xa$, sondern eine endliche Wartezeit der Größe $wb_0 = -sko$ existiert. Der Setzfall kann also nicht erreicht werden. Bild 3.2-12d zeigt ein Beispiel auf Element-Ebene für $sk = 0$. Bild 3.2-13b zeigt das entsprechende Trenddiagramm, das natürlich nur den Haltefall ($TH$) und den Fall mit fester Taktphase ($TF$) enthält. Bei gleicher Prozeßdispersion $Dlb$ hat ein Schaltwerk mit negativem Grenzskew ($sko < 0$) im unteren Skew-Bereich eine kleinere Zykluszeit. (In den Bildern 3.2-12d und 3.2-13b wurde nur aus Darstellungsgründen ein kleineres $ln'$ und damit ein größeres $Dlb$ gezeichnet.)

### 3.2.2.2   Zusatz-Register

Wir haben bisher Elementar-Flipflop-Stufen FA, FB vorausgesetzt, die ohne erhebliche Zusatz-Verzögerungen nicht auf sich selbst rückkoppelbar sind, die also einen negativen Grundüberschuß ($Xf < 0$) haben. Dies ist allgemein zulässig und sogar vorteilhaft,

da damit auch die Flipflop-Verzögerungen klein sind und $sko$ und somit die Zykluszeiten im Bereich $sk < sko$ (Setzbereich, Bild 3.2-13a) kleiner werden. Andererseits
ist die Skew-Verträglichkeit der Master-Slave-Stufe durch den Phasenunterschied $Ta$
einstellbar. Der Grundüberschuß selbst im Grenzfall $Ta = fa$ (Bild 3.2-12b) ist

$$Xfmo = sko - ln' \qquad\qquad (3.2\text{-}57a)$$
$$= Xfa + Dfa + Lfb + Xfb. \qquad\qquad (3.2\text{-}57b)$$

Dieser Grundüberschuß der MS-Stufe ist also um den (positiven) Betrag $Lfb + Dfa$
größer als die Summe der Grundüberschüsse der Elemente. Mit negativen Einzelstufen-
werten $Xfa$ und $Xfb$ erzielt man also kleine $sko$-Werte und damit optimale Zykluszeiten
für kleine Skew-Werte ($sk < sko$).

Wenn man nun aber mit einer Flipflop-Stufe FB mit positivem Grundüberschuß arbeitet ($Xfb > 0$), kommt man bis zu einem gewissen Skew-Wert $skos = Xfb + ln'$
gänzlich ohne Master-Stufe FA aus. Für die Verbindung von Stationen mit größerem
Skew kann man dann ein "Zusatz-Register", beispielsweise von dem gleichen Typ wie
FB, mit entsprechend versetzter Taktung als Master-Stufe FA vorschalten.

Die Bilder 3.2-14a, b und c zeigen die Konfigurationen und Zeitdiagramme für die drei
resultierenden Skew-Bereiche:

$$
\begin{array}{lll}
Tb & (sk \le skos): & \text{einphasiges System,} \\
TS & (skos \le sk \le sko): & \text{MS-System im Setzmodus,} \\
TH & (sko \le sk): & \text{MS-System im Haltemodus.}
\end{array}
$$

In Bild 3.2-14d ist die dreistufige Trendkurve angegeben.

Diese Methode des Zusatz-Registers stellt eine effektive Möglichkeit der Optimierung
von lokalen und Verbindungsprozeßzeiten dar. Die "lokalen" Prozesse arbeiten praktisch mit einem kleinen Skew ($sk \le skos$) und die Verbindungsprozesse mit großem
Skew ($sk \ge sko$), beide sind optimal in Bezug auf die Zykluszeitverluste. (Noch günstiger wäre eine Zusatzstufe mit negativem Grundüberschuß $Xfa$, so daß $sko$ näher an
$skos$ heranrückt, s. Bild 3.2-14d.)

Im übrigen ist dies eine übliche Methode bei der Synchronisierung asynchroner Signale,
um die Gefahr der Metastabilität zu reduzieren (s. [Eic86], [Tex88]).

Auch verwendet man Zusatz-Register, um die Ausgänge eines Schaltnetzes zu synchronisieren, so daß alle Signalübergänge nahezu gleichzeitig geschehen und auf den
einzelnen Signalleitungen nur Einfachübergänge auftreten.

### 3.2.2.3 Taktung von Master-Slave-Schaltwerken

Das Zeitverhalten von Master-Slave-Schaltwerken mit nicht-transparenten Flipflop-
Stufen wurde bisher bewußt in den Vordergrund gestellt und in einigen Details behandelt. Dafür sehen wir zwei Gründe.

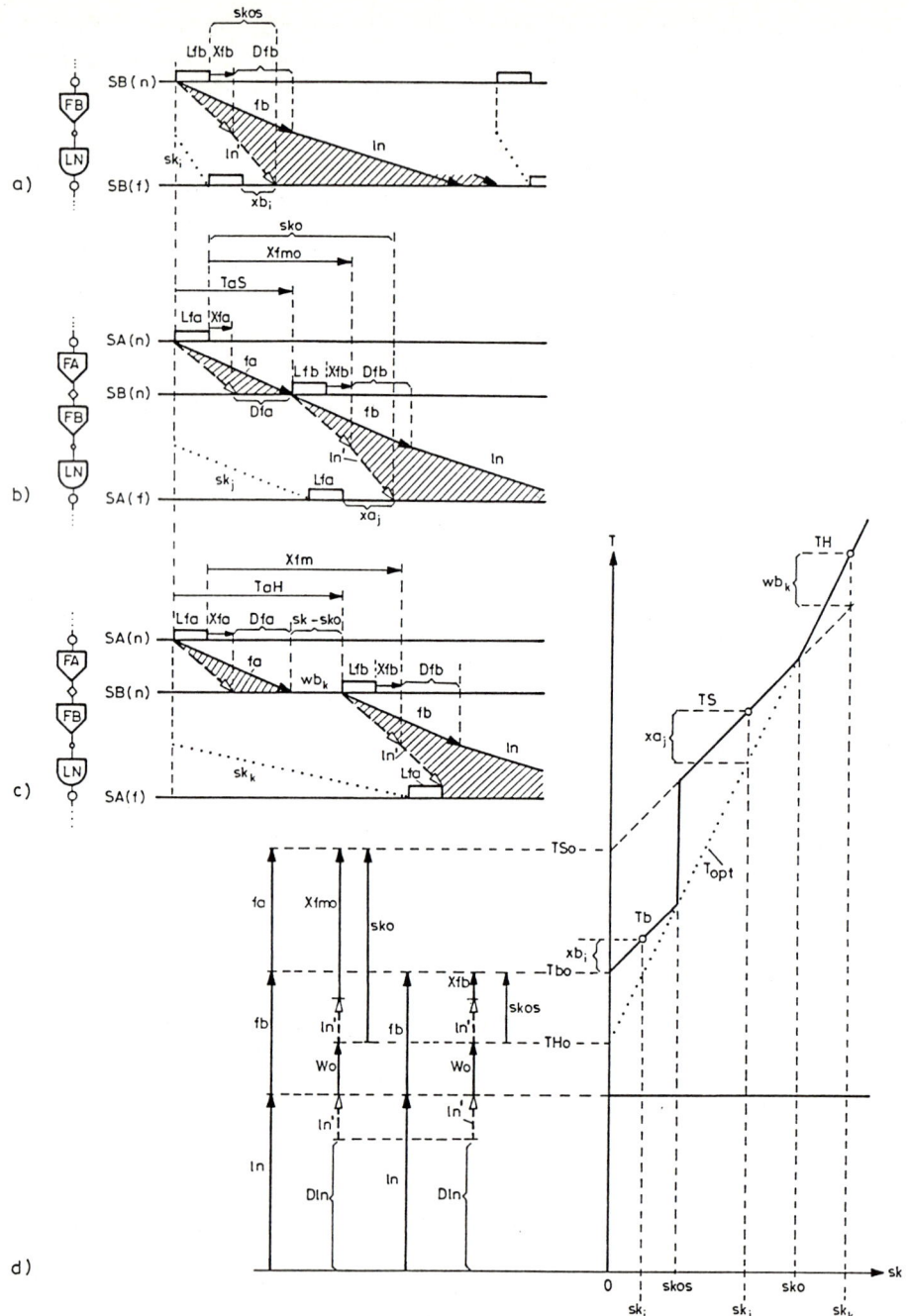

**Bild 3.2-14.** Master-Slave-Schaltwerke mit rückkoppelbaren Elementar-Flipflops:
a) $sk \leq skos$, b) $skos \leq sk \leq sko$, c) $sko \leq sk$, d) Trenddiagramm

Erstens ist der mögliche Gewinn durch Transparenz relativ gering, weil die optimale Zykluszeit bereits durch das Master-Slave-Prinzip im Hauptbetriebsmodus ("Halte-Bereich", $sk \geq sko$) erreicht wird und nicht erst durch Statistik und Startlinien-Knickung (Abschn. 3.2.1.5, Bilder 3.2-7 und 3.2-8) approximiert werden muß.

Zweitens gibt es mindestens drei unabhängige Einflußparameter und damit acht Kombinationen, deren systematische Charakterisierung relativ schwierig ist. Wir wollen dies trotzdem versuchen, insbesondere, weil dabei auch Fragen der Taktversorgung eine wichtige Rolle spielen, deren exemplarische Lösungsmethoden auch für doppelstufige Schaltwerke Gültigkeit haben (s. dazu Anhang A.4).

In diesem Abschnitt behandeln wir nur den eigentlichen Master-Slave-Betrieb, d. h. den "Haltefall" ($sk > sko$). In Bild 3.2-15a teilen wir, ausgehend von der detaillierten Darstellung der Zeitverhältnisse in Bild 3.2-11b, den Überschußbereich $xb$ in den Transparenzbereich $trb$, einen Restüberschußbereich $xb_r$ und in den Transparenzbereich $tra$ ein. Ein Überschußbereich $xa$ existiert definitionsgemäß im Haltefall nicht. Andererseits wird durch Bild 3.2-11b demonstriert, daß in dem ganzen Bereich $xb$ eine doppelte Isolation des Eingangszustands stattfindet, so daß man gewisse Freiheitsgrade hat, jeweils die eine oder andere Isolationsfunktion (von FA oder FB) durch Transparenz zu ersetzen. In Bild 3.2-15a ist also der allgemeine Fall (H-DTR: Haltefall-Doppel-Transparenz) gezeichnet, daß beim Eingang $SB$ nach $t_{sb}$ ein Transparenzbereich $trb$ eingefügt wurde. Dann existiert noch ein restlicher Überschußbereich $xb_r$, und der Synchronisationspunkt $t_{sa}$ ist vorverschoben, so daß bei $SA$ auch ein Transparenzbereich $tra$ entstanden ist. Durch Vergleich der Bilder 3.2-11b und 3.2-15a können wir folgende Beobachtungen machen:

Durch die Einfügung der Transparenzbereiche ändert sich nichts an der Lage der Maximalverzögerungsvektoren in der Slave-Stufe (FB, LN). Insbesondere ändert sich nichts an der Größe der Zykluszeit $T$ und der Skew-Verträglichkeit.

Durch die transparente Kopplung bei $SA(n)$ in der fern-nah-Verbindung (unterste und oberste Achse in Bild 3.2-15a) zwischen $ln$ und $fa$ ist allenfalls die effektive Länge von $fa$ reduzierbar. Wir haben daher $[fa]$ eingeführt, womit auch die Wartezeit $wb$ auf $[wb]$ verlängert wird und der Skew-Grenzwert $sko$ auf $[sko]$ um die gleiche Differenz fällt. Im Haltefall ($wb \geq 0$) wird aber weiterhin der B-Prozeß vom Synchronisationspunkt $t_{sb}$ angestoßen, und es findet keine transparente Kopplung zwischen den Zyklen statt, die ja Voraussetzung für die vorher (Abschn. 3.2.1.5) diskutierten Vorteile der Transparenz ist.

Obwohl die Transparenzbereiche $tra$ und $trb$ in Bild 3.2-15a die Zykluszeit nicht reduzieren, haben sie Einfluß auf das Taktversorgungssystem. Bild 3.2-15b zeigt nur die Taktrahmen der beiden Synchronisationspunkte $SA(n)$ und $SB(n)$ mit den dazugehörigen Taktimpulsen $CLA$ und $CLB$. Wir nehmen "idealisierte" Taktimpulse an und zeigen auch nicht die Versetzungen (vgl. Abschn. 2.5.2). Die 1-Phasen dieser Taktimpulse öffnen also die Eingänge der Flipflop-Stufen für die Transparenz- und Schreibphasen ($tra + Lfa$ bzw. $trb + Lfb$). Wir bezeichnen die Taktflanken-Zeitpunkte mit $t_{ar}$, $t_{af}$, $t_{br}$ und $t_{bf}$. Die Beziehungen zu unserem bisherigen Bezeichnungssystem gehen aus Bild 3.2-15a hervor.

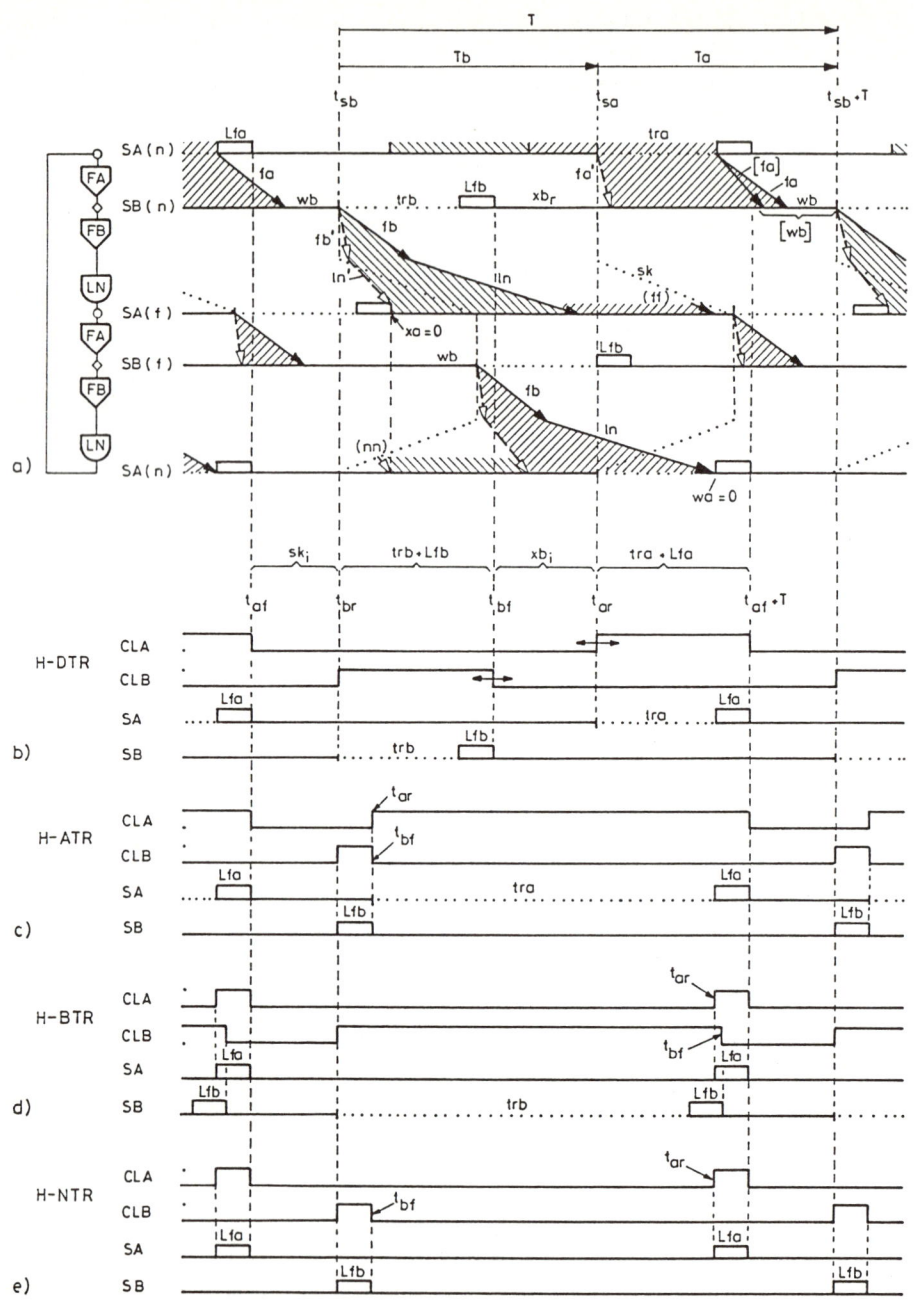

**Bild 3.2-15.** MS-Schaltwerke mit Transparenz, Haltefälle mit verschiedener Taktung: a) Zeitdiagramm, b) Taktung für H-DTR, c) H-ATR, d) H-BTR, e) H-NTR

Aus den detaillierten Zeitdiagrammen ist zu entnehmen, daß bei gegebenen Flipflop-, Schaltnetz- und Skew-Werten die Zykluszeit $T$ und die Phasendifferenz zwischen $t_{af}$ und $t_{br}$ festgelegt ist, die wir hier als "idealisierte Skew-Verträglichkeit, $sk_i$" (Index "i" für "idealisiert") gekennzeichnet haben. Genau genommen ist

$$sk_i = sk - fb' - ln',$$
(3.2-58)

und der wirkliche (minimale) Flankenabstand ist noch mit den beiden Versetzungen zu korrigieren.

Die anderen beiden Taktpulsflanken, $t_{bf}$ und $t_{ar}$, spielen für die Funktion praktisch keine Rolle, so daß ihre Lagen in der Taktperiode nach den Gesichtspunkten einer optimalen Taktversorgung eingerichtet werden können.

Die einzigen Erfordernisse der MS-Funktion sind, daß die drei Teilphasen $trb$, $xb_r$ und $tra$ nicht negativ werden, formal also

$$t_{bf} \geq t_{br} + Lfb \quad (trb \geq 0),$$
(3.2-59a)

$$t_{ar} \geq t_{bf} - fa' \quad (xb_r \geq 0, \quad xb_i \geq -fa') \quad \text{und}$$
(3.2-59b)

$$t_{af} + T \geq t_{ar} + Lfa \quad (tra \geq 0)$$
(3.2-59c)

sein muß. Wenn die Master-Stufe FA nicht vom logischen D-Typ ist, muß natürlich $tra = 0$ erfüllt sein, d. h. Takt $CLA$ bestimmt die Länge von $Lfa$. Die Slave-Stufe FB kann prinzipiell immer transparent sein, da der Eingangszustand für die Neueinstellung in jeder Taktperiode durch die Master-Stufe FA immer zur Verfügung steht und die Slave-Stufe damit nur eine Verzögerungsfunktion hat (z. B. wenn beide Flipflops vom RS-Typ sind).

Grundsätzlich kann man die Toleranzbereiche (3.2-59) für zwei der vier Taktflanken ($t_{bf}$ und $t_{ar}$) ausnützen, um ein möglichst ökonomisches Taktversorgungssystem zu entwerfen. Da außerdem die Schreibzeit $Lfb$ der Slave-Stufe und die Dispersion $Dfa$ der Master-Stufe weder in der Zykluszeit noch in der Skew-Verträglichkeit vorkommen, kann man auch bei den Bereichen, die diese Größen bestimmen, die Spezifikationen erleichtern (vgl. Abschn. 2.7.3).

Die offensichtlichste Ausnutzung der Entwurfsfreiheit ist jedoch, daß man die beiden beweglichen Flanken im Rahmen der erwähnten Entwurfstoleranzen auf die möglichen Extremwerte festlegt und damit beide Takte aus einem einzigen Master-Takt, $MCL$, erzeugen kann, dessen Länge die Periode $T$ und dessen Pulsverhältnis die Skew-Verträglichkeit $sk_i$ bestimmt.

Im Rahmen der oben erläuterten Restriktionen (3.2-59) sind genau drei Kombinationen möglich, die in Bild 3.2-15c, d und e graphisch erläutert sind:

$$
\begin{array}{llll}
\text{H-ATR}: & trb = 0, & xb_r = 0, & tra > 0, \\
\text{H-BTR}: & tra = 0, & xb_r = 0, & trb > 0, \\
\text{H-NTR}: & tra = trb = 0. &
\end{array}
$$

Der Fall H-ATR ("Haltefall mit Transparenz $tra$") entspricht also einem transparenten Master-Flipflop (notwendigerweise D-Typ) ohne Transparenz in der Slave-Stufe.

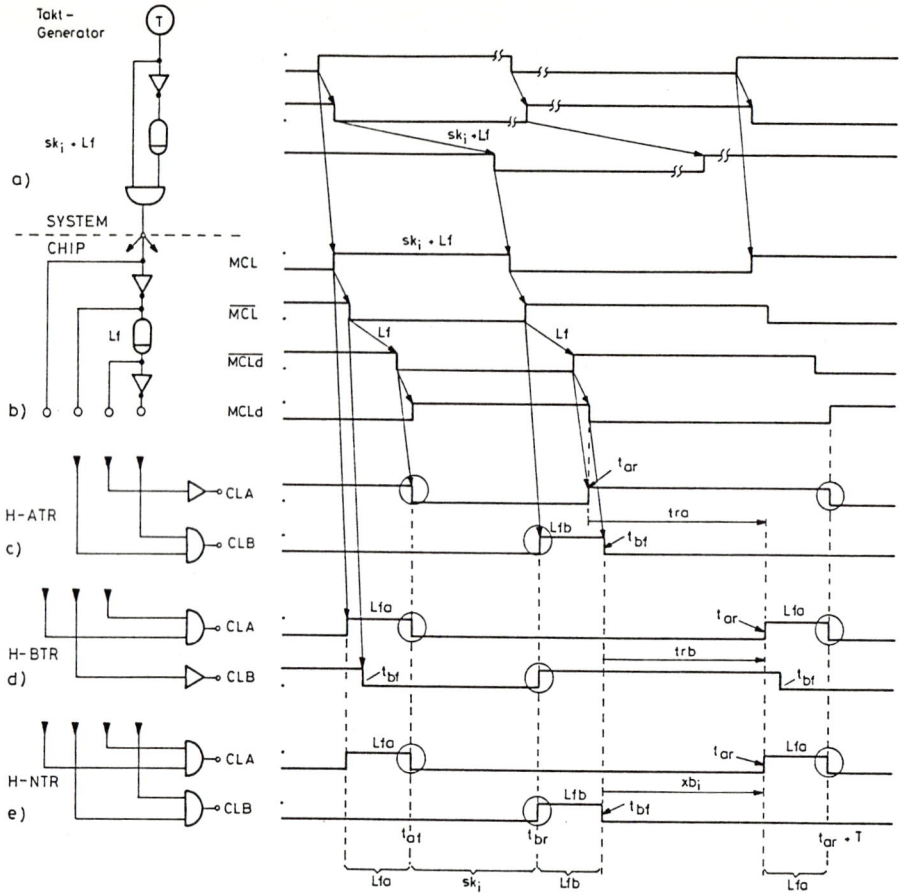

**Bild 3.2-16.** Taktung von "Data-Lock-Out"-MS-Flipflops: a) Flankendifferenzierung,
b) Master-Takt-Erzeugung, c) H-ATR, d) H-BTR, e) H-NTR

Der Fall H-BTR entspricht einem nicht-transparenten Master, typisch für JK-Flipflops
mit einem transparenten Slave, der auch als RS-Flipflop realisiert sein kann, aber in
jeder Taktperiode doppelpolig vom Master gesetzt wird.

Der Fall H-NTR entspricht wieder dem nicht-transparenten System nach Bild 3.2-11b.

Für die Erzeugung der für diesen Fall notwendigen Taktimpulse muß man darauf achten, daß die Verzögerungselemente, die für die Skew-Verträglichkeit (hier $sk_i$) des Systems maßgebend sind, "von außen", d. h. nur einmal im ganzen System angeordnet
werden. Die minimalen Taktimpulse der Länge $Lfa$ und $Lfb$ können und sollten lokal
(auf dem Chip) mit Hilfe von eingebauten Verzögerungsschaltungen aus jeweils einer
Taktflanke abgeleitet werden.

Bild 3.2-16 zeigt ein Lösungsbeispiel für alle drei Fälle in vereinfachter Darstellung
(ohne Toleranzen und mit einheitlichen Gatterverzögerungen). Hier wird mit einem
einzigen Laufzeitglied (Bild 3.2-16a) aus einem (weitgehend beliebigen) Rechtecktakt

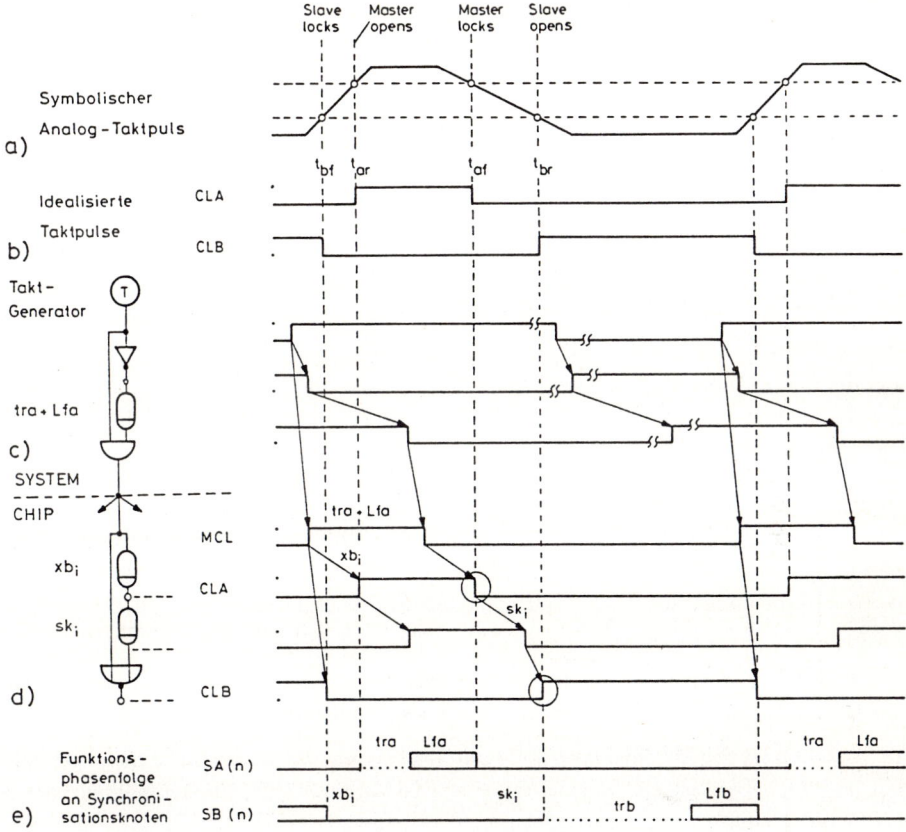

**Bild 3.2-17.** Taktung klassischer MS-Flipflops, a) bis e) s. Text

einmalig im System der Master-Takt *MCL* mit der Teilperiode $sk_i + Lf$ erzeugt. Dann muß am Eingang auf jedem Chip die in Bild 3.2-16b gezeichnete Inverter- und Verzögerungsschaltung vorhanden sein, mit einer der drei Gatterkombinationen für die Betriebsfälle H-ATR, H-BTR oder H-NTR (in den Teilbildern c, d und e). Man beachte, daß die eingekreisten Flanken, die $t_{af}$ und $t_{br}$ bestimmen und aus $\overline{MCL}$ und $\overline{MCLd}$ abgeleitet werden, in allen Fällen benutzt werden. Zusätzlich braucht man einmal *MCL*, einmal *MCLd* und im letzten Fall beide. Damit ergeben sich im Einzelfall Einsparungen oder äquivalente Lösungen.

Im Gegensatz dazu wird in der Fachliteratur oft die Sequenz der Öffnungsfunktionen nach Bild 3.2-17a beschrieben, bei der die durch die Bauelemente gegebene Schreibzeit (*Lfa*) durch die Taktimpulsbreite, aber der Skew-bestimmte Zeitbereich durch die Flankensteilheit und die Ansprechschwellen bestimmt wird. Die Skew-Verträglichkeit wird auch bei der Implementierung nach Bild 3.2-17 durch die Eigenschaften jedes einzelnen Flipflops auf einem Chip bestimmt. Damit ist nach unserer Terminologie der Betriebsmodus mit fest eingestellter Skew-Verträglichkeit gegeben (s. Trendkurven *TF* in Bild 3.2-13a und b).

Selbstverständlich könnte man in diesem Fall auch die Taktimpulsbreite $(tra + Lfa)$ des Master-Taktes $MCL$ durch eine zentrale Verzögerungsschaltung (etwa nach Bild 3.2-17c) erzeugen und damit de facto eine Einflankensteuerung erreichen. Dabei wäre das Tastverhältnis des Taktgenerators unbedeutend und andererseits die Pulsbreite an die erforderlichen Flipflop-Gatterlaufzeiten automatisch adaptiert. Die Skew-Verträglichkeit $(sk_i)$ bleibt aber — wie gesagt — eine Eigenschaft von Bauteilen auf den Chips.

### 3.2.2.4 Transparente Master-Slave-Stufen

Eine Einsparung an Zykluszeit durch Transparenz kann man in Master-Slave-Systemen nur erzielen, wenn man den sog. "Setzfall" vorliegen hat ($sk \leq sko$, Kennzeichen S).

Bei der Behandlung nicht-transparenter Master-Slave-Systeme (Abschn. 3.2.2.1, Bild 3.2-12c) haben wir gesehen, daß die Teilperiode $Ta$ wegen der Setzbedingung nicht mehr verkleinert werden kann und eine Überschußzeit von

$$xa = sko - sk \qquad (3.2\text{-}60)$$

entsteht. Bei einphasigen Systemen kann man die Überschußzeit immer durch Transparenz ersetzen (Abschn. 3.2.1.5, Bild 3.2-8). Wir wollen hier explizit zeigen, unter welchen Umständen bei Master-Slave-Systemen die Transparenzen ($tra$ und $trb$) in beiden Stufen zu einer äquivalenten einphasigen Stufe mit Transparenz führen.

In Bild 3.2-18a ist eine nicht-transparente MS-Stufe im Setzfall ("S-NTR") wie im Bild 3.2-12c und dazu die äquivalente Einzelstufe als Referenz gezeichnet.

In Teilbild b ist die Master-Slave-Stufe mit Transparenz $trb$ in der Slave-Stufe gezeichnet (S-BTR). Dies ist ein Beispiel für eine JK-(Master-)Stufe, die keine Transparenz am Eingang zuläßt. Andererseits ist eine Transparenz $trb$ in weiten Grenzen praktisch immer möglich (s. o.). Wir sehen, daß auch die äquivalente Flipflop-Stufe nicht transparent sein kann, allerdings sind hier die beiden Flipflop-Laufzeiten $fa$ und $fb$ transparent miteinander gekoppelt, so daß sich aufgrund von Statistik einige Einsparungen an Gesamtlaufzeit und somit an Zykluszeit ergeben. Wir haben diese Phänomene durch die Angabe einer "statistischen Laufzeit" $[fa] < fa$ angedeutet, obwohl natürlich $fb$ auch kleiner erscheinen müßte. Die Verzögerungen $fb$ und $ln$ sind auch transparent verkoppelt. Hier bilden also $[fa + fb + ln]$ einen einzigen, von $t_{sa}$ angestoßenen Prozeß, der kürzer ist als $fa + [fb + ln]$.

Eine echte äquivalente Einzelstufe mit Transparenz erhält man durch Transparenz in beiden Flipflop-Stufen (s. Bild 3.2-15a und b). Bild 3.2-18c zeigt den Fall der Doppel-Transparenz "S-DTR", der auf worst-case-Flipflop-Verzögerungen basiert. Falls die Transparenzzeiten beide größer oder gleich dem früheren Überschuß ($xa = sko - sk$) sind, dann erhalten wir eine äquivalente Stufe mit genau dieser Transparenz. Damit ergeben sich dann die gleichen Vorteile — durch Statistik bzw. durch Startpunkt-Verschiebung —, wie wir sie für einphasige Systeme in Abschn. 3.2.1.5 (Bild 3.2-8) diskutiert haben. Im günstigsten Fall erreichen wir wie dort für alle Skew-Werte (also auch für $sk \leq sko$ und sogar für $sk \leq sko/2$) die optimale Zykluszeit (in Bild 3.2-13 wurde der durch Bild 3.2-4b ausführlich angegebene Trend mit "$T_{tr}$" zusätzlich markiert).

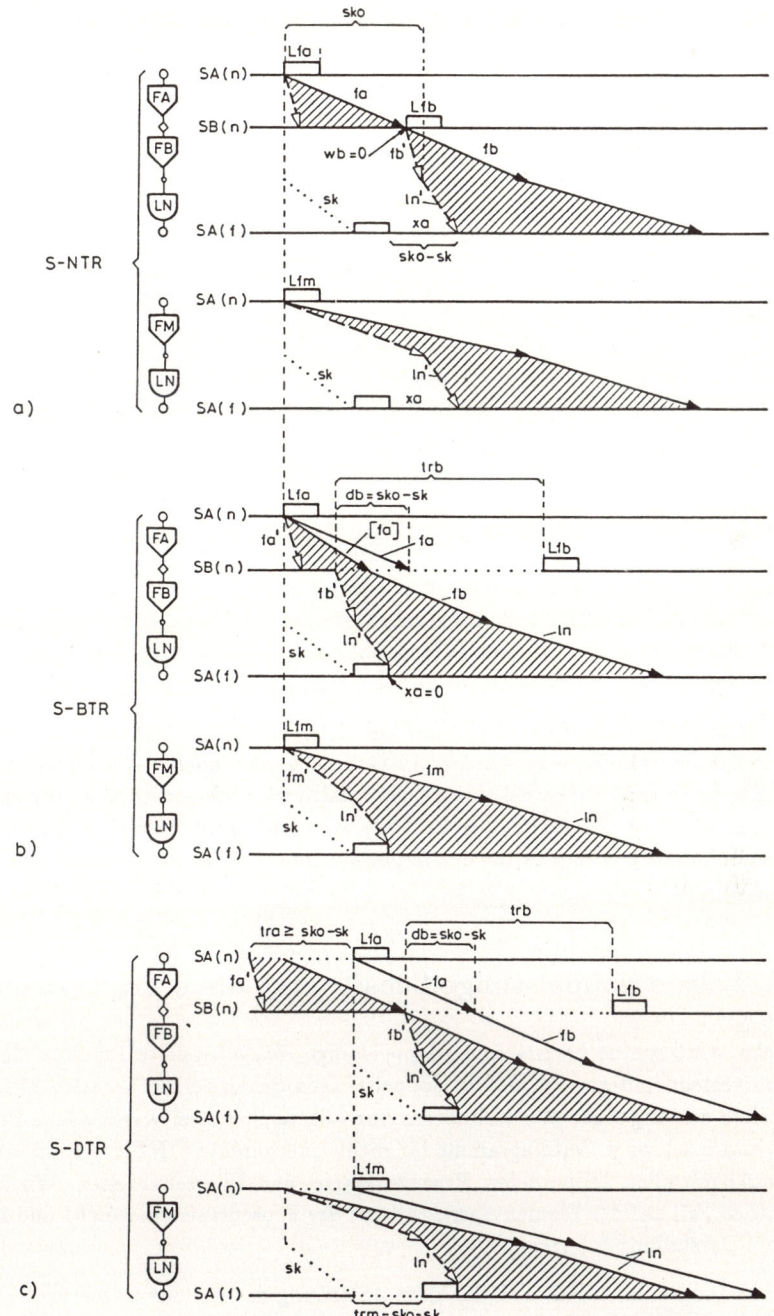

**Bild 3.2-18.** Master-Slave-Schaltwerke mit Transparenz, Setzfälle ($sk \leq sko$):
a) Nicht-Transparenz (S-NTR), b) B-Transparenz (S-BTR), c) Doppel-Transparenz (S-DTR)

# 3.3  Grundbegriffe doppelstufiger Schaltwerke

Doppelstufige Schaltwerke sind zweiphasige Schaltwerke, die in beiden Phasen vollständige Prozeßstufen haben, die sich also jeweils aus Flipflop-Stufen und kombinatorischen Schaltnetzen zusammensetzen und nicht nur aus einer getakteten Verzögerungsstufe und einer vollen Prozeßstufe wie bei Master-Slave-Schaltwerken.

Wir gehen zur Einführung wie in Abschn. 3.1 und 3.2 von nicht-transparenten lokalen Schaltwerken aus und diskutieren dann allgemein die Auswirkungen von Transparenz auf doppelstufige Schaltwerke.

Bei der Behandlung von Skew unterscheiden wir zum einen doppelstufige Schaltwerke, die in einer Stufe (A) nur lokal arbeiten und in der zweiten Stufe (LB) die durch Skew getrennten Stationen verbinden. Wir nennen diese "Einfachverbindungs-Schaltwerke" ("Single Link Networks"). Zum anderen betrachten wir "Doppelverbindungs-Schaltwerke" ("Dual Link Networks"), die in beiden Stufen zwischen allen Stationen kommunizieren können.

Die Zykluszeit-Trendkurven und Aufteilungsdiagramme für beide Schaltwerktypen unterscheiden sich auch danach, ob keine, eine oder beide Stufen transparent sind und wie groß der Skew im Verhältnis zur Transparenz ist. Bei der Diskussion von lokalen Stationen in diesen Verbindungsnetzen (wie in Abschn. 3.2.1.6) kann man außerdem noch unterscheiden, ob die lokalen oder die Verbindungsprozesse optimiert werden sollen.

Bei der Darstellung dieser Phänomene und der vielen Fallunterscheidungen machen wir stark von den Ausführungen in Abschn. 3.1 Gebrauch, aber auch von den Darlegungen entsprechender Mechanismen bei einstufigen Schaltwerken in Abschn. 3.2. Wir können daher weitgehend auf der Ebene der Prozesse arbeiten. Einige Aspekte müssen aber aufgrund der großen Komplexität der doppelstufigen Schaltwerke grundsätzlich neu vorgestellt werden.

## 3.3.1  Lokale doppelstufige Schaltwerke ohne Transparenz

In Abschn. 3.1.3 wurde bereits eine "doppelstufige rückgekoppelte Pipeline" in Bild 3.1-3c vorgestellt und gezeigt, daß in doppelstufigen Schaltwerken negative Minimalprozeßzeiten zulässig sind. Wir betrachten nun allgemeiner zwei verschiedene Prozeßstufen. Bild 3.3-1 zeigt Zeitdiagramme für nicht-transparente ("NTR") doppelstufige Schaltwerke mit allen Teilperioden, Prozeß-, Warte- und Überschußzeiten. Wir haben den gleichen Fall auf der Elementebene (a), auf der Prozeßstufenebene (b) und in der gefalteten Darstellung (c) gezeigt.

Aus diesen Diagrammen läßt sich die klare Aufteilung der Periode in die beiden Teilzyklen gut ablesen:

$$T = Ta + Tb. \tag{3.3-1}$$

Jeder Teilzyklus läßt sich auf Prozeßebene (Bilder 3.3-1b und c) auf zwei Weisen schreiben:

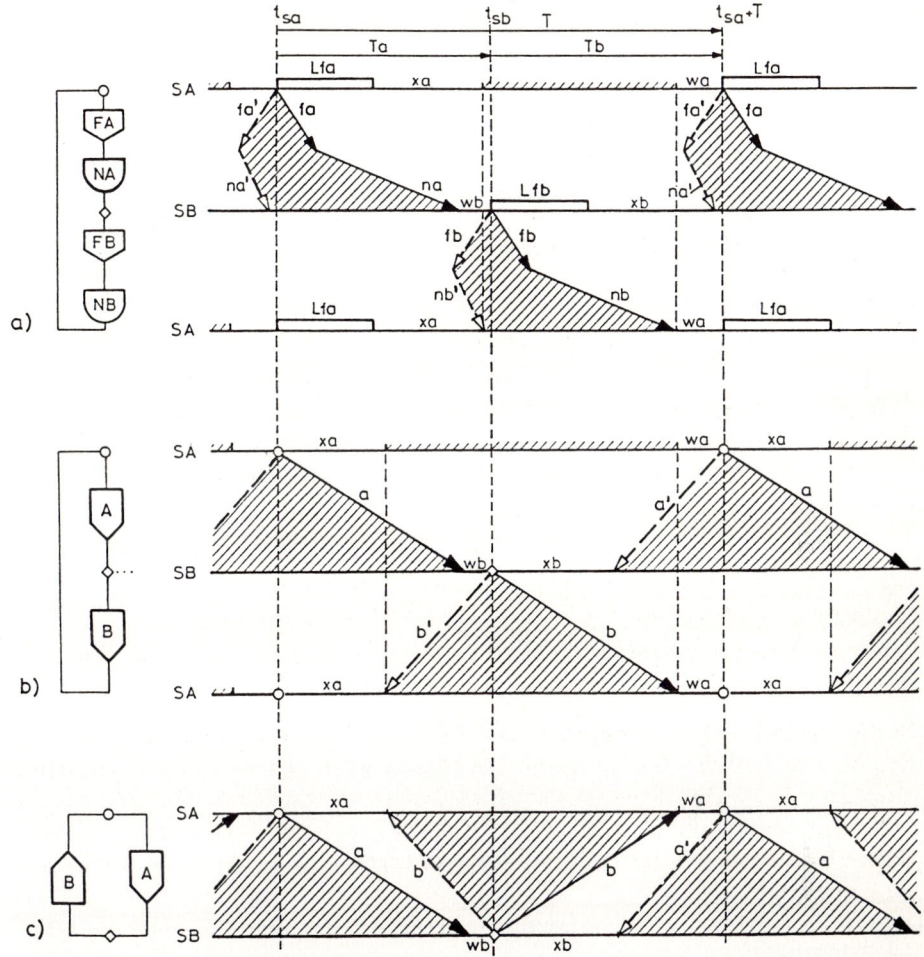

**Bild 3.3-1.** Doppelstufiges Schaltwerk ohne Transparenz (NTR): a) Element-Darstellung, b) Prozeßebene, c) gefaltete Darstellung

$$Ta = a + wb \qquad (3.3\text{-}2a)$$
$$= xa - b', \qquad (3.3\text{-}2b)$$
$$Tb = b + wa \qquad (3.3\text{-}2c)$$
$$= xb - a'. \qquad (3.3\text{-}2d)$$

Die Setzbedingungen erfordern nicht-negative Wartezeiten ($wa, wb \geq 0$), die Haltebedingungen nicht-negative Überschußzeiten ($xa, xb \geq 0$). Daher kennzeichnen wir die *minimalen* Teilzykluszeiten nach den Setz- und Haltefällen (wie beim Master-Slave-Flipflop) mit den Zusätzen "*S*" und "*H*" und schreiben auch die Ausdrücke auf Elementebene explizit aus:

$$TaS \;=\; a = fa + na, \qquad\qquad (wb = 0) \qquad (3.3\text{-}3)$$
$$TaH \;=\; -b' = Lfa + Dfb - fb - nb', \qquad (xa = 0) \qquad (3.3\text{-}4)$$
$$TbS \;=\; b = fb + nb, \qquad\qquad (wa = 0) \qquad (3.3\text{-}5)$$
$$TbH \;=\; -a' = Lfb + Dfa - fa - na'. \qquad (xb = 0) \qquad (3.3\text{-}6)$$

Die Differenzen zwischen den kürzesten realisierbaren Setzzeiten (ohne Schaltnetze, d. h. $TaS_{min} = fa$, bzw. $TbS_{min} = fb$) und den entsprechenden Haltezeiten bezeichnen wir als *charakteristische Überschußzeiten*:

$$xoa \;=\; TaS_{min} - TaH \qquad\qquad (3.3\text{-}7a)$$
$$=\; fa + b' \qquad\qquad (3.3\text{-}7b)$$
$$=\; (fa + fb) - (Lfa + Dfb) + nb' \qquad (3.3\text{-}7c)$$
$$=\; (fa + fb) - Wob, \qquad\qquad (3.3\text{-}7d)$$

$$xob \;=\; TbS_{min} - TbH \qquad\qquad (3.3\text{-}8a)$$
$$=\; fb + a' \qquad\qquad (3.3\text{-}8b)$$
$$=\; (fa + fb) - (Lfb + Dfa) + na' \qquad (3.3\text{-}8c)$$
$$=\; (fa + fb) - Woa. \qquad\qquad (3.3\text{-}8d)$$

Wir haben hier bereits die "Grundverluste" $Woa$ und $Wob$ (entspr. $Wo$ und $Wom$ bei einstufigen Schaltwerken) benutzt:

$$Wob \;=\; Db - nb \qquad\qquad (3.3\text{-}9a)$$
$$=\; Lfa + Dfb - nb', \qquad\qquad (3.3\text{-}9b)$$

$$Woa \;=\; Da - na \qquad\qquad (3.3\text{-}10a)$$
$$=\; Lfb + Dfa - na'. \qquad\qquad (3.3\text{-}10b)$$

Die aktuellen minimalen Teilzykluszeiten ergeben sich aus dem Maximum der Setz- und Haltefälle:

$$Ta \;=\; \max\left\{ \begin{array}{c} TaS \\ TaH \end{array} \right\} \qquad\qquad (3.3\text{-}15a)$$

$$=\; \max\left\{ \begin{array}{c} a \\ -b' \end{array} \right\}, \qquad\qquad (3.3\text{-}15b)$$

$$Tb \;=\; \max\left\{ \begin{array}{c} TbS \\ TbH \end{array} \right\} \qquad\qquad (3.3\text{-}16a)$$

$$=\; \max\left\{ \begin{array}{c} b \\ -a' \end{array} \right\}. \qquad\qquad (3.3\text{-}16b)$$

Für die minimalen Taktperioden erhalten wir also mit (3.3-1) vier Fälle, die sich aus den Kombinationen der Teilzykluszeit (mit den Kennzeichen "S" und "H" wie bereits in Abschn. 3.2.2) ergeben. In Prozeß- und Elementparametern nach (3.3-3) bis (3.3-6) geschrieben ergeben sich also die in Bild 3.3-2 angegebenen Gleichungen. Die vier Fälle sind in Bild 3.3-2 graphisch interpretiert. Aus dieser Darstellung wird — mehr

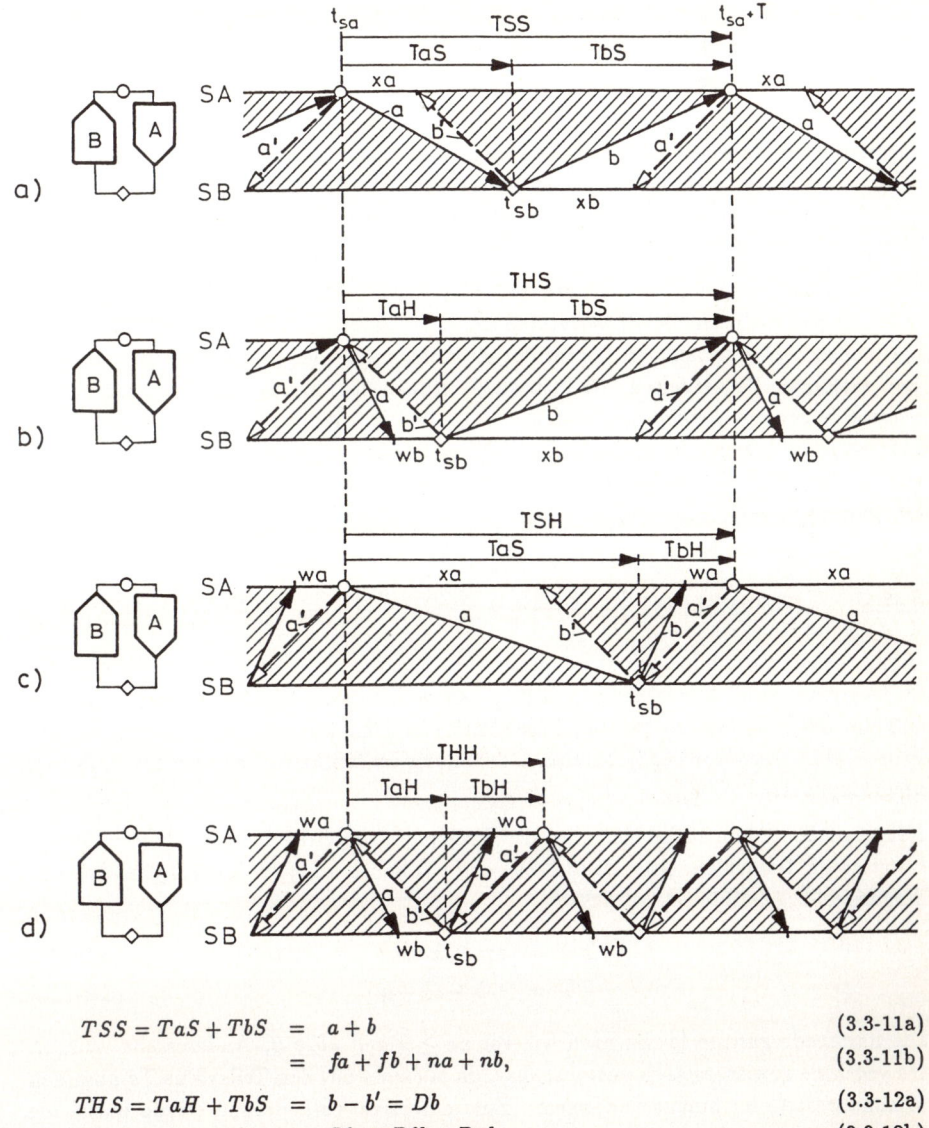

$$TSS = TaS + TbS \quad = \quad a + b \tag{3.3-11a}$$
$$= \quad fa + fb + na + nb, \tag{3.3-11b}$$

$$THS = TaH + TbS \quad = \quad b - b' = Db \tag{3.3-12a}$$
$$= \quad Lfa + Dfb + Dnb, \tag{3.3-12b}$$

$$TSH = TaS + TbH \quad = \quad a - a' = Da \tag{3.3-13a}$$
$$= \quad Lfb + Dfa + Dna, \tag{3.3-13b}$$

$$THH = TaH + TbH \quad = \quad -b' - a' \tag{3.3-14a}$$
$$= \quad Lfa + Dfb - fb - nb' + Lfb + Dfa - fa - na'. \tag{3.3-14b}$$

**Bild 3.3-2.** Grundkombinationen der Prozeßparameter bei nicht-transparenten doppelstufigen Schaltwerken: a) TSS, b) THS, c) TSH, d) THH

noch als aus dem Formelwerk — ersichtlich, daß sich die beiden Mischfälle aus den entsprechenden Prozeßdispersionen ergeben. Die "Grundverluste" erweisen sich als Differenz dieser Dispersionen und der entsprechenden Schaltnetzverzögerungen.

Alle diese Formelbeziehungen zeigen nur Relationen zwischen den Prozeß- bzw. den Element-Parametern und den Systemparametern an, ohne daß gesagt ist, welche Größen gegeben und welche gesucht sind. Beispielsweise *erfordert* nach (3.3-3) eine maximale Prozeßverzögerung $a$ mindestens eine Teilzykluszeit $TaS$, oder aber ein gegebener Teilzyklus $TaS$ *erlaubt* eine Prozeßverzögerung $a$.

Damit ist auch angedeutet, daß die Aufteilung des Taktzyklus in die beiden Prozeßzeiten $a$ und $b$ durch die Phaseneinteilung des Taktes gesteuert werden kann. Wir verwenden hier erstmals den Begriff der *Aufteilung* einer gegebenen Taktperiode $T$ in zwei maximale Prozeßzeiten, die insbesondere nach Einführung von Transparenz und Skew eine für die Anwendung wichtige Rolle spielt. Wir behandeln die Aufteilung später auf der Ebene der beiden Schaltnetzverzögerungen $(na, nb)$. Bei den zweiphasigen Master-Slave-Schaltwerken ist $na$ definitionsgemäß gleich 0. Daher spielte bisher die *Aufteilung* noch keine Rolle.

## 3.3.2   Transparenz in lokalen doppelstufigen Schaltwerken

Bild 3.3-3 zeigt ein allgemeines doppelstufiges Schaltwerk mit transparenten Flipflop-Stufen, ganz ähnlich wie in Bild 3.3-1. Auch hier sind die Wartezeiten $(wa, wb)$ und die Überschußzeiten $(xa, xb)$ bezeichnet. Bild 3.3-3b zeigt das System nur mit Prozeßparametern vor der gefalteten Darstellung im Teilbild c, bei der der B-Prozeß umgeklappt ist.

Neu gegenüber dem bisherigen sind die Transparenzbereiche in den von den Takten festgelegten Teilzyklen. Anstatt (3.3-2b) und (d) haben wir jetzt die aus den Haltebedingungen abgeleiteten Ausdrücke:

$$Ta = tra + xa - b',  \qquad (3.3\text{-}17a)$$
$$Tb = trb + xb - a'.  \qquad (3.3\text{-}17b)$$

Die Haltebedingungen laufen nach wie vor $xa \geq 0$ und $xb \geq 0$. Andererseits ist z. B. $tra$ gegen $xa$ gewissermaßen austauschbar, da ja $(tra + xa)$ den Teilzyklus $Ta$ über den Minimalwert $(-b')$ hinaus verlängert. Eine derartige Veränderung würde durch die Positionierung der Taktflanke im Zyklus gesteuert werden müssen, die den Zeitpunkt $t'_{tra}$ und damit die Dauer der Transparenzphase $tra$ bestimmt. Wir betrachten künftig "transparente Systeme" i. a. mit maximaler Transparenzphase, d. h. also $xa = 0$ bzw. $xb = 0$.

### 3.3.2.1   Verzögerter Prozeßstart

Bei nicht-transparenten Systemen wurden die Gültigkeitsbereiche am Ausgang einer Prozeßstufe allein durch die entsprechende Taktflanke und die Verzögerungsparameter dieser Stufe bestimmt. Bei Systemen mit Transparenz gilt dies nur noch für die

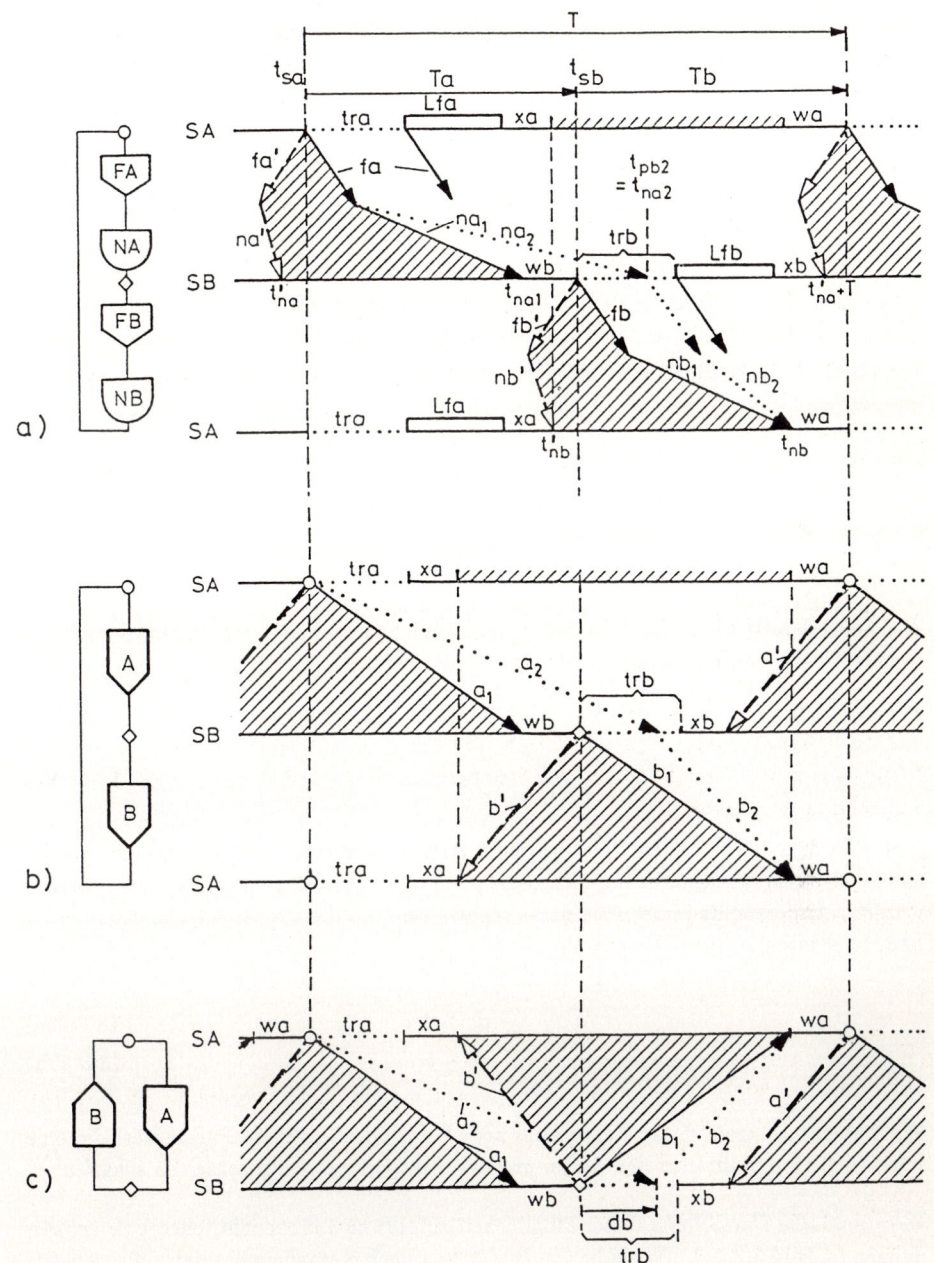

**Bild 3.3-3.** Doppelstufiges Schaltwerk mit Transparenz (DTR): a) Element-Darstellung, b) Prozeßebene, c) gefaltete Darstellung

Endzeitpunkte der Gültigkeitsbereiche (Übergang von gültig nach ungültig, z. B. $t'_{na}$ und $t'_{nb}$ in Bild 3.3-3a). Die Prozeßstartpunkte können im Gegensatz dazu nun durch die Eingangssignale bestimmt werden (z. B. $t_{na2}$) und sind daher von dem Vorgänger-prozeß abhängig. Wenn dieser jedoch vor dem Transparenzbereich beendet ist (z. B. $t_{na1} < t_{sb}$), dann ist wieder die Taktflanke für den Prozeßbeginn maßgebend.

Für transparente Schaltwerke gilt allgemein die Aussage, daß ein Prozeß durch den Vorgängerprozeß gestartet wird, wenn dieser im Transparenzbereich endet, sonst durch den Taktimpuls am Beginn des Transparenzbereichs (s. Abschn. 3.1.1, Bild 3.1-1). Wir bezeichnen die *Startzeitpunkte* der Prozesse mit $t_{pa}$ und $t_{pb}$. Sie bestimmen sich also jeweils aus dem Maximum von dem Synchronisationspunkt und dem Gültigkeitszeit-punkt des Vorgängerprozesses (vgl. (3.1-8)),

$$t_{pa} \;=\; \max \left\{ \begin{array}{c} t_{nb} \\ t_{sa} \end{array} \right\}, \qquad\qquad (3.3\text{-}18\text{a})$$

$$t_{pb} \;=\; \max \left\{ \begin{array}{c} t_{na} \\ t_{sb} \end{array} \right\}. \qquad\qquad (3.3\text{-}18\text{b})$$

Die Zeitdifferenz zwischen Prozeßstartpunkt und Synchronisationspunkt bezeichnen wir als *Verzug (deferment)*,

$$da \;=\; t_{pa} - t_{sa}, \qquad\qquad (3.3\text{-}19\text{a})$$

$$db \;=\; t_{pb} - t_{sb} \qquad\qquad (3.3\text{-}19\text{b})$$

(vgl. Abschn. 3.1.1). Diese Verzugszeiten dürfen natürlich nicht größer sein als die entsprechenden Transparenzbereiche, da sonst die Setzbedingungen verletzt werden würden. Andererseits können sie nicht negativ sein, da die Prozesse frühestens bei $t_{sa}$ bzw. $t_{sb}$ starten können. Es gilt also:

$$0 \;\leq\; da \leq tra, \qquad\qquad (3.3\text{-}20\text{a})$$

$$0 \;\leq\; db \leq trb. \qquad\qquad (3.3\text{-}20\text{b})$$

Wir haben also trotz fester Takte zwei neue beidseitig begrenzte Parameter, die eine wesentliche Flexibilität in der Aufteilung der Taktperiode in Prozeßzeiten schaffen.

Die graphische Darstellung dieser Möglichkeiten führt zu unübersichtlichen Überschnei-dungen (s. Bild 3.3-3c). Wir haben in Bild 3.3-4a noch einmal ein ähnliches Prozeßzeit-diagramm wiedergegeben, allerdings mit maximalen Transparenzbereichen ($xa = xb = 0$). Darunter haben wir die vom Takt fest vorgegebenen Zeitintervalle, das sog. *Takt-raster*, in einer Zeile ("flach") dargestellt, nämlich die Folge $... - tra - b' - trb - a' - ...$ (Bild 3.3-4b). In Teilbild c sind verschiedene Aufteilungen der Prozeßzeiten ($a, b$) mit den Wartezeiten ($wa, wb$) dargestellt, und zwar jede der diskutierten Aufteilungen in einer eigenen Zeile (Bild 3.3-4c (1) etc.).

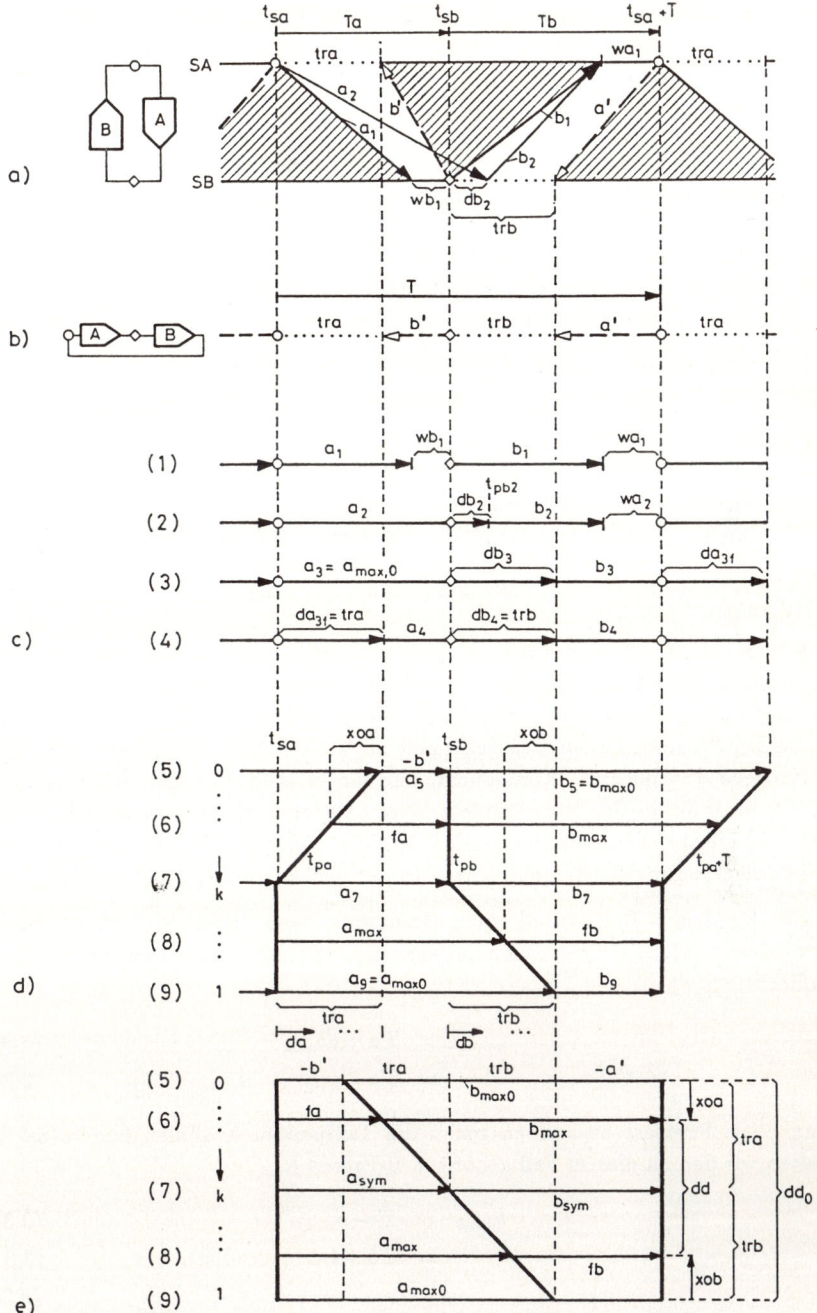

**Bild 3.3-4.** Aufteilung der Zykluszeit auf Prozeßzeiten bei doppelstufigen lokalen Schalt-werken mit Transparenz: a) Zeitdiagramm, b) Taktraster, c) Prozeßaufteilungen, d) Prozeß-grenzen-Diagramm, e) Aufteilungsdiagramm

**Fall (1):** Zwei kurze Prozesse

Wenn beide Prozesse, $a$ und $b$, kürzer als die jeweiligen Teilzyklen $Ta$ und $Tb$ sind, dann treten vor beiden Synchronisationspunkten Wartezeiten auf (Bild 3.3-4c (1), vgl. auch Teilbild a):

$$a_1 < Ta: \qquad db_1 = 0, \qquad wb_1 = Ta - a_1, \qquad (3.3\text{-}21a)$$

$$b_1 < Tb: \qquad da_1 = 0, \qquad wa_1 = Tb - b_1. \qquad (3.3\text{-}21b)$$

Hier werden alle Prozesse von den Takten bei $t_{sa}$ bzw. $t_{sb}$ angestoßen, und die Transparenz spielt keine Rolle. Dies gilt auch für statistisch schwankende Prozeßzeiten, solange sie die Bedingungen $a_1 < Ta$ bzw. $b_1 < Tb$ einhalten.

**Fall (2):** Ein kurzer und ein langer Prozeß

Wenn ein Prozeß (in Bild 3.3-4a und c(2) z. B. der Prozeß $a_2$) die Grenze seines Teilzyklus überschreitet, dann bedeutet das bei Transparenz noch keine Verletzung der Setzbedingung, sondern der Folgeprozeß startet um die Überschreitung (hier: $db_2$) später. Wir wollen annehmen, daß der Folgeprozeß vor dem Startpunkt für den nächsten Zyklus ($t_{sa} + T$) beendet ist (Bilder 3.3-3 und 3.3-4c (2)). Dann ist

$$a_2 > Ta: \qquad db_2 = a_2 - Ta, \qquad wb_2 = 0, \qquad (3.3\text{-}22a)$$

$$b_2 < T - a_2: \qquad da_2 = 0, \qquad wa_2 = T - (a_2 + b_2). \quad (3.3\text{-}22b)$$

Im Gegensatz zum Fall (1) wird in dieser Betriebsweise nur der Prozeß in Stufe A vom Takt bei $t_{sa}$ angestoßen. Der Prozeß in Stufe B wird unmittelbar durch $a_2$ gestartet. Die beiden Prozesse laufen also gekoppelt ab wie ein einziger Prozeß, und zwar gilt dies für jede einzelne (Bit-)Komponente und für jedes (u. U. statistisch schwankende) Einzelereignis der beiden Prozeßstufen. Wir haben also, wie in Abschn. 2.2.3 erläutert, zwei "kaskadierte" Prozesse, deren maximale Verzögerungszeitsumme kleiner ist als die algebraische Summe der beiden (worst-case-)Prozeßzeiten ($[a_2 + b_2] < a_2 + b_2$).

Es gibt für diesen Betriebsfall einen Grenzwert, wenn nämlich die Verzugszeit $db_2$ maximal wird ($db_{max} = trb$). Dann hat auch der Prozeß A seinen Maximalwert erreicht, nämlich

$$a_{max0} = Ta + db_{max} \qquad (3.3\text{-}23a)$$

$$= Ta + trb. \qquad (3.3\text{-}23b)$$

Wenn beide Prozesse zusammen genau die Taktperiode ausfüllen ($wa = wb = 0$), erhalten wir den zu diesem Fall gehörigen B-Prozeß $b_{min}$,

$$b_{min0} = T - a_{max0} \qquad (3.3\text{-}24a)$$

$$= Tb - trb \qquad (3.3\text{-}24b)$$

$$= -a'. \qquad (3.3\text{-}24c)$$

Im umgekehrten Fall, nämlich Prozeß B maximal und Prozeß A minimal, ergeben sich

$$b_{max0} = Tb + da_{max0} \qquad (3.3\text{-}25a)$$

$$= Tb + tra \quad \text{und} \qquad (3.3\text{-}25b)$$

$$a_{min0} = T - b_{max0} \qquad\qquad (3.3\text{-}26a)$$

$$= Ta - tra \qquad\qquad (3.3\text{-}26b)$$

$$= -b'. \qquad\qquad (3.3\text{-}26c)$$

Die Prozeßzeiten können also zwischen zwei Grenzwerten liegen, innerhalb derer freie Aufteilbarkeit der Taktzykluszeit auf die beiden Prozeßzeiten besteht. Wir bezeichnen diesen Bereich daher als die *verteilbare Prozeßzeit dd (disposable delay)*,

$$dd_0 = a_{max0} - a_{min0} \qquad\qquad (3.3\text{-}27a)$$

$$= b_{max0} - b_{min0}. \qquad\qquad (3.3\text{-}27b)$$

In dem bisher diskutierten Fall ($fa < -b'$, $fb < -a'$, s. Bild 3.3-4) gilt

$$dd_0 = tra + trb. \qquad\qquad (3.3\text{-}28)$$

**Fall (3) und (4):** Statistische Überschreitungen der Taktperiode
Die Aufteilung von $a$ und $b$ könnte in jeder einzelnen Taktperiode verschieden sein, wie es bereits in Abschn. 3.2.1 beschrieben wurde. Es könnte sogar vorkommen, daß sich nach einer maximalen Prozeßdauer $a_3 = a_{max}$ ein einzelner Prozeß mit der Dauer $b_3 = (-a') + tra$ ereignet. Dann ist der Verzug in der folgenden A-Phase maximal ($da_{3f} = tra$), und die folgende A-Prozeßzeit $a_4$ muß um genau diesen Betrag kürzer sein als $a_{max}$. In der daran anschließenden Taktperiode muß die Bedingung $a_4 + b_4 \leq T$ streng erfüllt sein, wie es in Bild 3.3-4c als Fall (4) dargestellt ist. In derartigen Fällen sind sogar mehrere Prozesse über Taktgrenzen hinweg gekoppelt (s. Anhang C.3).

Transparente Flipflop-Stufen erlauben also in bestimmten Grenzen statistisch auftretende Überschreitungen der Taktperioden und erhöhen damit die Zuverlässigkeit eines Systems. Falls andererseits die Zuverlässigkeit und die Verzögerungsstatistik vorgegeben sind, kann man durch die Transparenz höhere Taktraten erzielen (s. Abschn. 3.2.1.5, Bilder 3.2-4b und 3.2-7b).

### 3.3.2.2 Flexible Prozeßzeitverteilung

Im folgenden werden wir statistische Schwankungen der Prozeßzeiten und dynamische Einschwingprozesse wieder vernachlässigen und die Prozeßzeiten als Maximalwerte ansehen, die nicht überschritten werden, d. h. wir betrachten $a$ und $b$ als Konstante für einen stationären Dauerbetrieb, und nehmen dabei an, daß sie die Taktperiode $T$ vollständig ausfüllen ($T = a + b$).

Aufgrund der Transparenzfunktion gibt es unter diesen Bedingungen zwei Freiheitsgrade für die Prozeßstartpunkte $t_{pa}$ und $t_{pb}$. Wir benutzen hier die Darstellung mit Verzugszeiten $da$ bzw. $db$ (3.3-19), die die beiden freien Variablen in den Grenzen von (3.3-20) darstellen.

Aufgrund der Modellvoraussetzung, daß die Prozeßzeiten $a$ und $b$ und damit auch die Verzugszeiten $da$ und $db$ Maximalwerte statistischer Variablen darstellen, ist die Annahme gestattet, daß immer eine der beiden Verzugszeiten $0$ ist. Da die Prozeßzeiten typisch kleiner als ihre Maximalwerte sind, wandern ihre Startpunkte soweit vor, bis einer der beiden Prozesse vom Takt getriggert wird. Wir betrachten also den "Fall (2)" bzw. den nicht gezeigten dualen Fall mit $db = 0$ und $da = b - Tb$ als typisch. Allerdings berechnen wir dann den maximal zulässigen Wert für den "angehängten Prozeß", d. h. also für $wa_2 \to 0$, s. Bild 3.3-4c (2), oder entsprechend $wb \to 0$.

Dadurch gibt es nur noch eine freie Variable in der Aufteilung der Periode, die wir als *Verteilungsfaktor* $k$ $(0...k...1)$ der insgesamt *verteilbaren Prozeßzeit* $dd$ dargestellt haben (Bild 3.3-4d).

In Bild 3.3-4d sind mehrere ausgezeichnete stationäre Fälle eingetragen. Sie sind nach dem Verteilungsfaktor $k$ derart angeordnet, daß alle dazwischenliegenden Verteilungen interpoliert werden können. Die Verbindungslinien der Prozeßstartpunkte, die durch $t_{pa}$ und $t_{pb}$ bzw. $da$ und $db$ gekennzeichnet sind, stellen die Phasenlage der Prozesse dar. Wir nennen dieses Diagramm das *Prozeßgrenzen-Diagramm*. Die Beziehungen für die kennzeichnenden Größen dieses Diagramms kann man aus dem augenfälligeren Raum-Zeit-Diagramm (Bild 3.3-4a) ableiten.

**Fall (5):** Die durch die Haltebedingung definierte minimale Prozeßzeit $TaH$ $(= -b')$ ergibt sich in diesem transparenten System für maximalen Verzug im Teilzyklus $Ta$, nämlich $da = tra$, und minimalen Verzug im Teilzyklus $Tb$, also $db = 0$. Es gilt also:

$$a_5 = TaH = -b'. \tag{3.3-29}$$

Die andere Prozeßzeit ist dann:

$$b_5 = T - a_5 = tra + trb - a'. \tag{3.3-30}$$

**Fall (9):** Dual dazu ist das andere Extrem, bei dem der Prozeß $b$ minimal und $a$ maximal ist. Dann gilt:

$$b_9 = TbH = -a', \tag{3.3-31a}$$
$$a_9 = T - b_9 = tra + trb - b'. \tag{3.3-31b}$$

**Fall (7):** Als Fall (7) ist der stationäre Symmetriefall eingezeichnet, bei dem beide Prozesse durch den Takt angestoßen werden. Beide Verzugszeiten sind 0 $(da = db = 0)$, und wir erhalten:

$$a_7 = a_{sym} = Ta = -b' + tra, \tag{3.3-32a}$$
$$b_7 = b_{sym} = Tb = -a' + trb. \tag{3.3-32b}$$

Die Prozeßzeiten lassen sich allgemeiner mit der verteilbaren Prozeßzeit $dd$ und dem oben erwähnten Verteilungsfaktor $k$ ausdrücken. Für die volle Ausnutzung der Teilperiode $(wa = wb = 0, xoa \leq 0, xob \leq 0)$ und mit $dd_0 = tra + trb$ gilt also:

$$a = TaH + k \cdot dd_0 \tag{3.3-33a}$$
$$= -b' + k \cdot dd_0, \tag{3.3-33b}$$
$$b = TbH + (1 - k) \cdot dd_0 \tag{3.3-33c}$$
$$= -a' + (1 - k) \cdot dd_0. \tag{3.3-33d}$$

Das *Aufteilungsdiagramm* in Bild 3.3-4e zeigt diese einfache Beziehung graphisch, im Gegensatz zum Prozeßgrenzen-Diagramm allerdings, ohne die Phasenlage der Prozesse im Zyklus wiederzugeben.

Auf eine Einschränkung der Aufteilbarkeit der Transparenzzeiten muß jedoch hingewiesen werden. Wenn nämlich die minimale Prozeßzeit, die aus der Haltebedingung berechnet wurde (z. B. $TaH = -b'$, (3.3-29)), kleiner ist als die Flipflop-Verzögerungszeit (z. B. $fa$), dann ist diese Minimalzeit nicht mehr realisierbar. Wir müssen daher auch Minimalzeiten aus den Setzbedingungen beachten und erhalten dann folgende allgemeinere Definitionen für die Minimalgrenzen der Prozeßaufteilung:

$$a_{min} = \max \left\{ \begin{array}{c} TaS_{min} \\ TaH \end{array} \right\} \tag{3.3-34a}$$

$$= \max \left\{ \begin{array}{c} fa \\ -b' \end{array} \right\} \tag{3.3-34b}$$

$$= -b' + \max \left\{ \begin{array}{c} xoa \\ 0 \end{array} \right\}, \tag{3.3-34c}$$

$$b_{min} = \max \left\{ \begin{array}{c} TbS_{min} \\ TbH \end{array} \right\} \tag{3.3-35a}$$

$$= \max \left\{ \begin{array}{c} fb \\ -a' \end{array} \right\} \tag{3.3-35b}$$

$$= -a' + \max \left\{ \begin{array}{c} xob \\ 0 \end{array} \right\}. \tag{3.3-35c}$$

Die Differenzen zwischen den Setz- und den Halte-Werten sind die bereits in (3.3-7a) und (3.3-8a) bestimmten charakteristischen Überschußwerte $xoa$ und $xob$. Die Maximalwerte ergeben sich dann aus $T = a + b$.

**Fall (6) und (8):** In Bild 3.3-4d und e haben wir deshalb zusätzlich die Fälle (6) und (8) eingezeichnet, für die die Setzgrenzen größer sind als die Haltegrenzen, d. h. die Überschußwerte $xoa$ und $xob$ positiv sind. Dann ist zwar der Aufteilungbereich gegenüber dem Maximalwert $dd_0$ verkleinert, nämlich

$$dd = tra + trb - \max \left\{ \begin{array}{c} xoa \\ 0 \end{array} \right\} - \max \left\{ \begin{array}{c} xob \\ 0 \end{array} \right\}, \tag{3.3-36}$$

aber das System selbst ist durchgehend transparent, so daß wie bei den transparenten Master-Slave-Flipflops Einsparungen an Zykluszeit möglich sind (s. Abschn. 3.2.2.4).

### 3.3.2.3 Flexible Taktaufteilung

Wir haben gesehen, daß ein Vorteil transparenter doppelstufiger Schaltwerke darin besteht, daß die Prozeßzeiten in einem gegebenen Taktrahmen frei verteilbar sind. Die Grenzen sind durch die verteilbare Prozeßzeit $dd$ gegeben, die im wesentlichen einfach aus der Summe der beiden Transparenzintervalle besteht.

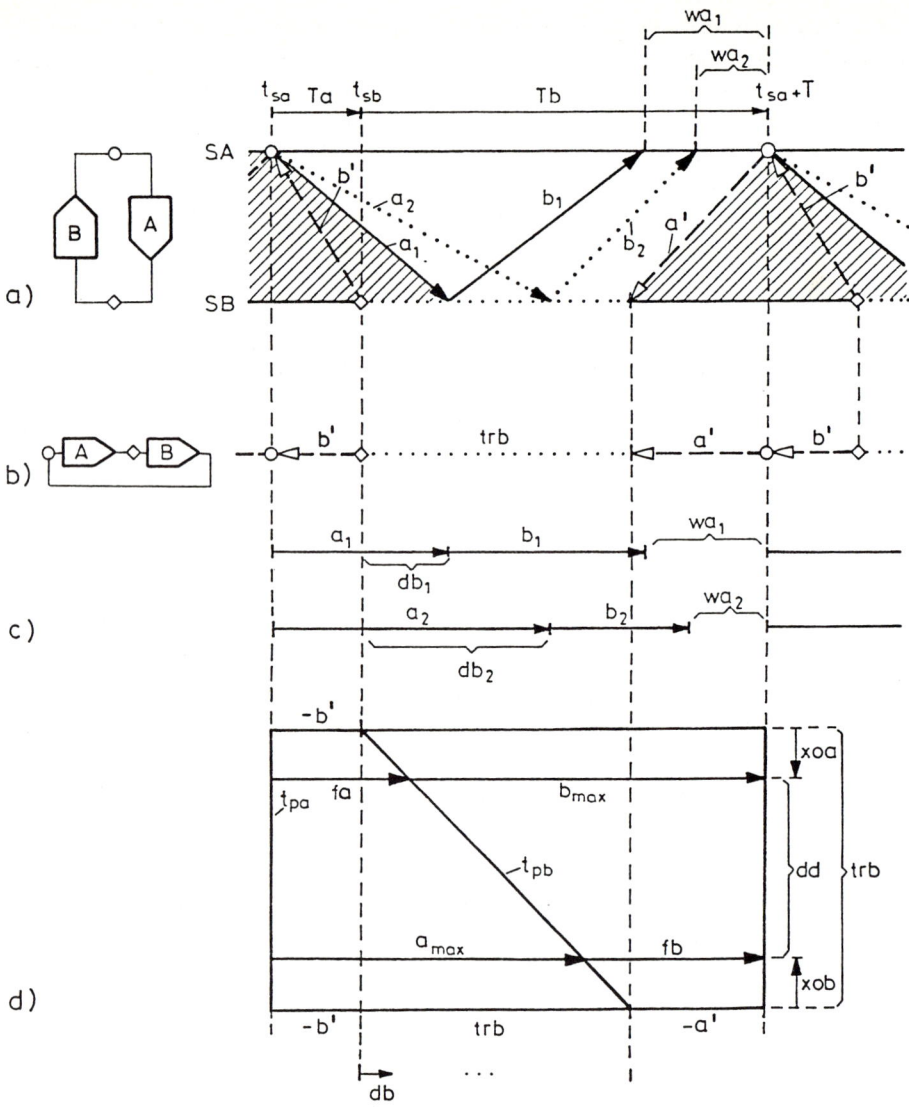

**Bild 3.3-5.** Doppelstufiges lokales System mit Einfach-Transparenz: a) Zeitdiagramm, b) Taktraster, c) Prozeßaufteilungen, d) Aufteilungsdiagramm (hier auch Prozeßgrenzen-Diagramm)

In der Umkehrung bedeutet dieser Sachverhalt aber, daß für gegebene stationäre Prozesse $a$ und $b$ die Aufteilung der Gesamtperiode in Teilzyklen durch den Takt die Freiheiten besitzt, die wir eben für die Prozeßaufteilung diskutiert haben. Das System ist dadurch unempfindlich gegen Ungenauigkeiten der Taktaufteilung, in gewissen Grenzen sogar gegen lang- und kurzzeitige Verschiebungen der Taktflanken (*drift* und *jitter*).

Bild 3.3-5 zeigt deshalb das Zeitdiagramm eines extrem asymmetrisch getakteten Schaltwerks, das nur in einer Stufe einen Transparenzbereich besitzt. Dieser Transparenzbereich ist jetzt so groß wie vorher die Summe der beiden Transparenzen, so daß dieses System die gleiche verteilbare Prozeßzeit wie das symmetrische System in Bild 3.3-4 hat. Allerdings liegt hier der einzige Transparenzbereich und damit die gesamte verteilbare Prozeßzeit bei Stufe B ($dd = trb$). Das Aufteilungsdiagramm ist das gleiche wie das des symmetrischen Systems. In diesem Fall entspricht es sogar direkt dem Prozeßgrenzen-Diagramm. Der Unterschied zwischen den beiden Systemen liegt aber vor allem in der Toleranz gegenüber statistischen Überschreitungen ($a + b > T$, s. Fall (3)), die im asymmetrischen System nicht gegeben ist.

### 3.3.3 Taktversatz in doppelstufigen Schaltwerken

Nach der Diskussion der Grundeigenschaften doppelstufiger lokaler Schaltwerke ohne und mit Transparenz wollen wir jetzt noch einige allgemeine Aspekte doppelstufiger Schaltwerke mit Skew ansprechen, und zwar mit Transparenz und mit Verbindungsstufen zwischen Stationen sowie mit gekoppelten lokalen Stationen.

#### 3.3.3.1 Taktrahmen

Für die Diskussion der Parameterzusammenhänge benutzen wir zunächst die allgemeine doppelstufige Konfiguration nach Bild 3.3-6a mit den zwei Verbindungsstufen LA und LB und den beiden lokalen Stufen A und B, die entsprechend der Einführung in Abschn. 3.1.5 und 3.1.6 in jeweils zwei "Rollen" gezeichnet sind. Wir gehen in diesem Abschnitt wieder davon aus, daß beide Taktphasen in den verschiedenen Positionen gleichermaßen versetzt sind.

Wir haben hier den allgemeinen Fall eines sog. "doppel-transparenten" Systems gezeichnet, aus dem sich andere Fälle ableiten lassen, indem man dann den einen oder den anderen oder beide Transparenzbereiche ($tra, trb$) durch Überschußbereiche ($xa, xb$) ersetzen oder auch fortlassen kann. Zur Unterscheidung dieser vier *Taktklassen* benutzen wir (wie schon in Abschn. 3.2) folgende Nomenklatur:

$$
\begin{array}{lll}
\text{NTR} & \text{(Nicht-Transparenz)} & : \quad tra = trb = 0, \\
\text{ATR} & \text{(A-Transparenz)} & : \quad tra > 0, \quad trb = 0, \\
\text{BTR} & \text{(B-Transparenz)} & : \quad tra = 0, \quad trb > 0, \\
\text{DTR} & \text{(Doppel-Transparenz)} & : \quad tra > 0, \quad trb > 0.
\end{array}
$$

Da die beiden asymmetrischen Taktklassen in fast allen Fällen gleichwertig sind, fassen wir sie auch zusammen als

STR (Einfach-Transparenz, *single transparency*) : ATR oder BTR.

Die Länge der Transparenzbereiche im Verhältnis zum auftretenden Taktversatz hat ebenfalls einen Einfluß auf die Zykluszeiten. Wir teilen daher die Transparenzgrößen entsprechend ihrem Verhältnis zum Skew in vier Klassen ein:

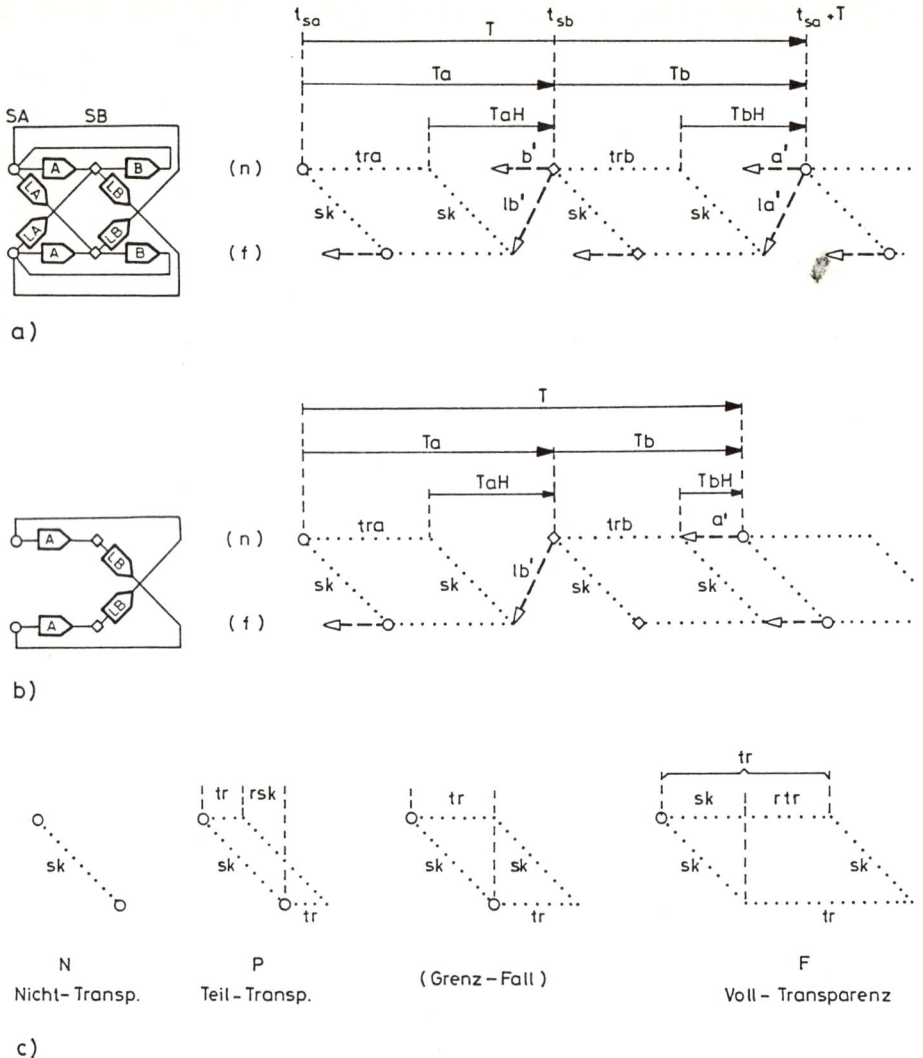

**Bild 3.3-6.** Taktrahmen doppelstufiger Schaltwerke: a) Doppelverbindung, b) Einfachverbindung, c) Transparenzklassen

N  (Nicht-Transparenz, *non-transparency*)     :   $tr = 0$,

P  (Teil-Transparenz, *partial transparency*)  :   $tr < sk,\ rsk > 0$,

F  (Voll-Transparenz, *full transparency*)     :   $tr > sk,\ rtr > 0$.

Bild 3.3-6c erläutert diese *Transparenzklassen* und gibt auch eine graphische Darstellung des *reduzierten Versatzes rsk (reduced skew)*,

$$rsk = sk - tr, \tag{3.3-37}$$

sowie der *reduzierten Transparenz rtr (reduced transparency),*

$$rtr = tr - sk. \tag{3.3-38}$$

Die Nomenklatur der Transparenzklassen impliziert, daß der Skew gegeben sei und die Transparenzgröße verändert wird. Wir untersuchen aber vorwiegend den Einfluß von Skew (als unabhängige Variable in unseren Trenddiagrammen) auf ein Schaltwerk mit gegebenen Laufzeitparametern. Insofern bedeutet diese Transparenzklassifizierung gleichzeitig das Verhalten in bestimmten Skew-Klassen.

Da die Klassifizierung der Transparenzgrößen für jede der beiden Stufen gilt, gibt es theoretisch neun Kombinationsklassen. Tabelle 3.3-1 zeigt aber nur den Zusammenhang mit den oben erwähnten Taktklassen, nach denen wir in Abschn. 3.4 und 3.5 dann die Reihenfolge der Systeme ausgewählt haben. Die größte Vielfalt überdeckt dabei der Fall der Doppel-Transparenz (DTR), er umfaßt allein vier der Kombinationsklassen.

**Tabelle 3.3-1.** Takt- und Transparenzklassen

| trb ╲ tra | $= 0$ $(N)$ | $< sk$ $(P)$ | $> sk$ $(F)$ |
|---|---|---|---|
| $= 0$ (N) | NTR | ATR | |
| $< sk$ (P) | BTR | DTR | |
| $> sk$ (F) | | | |

Zu den Taktrahmen gehören außer dem Skew ($sk$) und den Transparenzbereichen ($tra, trb$) noch die Abstände zwischen den A-Rahmen und B-Rahmen nach Bild 3.3-6a. Wir kennzeichnen diese Abstände am "nahen" Ende mit $TaH$ und $TbH$, weil sie bei maximalen Transparenzbereichen durch die Haltebedingungen gegeben sind, die alle Prozeßstufen, die an den jeweiligen Synchronisationsknoten münden, zu erfüllen haben. Bei der doppelstufigen Verbindung (Konfigurationsbild zu Bild 3.3-6a) münden die lokalen Prozeßstufen A bzw. B sowie die Verbindungsprozeßstufen LA bzw. LB bei $SB$ bzw. $SA$. Dementsprechend müssen die Synchronsationspunkte die folgenden zeitlichen Minimalabstände haben:

Doppel-Verbindung:
$$TaH = \max\left\{ \begin{array}{c} -b' \\ sk - lb' \end{array} \right\}, \tag{3.3-39a}$$

$$TbH = \max\left\{ \begin{array}{c} -a' \\ sk - la' \end{array} \right\}. \tag{3.3-39b}$$

In Bild 3.3-6a sind die Fälle gezeichnet, in denen die negativen Minimalverzögerungen der Verbindungsstufen plus Skew das Maximum darstellen. Falls jedoch z. B. $b' > lb'$ ist, gibt es natürlich einen Skew-Wert ($\Delta sk = -b' - lb'$), unter dem der Trend von $TaH$ nur von der lokalen Stufe B bestimmt wird und nicht mehr $sk$-abhängig ist. Wir werden diesen Fall jedoch nur knapp diskutieren (Abschn. 3.5.1). Als Zykluszeit für

Doppelverbindungsschaltwerke ergibt sich aus dieser Sicht (für $b' < lb' + sk$):

$$T = tra + trb - (la' + lb') + 2sk. \tag{3.3-40}$$

Wenn in einem doppelstufigen Schaltwerk nur in einer Phase pro Zyklus zwischen allen Stationen kommuniziert werden muß, nennen wir die Konfiguration "Einfachverbindung", s. Bild 3.3-6b.

Wir wählen für diesen Fall die Stufe LB als Verbindungsstufe und fügen in die andere Phase nur eine lokale Prozeßstufe A ein. Die Stufe LA fällt also weg und damit auch ihr Einfluß auf $TbH$ (Bild 3.3-6b). Bei dieser Einfachverbindung ist es wie bei Master-Slave-Schaltwerken i. a. nicht sinnvoll, eine lokale Stufe (B) zwischen $SB$ und $SA$ einzubinden. Wir betrachten deshalb nur die Konfiguration, daß die lokalen Schaltwerke nur an $SA$ gekoppelt sind, und setzen voraus, daß die Verbindungsstruktur das Zeitverhalten bestimmt. Daher haben wir die lokalen Schaltwerke hier gar nicht mehr berücksichtigt. Es ergibt sich also:

Einfach-Verbindung:
$$\begin{cases} TaH = sk - lb', & (3.3\text{-}41a) \\ TbH = -a'. & (3.3\text{-}41b) \end{cases}$$

und die Zykluszeit ist (s. Bild 3.3-6b):

$$T = tra + trb - lb' - a' + sk. \tag{3.3-42}$$

Doppelstufige Schaltwerke mit einfacher Verbindung werden in Abschn. 3.4 vor denen mit Doppelverbindungen (Abschn. 3.5) behandelt, weil sie offensichtlich weniger komplex sind.


### 3.3.3.2   Prozeßstartlinien und Betriebsweisen

Die bisher behandelten Taktrahmen hängen von den Synchronisationspunkten und Transparenzphasen der beiden Knotentypen ab, die also (über feste Versetzungen) von den Taktimpulsen von außen, vom System, gegeben sind. Die Abstände zwischen den Transparenzbereichen sind durch den Skew (Systemgröße) und von den Minimalverzögerungen (z. B. $la'$) gegeben, d. h. im wesentlichen von den Flipflop-Parametern, die man oft auch als Rahmenvorgaben eines zu entwerfenden Schaltwerkes ansehen kann (also auch "System"-Größen). Nur die Minimalverzögerungen der Schaltnetze ($lna'$ etc.) wirken auf den Taktrahmen zurück. Man kann diese Größen aber auch ohne Risiko für die Funktionssicherheit auf einen Minimalwert festsetzen oder sogar vernachlässigen, d. h. zu 0 setzen. Dann schließt man den Fall der direkten Durchverbindungen mit ein. In besonderen Fällen kann man den Entwurf nachträglich optimieren.

Der Taktrahmen gibt den "Rahmen" für die wichtigsten Dimensionierungsparameter vor, nämlich für die Gültigkeitsverzögerungen der vier kombinatorischen Schaltnetze ($na$, $nb$, $lna$ und $lnb$). Zur Vereinfachung der Darstellung arbeiten wir mit den entsprechenden Prozeßparametern ($a, b, la$ und $lb$), die sich nur um die Flipflop-Verzögerungszeiten von den Schaltnetz-Parametern unterscheiden.

Ziel ist sicherlich, die größtmöglichen Werte aller Verzögerungsparameter zu ermitteln, die für einen Taktrahmen möglich sind. Bei transparenten Rahmen ist bekanntlich eine verschiedenartige Aufteilung der Prozeßzeiten möglich, so daß wir nach *Prozeßzeitsätzen* $(a, b, la, lb)$ suchen, die gemeinsam alle Kopplungsvorschriften erfüllen und jeweils eine oder mehrere der folgenden, plausiblen Optimierungsziele erfüllen [LK88]:

1.) Minimale lokale Verluste: $\qquad\qquad W = T - (a + b),$

2.) Minimale Verbindungsverluste: $\qquad W_l = T - (la + lb),$

3.) Maximale lokale Prozeßzeiten: $\qquad\ a_{max}$ oder $b_{max},$

4.) Maximale Verbindungsprozeßzeiten: $\ la_{max}$ oder $lb_{max}.$

Alle Ziele kann man offenbar nicht gleichzeitig erfüllen, so daß wir Optimierungsprioritäten setzen müssen.

Bei den lokalen Schaltwerken haben wir nur zwei Variable, so daß der Freiraum und die Begrenzungen durch lineare Verschiebungen der Prozeßstartpunkte $(t_{pa}, t_{pb})$ innerhalb der Transparenzbereiche sehr einfach nachzuvollziehen sind (Abschn. 3.3.2, Bild 3.3-4). Bei den hier zu diskutierenden doppelstufigen Schaltwerken mit Skew bedienen wir uns der "Prozeßstartlinien", die wir schon bei den einstufigen Schaltwerken eingeführt haben. Nur gibt es jetzt zusätzlich auch die Möglichkeit der Prozeßzeitverteilung auf die beiden Phasen. Wir können also die Prozeßstartlinien manipulieren, d. h. verschieben, und ganz oder teilweise senkrecht stellen. Vor der Diskussion der verschiedenen Beispiele doppelstufiger Schaltwerke sollen die Typen von Startlinien und die Manipulationsmöglichkeiten zusammengestellt werden.

Wenn alle Signale der Vorgängerstufen vor oder an der taktversetzten Synchronisationslinie (Skew-Linie, s. Bild 3.3-7a) gültig werden, werden alle (lokalen und Verbindungs-) Prozesse vom Takt getriggert. Dieser Typ "$t_s$" ist durch Wartezeit $w \geq 0$ an allen Skew-Positionen gekennzeichnet. Die Transparenz spielt dabei keine Rolle.

Wenn alle Signale erst im Transparenzbereich gültig werden, stellt die Daten-Gültigkeits-Linie die Startlinie dar. Bild 3.3-7b zeigt den Typ "$a$" der geneigten Startlinie, die von der lokalen Vorgängerstufe A erzeugt wird, die selbst vom Takt getriggert wird. Die Startlinie kann (z. B. durch Veränderung der Prozeßzeit $a$) parallel verschoben werden, solange sie noch im Transparenzbereich bleibt. Der Verzug $d$ darf also nicht größer als $tr$ werden, um die Schreibzeit nicht zu verletzen (Setzbedingung). Bei $d = 0$ beginnt der Startlinien-Typ "$t_s$".

Teilbild c zeigt den Fall "$la$", bei dem die Startlinie von einer vorhergehenden Verbindungsstufe erzeugt wird, die nach unserem Modell alle Positionen in dem taktversetzten System zum gleichen Zeitpunkt erreichen kann. Die Startlinie ist notwendigerweise in unserem Raum-Zeit-Diagramm senkrecht. Die Folgeprozesse starten also alle streng synchron, d. h. "gleichlaufend" (*concurrent*). Die Startlinie kann auch parallel verschoben werden, allerdings darf sie nicht über den oberen ("nahen") Endpunkt des Transparenzbereichs verschoben werden, weil sonst dort die Setzbedingung verletzt würde. Für kleine $la$-Werte ist der Schiebebereich in diesem Modus am "fernen" Ende

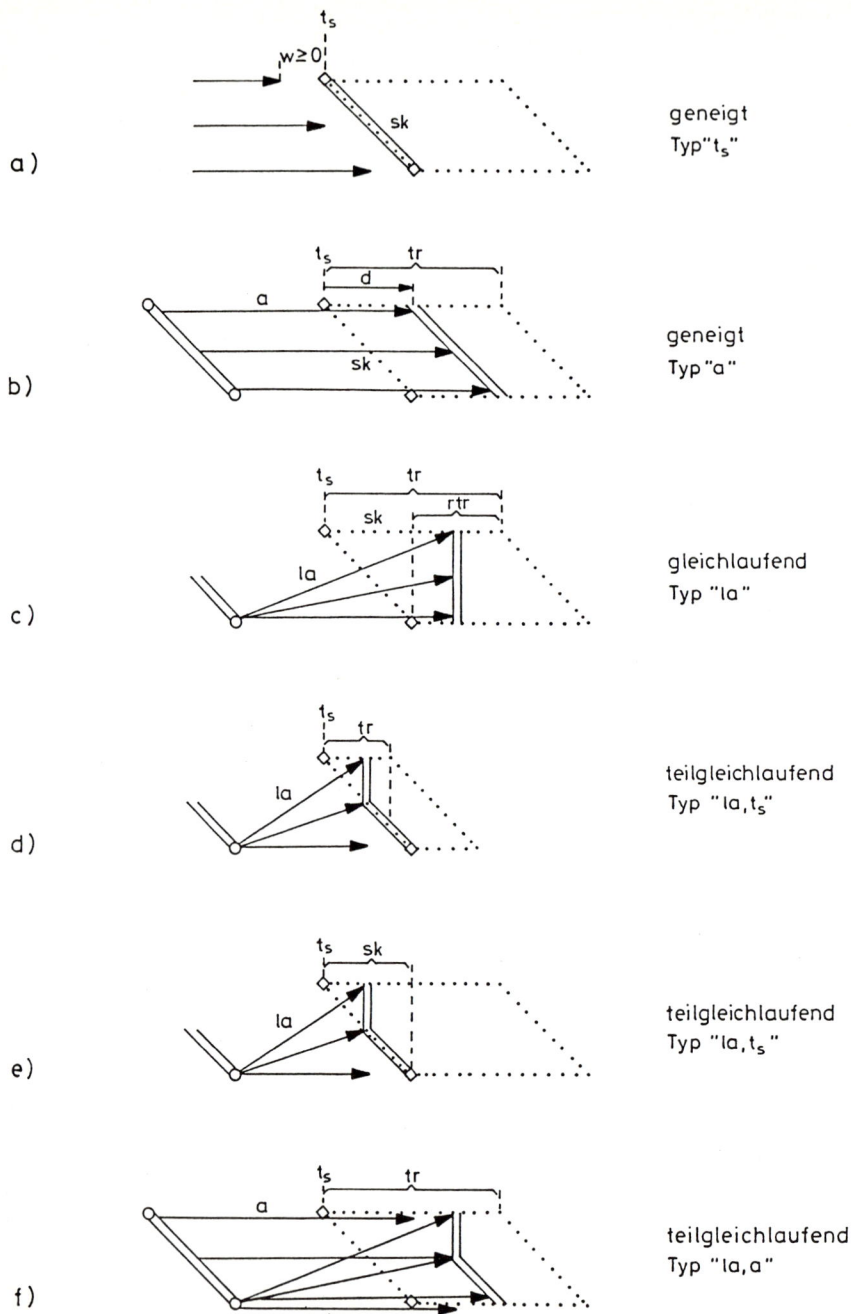

**Bild 3.3-7.** Prozeßstartlinien: Entstehung und Veränderungsbereiche

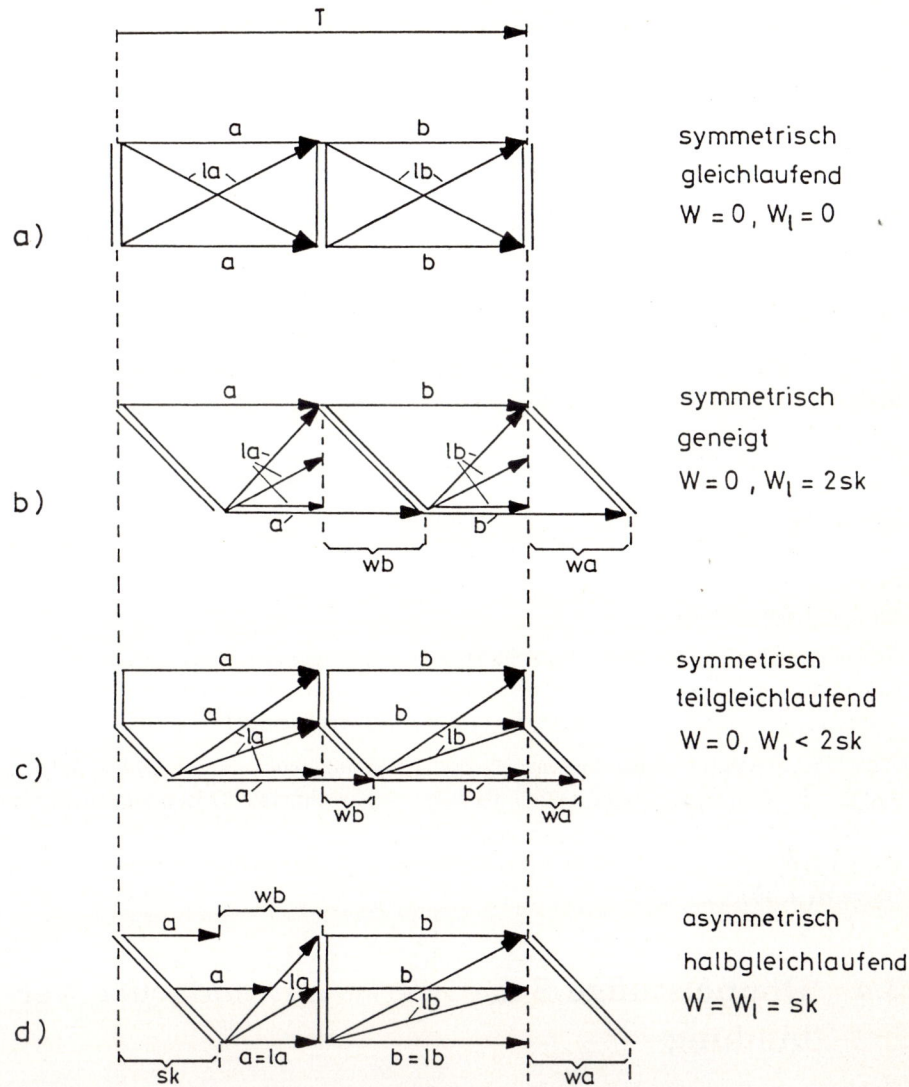

**Bild 3.3-8.** Betriebsweisen doppelstufiger Schaltwerke

der Synchronisationslinie $(t_s + sk)$ beendet. Der Gleichlauf-Schiebebereich entspricht also genau der "reduzierten Transparenz" $rtr = tr - sk$ (Bild 3.3-6c).

Die Bilder 3.3-7d und e zeigen die Überlagerung der oberen Triggertypen "$t_s$" und "$la$", wo der obere Teil der Stationen von dem Verbindungsprozeß gleichlaufend getriggert werden (wie bei $la$, Teilbild c) und die Stationen in den stärker taktversetzten Positionen vom Takt getriggert werden. Dadurch entsteht in unserer Raum-Zeit-Darstellung eine geknickte Startlinie. Die obere Grenze dieses Bereiches ist bei Teil-Transparenz (Teilbild d) das Ende des Transparenzbereichs in der "nahen" Position, die Größe des

Knickbereichs also gleich der Transparenz *tr*. Bei Volltransparenz (Teilbild e) ist der gesamte Skew *sk* der Knickbereich.

Eine geknickte Startlinie kann auch durch die Überschneidung von lokalen und Verbindungs-Vorgängerstufen (*a* und *la*) entstehen, wie es in Teilbild f dargestellt ist.

Die drei in Bild 3.3-7 dargestellten Typen von Startlinien können sowohl für die A-Prozesse als auch für die B-Prozesse auftreten. Aus den sechs möglichen Kombinationen sind in Bild 3.3-8 die wichtigsten ausgewählt. Sie charakterisieren die *Betriebsarten* doppelstufiger Schaltwerke.

In Bild 3.3-8a stehen beide Prozeßstartlinien senkrecht. In beiden Phasen sind die Prozesse gleichlaufend. Also nennen wir diese Betriebsart "Gleichlauf". Sie ist gekennzeichnet durch gleiche Lokal- und Verbindungsprozeßzeiten ($a = la, b = lb$) und keine Prozeßzeitverluste ($W = W_l = 0, W_n = W_{ln} = fa + fb$).

Bild 3.3-8b zeigt zwei durch Skew geneigte Startlinien. Die lokalen Prozesse sind parallel zueinander verschoben, füllen aber überall die ganze Zykluszeit aus ($W = 0$). Die Verbindungsprozesse mit ihren senkrechten Gültigkeitsgrenzen (Bild 3.3-7c) müssen von allen Positionen aus einsetzbar sein. Die gezeichneten kritischen fern-nah-Rollen zeigen, daß dabei in jeder Phase Wartezeiten auftreten, so daß ein Verbindungsverlust von $W_l = 2sk$ entsteht.

Bei teilgleichlaufenden (geknickten) Startlinien herrscht immer noch Parallelverschiebung der lokalen Prozesse (Bild 3.3-8c), und der Lokalverlust ist weiterhin 0, die Wartezeiten und damit der Verbindungsverlust werden aber kleiner ($W_l < 2sk$).

Die letzte gezeigte Betriebsart nennen wir *Halbgleichlauf* (*semi-concurrent*, Bild 3.3-8d), weil die eine Startlinie geneigt ist und die andere senkrecht steht. Aus der gezeichneten Konstruktion der lokalen und der fern-nah-Verbindungsvektoren ergibt sich, daß beide Prozeßtypen zwar gleich sind ($a = la, b = lb$), aber beide nicht die Periode ausfüllen ($W = W_l = sk$).

## 3.4 Doppelstufige Schaltwerke mit einfacher Verbindung

Wir werden jetzt doppelstufige Schaltwerke mit nur einer Verbindungsstufe, d. h. Schaltwerkkonfigurationen nach Bild 3.1-9e untersuchen und daraus die Trends der Zykluszeit und der extremen Schaltnetz-Verzögerungen für die verschiedenen Transparenzklassen erläutern.

Die Verwandtschaft dieser Konfiguration mit der Master-Slave-Konfiguration (Bild 3.1-9c), die ja auch nur einen Verbindungsprozeß je Zyklus besitzt, ermöglicht es uns, einige Ergebnisse davon zu übernehmen. Wir haben für den augenfälligen Vergleich das Zeitdiagramm auf Elementebene in Bild 3.4-1a für den gleichen Fall wiedergegeben wie das Zeitdiagramm für ein Master-Slave-Schaltwerk in Bild 3.2-11. Der Unterschied liegt hauptsächlich darin, daß in der Phase *A* nicht nur eine Verzögerungs-Flipflop-Stufe FA, sondern eine volle lokale Prozeßstufe A mit einem verwendbaren Schaltnetz

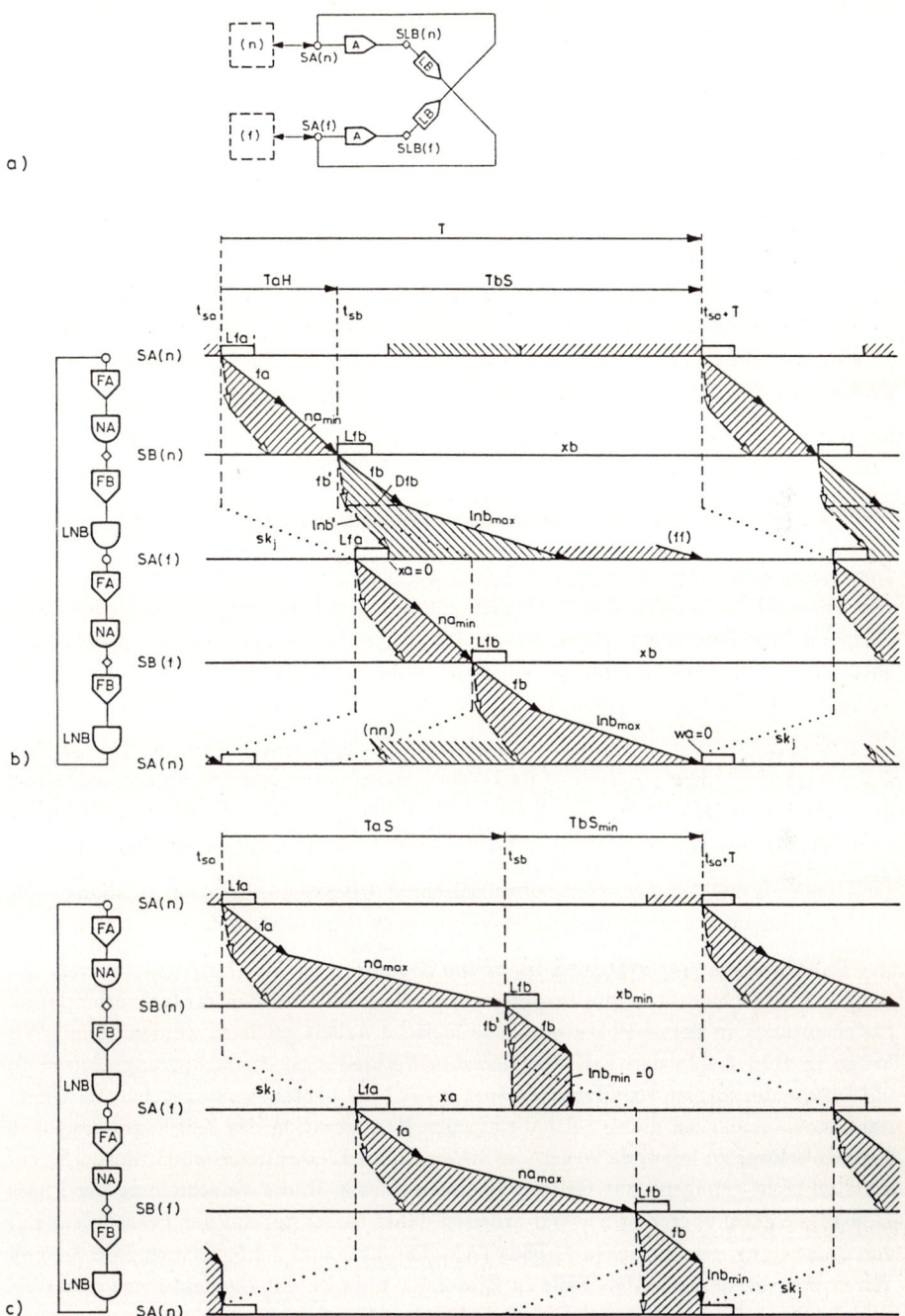

**Bild 3.4-1.** Doppelstufiges Schaltwerk mit einfacher Verbindung: a) Konfiguration, b) Zeitdiagramm auf Elementebene mit $lnb_{max}$, und c) mit $na_{max}$

NA liegt. Wir bezeichnen auch das Verbindungsnetz mit "LNB" anstatt nur mit "LN" bei den Master-Slave-Schaltwerken.

Wir gehen auch weiterhin davon aus, daß die Zykluszeit von der maximalen Verzögerung $lb_{max}$ der Verbindungsstufe LB bestimmt wird. Dadurch sind bereits die kompletten Zykluszeit-Trends (Bild 3.4-3) von den MS-Schaltwerken (Bild 3.2-13) übernehmbar, die für die Setz- und Haltefälle, für positive und negative Skew-Grenzwerte $sko$ und für Transparenz abgeleitet wurden. Wir kennzeichnen allerdings den Skew-Grenzwert $sko$ jetzt mit einem "a", um ihn von dem komplementären Grenzwert $skob$ zu unterscheiden.

Beide Grenzwerte sollen hier zur besseren Übersicht und für spätere Referenzen aufgeführt werden:

$$skoa \;=\; fa + lb' \tag{3.4-1a}$$
$$=\; (fa + fb) - (Lfa + Dfb) + lnb', \tag{3.4-1b}$$
$$skob \;=\; fb + la' \tag{3.4-1c}$$
$$=\; (fa + fb) - (Lfb + Dfa+) + lna'. \tag{3.4-1d}$$

Der andere Eigenwert der doppelstufigen Schaltwerke mt einfacher Verbindung ist die *charakteristische* Überschußzeit $xob$ nach (3.3-8e). Auch hier wollen wir nicht nur die Formel dafür wiederholen, sondern auch das später (Abschn. 3.5) gebrauchte $xoa$ mit auflisten — schon zur Gegenüberstellung mit den obigen Skew-Grenzwerten:

$$xoa \;=\; fa + b' \tag{3.4-2a}$$
$$=\; (fa + fb) - (Lfa + Dfb) + nb', \tag{3.4-2b}$$
$$xob \;=\; fb + a' \tag{3.4-2c}$$
$$=\; (fa + fb) - (Lfb + Dfa) + na'. \tag{3.4-2d}$$

Im Gegensatz zu den aktuellen (physikalischen) Überschußzeiten $xa, xb$ können alle diese (mathematischen) Kennwerte allerdings auch negativ werden.

Bei Einfachverbindungssystemen ist es im Gegensatz zu MS-Systemen sinnvoll, die Zykluszeit verschieden auf die Prozesse *aufzuteilen*, da ja bei den Einfachverbindungssystemen auch in der *A*-Phase nützliche logische Arbeit geleistet werden kann. Wir haben in Bild 3.4-1c den Fall der kleinsten Verbindungsnetzverzögerung ($lnb = 0$) mit maximaler lokaler Schaltnetzzeit ($na_{max}$) auf Elementebene aufgezeichnet. Offensichtlich ist selbst bei dieser relativ einfachen Konfiguration das Zeitdiagramm schon ziemlich schwer zu lesen, da wegen der vielen Einzel-Elemente die wesentlichen Eigenschaften nicht genügend zur Geltung kommen (hier z. B. die Verschiebung der Phase *B* in Bild c gegenüber Bild b). Wir arbeiten daher besser nur auf der *Prozeßebene* mit der Darstellung der kritischen Größen (Abschn. 3.1.1 und 3.1.5, s. auch Bild 3.1-6e). Wir haben die dargestellten Fälle in Bild 3.4-1 b und e auf Elementebene daher als Bild 3.4-2a und c auf Prozeßebene wiederholt.

Die Aufteilung der beiden Prozesse richtet sich nach der Taktklasse bezüglich des Vorhandenseins von Transparenz in keiner Stufe, in einer Stufe oder in beiden Stufen (Abschn. 3.3.3.1, Tabelle 3.3-1) und auch nach dem Größenverhältnis von Skew $sk$ zu

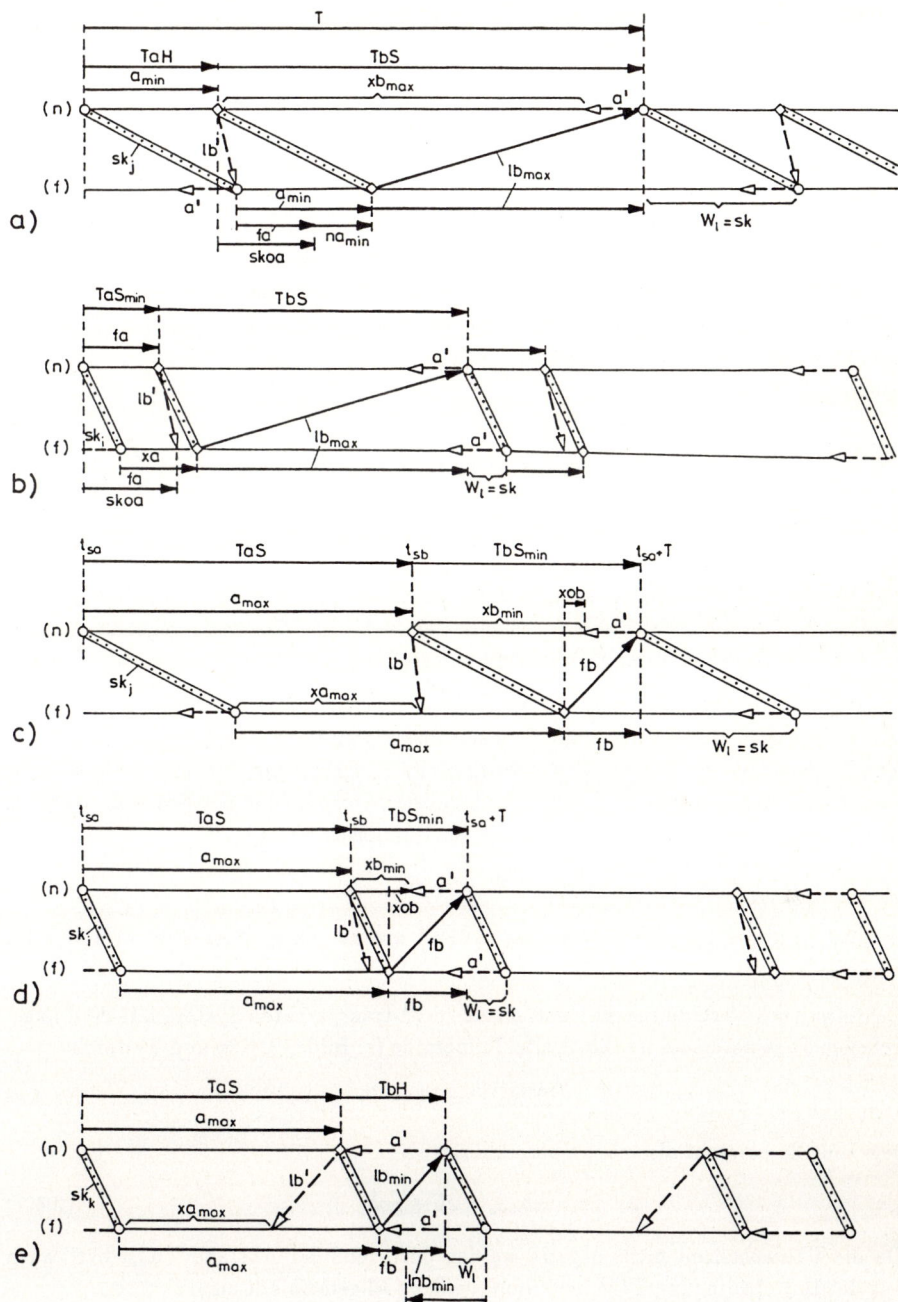

**Bild 3.4-2.** Prozeßzeitdiagramme doppelstufiger Einfachverbindungs-Systeme ohne Transparenz (NTR): a) Haltefall $sk > skoa$, b) Setzfall $sk < skoa$, c) Haltefall $sk > skoa$, $lb_{min}$, d) Setzfall $sk < skoa$, $lb_{min}$, e) Haltefall in B, $xob < 0$

Transparenz $tr$ ("Transparenzklasse"). Entsprechend haben wir auch die folgenden Unterabschnitte eingeteilt.

## 3.4.1 Nicht-Transparenz

Wir beginnen mit vollständig nicht-transparenten Systemen. Bild 3.4-2a zeigt auf Prozeßebene einen Taktrahmen ohne Transparenz, und zwar für den Haltefall ($sk = sk_j \geq skoa$). Die Beispielwerte entsprechen genau denen beim MS-Schaltwerk (Bild 3.2-11), sie sind in diesem Fall auf detaillierter Ebene in Bild 3.4-1 wiedergeben. Die Zykluszeit ist in das entsprechende Trenddiagramm in Bild 3.4-3a eingetragen. Während im MS-Schaltwerk eine Wartezeit $wb_j$ auftritt, kann jetzt eine Schaltnetz-Verzögerung $na_{min}$ verwendet werden:

$$na_{min} = sk - skoa, \qquad (3.4\text{-}3)$$

die als Nutzzeit zu rechnen ist. Daher steigt der Prozeßzeitverlust $W_l$ im Bereich $sk > skoa$ auch nicht mehr mit $2sk$ (s. Bild 3.2-13a), sondern nur noch linear mit $sk$:

$$W_l = sk. \qquad (3.4\text{-}4)$$

Für den Setzfall ($sk = sk_i < skoa$, wie in Bild 3.2-12c und 3.2-13a) ist das Prozeßzeitdiagramm für maximale Verbindungslaufzeiten in Bild 3.4-2b wiedergegeben. Hier ist $na = 0$ und der Verlust der gleiche wie in (3.4-4).

Im Gegensatz zum MS-System ist es möglich, den Taktrahmen durch Verschiebung der Taktphasen so zu ändern, daß die lokale Schaltnetz-Verzögerung $na$ auf Kosten der Verbindungsverzögerung $lb$ größer wird. Teilbild c zeigt für den Fall ($sk = sk_j > skoa$) das Prozeßzeitdiagramm mit der minimal realisierbaren Verbindungszeit $lb_{min}$, nämlich ohne Verbindungsnetz ($lnb = 0$) nur mit der Flipflop-Laufzeit

$$lb_{min} = fb, \qquad (3.4\text{-}5)$$

(s. auch Bild 3.4-1a). Der entsprechende Fall mit $sk = sk_i < skoa$ ist in Teilbild d dargestellt.

Bei minimaler Verbindungszeit und einem nicht-transparenten System mit dem angegebenen Parametersatz ist die zweite Teilperiode (s. Bilder 3.4-2c und d) durch

$$TbS_{min} = sk + fb \qquad (3.4\text{-}6)$$

gegeben. Es entsteht also eine Überschußzeit von

$$xb_{min} = sk + xob. \qquad (3.4\text{-}7)$$

Da die Überschußzeit nicht negativ werden darf, muß der Abstand $Tb_{min}$ evtl. auch aus der Haltebedingung $TbH$ bestimmt werden. Allgemein gilt also:

$$Tb_{min} = \max \left\{ \begin{array}{c} TbS_{min} \\ TbH \end{array} \right\} \qquad (3.4\text{-}8a)$$

$$= \max \left\{ \begin{array}{c} sk + fb \\ -a' \end{array} \right\}. \qquad (3.4\text{-}8b)$$

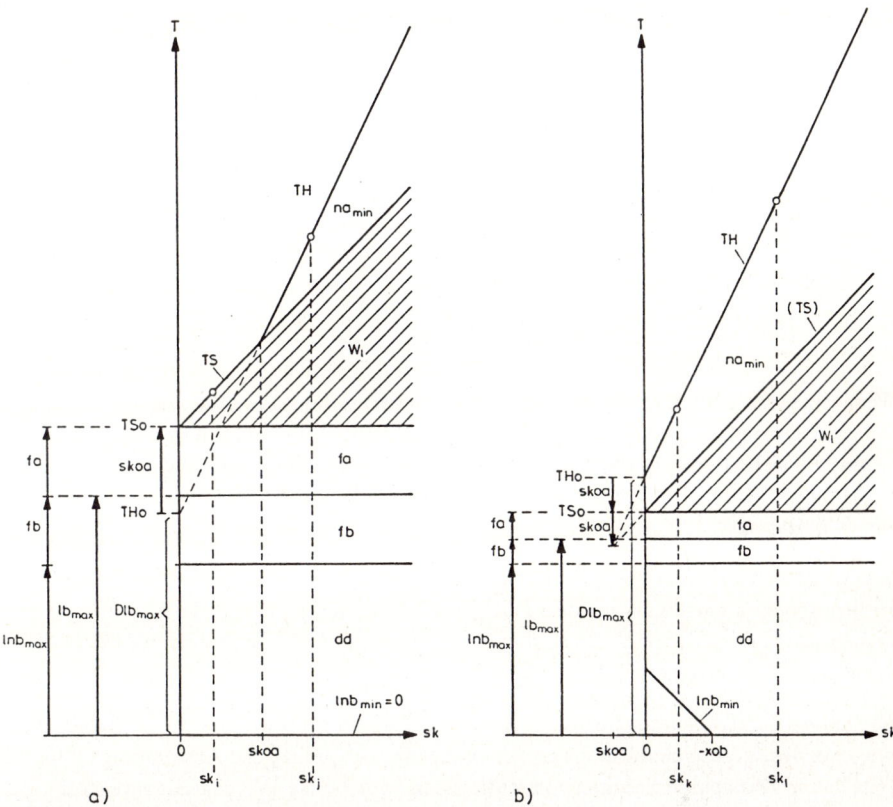

**Bild 3.4-3.** Trenddiagramme für doppelstufige Einfachverbindungs-Schaltwerke ohne Transparenz (NTR) und mit Einfach-Transparenz (symmetrischer Betriebsmodus): a) *skoa* > 0, *xob* > 0, b) *skoa* < 0, *xob* < 0

Der Haltefall in der B-Phase ($Tb_{min} = TbH$) kommt bei Einfachverbindungs-Schaltwerken nur bei negativen *xob*-Werten und kleinen aktuellen Skew-Werten vor:

$$sk < -xob = -(fb + a'). \tag{3.4-9}$$

Dann ist die kleinste Verbindungsverzögerung auch nicht mehr nur $fb$, sondern besteht aus $fb + lnb_{min}$. Die kleinste Verzögerungszeit des Verbindungsnetzes ist also

$$lnb_{min} = \max \left\{ \begin{array}{c} 0 \\ -(xob + sk) \end{array} \right\}. \tag{3.4-10}$$

Das heißt auch, daß nicht unbedingt die ganze maximale Verbindungsnetzverzögerung $lnb_{max}$ (die wir in unserer Ergebnisdarstellung als gegeben ansehen) zur freien Aufteilung zwischen $lnb$ und $na$ zur Verfügung steht. Die verteilbare Verzögerungszeit $dd$ ist also bei Einfachverbindungs-Schaltwerken:

$$dd = lnb_{max} - lnb_{min}. \tag{3.4-11}$$

Bild 3.4-2e zeigt einen solchen Fall mit negativem *xob*-Wert. Er entspricht auch dem Beispiel mit negativem *xob*-Wert beim MS-System, das in das Trenddiagramm Bild 3.2-13b eingetragen ist. Entsprechend haben wir auch unseren Fall in Bild 3.4-3b wiedergegeben.

Es gibt also für kleine Skew-Werte zwei parameterbestimmte Grenzwerte, *skoa* und *xob*. Außer im Trenddiagramm werden diese Verhältnisse in den Aufteilungsdiagrammen (Bild 3.4-5) visualisiert, die im nächsten Unterabschnitt weiter erläutert werden.

## 3.4.2   Einfach-Transparenz

Wenn eine der beiden Stufen unseres Einfach-Verbindungssystems transparent wird, ändert sich prinzipiell nichts an den Trenddiagrammen und an den Aufteilungsmöglichkeiten, die sich allerdings dann ohne Taktimpulsverschiebung "automatisch" einstellen (s. Abschn. 3.3.2). Die Prozeßzeitdiagramme in Bild 3.4-4 sollen diese Tatsache graphisch darlegen.

In den ersten beiden Teilbildern sind die Halte- und Setzfälle für das gleiche Beispiel wie für den obigen nicht-transparenten Fall (Bild 3.4-2a bis d) eingezeichnet, und zwar mit Transparenz in der Phase $B$. Es sind auch jeweils beide Aufteilungsextrema ($a_{max}, lb_{min}$ sowie $a_{min}, lb_{max}$) dargestellt.

Wir haben die Transparenzbereiche in allen Fällen so groß wie durch die Haltebedingungen zulässig gezeichnet und empfehlen dies für die praktische Anwendung. Obwohl Teile dieser Transparenzrahmen von stationären (worst-case-)Verzögerungsvektoren gar nicht ausgenutzt werden, ist ein Arbeiten mitten im Transparenzbereich günstiger in bezug auf statistische Verzögerungsverteilungen. So bleibt beim Haltefall (H-BTR, Bild 3.4-4a) am Ende der Transparenz ein Bereich der Größe $sk + xob$ ungenutzt, der beim nicht-transparenten System als Überschußzeit $xb_{min}$ (3.4-7) auftrat. Im Setzfall (S-BTR, Teilbild b) existiert zusätzlich noch ein Bereich $skoa - sk$ am Anfang, der der Überschußzeit $xa$ beim nicht-transparenten System entspricht.

Falls die Grenzwerte *skoa* und *xob* beide negativ sind ($skoa < 0, xob < 0$), ergeben sich die in den Bildern 3.4-4c und d gezeichneten Diagramme. In Teilbild c ist $sk$ natürlich größer als $skoa$ (wegen $skoa < 0$) und auch größer als ($-xob$), so daß am Ende immer noch ein ungenutzter Transparenzbereich der Größe $sk + xob$ übrig bleibt. In Teilbild d ist $sk < -xob$, so daß hier die Haltebedingung den Abstand bestimmt ($Tb_{min} = -a'$, (3.4-8b)) und eine endliche Minimalverzögerung $lnb_{min}$ des Verbindungsnetzes entsteht, die den Aufteilungsbereich $dd$ vermindert (3.4-11).

Die unteren Teilbilder e und f zeigen, daß auch bei Vertauschung der Transparenzphasen die Trends und Aufteilungen erhalten bleiben. Das gilt auch für die Vertauschung der Phasen für die Verbindungsstufe (LA und B statt hier A und LB, vgl. [LK88]).

Derartige Vertauschungen haben nur Einfluß auf die lokalen Stationen: wenn der Koppelpunkt transparent ist, müssen auch die lokalen Stationen transparent sein, was z. B. bei einstufigen lokalen Systemen Nachteile mit sich bringt (s. Abschn. 3.2.1.6).

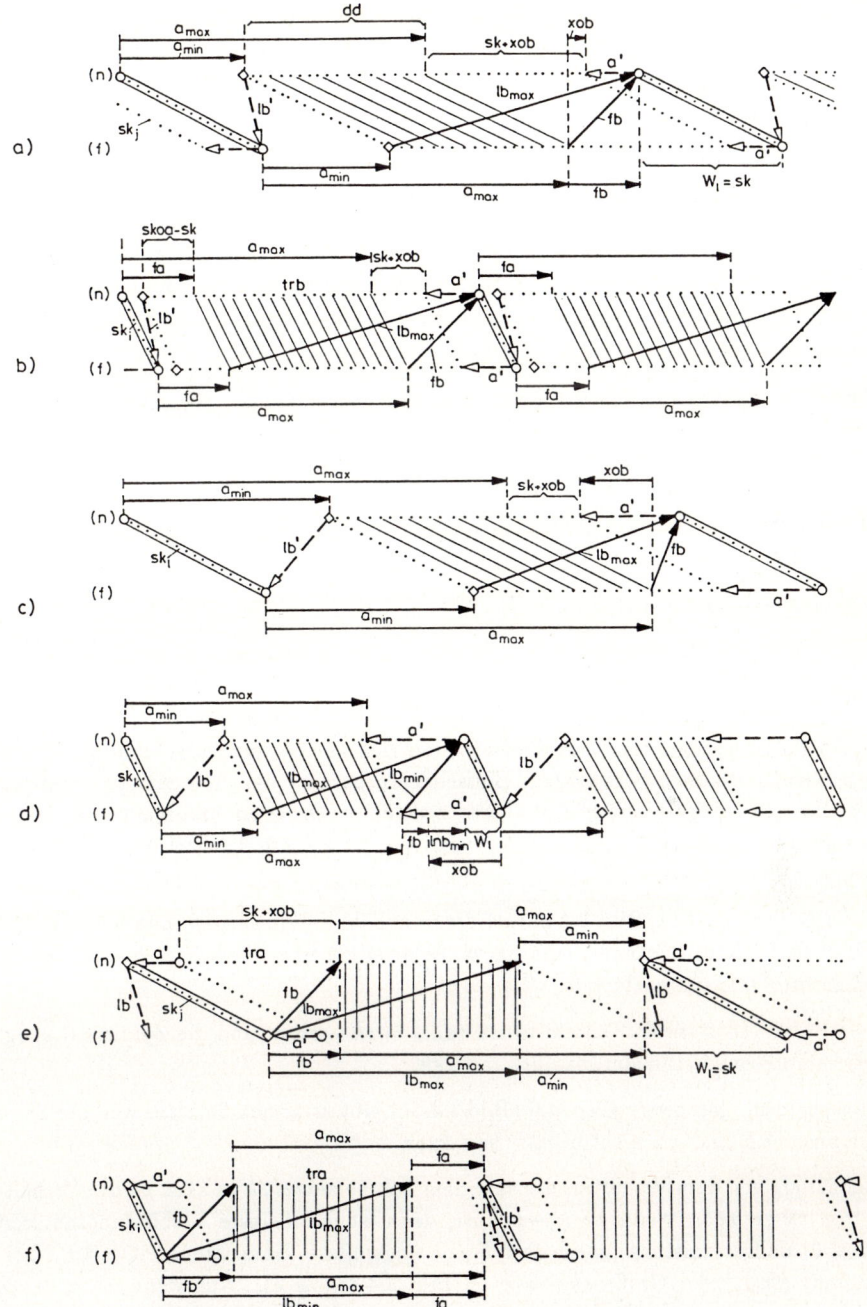

**Bild 3.4-4.** Einfachverbindungs-Schaltwerke mit Einfach-Transparenz, symmetrische Betriebsweise: a) H-BTR, $sk_j > skoa > 0$, b) S-BTR, $sk_i < skoa$, c) H-BTR, $skoa < 0$, d) S-BTR, $skoa < 0$, e) H-ATR, $sk_j > skoa > 0$, f) S-ATR, $sk_i < skoa$

Wir haben für die Diskussion die Transparenz in der Stufe B bevorzugt, weil es sich durch das Startlinienkonzept besser darstellen läßt. Hier erzeugen alle stationären lokalen Prozesse eine geneigte Startlinie, während im anderen Falle (ATR) die Verbindung vom (f)-Punkt senkrechte Startlinien für die A-Prozesse verursacht.

Bild 3.4-5 gibt die Aufteilungsdiagramme für den hier behandelten Fall der Einfach-Transparenz bei doppelstufigen Schaltwerken mit einfachen Verbindungen wieder. Hier werden für jeweils einen Skew-Wert und einen Satz von Element-Parametern die Aufteilungsmöglichkeiten der Taktperiode dargestellt, woraus insbesondere die Zusammensetzung der Aufteilungs-Grenzwerte hervorgeht. Im Vergleich zu den entsprechenden Prozeßzeitdiagrammen geben diese Aufteilungsdiagramme die mathematischen Beziehungen anschaulicher wieder, weil die Reihenfolge des physikalischen Ablaufs nicht mehr eingehalten werden muß. In bezug auf den Abstraktionsgrad zwischen physikalischem Prozeß und Ergebnisdarstellung sind die Aufteilungsdiagramme also zwischen Prozeßzeitdiagrammen und Trenddiagrammen einzuordnen.

Bild 3.4-5 zeigt die Aufteilungsdiagramme

a) für den Setzfall nach Bild 3.4-4b mit $sk_i < skoa$ und für $xob > 0$,

b) für den Haltefall nach Bild 3.4-4a mit $sk_j > skoa > 0$ und $xob > 0$, sowie

c) für negative Grenzwerte $skoa < 0$ und $xob < 0$ entsprechend Bild 3.4-4d mit kleinem Skew, $sk_k < -xob$.

Es gibt also, wie bereits mit den Trenddiagrammen gezeigt, für diese Schaltwerkklasse (doppelstufig, Einfach-Verbindung, Einfach-Transparenz) zwei unabhängige parameterbestimmte Skew-Grenzwerte $skoa$ und $xob$, deren Größe in bezug auf den aktuell auftretenden Skew $sk$ die Zykluszeit $T$ und die verteilbare Verzögerungszeit $dd$ bestimmt.

Im Setzfall ($sk < skoa$, Bild 3.4-5a) ist die minimale A-Netzverzögerung $na_{min}$ 0. Die Zykluszeit $T$ steigt linear mit dem Skew. Es existiert eine Überschußzeit $xa$ oder ein ungenutzter Transparenzbereich $skoa - sk$.

Im Haltefall ($sk > skoa$, Teilbild b) ist $na_{min} = sk - skoa$, und die Zykluszeit steigt auch entsprechend schneller, nämlich mit $2sk$.

Bei negativem Grenzwert $skoa < 0$ (Bild 3.4-5c) gibt es keinen Setzfall, weil der Skew nach unserer Definition nicht negativ sein kann.

Unabhängig von dem Verhältnis des aktuellen Taktversatzes $sk$ zu $skoa$ ist das Verhältnis von $sk$ zu $xob$. Wenn $sk \geq -xob$ ist, dann ist die kleinste Verbindungsnetzzeit $lnb_{min}$ 0, und es existiert innerhalb $trb$ eine ungenutzte Transparenzzeit (oder Überschußzeit $xb_{min}$) der Größe $sk + xob$ (s. Bild 3.4-4a bis c). Nur wenn $sk < -xob$ ist, d. h. bei negativem Grenzwert $xob$ und kleinem Skew, gibt es einen Minimalwert $lnb_{min} = -(xob + sk)$, der den Aufteilungbereich einschränkt. Bild 3.4-5c zeigt einen solchen Fall, kombiniert mit negativem $skoa$. (Nicht gezeigt ist der denkbare Fall $sk > skoa$ und $sk < -xob$. Auch wird der theoretische Fall $lnb_{min} = lnb_{max}$ nicht diskutiert, weil diese Parameterkombination unrealistisch ist.)

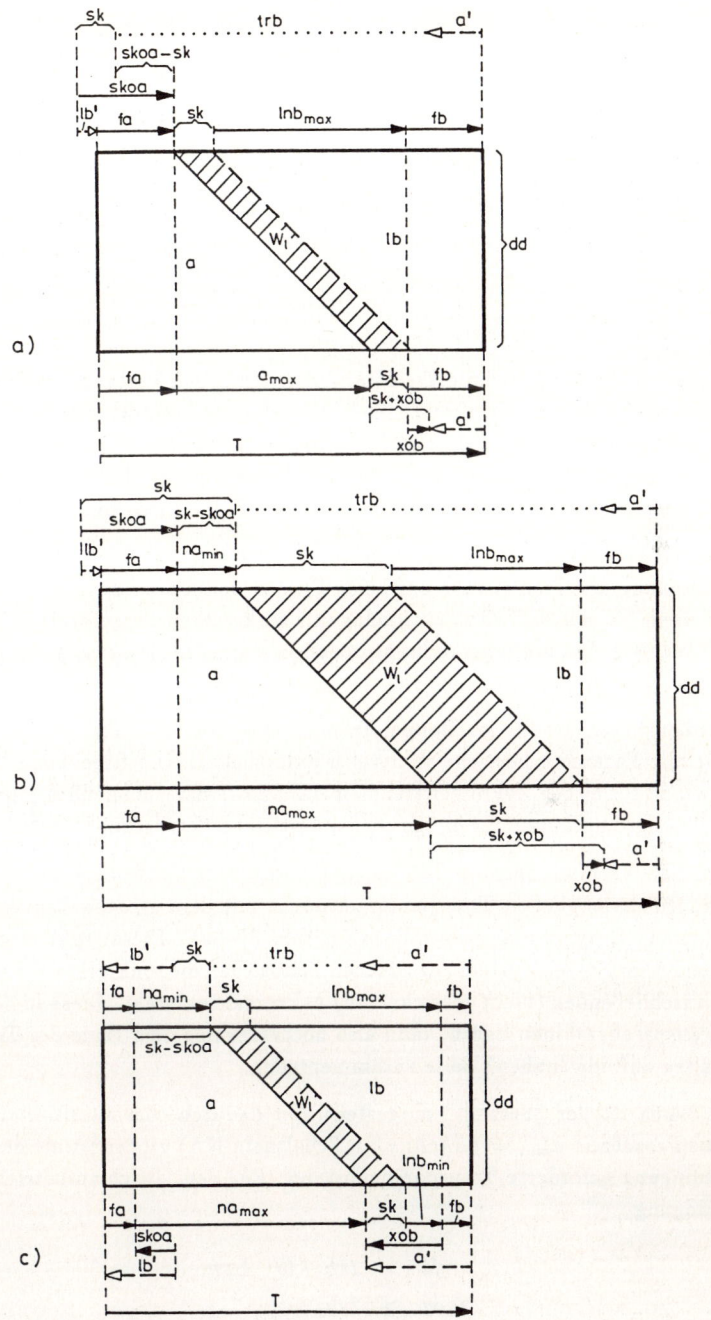

**Bild 3.4-5.** Aufteilungsdiagramme von doppelstufigen Einfachverbindungs-Systemen mit Einfach-Transparenz, paralleler Betrieb: a) Setzfall, $sk_i < skoa$, $xob > 0$, b) Haltefall, $sk_j > skoa$, $xob > 0$, c) Haltefall, $skoa < 0$, $xob < 0$

### 3.4.3   Doppel-Transparenz

Einfachverbindungs-Systeme mit nur einer transparenten Prozeßstufe erlauben keine wesentlichen Verbesserungen der Zykluszeiten gegenüber nicht-transparenten Systemen, weil die nicht-transparente Stufe eine Neigung der Prozeßstartlinie erzwingt, so daß immer Wartezeiten und damit Verbindungzeitverluste entstehen (s. Abschn. 3.3.3.2, Bild 3.3-8 und 3.4-4a und b). Die Einfach-Transparenz erlaubt nur die automatische Anpassung des Systems an die verschiedenen Aufteilungen der Zykluszeit auf die beiden Prozesse, ohne daß die Taktphasen verändert werden müssen. Im Fall BTR liegt ein "symmetrischer" Betriebsmodus vor, bei dem die Neigung beider Prozeßstartlinien gleich und hier gleich dem Skew ist.

Wir haben auch gezeigt, daß die Trendverläufe nicht durch Vertauschung der Transparenzphase verändert werden, obwohl im Fall ATR eine der Startlinien senkrecht steht, wie die Bilder 3.4-4e und f zeigen. Es wäre auch nicht schwer zu zeigen, daß eine beliebige Aufteilung des Transparenzbereiches auf beide Phasen ähnliche "symmetrische" Betriebsmodi erlaubt wie der Fall BTR, wobei die Zykluszeit- und Aufteilungstrends erhalten blieben.

Eine Aufteilung der Transparenz auf beide Phasen bietet aber zusätzlich die Möglichkeit für einen "Gleichlauf"-Betriebsmodus mit senkrechten Prozeßstartlinien, bei dem weder lokal noch bei den Verbindungsprozessen Prozeßzeitverluste auftreten (s. Bild 3.3-8).

Wir werden diesen Modus im Doppel-Transparenzsystem ("DTR") anhand von Bild 3.4-6 für alle Parameterbereiche analytisch untersuchen. Die Ergebnisse der Analyse stellen wir in Form der Zykluszeittrends in Bild 3.4-7 dar. Schließlich gibt Bild 3.4-8 die Aufteilungsdiagramme für einige charakteristische Verzögerungswerte wieder.

Die maximale Verbindungsprozeßzeit $lb_{max}$ (als gegebene Größe angesehen) startet immer vom frühestmöglichen Transparenzzeitpunkt mit dem größten Taktversatz, d. h. beim "fernen" B-Synchronisationspunkt (s. Bild 3.4-6a). Dieser spätest-mögliche B-Prozeß endet im ganzen System zur gleichen Zeit, so daß die senkrechte Prozeßstartlinie für alle anschließenden (nicht gezeichneten) A-Prozesse entsteht. Diese Linie muß noch im A-Transparenzrahmen liegen, kann also höchstens mit dem Ende des Transparenzbereichs $tra$ auf der "nahen" Seite zusammenfallen.

In Bild 3.4-6a ist der "Setzfall" dargestellt, der dadurch charakterisiert ist, daß die minimale Prozeßzeit $a_{min} = fa$ (ohne ein Schaltnetz NA) größer ist als der durch die Haltebedingung geforderte Transparenzabstand. Für den Gleichlaufbetrieb lautet die Setzbedingung

$$fa \; > \; 2sk - lb' \quad \text{bzw.} \qquad\qquad (3.4\text{-}12a)$$

$$skoa \; > \; 2sk, \qquad\qquad\qquad\qquad (3.4\text{-}12b)$$

woraus sich der Grenzwert für den Setzmodus bestimmen läßt, und zwar

$$\frac{skoa}{2} = \frac{fa + lb'}{2}. \qquad\qquad (3.4\text{-}13)$$

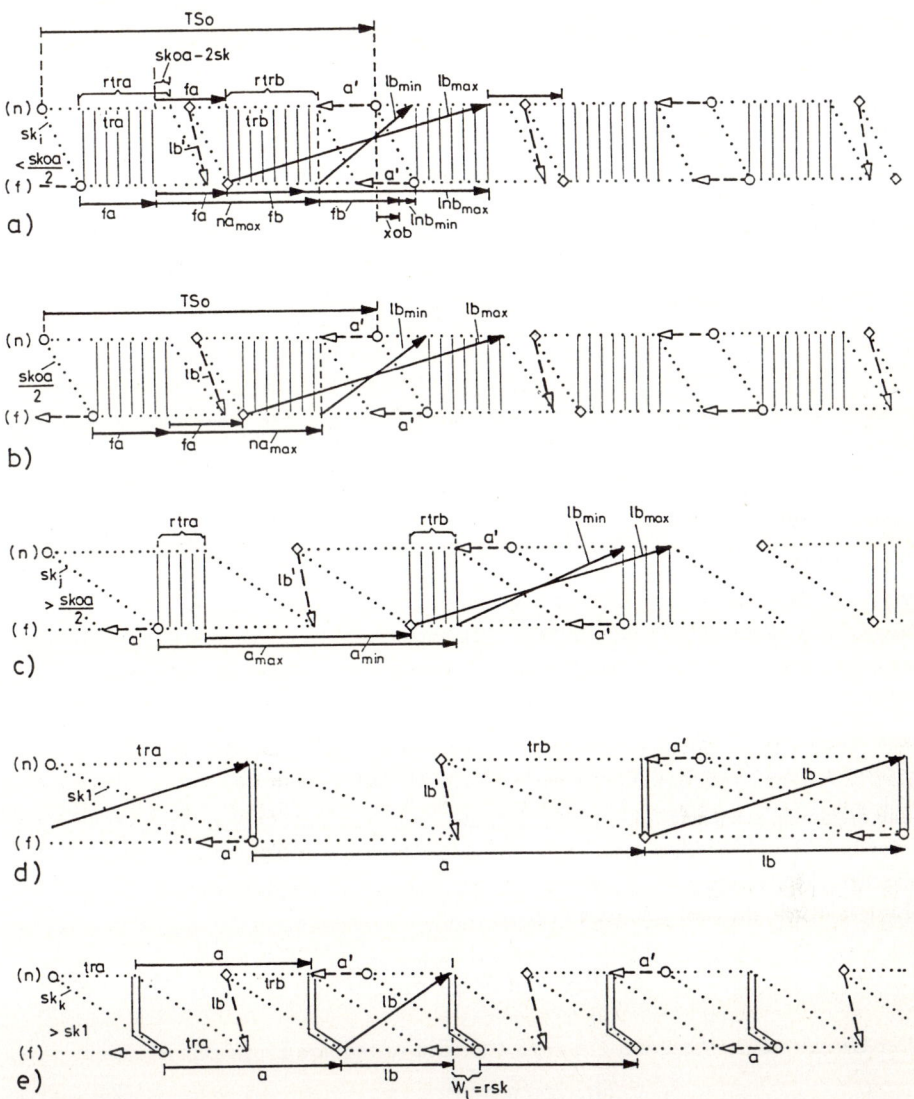

**Bild 3.4-6.** Prozeßzeitdiagramme doppelstufiger Einfachverbindungs-Schaltwerke mit Doppel-Transparenz (DTR): a) Setzfall, $sk_i < skoa/2$, b) Grenzfall, $sk = skoa/2$, c) Haltefall, $skoa/2 < sk_j < sk1$, d) Grenzfall $sk1$, e) extremer Skew

Bild 3.4-6a mit $sk < skoa/2$ zeigt also, daß ein kleiner Bereich $skoa - 2sk$ der A-Transparenz nicht ausgenutzt werden kann. Wir haben jedoch immer die maximalen Transparenzbereiche gewählt. Der Transparenzüberschuß kann auch nicht am Anfang des B-Transparenzrahmens liegen, weil im stationären Betrieb mindestens ein Prozeß von einem Synchronisationssignal getriggert werden muß.

Die Zykluszeit ist im Setzbereich für Skew-Werte bis zum Grenzwert $skoa/2$ konstant,

$$T = TSo = fa + lb_{max} \qquad (3.4\text{-}14a)$$

$$= fa + fb + lnb_{max}, \qquad (3.4\text{-}14b)$$

und der Prozeßzeitverlust ist 0. Bei negativem $skoa$ existiert natürlich dieser Bereich nicht (Bild 3.4-7b). Das Prozeßzeitdiagramm für den Grenzwert $sk = skoa/2$ ist in Bild 3.4-6b wiedergegeben. Hier ist $fa$ genau gleich $2sk - lb'$, und es existiert von hier an kein überschüssiger Transparenzbereich mehr. Die maximale (gegebene) Verbindungsprozeßzeit ist also für $sk > skoa/2$

$$lb_{max} = tra + trb - a' - sk. \qquad (3.4\text{-}15)$$

Der wichtigste Skew-Bereich ist sicherlich $skoa/2 \leq sk \leq sk1$ (Grenzwert $sk1$ s. (3.4-19)). Hier tritt eine endlich minimale Schaltnetz-Verzögerung $na > 0$ auf, andererseits existieren aber noch endliche "reduzierte Transparenzbereiche" $rtra$ und $rtrb$ (Volltransparenz, Abschn. 3.3.3.1, Bild 3.3-6c), so daß Gleichlauf noch möglich ist. Diesen Fall haben wir in Bild 3.4-6c wiedergegeben. Es ist hier noch gleichgültig, wie die reduzierten Transparenzbereiche auf die beiden Prozeßzeiten aufgeteilt sind. Mit wachsendem Skew wird dieser Freiheitsgrad aber immer kleiner. Die minimale Prozeßzeit der lokalen Stufe A ist in diesem ganzen Bereich:

$$a_{min} = 2sk - lb'. \qquad (3.4\text{-}16)$$

Die Summe der beiden Prozeßzeiten, $a_{min} + lb_{max}$, ergibt die ganze Periode, d. h. die Prozeßzeitverluste sind immer noch 0, da ja noch Gleichlauf herrscht.

Die kleinste Prozeßzeit $lb_{min}$ ergibt sich aus dem Abstand der spätesten senkrechten Startlinie für B-Prozesse und der frühesten senkrechten Startlinie im A-Transparenzrahmen, es sei denn, $lb_{min}$ besteht nur aus der Flipflop-Verzögerung $fb$. Nach den Bildern 3.4-6a bis c ist also offenbar:

$$lb_{min} = \max \left\{ \begin{array}{c} sk - a' \\ fb \end{array} \right\}. \qquad (3.4\text{-}17)$$

Der Grenzwert ist wiederum $xob = fb + a'$. Die verteilbare Prozeßzeit ist damit

$$dd = lb_{max} - lb_{min} \qquad (3.4\text{-}18a)$$

$$= lnb_{max} - \max \left\{ \begin{array}{c} sk - xob \\ 0 \end{array} \right\} \qquad (3.4\text{-}18b)$$

$$= rtra + rtrb \qquad (\text{für} \quad sk > xob). \qquad (3.4\text{-}18c)$$

Diese Funktion ist in die Trenddiagramme in Bild 3.4-7 eingetragen, in Teilbild a für $xob > 0$ und in Teilbild b für $xob < 0$. Mit unseren Beispielwerten sind in allen Teilbildern von Bild 3.4-6 die minimale Verbindungsnetzverzögerung $lnb'$ und $lnb_{min}$ endlich. Bei $sk < xob$ entstände wieder ein ungenutzter Transparenzbereich der Länge $xob - sk$. Man beachte aber, daß der Einfluß von $xob$ in den beiden Betriebsmodi (symmetrisch-geneigt und gleichlaufend, vgl. dazu die Bilder 3.4-2 und 3.4-3) durchaus verschieden ist.

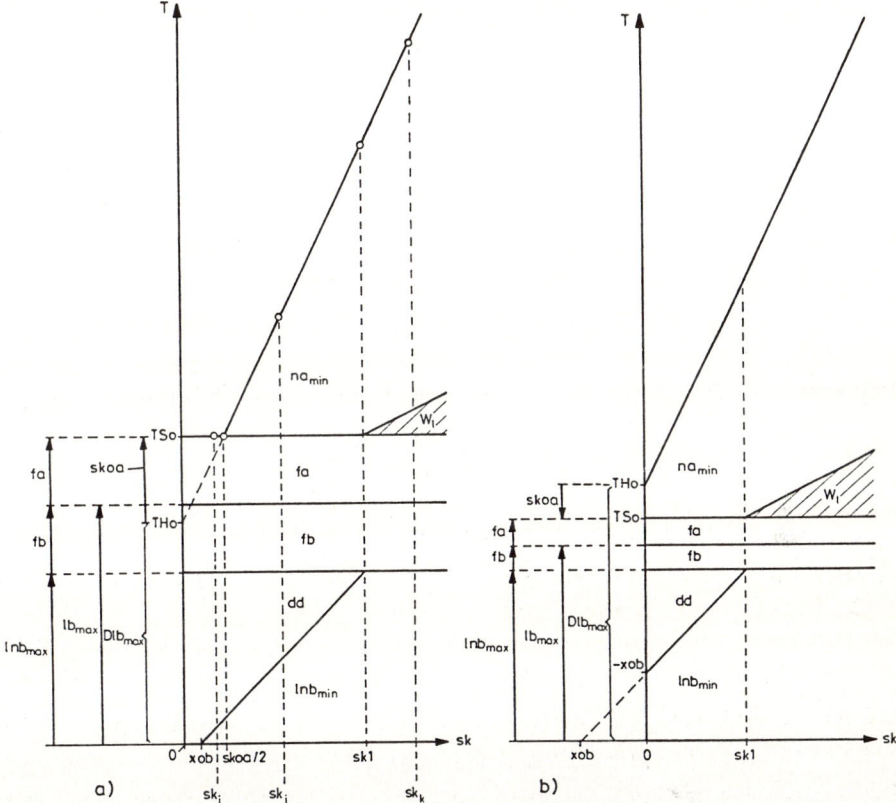

**Bild 3.4-7.** Trenddiagramme doppelstufiger Einfachverbindungs-Schaltwerke mit Doppel-Transparenz (DTR): a) $skoa > 0$, $xob > 0$, b) $skoa < 0$, $xob < 0$

Die obere Grenze $sk1$ des Gleichlaufbereichs ist dadurch gegeben, daß in jedem Transparenzrahmen nur noch eine senkrechte Startlinie existiert. Dies ist dann der Fall, wenn der Skew genauso groß ist wie die Transparenz (bei gleich großen Transparenzbereichen, $tra = trb = tr$). Der Grenzwert $sk1$ läßt sich nach Bild 3.4-6d und mit $THo = Dlb$ folgendermaßen ausdrücken (vgl. auch Bild 3.4-8c):

$$sk1 \;=\; tr \tag{3.4-19a}$$

$$=\; lb + a' \tag{3.4-19b}$$

$$=\; lnb_{max} + xob \tag{3.4-19c}$$

$$=\; THo + a' + lb'. \tag{3.4-19d}$$

Bei diesem Grenzwert gibt es keinen Aufteilungsbereich mehr ($dd = 0$) und nur noch eine Verbindungsprozeßzeit ($lb_{max} = lb_{min} = lb$). Dann ist auch der A-Prozeß festgelegt,

$$a \;=\; 2sk1 - lb' \tag{3.4-20a}$$

$$=\; 2lb + 2a' - lb' \tag{3.4-20b}$$

$$=\; 2\,THo + 2a' + lb'. \tag{3.4-20c}$$

Die Zykluszeit ergibt sich für diesen Grenzfall dann zu

$$T = 3sk1 - lb' - a' \tag{3.4-21a}$$

$$= 3lb + a' - lb' \tag{3.4-21b}$$

$$= 3\,THo + a' + 2lb'. \tag{3.4-21c}$$

Der Grenzwert des Skews ist also selbst von der Größenordnung der maximalen Verbindungslaufzeit $lb$ bzw. der Zykluszeit $THo$ ohne Skew (vgl. (3.4-19)). Beim Grenz-Skew $sk1$ ist die lokale Laufzeit $a$ etwa doppelt und die Zykluszeit $T$ etwa dreifach so groß wie $THo$.

Bei noch größeren Skew-Werten, also $sk > sk1$, ist nur noch ein Teilgleichlauf (Bild 3.3-8c) erreichbar, und die Verbindungsverluste steigen mit der Größe des reduzierten Taktversatzes $rsk$. Aus Bild 3.4-6e ergibt sich formal für die beiden Prozeßzeiten:

$$a = \min \left\{ \begin{array}{l} sk - lb' + tra \\ sk - lb' + trb \end{array} \right\} \tag{3.4-22a}$$

$$= sk - lb' + \min \left\{ \begin{array}{l} tra \\ trb \end{array} \right\} \quad \text{und} \tag{3.4-22b}$$

$$lb_{max} = tra + trb - a' - sk. \tag{3.4-23}$$

Der Maximalwert für die Prozeßzeit $a$ ergibt sich für gleiche Transparenzwerte ($tra = trb = tr$). Bei gegebenem $sk1$ ($= lb + a'$, s. (3.4-19b)) erhalten wir aus (3.4-23) dann den Wert für die Größe der Transparenz,

$$tr = \frac{1}{2}(sk + sk1). \tag{3.4-24}$$

Die Zykluszeit läßt sich nach (3.3-42) bzw. aus Bild 3.4-6e zu

$$T = 2tr - a' - lb' + sk \tag{3.4-25}$$

bestimmen, so daß sich für den hier betrachteten Skew-Bereich und den Fall gleicher Transparenzen folgender Verbindungsverlust ergibt,

$$W_l = T - (a + lb) = sk - tr \tag{3.4-26a}$$

$$= rsk \qquad \text{bzw. mit (3.4-24)} \tag{3.4-26b}$$

$$= \frac{1}{2}(sk - sk1). \tag{3.4-26c}$$

Der Trend ist in Bild 3.4-7 eingezeichnet, wobei Teilbild a wiederum für die positiven Grenzwerte ($skoa$ und $xob$) und Teilbild b für die negativen Werte gilt.

Zur Ergänzung und graphischen Deutung der obigen Formeln und zum Überblick sind die Aufteilungsdiagramme für die wichtigsten Skew-Bereiche dieser Schaltwerkklasse (doppelstufig mit Einfachverbindung und Doppel-Transparenz, d. h. vorwiegend Gleichlaufbetrieb) in Bild 3.4-8 gezeigt.

Die Zykluszeit ist in allen Einfachverbindungs-Systemen (wie schon in Abschn. 3.3.3.1 in (3.3-42) gezeigt)

$$T = tra + trb - lb' - a' + sk. \tag{3.4-27}$$

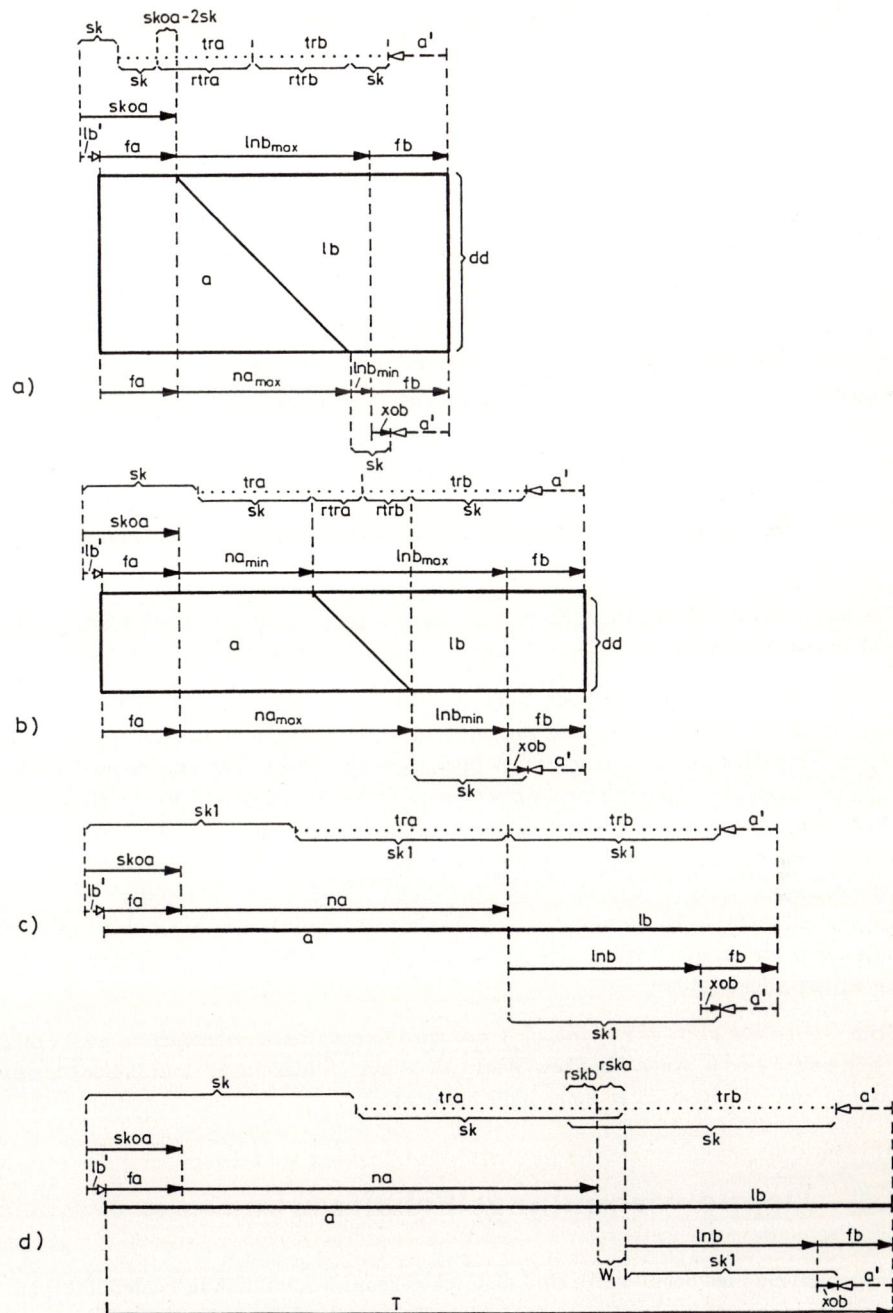

**Bild 3.4-8.** Aufteilungsdiagramme doppelstufiger Einfachverbindungs-Schaltwerke mit Doppel-Transparenz (DTR): a) Setzfall, $sk < skoa/2$, b) Haltefall, $sk > skoa/2$, c) $sk = sk1$, d) $sk > sk1$

Dieser Ausdruck ist am Kopf jedes Aufteilungsdiagramms graphisch interpretiert. (Wir behalten die getrennte Bezeichnung der beiden Transparenzbereiche bei, bis wir beweisen können, daß die symmetrische Aufteilung optimal ist.)

In dieser Schaltwerkklasse gibt es drei Skew-Grenzwerte, nämlich $skoa/2$, $xob$ und $sk1 = xob + lnb_{max}$. Die beiden letzten sind nicht unabhängig. Trotzdem gibt es theoretisch viele Größenklassen in Verbindung mit dem aktuellen Skew. Die Beschränkung auf die vier dargestellten Fälle ist möglich, weil die Einflüsse der Grenzwerte unabhängig sind: $skoa$ beeinflußt nur die Zykluszeit, $xob$ die Aufteilung und $sk1$ den Verlust.

Der Einfluß von $skoa$ ist ähnlich wie bei einfach-transparenten Systemen (bei symmetrischem Betrieb, Abschn. 3.4.2). Hier wird ebenfalls zwischen Setz- und Haltefall unterschieden. Aufgrund der anderen Startlinienlage ist allerdings das Vorzeichen der Größe $(skoa - 2sk)$ maßgebend, und der Grenzwert ist $skoa/2$ anstatt $skoa$.

Für den Setzfall $sk < skoa/2$ (Bild 3.4-8a) existiert ein ungenutzter Transparenz-Teilbereich der Größe $skoa - 2sk$, und die für die Haltebedingung minimal benötigte lokale Schaltnetz-Verzögerung $na_{min}$ ist 0. Wie zuvor existiert natürlich der Setzfall gar nicht, wenn $skoa < 0$ ist (Bild 3.4-7).

Für den Haltefall $sk > skoa/2$ ist $na_{min} = 2sk - skoa$. Bild 3.4-8b zeigt hierfür das Aufteilungsdiagramm.

Der Einfluß des charakteristischen Überschußwertes $xob$ beim Gleichlaufbetrieb ist gewissermaßen entgegengesetzt dem Einfluß beim Betrieb mit geneigten Startlinien. Bei großen Skew-Werten $sk > xob$ wächst $lnb_{min}$ ($= sk - xob$), während es im Fall der Einfach-Transparenz mit kleinen Skew-Werten bei negativem $xob$ wuchs ($lnb_{min} = -xob - sk$, s. (3.4-10)). Der Grund liegt in der Lage der Prozeßstartlinien, wie man aus dem Vergleich der Bilder 3.4-4a und 3.4-6a und den formelmäßigen Zusammenhängen herleiten kann. Hier ist also $sk - xob$ maßgebend. Ist diese Größe negativ ($sk < xob$, nicht gezeichnet), so gäbe es kein $lnb_{min}$ (was man aus Bild 3.4-8a leicht extrapolieren kann). Für $sk - xob > 0$ wächst $lnb_{min}$, und der Aufteilungsbereich $dd$ schrumpft (Bild 3.4-8b entspricht 3.4-6c).

Beim Grenzskew $sk = sk1 = lnb_{max} + xob$ wird der Aufteilungsbereich $dd$ zu 0 (Bild 3.4-8c und 3.4-6d). Auch für Skew-Werte $sk > sk1$ (Bilder 3.4-8d und 3.4-6e) bleibt das Aufteilungsdiagramm zu einer Linie entartet.

## 3.5  Doppelverbindungs-Schaltwerke

Doppelverbindungs-Schaltwerke sind dadurch gekennzeichnet, daß in beiden Taktphasen Verbindungsstufen existieren und daher Skew zu berücksichtigen ist. Bild 3.1-9f zeigt die Zeitkonfiguration eines solchen Schaltwerks. Bei der Diskussion betrachten wir verschiedene Takt- und Transparenzklassen, so daß wir auch von verschiedenen "Schaltwerkklassen" sprechen können, die aber alle dasselbe Strukturbild haben. Zum Überblick über diese Gruppe von Schaltwerkklassen verwenden wir die *Taktrahmen*, die in Abschn. 3.3.3.1 eingeführt wurden. Der Taktrahmen für das allgemeine Beispiel von doppelstufigen Schaltwerken mit transparenten Verbindungsstufen in beiden Phasen sowie mit eingebundenen lokalen Stufen ist in Bild 3.3-6a wiedergegeben.

Wir arbeiten hier auch wieder mit dem Konzept der Startlinien und Betriebsarten (Abschn. 3.3.3.2). Durch die Tatsache, daß bei jedem Synchronisationsknoten zwei Prozeßstufen einmünden und zwei Prozesse starten, ist die Zahl der Bedingungen (Setz- und Haltebedingungen) viel größer und die Zahl der Kombinationen so groß, daß man die Beispielkonfigurationen nicht mehr in intuitiver Ingenieurmanier überblicken kann. Wir werden daher sogar bei der Besprechung unserer "standardisierten Beispielfälle" von einer rigorosen Diskussion aller denkbaren Kombinationen Abstand nehmen müssen. Wir hoffen, daß wir dennoch wichtige Anwendungsfälle erfaßt haben und insbesondere die Methodik an typischen Beispielen vorführen können. In diesem Sinne werden auch bei diesen komplizierten Systemen gewisse vorher behandelte Phänomene vernachlässigt, obwohl sie zutreffen (z. B. der Einfluß von Transparenz im Verbindungssystem auf die lokalen Stationen).

Einen Überblick über die in diesem Abschnitt behandelten Taktrahmen und Betriebsarten sowie die Schaltwerkkonfiguration gibt Bild 3.5-1.

Der einfachste Taktrahmen, nämlich Nicht-Transparenz (NTR), ist in Bild 3.5-1b dargestellt. Die Prozeßstartlinien sind identisch mit den geneigten Skew-Linien, den zeitversetzten Synchronisationspunkten im synchronen System (durch Doppellinien wiedergegeben).

Für den "Einfach-Transparenz"-Rahmen unterscheiden wir bereits zwei Systeme, die sich dadurch unterscheiden, wie die Startlinien in diesem einen Transparenzrahmen liegen. In einem Fall sind sie ebenso geneigt wie die Skew-Linien (symmetrische Betriebsweise, Bild 3.5-1c). Dann gibt es keinen Prozeßzeitverlust in den lokalen Stationen, aber das Verbindungssystem erleidet wie beim nicht-transparenten System den größten Verlust. Wenn man jedoch asymmetrisch arbeitet und die Startlinie in dem (einzigen) Transparenzbereich senkrecht stellt (Bild 3.5-1d, Halbgleichlauf), hat der Verbindungsweg weniger Verluste, aber die lokalen Stationen arbeiten nicht mehr optimal.

Im günstigsten Fall, wenn alle Stufen transparent sind (Bild 3.5-1e, Gleichlauf), sind beide Verluste 0. Bei großem Skew wird die Flexibilität der Aufteilung jedoch stärker beschränkt, so daß man die Prozeßlinien "knicken" muß, um maximale lokale Prozeßzeiten erreichen zu können. Dabei treten dann wieder Verbindungsverluste auf.

## 3.5.1 Nicht-Transparenz

Doppelstufige Schaltwerke mit zwei nicht-transparenten Verbindungsstufen stellen die ungünstigste Klasse doppelstufiger Schaltwerke dar. Nichtsdestoweniger sind sie von Bedeutung, da sie den Einsatz von (notwendigerweise nicht-transparenten) RS- und JK-Flipflops in jeder Stufe erlauben. Jede spezifische Aufteilung von Prozeßzeiten erfordert aber die Adaption des Taktsystems.

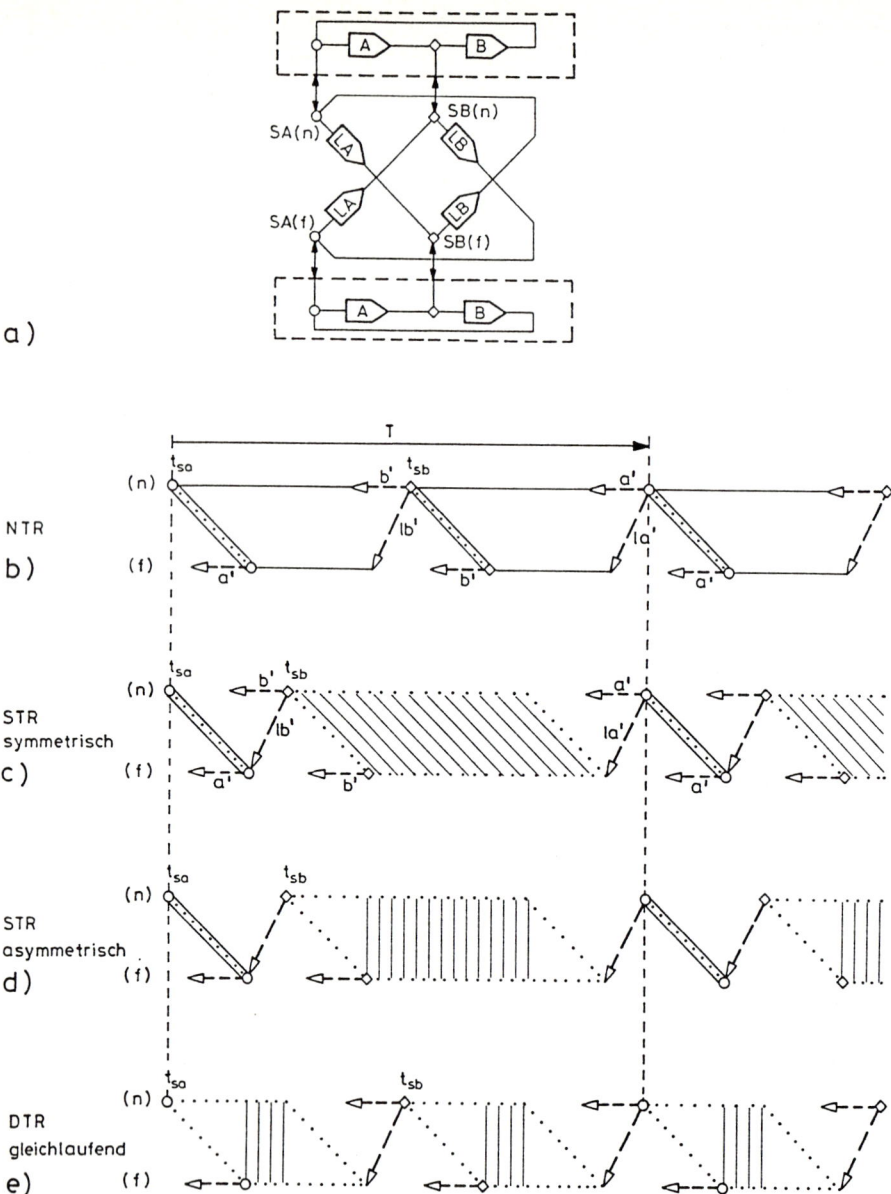

**Bild 3.5-1.** Überblick über die Taktklassen bei Doppelverbindungs-Schaltwerken:
a) Konfiguration, b) Nicht-Transparenz (NTR), c) Einfach-Transparenz (STR), symmetrischer Betrieb, d) Einfach-Transparenz (STR), asymmetrischer Betrieb, e) Doppel-Transparenz (DTR), Gleichlauf

Die Prozeßstartlinien sind identisch mit den taktbestimmten Skew-Linien, so daß die einzigen Freiheitsgrade die beiden Teilperioden $Ta$ und $Tb$ sind. Entsprechend unserem Ansatz zur Darstellung der Ergebnisse bestimmen wir die kleinste Teilperiode $Tb$, in die die maximale Verbindungsverzögerung $lnb_{max}$ paßt:

$$Tb \;=\; TbS_{max} = fb + lnb_{max} + sk \qquad (3.5\text{-}1a)$$

$$=\; lb_{max} + sk. \qquad (3.5\text{-}1b)$$

Dazu kommt die kleinste mit den Setz- und Haltebedingungen verträgliche Teilzykluszeit $Ta$ für die angegebene Struktur:

$$Ta_{min} = \max \left\{ \begin{array}{c} TaS_{min} \\ TaH_l \\ TaH \end{array} \right\}. \qquad (3.5\text{-}2)$$

Die Summe aus beiden ergibt die Zykluszeit $T$.

Die erste Möglichkeit für $Ta_{min}$ ist in Bild 3.5-2a dargestellt. Hier ist die Setzbedingung für den kürzesten Prozeß in der Verbindungsstufe LA maßgebend. Wir nehmen an, daß dies für eine Stufe ohne Schaltnetz-Verzögerung ($na = 0$) gilt, so daß die Prozeßzeit nur aus der Flipflop-Verzögerung $fa$ besteht. Der kritische Pfad ist die fern-nah-Verbindung, somit ist die Teilzykluszeit:

$$TaS_{min} = fa + sk. \qquad (3.5\text{-}3)$$

Natürlich lassen sich diese Beziehungen auch für jede andere, im praktischen Entwurfsfall notwendige Verbindungsnetzverzögerung $lna$ aufstellen. Anstatt $fa$ ist dann $la = fa + lna$ einzusetzen. Wir nehmen aber $lna = 0$ als Standard an, um die verschiedenen in diesem Buch diskutierten Systeme auf gleicher Basis vergleichen zu können.

Nach Bild 3.5-2a entstehen in diesem Fall minimale Überschußzeiten, die für die lokalen und die Verbindungsprozesse verschieden sind:

$$\text{(lokal:)} \quad xa \;=\; TaS_{min} + b' \qquad (3.5\text{-}4a)$$

$$=\; sk + fa + b' \qquad (3.5\text{-}4b)$$

$$=\; sk + xoa, \qquad (3.5\text{-}4c)$$

$$\text{(Verbindungen:)} \quad xla \;=\; TaS_{min} - sk + lb' \qquad (3.5\text{-}5a)$$

$$=\; fa + lb' \qquad (3.5\text{-}5b)$$

$$=\; skoa. \qquad (3.5\text{-}5c)$$

Für den effektiven Überschußbereich am Synchronisationsknoten $SA$ ist der geringere der beiden Überschüsse bestimmend.

Der zweite Fall ist, daß die Verbindungsprozeßstufe LB im kritischen Pfad von $SB(n)$ nach $SA(f)$ durch ihre Minimalzeit $lb'$ genau die Haltebedingung erfüllt, also $xla = 0$:

$$TaH_l = sk - lb'. \qquad (3.5\text{-}6)$$

(Der Index "$l$" kennzeichnet, daß der Verbindungsprozeß hier die Teilperiode bestimmt.)

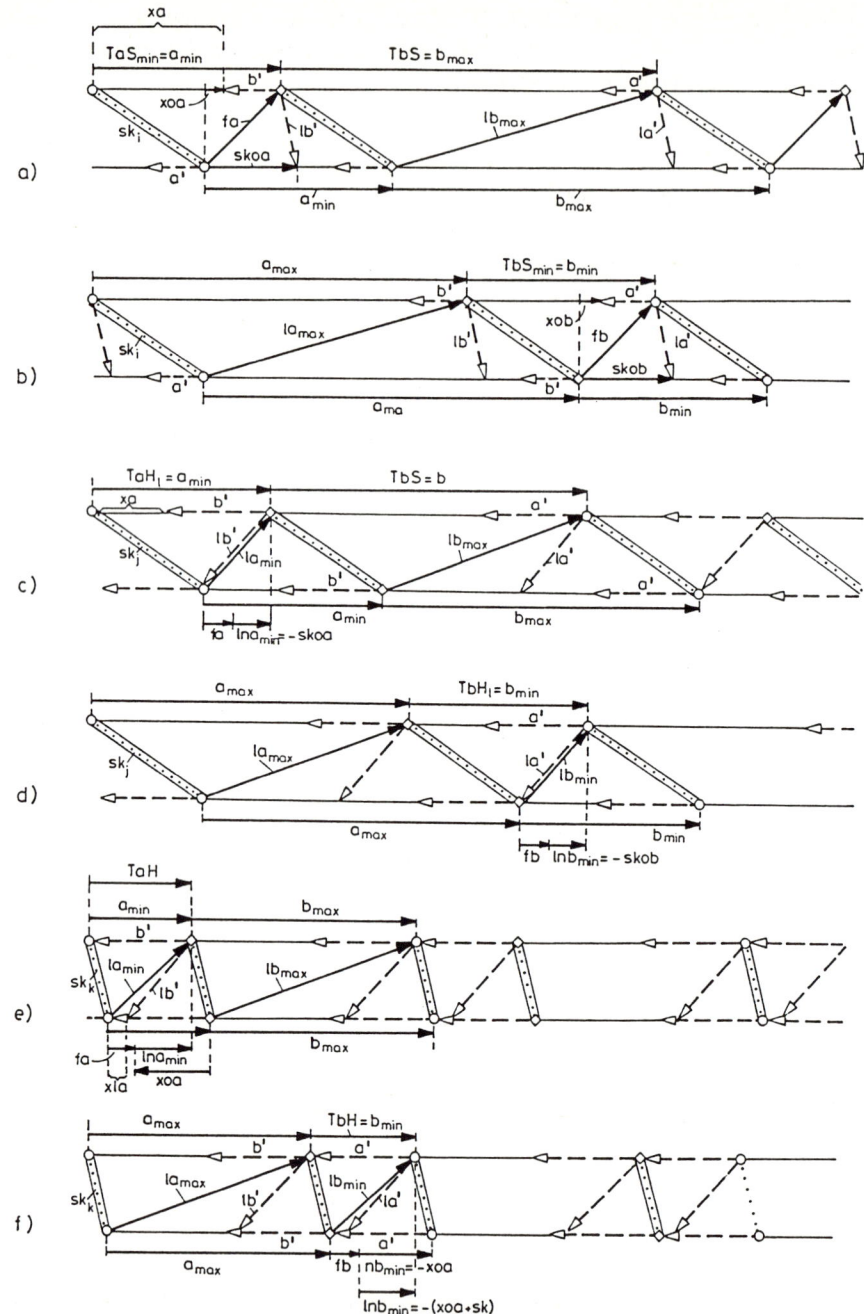

**Bild 3.5-2.** Prozeßzeitdiagramme für nicht-transparente Doppelverbindungs-Schaltwerke (NTR), a) bis f) siehe Text

Dieser Fall kann nur für negative $lb'$-Werte und kleine Flipflop-Verzögerungen $fa$ zutreffen (d. h. $skoa < 0$), wie Bild 3.5-2c mit unserem zweiten Parametersatz zeigt. Dann gibt es nur lokale Überschußzeiten,

$$xa = sk - lb' + b' \tag{3.5-7a}$$

$$= sk + xoa - skoa, \tag{3.5-7b}$$

und die Erfüllung der Setzbedingung bei der nah-fern-Verbindung erlaubt eine Verzögerung im Schaltnetz LNA von

$$lna_{min} = -lb' - fa \tag{3.5-8a}$$

$$= -skoa. \tag{3.5-8b}$$

Der letzte Fall für $Ta_{min}$ rührt von der Minimalverzögerung $b'$ der lokalen Station B her, die (lokal) die Haltebedingung nicht verletzen darf ($xa = 0$, Bild 3.5-2e):

$$TaH = -b'. \tag{3.5-9}$$

Dann ist eine Verzögerungszeit für ein Verbindungsnetz LNA von

$$lna_{min} = -xoa - sk \tag{3.5-10}$$

zulässig, und bei der fern-Verbindung tritt eine Überschußzeit von

$$xla = -sk - b' + lb' \tag{3.5-11a}$$

$$= skoa - xoa - sk \tag{3.5-11b}$$

auf. Dies ist genau der gleiche Betrag von $xa$ wie im Fall $TaH_l$, aber mit negativem Vorzeichen. Der Fall $TaH$ tritt daher auch nur bei sehr kleinen Skew-Werten auf, nämlich bei

$$sk < skoa - xoa \tag{3.5-12a}$$

$$= \Delta ska \tag{3.5-12b}$$

$$= lnb' - nb'. \tag{3.5-12c}$$

Wir gehen bei allgemeinen Schaltwerken davon aus, daß sie sehr kurze Verzögerungszeiten und insbesondere den Fall einer Durchverbindung enthalten können. Wichtigstes Beispiel sind JK-Flipflops oder Schieberegister, bei denen $nb' = 0$ ist. Andererseits ist die Minimalverzögerung $lnb'$ von Schaltnetzen, die zur Signalübertragung über beliebige Skew-Positionen geeignet sind, nicht 0. Sie müssen schließlich Verstärkerstufen für die Übertragung von Chip zu Chip oder sogar über Karten- und Rahmengrenzen hinaus enthalten. Der Differenzskew $\Delta ska$ ist also i. a. positiv und in etwa von der Größe der minimalen Verbindungsverzögerung ($\Delta ska \approx lnb'$). Entsprechend haben wir daher in unseren Beispielsätzen auch für die minimalen Prozeßzeiten $lb' > b'$ und $la' > a'$ angenommen.

Nach dieser Diskussion der Fallunterscheidungen von $Ta_{min}$ (3.5-2) kann die Zykluszeit mit $TbS_{max}$ (3.5-1b) in kurzer Form dargestellt werden:

$$T = Ta_{min} + TbS_{max} \tag{3.5-13a}$$

$$= \max \left\{ \begin{array}{c} sk + fa \\ sk - lb' \\ -b' \end{array} \right\} + lb_{max} + sk \tag{3.5-13b}$$

$$= TSo + \max \left\{ \begin{array}{c} 2sk \\ 2sk - skoa \\ sk - xoa \end{array} \right\} \tag{3.5-13c}$$

$$= THo + \max \left\{ \begin{array}{c} 2sk + skoa \\ 2sk \\ sk + \Delta ska \end{array} \right\}. \tag{3.5-13d}$$

Die drei Trends sind in Bild 3.5-3 mit den Bezeichnungen $TS$, $TH_l$ und $TH$ aufgetragen.

Analog zu der Bestimmung von $Ta_{min}$ können wir nun die minimalen Teilzykluszeiten $Tb$ untersuchen und die dazugehörigen maximalen Prozeßzeiten $la$ der ersten Taktphase unter der Annahme, daß die eben diskutierte, durch $lnb_{max}$ bestimmte Gesamtzykluszeit $T$ erhalten bleibt, ermitteln.

Die drei Fälle für die minimale Zykluszeit $Tb_{min}$ in der symmetrischen Struktur korrespondieren genau zu $Ta_{min}$, so daß wir auf eine detaillierte Diskussion verzichten können, obwohl wir die drei Fälle in den Bildern 3.5-2b, d und f detailliert aufgezeichnet haben, sogar mit den gleichen Parametern. Natürlich müssen die Parameterwerte in den beiden Stufen nicht symmetrisch sein, aber wir verzichten auf die Darstellung aller denkbaren Einzelfälle. Die Ergebnisse dieser Kombinationen dürften aus unserer Darstellung leicht extrapolierbar sein. Hier also nur die entsprechenden Formeln für die minimale zweite Taktperiode:

$$Tb_{min} = \max \left\{ \begin{array}{c} sk + fb \\ sk - la' \\ -a' \end{array} \right\} \tag{3.5-14a}$$

$$= fb + \max \left\{ \begin{array}{c} sk \\ sk - skob \\ -xob \end{array} \right\}. \tag{3.5-14b}$$

Der Aufteilungsbereich $dd$ ergibt sich als Differenz zwischen der maximalen und minimalen Teilperiode $Tb$. Er ist nach unseren Voraussetzungen (d. h. Periodenlänge durch $lb_{max}$ bestimmt):

$$dd = Tb_{max} - Tb_{min} \tag{3.5-15a}$$

$$= lb_{max} + sk - \max \left\{ \begin{array}{c} sk + fb \\ sk - la' \\ -a' \end{array} \right\} \tag{3.5-15b}$$

$$= lnb_{max} - \max \left\{ \begin{array}{c} 0 \\ -skob \\ -xob - sk \end{array} \right\}. \tag{3.5-15c}$$

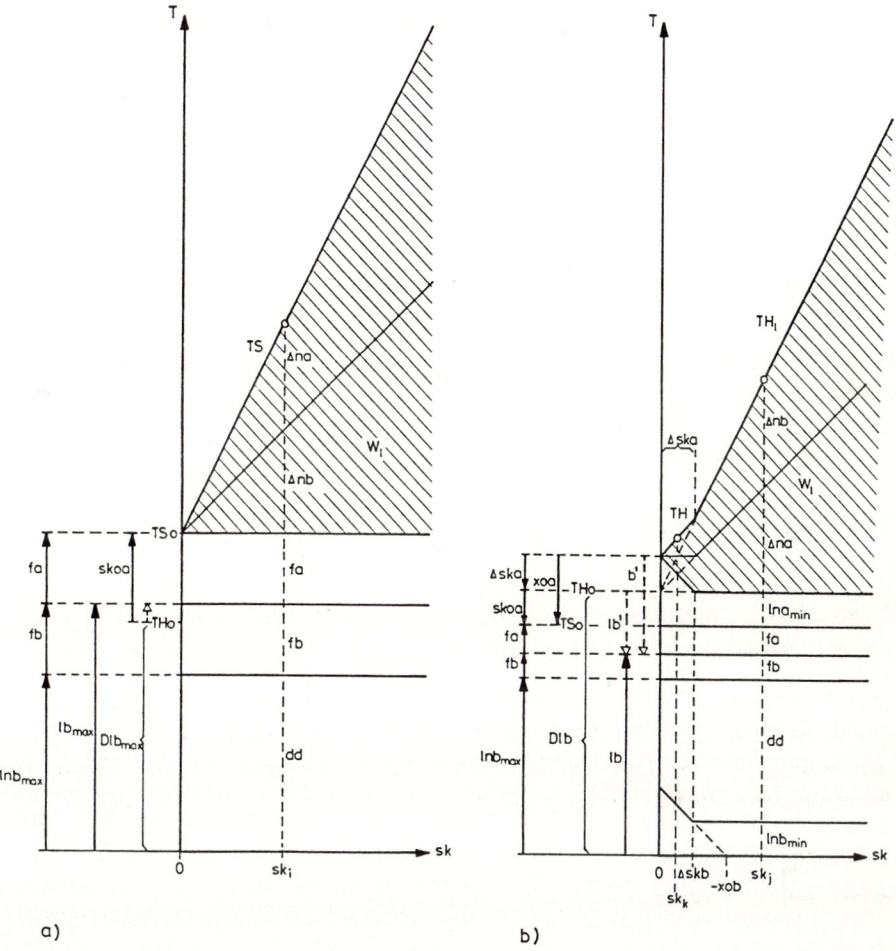

a)  b)

**Bild 3.5-3.** Trenddiagramme für nicht-transparente Doppelverbindungs-Schaltwerke (NTR):
a) *skoa* > 0, b) *skoa* < 0

Bild 3.5-3 zeigt auch diese Aufteilungsbereiche, wobei für den ersten Fall (*skob* > 0 und
*xob* > 0) die gesamte Schaltnetz-Verzögerung $lnb_{max}$ aufgeteilt werden kann. In dem
anderen Teilbild (mit dem Parametersatz für *skob* < 0 und *xob* < 0) gibt es für kleine
Skew-Werte einen Abzug von der verteilbaren Verzögerungszeit, mit dem Knickpunkt
bei

$$sk = \Delta skb = skob - xob \qquad (3.5\text{-}16a)$$
$$= lna' - na'. \qquad (3.5\text{-}16b)$$

Der Zykluszeitverlust für die Verbindungen ist für den hier untersuchten Fall nicht-
transparenter Prozeßstufen unabhängig von den betrachteten Fallunterscheidungen

$$W_l = 2sk, \qquad (3.5\text{-}17)$$

da ja erzwungenermaßen immer ein symmetrischer Betrieb mit geneigten Prozeßstartlinien (Abschn. 3.3.3.2, Bild 3.3-8b) vorliegt. Ebenso sind aus solchen allgemeinen
Überlegungen die Lokalprozeßzeiten sowie (bei gleichen Flipflop-Parametern) die lokalen Schaltnetz-Verzögerungen ausnahmslos um einen Skew-Wert größer:

$$a \;=\; la + sk, \tag{3.5-18a}$$
$$b \;=\; lb + sk. \tag{3.5-18b}$$

Damit ist der lokale Zykluszeitverlust hier 0, und die minimalen Differenzen der lokalen
Schaltnetz-Verzögerungen (s. Bild 3.5-3):

$$\Delta na \;=\; na - lna, \tag{3.5-19a}$$
$$\Delta nb \;=\; nb - lnb = sk. \tag{3.5-19b}$$

## 3.5.2  Symmetrischer Betrieb bei Einfach-Transparenz

Wenn eine der beiden Stufen transparent ist, kann man den symmetrischen Betriebsmodus beibehalten, der beim nicht-transparenten System erzwungen wird. Wir können
diesen Betrieb hier sehr kurz behandeln, weil wir uns auf die Detaildiskussionen und
sogar auf die Detailergebnisse im vorherigen Abschnitt stützen können. Insbesondere
gilt das Trendbild 3.5-3 in allen Einzelheiten auch für diesen Fall.

Andererseits gelten auch viele der allgemeineren Betrachtungen der einfach-transparenten Einfachverbindungs-Schaltwerke (Abschn. 3.4.2). So gilt auch hier, daß die
Transparenzbereiche nach Möglichkeit größer sein sollten als für die Ausnutzung durch
die stationären (worst-case-)Prozeßzeiten nötig. In Bild 3.5-4 sind die Prozeßzeitdiagramme von den nicht-transparenten Systemen (Bild 3.5-2) übertragen, wobei (wie in
Bild 3.4-4) die Maximal- und die Minimalfälle überlagert wurden. Im Setzfall (Bilder
3.5-2a und 3.5-4a) ist z. B. der Taktrahmen durch den Haltefall ($TaH_l$) bestimmt, nur
tritt der Grenzwert *skoa* nicht mehr als Überschußzeit auf, sondern als "überschüssige"
Transparenzzeit.

Es gilt hier auch die in Abschn. 3.4.2 hergeleitete Schlußfolgerung, daß die Transparenz
in jeder der beiden Stufen auftreten kann.

Der wesentliche Unterschied zwischen dem transparenten und dem nicht-transparenten
Doppelverbindungs-System ist die Tatsache, daß die Taktphase nicht verändert zu werden braucht, wenn man eine andere Aufteilung der Prozeßzeiten vornehmen will, oder
wenn sie sich ungeplant einstellt. Daher ist dieses System universeller und in Hinsicht
auf statistische Prozeßzeitverteilungen sicherer (bzw. führt zu kürzeren Zykluszeiten).

Im Sinne dieser freien Aufteilbarkeit haben wir auch für die drei Fälle je ein Aufteilungsdiagramm in Bild 3.5-5 gezeichnet. Hier sind die Formelbeziehungen für die
Grenzwerte der Aufteilung graphisch verdeutlicht. Es eignet sich daher gut zum Vergleich mit dem Einfachverbindungs-System (Bild 3.4-5) und mit den im folgenden behandelten Systemen mit asymmetrischer Betriebsweise, die wegen der komplizierten
Aufteilung zwischen den vier verschiedenen Prozeßstufen (LA, LB, A und B) dieses
graphische Hilfsmittel in stärkerem Maße benötigen.

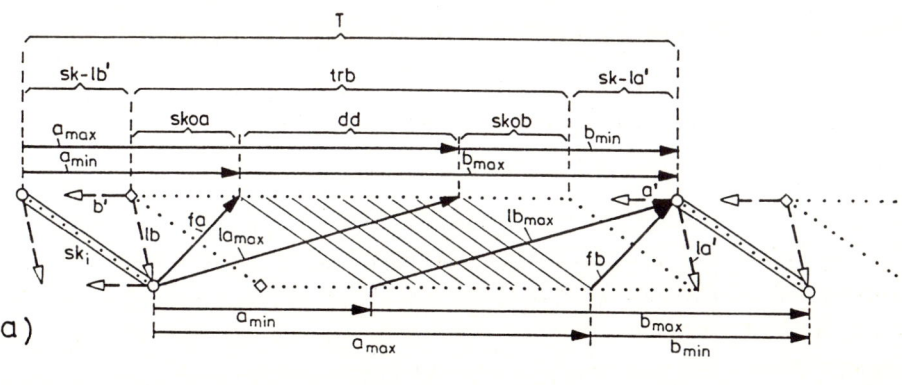

a)

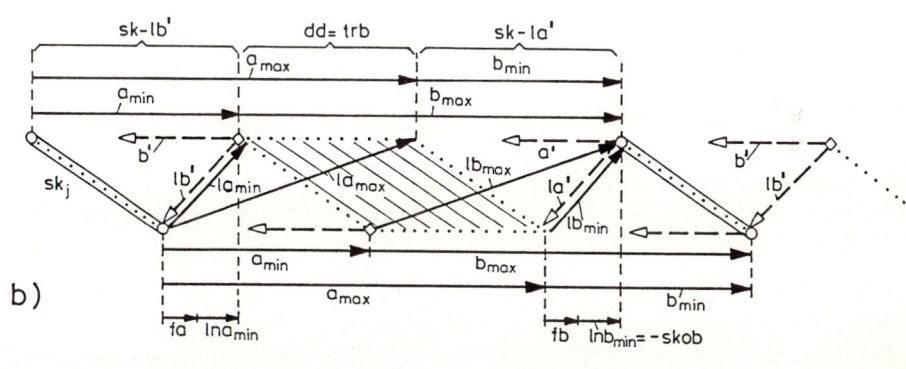

b)

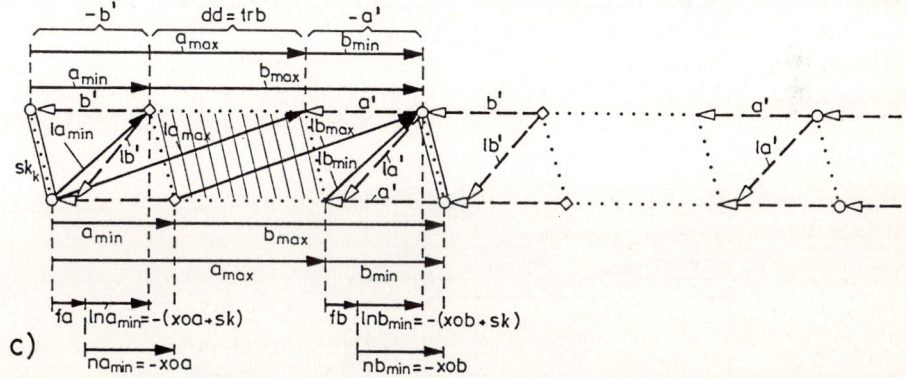

c)

**Bild 3.5-4.** Prozeßzeitdiagramme für Doppelverbindungs-Schaltwerke mit Einfach-Transparenz, symmetrischer Betrieb, a) bis c) siehe Text

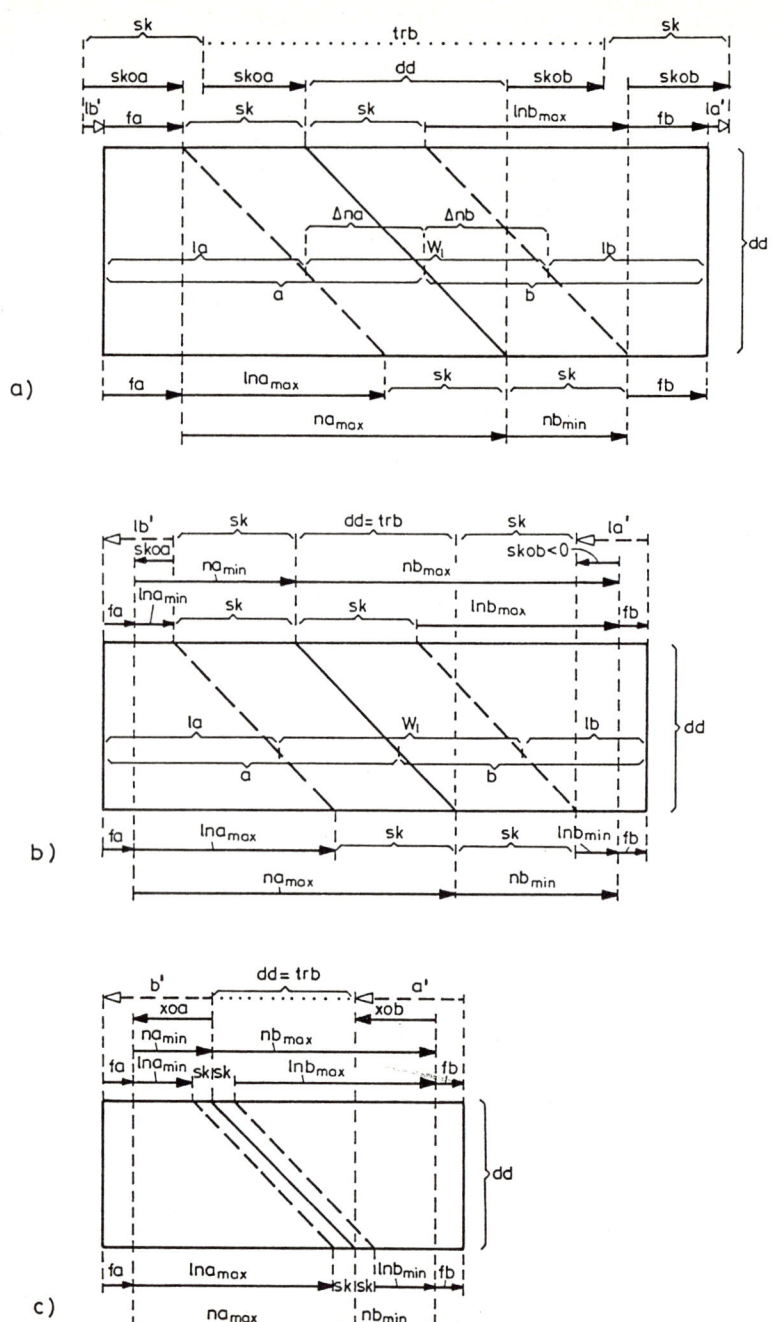

**Bild 3.5-5.** Aufteilungsdiagramme für Doppelverbindungs-Schaltwerke mit Einfach-Transparenz, symmetrischer Betrieb, a) bis c) siehe Text

### 3.5.3 Asymmetrischer Betrieb bei Einfach-Transparenz

In einfach-transparenten Doppelverbindungs-Systemen ist außer dem oben behandelten symmetrischen auch ein asymmetrischer Betriebsmodus nach Bild 3.3-8d und Bild 3.5-1d möglich, bei dem die Prozeßstartlinie im Transparenzbereich senkrecht steht, so daß alle diese Prozesse gleichzeitig (gleichlaufend, *concurrent*) starten. Die Prozesse in der nicht-transparenten Stufe starten natürlich geneigt wie die Skew-Linie. Wir nennen diese Betriebsart *Halbgleichlauf* (*semi concurrency*, Index: "*sem*"). Die Grundmotivation für diese Betriebsart ist die Tatsache, daß der Gesamtverlust $W_l$ für die Verbindungsprozesse von $2sk$ auf $sk$ sinkt. Allerdings steigt dafür der Verlust $W$ für die lokalen Stufen von 0 auf $sk$.

Es gibt also in dieser Klasse von Schaltwerken verschiedene Trends in Abhängigkeit von der Entwurfspriorität, je nachdem, ob die lokalen oder die Verbindungsprozesse bevorzugt werden. Bei den Schaltwerken mit nur einer Verbindungsstufe gab es nur einen Weg: den Verbindungsweg über die lokale Stufe A und die Verbindungsstufe LB, deren Prozeßzeitverteilung diskutiert wurde. Deren Verlust stellte eine einzige Größe dar, $W_l = T - (a + lb) = sk$. Eine eingebundene lokale Station B hätte immer den Wert $b = lb + sk$ und somit den Lokalverlust $W = 0$ (vgl. [LK88]).

Für den asymmetrischen Betrieb in einfach-transparenten doppelstufigen Schaltwerken sind die Prozeßzeit-, Trend- und Aufteilungsdiagramme in den Bildern 3.5-6 bis 3.5-8 für den Parametersatz mit positiven Skew-Grenzwerten wiedergegeben. Für $skoa = skob < 0$, aber $xoa = xob > 0$ ist nur das Trenddiagramm in Bild 3.5-7b angegeben.

Es gibt hier drei Skew-Bereiche: den Setzbereich ($sk_i < skoa$), den Haltebereich ($skoa < sk_j < sk2$) und einen Extrembereich ($sk_k > sk2$), bei dem im Transparenzbereich kein Gleichlauf mehr möglich ist. Die Bilder geben für jeden Bereich und auch für den Grenzfall $sk = sk2$ Beispiele.

Im Gegensatz zum symmetrischen Betrieb gibt es beim asymmetrischen Betrieb wieder einen Setzbereich ($sk_i < skoa$), der in Bild 3.5-6a wiedergegeben ist. Die Definition dieses Setzfalles ist, daß der kleinste Verbindungsprozeß $la_{min} = fa$ noch für alle Skew-Positionen im Transparenzbereich endet und damit eine senkrechte Startlinie für die B-Prozesse ermöglicht wird. Nach Bild 3.5-6a sind die Bedingungen dafür:

$$fa \geq -b' \quad (xoa \geq 0) \quad \text{und} \tag{3.5-20a}$$

$$fa \geq sk - lb' \quad (sk \leq skoa). \tag{3.5-20b}$$

Bild 3.5-8a zeigt das Aufteilungsdiagramm als Illustration dieses Falles.

Wir haben hier einen Parametersatz mit nur positiven Kennwerten, also $skoa > 0$, $xoa > 0$ und $\Delta ska > 0$ verwendet. In dem Beispiel wird die erste Teilperiode von $b'$ bestimmt, und $xoa = fa + b'$ tritt als ungenutzter Transparenzabschnitt auf.

Die Zykluszeit ist dann offenbar

$$T = TS = fa + lb_{max} + sk \tag{3.5-21a}$$

$$= TSo + sk. \tag{3.5-21b}$$

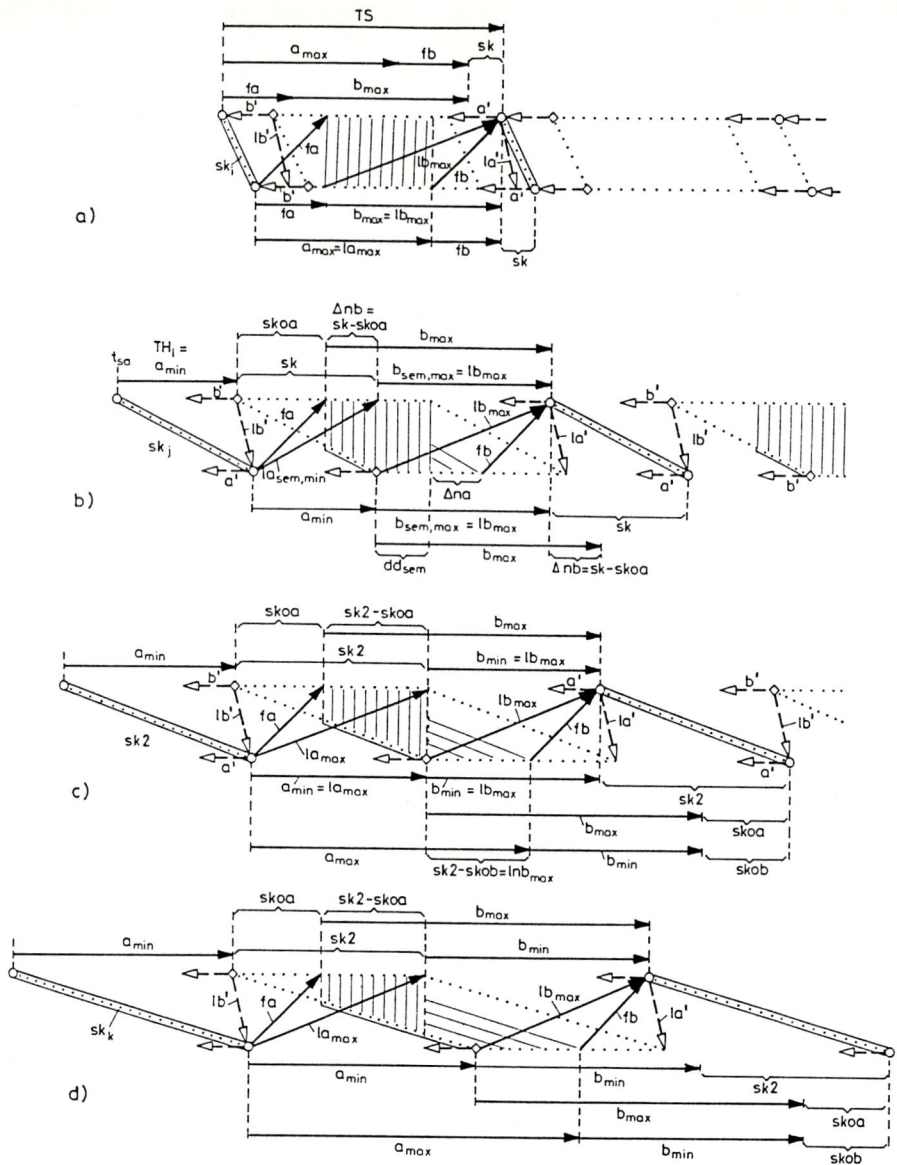

**Bild 3.5-6.** Prozeßzeitdiagramme für Doppelverbindungs-Schaltwerke mit Einfach-Transparenz, asymmetrischer Betrieb: a) Setzfall $sk_i < skoa/2$, b) Haltefall $sk_j > skoa/2$, c) Grenzfall $sk = sk2$, d) extremer Skew $sk_k > sk2$

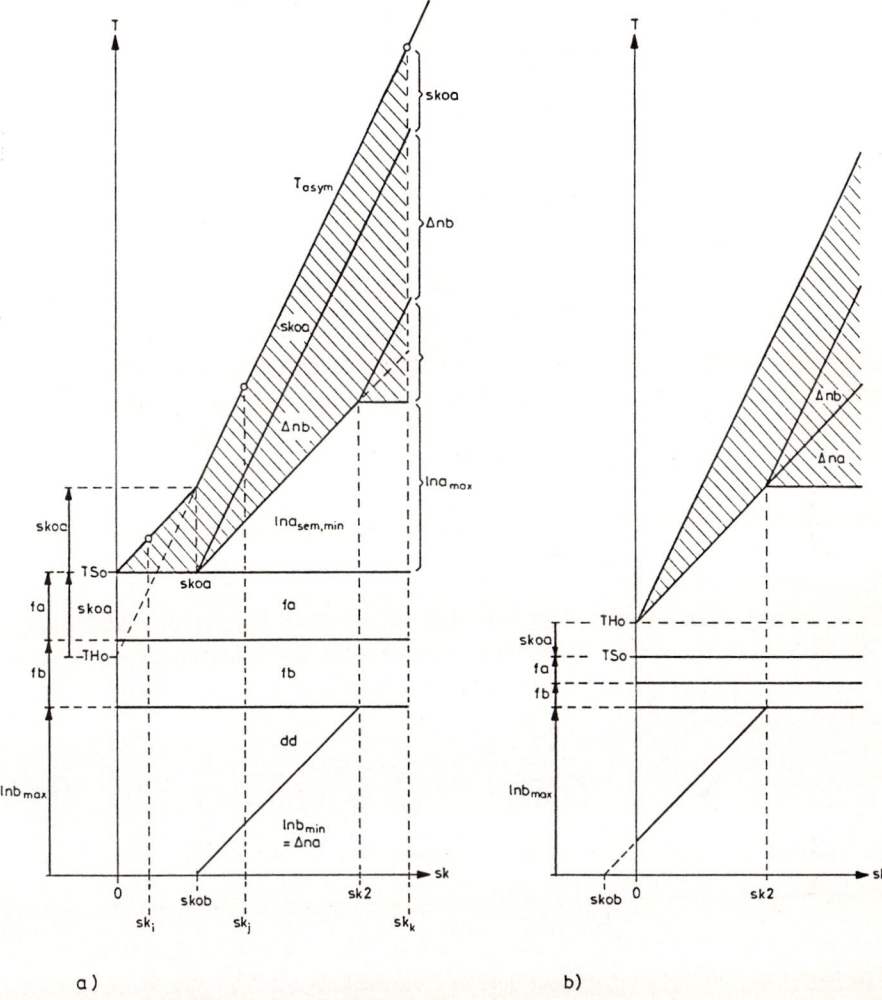

**Bild 3.5-7.** Trenddiagramme für Doppelverbindungs-Schaltwerke mit Einfach-Transparenz, asymmetrischer Betrieb: a) $skoa = skob > 0$, b) $skoa = skob < 0$

Die Taktperiode wächst hier im Setzfall mit dem einfachen Skew, d. h. um eine Skew-Zeit langsamer als im symmetrischen Betrieb. Die Trendkurve ist also identisch mit denen von MS- und Einfachverbindungs-Schaltwerken (Bilder 3.2-13 und 3.4-3), obwohl die Entstehung wesentlich verschieden ist. Hier startet am fernen Synchronisationspunkt ein Verbindungsprozeß $fa$, und die Prozeßstartlinie der B-Prozesse ist senkrecht, beim MS-System starten lokale Prozesse $fa$ an der A-Prozeßstartlinie, und die B-Startlinie ist geneigt.

Die kleinste mögliche Verbindungszeit $lb_{min}$ ist in unserem Fall ($fb > -a'$, $fb > sk - la'$) gleich der Flipflop-Verzögerungszeit $fb$. Damit ist die gesamte maximale Verzögerungszeit $lnb_{max}$ des Verbindungsnetzes für die Aufteilung ($dd_{sem}$) verfügbar.

Im Haltefall ($sk_j > skoa$) bestimmt $sk - lb'$ die erste Teilperiode (s. Bild 3.5-6b), und eine minimale Verbindungslaufzeit für den Halbgleichlauf (*semi-concurrency*) ist auch

$$la_{sem,min} = sk - lb'. \tag{3.5-22}$$

Das bedeutet, daß es eine minimale Verbindungsnetzverzögerung

$$ln a_{sem,min} = sk - lb' - fa \tag{3.5-23a}$$
$$= sk - skoa \tag{3.5-23b}$$

gibt (das Aufteilungsdiagramm, Bild 3.5-8b, erläutert diese Gleichung auch).

Die Zykluszeit steigt also (trotz der wiederum anderen Zusammensetzung der ersten Teilperiode) wieder wie die Trendkurve für MS- und Einfachverbindungssysteme:

$$T = sk + la_{sem,min} + lb_{max} \tag{3.5-24a}$$
$$= lb_{max} - lb' + 2sk \tag{3.5-24b}$$
$$= THo + 2sk \tag{3.5-24c}$$
$$= TSo + 2sk - skoa \tag{3.5-24d}$$

und ist um $skoa$ kleiner als die Zykluszeit für den symmetrischen Betrieb.

Die senkrechte Gleichlauf-Startlinie (s. Bild 3.5-6b) kann man in dem Transparenzrahmen bis zum Ende des oberen Transparenzbereichs verschieben, es sei denn, die Flipflop-Verzögerung begrenzt diesen Bereich. Die minimale Verbindungsprozeßzeit ist also (solange sie kleiner als $lb_{max}$ ist):

$$lb_{sem,min} = \max \left\{ \begin{array}{c} sk - la' \\ fb \end{array} \right\}, \tag{3.5-25}$$

und die minimale LNB-Verbindungsnetz-Verzögerung (s. Bild 3.5-8b) ist (für $lnb_{sem,min} \leq lnb_{max}$):

$$lnb_{sem,min} = \max \left\{ \begin{array}{c} sk - skob \\ 0 \end{array} \right\}. \tag{3.5-26}$$

Die Breite des Halbgleichlauf-Verschiebungsbereichs ist also (wieder für $lnb_{sem,min} \leq lnb_{max}$):

$$dd_{sem} = lb_{max} - lb_{sem,min} \tag{3.5-27a}$$
$$= lnb_{max} - \max \left\{ \begin{array}{c} sk - skob \\ 0 \end{array} \right\}. \tag{3.5-27b}$$

Der obere Skew-Grenzwert für den Haltefall, an dem keine Halbgleichlauf-Verschiebung mehr möglich ist ($dd_{sem} = 0$), ist:

$$sk2 = lnb_{max} + skob \tag{3.5-28a}$$
$$= lb_{max} + la' \tag{3.5-28b}$$

(vgl. die Definition von $sk1 = lb_{max} + a'$ (3.4-19b)). Damit ist für $sk \leq sk2$:

$$dd_{sem} = sk2 - \max \left\{ \begin{array}{c} sk \\ skob \end{array} \right\}. \tag{3.5-29}$$

In dem ganzen Halbgleichlauf-Bereich ($dd_{sem}$) sind die lokalen Prozeßzeiten gleich den entsprechenden Verbindungsprozeßzeiten:

$$a_{sem} = la_{sem}, \qquad (3.5\text{-}30a)$$

$$b_{sem} = lb_{sem}. \qquad (3.5\text{-}30b)$$

Mit Hilfe von Bild 3.5-6b kann man diese Beziehungen nochmals erläutern: Wenn die lokale Prozeßzeit $a_{sem}$ wie der Verbindungsprozeß $la_{sem}$ am "fernen" Synchronisationspunkt ($t_{sa} + sk$) startet, darf sie nicht länger als $la_{sem}$ sein, damit eine senkrechte Startlinie für den B-Prozeß entsteht. Dann startet $b_{sem}$ wie $lb_{sem}$ bei der selben B-Startlinie und muß am "nahen" Synchronisationspunkt $t_{sa} + T$ beendet sein, weil es dort definitionsgemäß keine Transparenz gibt. Das Aufteilungsdiagramm (Bild 3.5-8b) veranschaulicht das Ergebnis. Der Verlust ist also für lokale und Verbindungprozesse gleich:

$$W_{sem} = W_{l,sem} = sk. \qquad (3.5\text{-}31)$$

Der bei den Verbindungsprozessen eingesparte Verlustanteil erscheint nun bei den lokalen Prozessen. Der Hauptnachteil für die lokalen Stationen ist also die Tatsache, daß die Maximalwerte der lokalen Prozeßzeiten, $a_{max}$ und $b_{max}$, die in den vorgegebenen Taktrahmen hineinpassen, in dem Halbgleichlauf-Modus nicht realisierbar sind.

Man kann nun von der Forderung dieser Betriebsart mit seiner Eigenschaft des minimalen Verbindungsverlustes ($W_l = sk$) schrittweise abweichen, um die lokalen Maximalwerte zu erreichen. Ein systematischer Kompromiß, der unter der Beibehaltung der maximalen Verbindungsprozeßzeit $lb_{max}$ und der hier abgeleiteten Zykluszeitlänge möglich ist, ist in Bild 3.5-6b eingezeichnet. Dazu reduziert man die Verbindungszeit $la_{sem,min}$ (3.5-22) auf das Minimum $fa$ und erhöht gleichzeitig die lokale Prozeßzeit $b$ um denselben Betrag $\Delta nb = lna_{sem,min} = sk - skoa$ (3.5-23b):

$$b_{max} = lb_{max} + sk - skoa. \qquad (3.5\text{-}32)$$

Die lokale Prozeßzeit $a_{min}$ behält dabei (wie auch der Verbindungsprozeß $lb_{max}$) ihren Wert, d. h. die lokale Netzverzögerung bleibt

$$na_{min} = sk - skoa. \qquad (3.5\text{-}33)$$

Daraus folgt eine Knickung der Prozeßstartlinie im Transparenzbereich. Bild 3.5-6b zeigt, daß dabei ein Lokalverlust von $W_{min} = skoa$ erhalten bleibt. Will man diesen Verlust auf 0 reduzieren, dann muß man wieder einen symmetrischen Betriebsmodus einführen, wie wir ihn im letzten Abschnitt vorgestellt haben. Um das zu erreichen, muß man aber entweder $lb_{max}$ reduzieren und $a$ entsprechend vergrößern (bei gleichbleibendem $b = b_{sem,max}$) oder die Zykluszeit verlängern (und $a$ vergrößern).

Auf der anderen Seite der Aufteilung könnte man $lb$ um $\Delta na = sk - skob$ auf das Minimum $fb$ reduzieren und den Maximalwert der lokalen A-Stufe erzielen:

$$na_{max} = lnb_{max} + sk - skob. \qquad (3.5\text{-}34)$$

Das Aufteilungsdiagramm in Bild 3.5-8b gibt einen Überblick über alle Parameterzusammenhänge zwischen diesen beiden extremen Aufteilungen. Insbesondere wird dabei deutlich, daß hier ein lokaler Verlust von $skoa$ bzw. $skob$ unvermeidbar bleibt.

Mit weiter wachsendem Skew wird der Verschiebungsbereich $dd_{sem}$ der senkrechten B-Prozeßstartlinie immer kleiner, bis er beim Grenzwert $sk2$ zu 0 wird. Wir haben $sk2$ bereits in (3.5-28) definiert und in den Bildern 3.5-6c und 3.5-8c die Prozeßzeit- und Aufteilungsdiagramme für $sk = sk2$ noch einmal explizit gezeichnet.

Bei noch größeren Skew-Werten ($sk_k > sk2$, Bilder 3.5-6d und 3.5-8d) wächst der Verbindungsverlust dann wieder mit $2sk$, während die Lokalverluste konstant bleiben.

Im asymmetrischen Betrieb kennzeichnen wir den Fall, in dem die B-Prozeßstartlinie am wenigsten verzerrt ist, mit dem Zusatz $asym$. In diesem Fall gilt für die Verluste

$$W_l(asym) \quad = \quad 2sk - sk2, \tag{3.5-35a}$$

$$W(asym) \quad = \quad sk2. \tag{3.5-35b}$$

Für maximale lokale B-Prozeßzeiten ($b_{max}$) sind die beiden Verluste

$$W_l(b_{max}) \quad = \quad 2sk - skoa, \tag{3.5-36a}$$

$$W(b_{max}) \quad = \quad skoa. \tag{3.5-36b}$$

Entsprechend gilt für maximale lokale A-Prozeßzeiten ($a_{max}$):

$$W_l(a_{max}) \quad = \quad 2sk - skob, \tag{3.5-37a}$$

$$W(a_{max}) \quad = \quad skob. \tag{3.5-37b}$$

In allen diesen Fällen ist die Summe der beiden Verluste gleich dem zweifachen Skew-Wert, also

$$W_l + W = 2sk. \tag{3.5-38}$$

Bei großen Skew-Werten gibt es auch einen Grenzwert für die maximale Verzögerungszeit des Verbindungsnetzes LNA. Besonders aus der Trendkurve (Bild 3.5-7) geht hervor, daß bei gegebenem $lnb_{max}$ die Größe der komplementären Netzverzögerung

$$lna_{max} = lnb_{max} + skob - skoa \tag{3.5-39}$$

oberhalb von $sk2$ nicht mehr wächst. Der Grenzwert stellt also in bezug auf die Verbindungsprozeßzeiten bei einfach-transparenten Doppelverbindungs-Systemen einen ökonomischen Grenzwert dar.

Wenn man die charakteristischen Skew-Werte $skoa$ und $skob$ und die Minimalprozeßzeiten als klein gegenüber den maximalen Verbindungszeiten vernachlässigt, dann kann man für $sk > sk2$ folgende Näherungen angeben:

$$sk2 \quad \approx \quad lb_{max}, \tag{3.5-40a}$$

$$la_{max} \quad \approx \quad lb_{max}, \tag{3.5-40b}$$

$$W_l \quad \approx \quad lb_{max} + 2(sk - lb_{max}), \tag{3.5-40c}$$

$$T \quad \approx \quad 3lb_{max} + 2(sk - lb_{max}). \tag{3.5-40d}$$

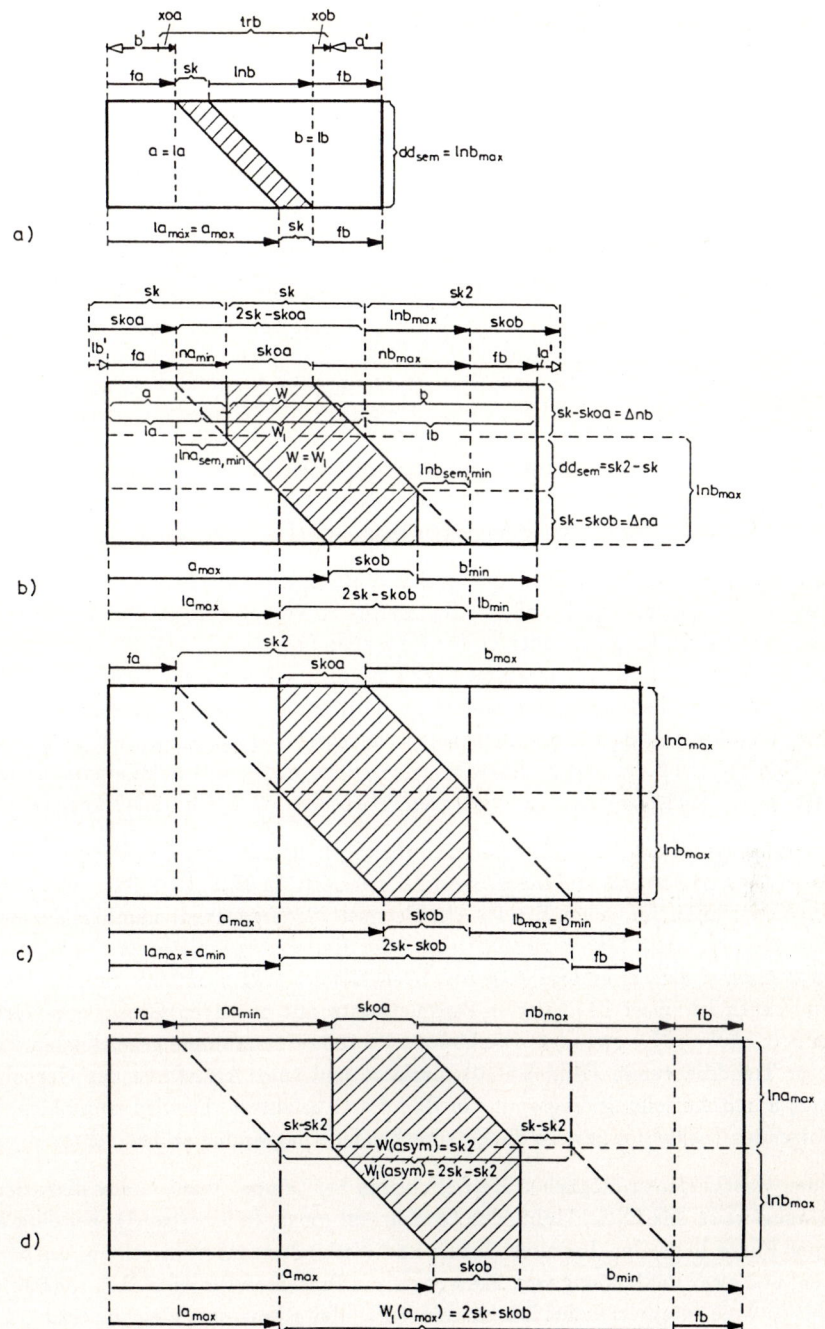

**Bild 3.5-8.** Aufteilungsdiagramme für Doppelverbindungs-Schaltwerke mit Einfach-Transparenz, asymmetrischer Betrieb, a) bis d) siehe Text

### 3.5.4    Doppel-Transparenz

Die allgemeinste und günstigste Klasse unter den Doppelverbindungs-Schaltwerken ist diejenige mit Transparenz in allen Stufen ("Doppel-Transparenz", DTR, s. Bild 3.5-1e). Wir betrachten also ein doppelstufiges Schaltwerk, das sowohl transparente Verbindungsstufen LA und LB als auch lokale Stationen A und B mit Transparenz enthält. Wir gehen im wesentlichen von symmetrischer Transparenz aus (d. h. $tra = trb = tr$), was sich im Laufe der Diskussion auch als optimal erweisen wird.

Das doppel-transparente System ist aufgrund seiner Symmetrie relativ regelmäßig, und es bedarf zu seiner Beschreibung keiner neuen Modi und Konzepte gegenüber den bisher behandelten, so daß wir die verschiedenen Fälle relativ strikt und formal diskutieren können. Die Diskussion erfolgt wieder mit Unterstützung durch die Prozeßzeit-, Trend- und Aufteilungsdiagramme (Bilder 3.5-9 bis 3.5-11).

Um die graphischen Darstellungen etwas zu entlasten und die wesentlichen Unterschiede zu den anderen Systemen besser herauszustellen, haben wir uns auf den Parametersatz mit positiven Skew-Grenzwerten $skoa$ und $skob$ beschränkt.

Außerdem haben wir den Einfluß der lokalen Stationen auf die Lage der Taktrahmen vernachlässigt. Das bedeutet, daß wir die minimalen Verzögerungszeiten $a'$ und $b'$ der lokalen Prozeßstufe als gleich oder größer 0 ansehen ($xoa \geq 0$, $xob \geq 0$). Dementsprechend haben wir sie in den Diagrammen auch gar nicht eingetragen. Falls im aktuellen Entwurfsfall diese Bedingungen nicht erfüllt sind, müßte man die Abweichungen gegenüber den hier als "Standardsystemen" untersuchten Beispielen speziell berücksichtigen. Ein Beispiel für derartige Auswirkungen haben wir bereits beim symmetrischen Betrieb von einfach-transparenten Systemen in Abschn. 3.5.2, Bild 3.5-3b gegeben.

Bei der Diskussion der Skew-Einflüsse sind durch die beiden charakteristischen Skew-Werte $skoa/2$ und $sk2/2$ drei Skew-Bereiche markiert. In Bild 3.5-9 ist neben diesen beiden Grenzfällen für jeden Bereich ein Beispiel wiedergegeben, nämlich der Setzfall mit kleinem Skew ($sk_i < skoa/2$) sowie der Haltefall im mittleren Skew-Bereich ($skoa/2 < sk_j < sk2/2$) und im extremen Skew-Bereich ($sk_k > sk2/2$). In allen diesen Darstellungen ist unser bevorzugter Parametersatz mit positiven Grenzskew-Werten ($skoa > 0$, $skob > 0$) verwendet. Die hier als Prozeßzeitdiagramme gezeichneten Fälle sind im Trenddiagramm (Bild 3.5-10) markiert und (mit Ausnahme des Grenzfalls $skoa/2$) durch Aufteilungsdiagramme in Bild 3.5-11 erläutert. Es wird empfohlen, bei der folgenden Diskussion jeweils die entsprechenden Diagramme zu betrachten.

Von den verschiedenen möglichen Betriebsweisen bei Doppel-Transparenz diskutieren wir vorzugsweise den Gleichlaufmodus (*concurrent mode*, Index: "*con*"), bei dem alle in einer Phase liegenden Prozesse (lokale und Verbindungen) zum selben Zeitpunkt starten, und zwar unabhängig vom Skew (d. h. die Prozeßstartlinien stehen senkrecht). Hierbei sind die entsprechenden lokalen und Verbindungsprozesse "gleichlaufend", d. h. für jede Aufteilung gleich lang,

$$a_{con} = la_{con}, \tag{3.5-41a}$$

$$b_{con} = lb_{con}, \tag{3.5-41b}$$

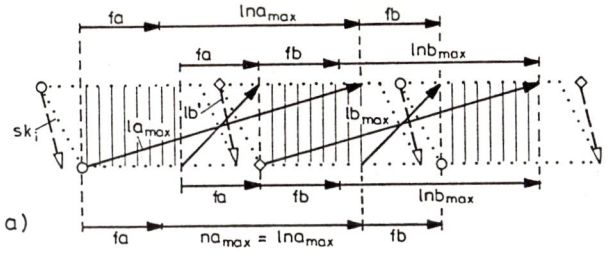

a)

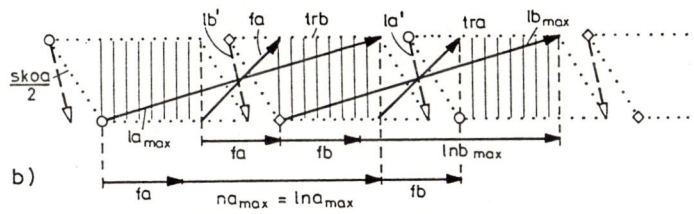

b)

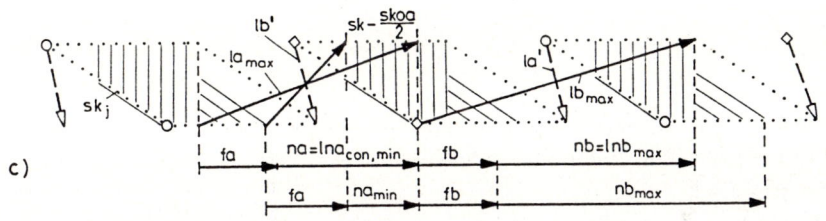

c)

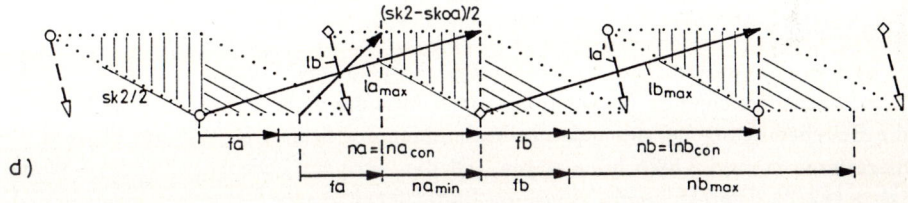

d)

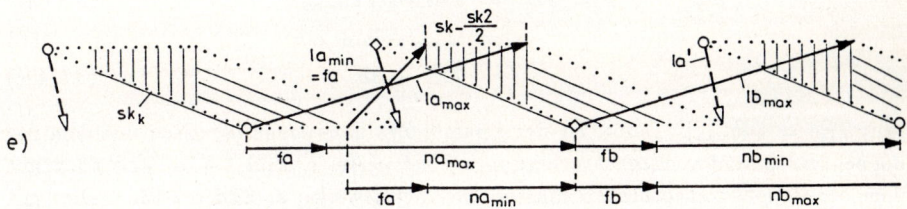

e)

**Bild 3.5-9.**  Prozeßzeitdiagramme für Doppelverbindungs-Schaltwerke mit Doppel-Transparenz: a) $sk_i < skoa/2$, b) $skoa/2$, c) $skoa/2 < sk_j < sk2/2$, d) $sk2/2$, e) $sk_k > sk2/2$

so daß die Prozeßzeitverluste sowohl in den lokalen Stufen als auch für die Verbindungsprozesse 0 sind:

$$W_l = W = 0. \tag{3.5-42}$$

Insofern besteht eine starke Verwandtschaft mit dem doppel-transparenten System mit nur einfacher Verbindung, das wir bereits in Abschn. 3.4.3, Bilder 3.4-6 bis 3.4-8 diskutiert haben.

In den Betriebsweisen mit geneigten Prozeßstartlinien oder im asymmetrischen Modus verhält sich das doppel-transparente System analog zu den bereits behandelten Systemen mit Einfach-Transparenz bzw. ohne Transparenz, so daß wir hier auf die Wiederholung der Ergebnisse für diese Betriebsweisen verzichten.

Der Setzfall ist auch beim Doppelverbindungssystem (Bild 3.5-9a) für kleine Skew-Werte durch die Beziehung

$$fa > 2sk - lb' \qquad \left( sk < \frac{skoa}{2} \right) \tag{3.5-43}$$

gekennzeichnet. Damit ist die Zykluszeit bei gegebenem maximalen Verbindungsprozeß $lb_{max}$ also wieder (wie (3.4-14)) bis zum Grenzwert $skoa/2$ unabhängig vom Skew:

$$T = TSo = fa + lb_{max}. \tag{3.5-44}$$

Für die Aufteilbarkeit der Prozeßzeiten, $dd$, stehen hier nicht die vollen reduzierten Transparenzbereiche $rtra$ und $rtrb$ zur Verfügung, sondern es gibt jeweils einen nicht ausnutzbaren Bereich der Größe $skoa - 2sk$ bzw. $skob - 2sk$ am Ende des jeweiligen Transparenzbereichs.

Der Grenzfall $sk = skoa/2$ ist in Bild 3.5-9b wiedergegeben. Hier ist also genau $fa = 2sk - lb'$. Damit stehen die gesamten reduzierten Transparenzbereiche als verteilbare Prozeßzeit zur Verfügung.

Für größere Skew-Werte, $sk > skoa/2$, ist nach (3.5-6) der Abstand vom Ende des A-Transparenzbereichs zum B-Synchronisationspunkt durch $sk - lb'$ gegeben, d. h. durch die Haltebedingung bei der nah-fern-Verbindung der Stufe LB. Wie die Prozeßzeitdiagramme in Bild 3.5-9b bis e zeigen, gilt dies auch für beliebig große Skew-Werte ($sk > sk2/2$). Die Zykluszeit ist also im Haltefall ($sk \geq skoa/2$):

$$T = TH = TaH_l + TbS_{max} \tag{3.5-45a}$$

$$= lb_{max} - lb' + 2sk \tag{3.5-45b}$$

$$= THo + 2sk \tag{3.5-45c}$$

(mit $THo = Dlb_{max}$). Damit ist der gesamte Zykluszeittrend identisch mit dem der doppel-transparenten Einfachverbindungs-Schaltwerke, s. Bild 3.4-7a, und auch mit dem der doppel-transparenten Master-Slave-Schaltwerke, s. Bild 3.2-13a. Dies gilt natürlich auch für Schaltwerke mit negativen Grenzskew-Werten, $skoa < 0$ (vgl. Bilder 3.5-10b, 3.4-7b und 3.2-13b).

Fast nur zufällig (weil wir $skoa = skob$ angenommen haben) ist in Bild 3.5-9b auch der Grenzfall dargestellt, daß gerade noch die ganze Netzverzögerung $lnb_{max}$ für die

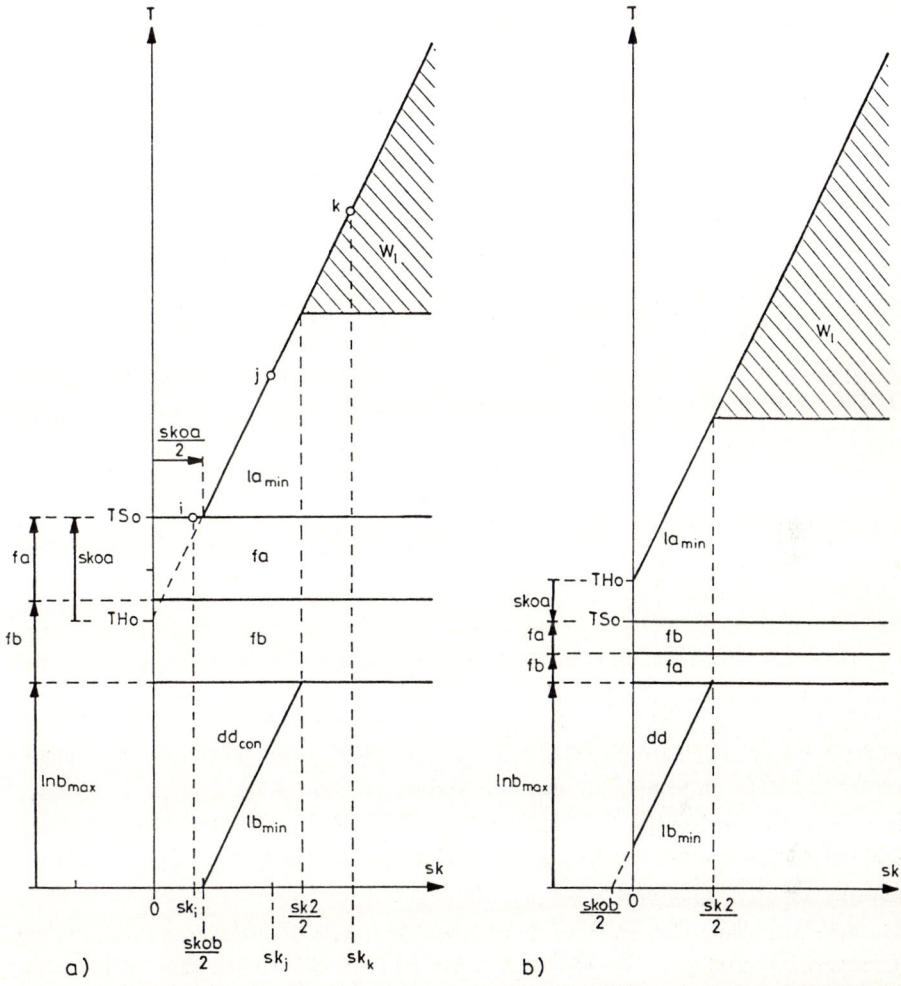

**Bild 3.5-10.** Trenddiagramme für Doppelverbindungs-Schaltwerke mit Doppel-Transparenz, a) $skob > 0$, b) $skob < 0$

Aufteilung verfügbar ist. Anders als im Fall der Einfachverbindung (vgl. (3.4-15)) ist nämlich (vgl. Bilder 3.5-9b, c, d und 3.4-6b, c, d)

$$lb_{max} = tra + trb - la',$$ (3.5-46)

und (anstatt (3.4-17)) ergibt sich für die kleinste Verbindungsprozeßzeit

$$lb_{min} = \max \left\{ \begin{array}{c} 2sk - la' \\ fb \end{array} \right\}.$$ (3.5-47)

Der Aufteilungsbereich für den Gleichlauf, $dd_{con}$, ergibt sich damit also folgendermaßen:

$$dd_{con} = lb_{max} - lb_{min} \tag{3.5-48a}$$

$$= lb_{max} - \max \left\{ \begin{array}{c} 2sk - la' \\ fb \end{array} \right\} \tag{3.5-48b}$$

$$= lnb_{max} - \max \left\{ \begin{array}{c} 2sk - skob \\ 0 \end{array} \right\}. \tag{3.5-48c}$$

Das bedeutet, daß bereits bei einem Wert von $sk = sk2/2$ (mit $sk2 = lnb_{max} + skob$, vgl. (3.5-28a)) der Aufteilungsbereich zu 0 geworden ist, wie es im Trenddiagramm in Bild 3.5-10a dargestellt ist.

Ob dieser $dd_{con}$-Trend bereits im Setzfall $sk < skoa/2$ oder im Haltefall $sk > skoa/2$ einsetzt, d. h. die Frage, ob $skoa$ größer oder kleiner als $skob$ ist, ist für den Zykluszeit-trend nicht relevant. Der Trend der Zykluszeit $T$ wird nur durch die Beziehung von $sk$ zu $skoa$ bestimmt.

Bis zu dem Grenzwert $sk2/2$ kann man den Gleichlaufmodus in beiden Phasen auf-rechterhalten. Solange $sk \leq sk2/2$ gilt, ist also ein verlustloser Betrieb durchführbar,

$$W_l = W = 0. \tag{3.5-49}$$

Der Grenzfall für diesen Betrieb, $sk = sk2/2$, ist in Bild 3.5-9d und auch im Auftei-lungsdiagramm 3.5-11c dargestellt. Für größere Skew-Werte ist dann eine Knickung der Prozeßstartlinien nötig, wie in Bild 3.5-9e und 3.4-6e dargestellt ist. Die hier ge-zeigte symmetrische Betriebsweise, d. h. gleicher Typ von Prozeßstartlinien in beiden Phasen, bedeutet in jedem Fall, daß kein Verlust bei den lokalen Stationen auftritt:

$$W = 0. \tag{3.5-50}$$

Bei den Verbindungen tritt allerdings jetzt ein Verlust auf, wie man in Bild 3.5-9e nachvollziehen kann. Bei maximalen Verbindungsprozeßzeiten $lb_{max}$ und $la_{max}$ ist der Verbindungsverlust (mit $tr = sk2/2$) zweimal der Skew-Überschuß über $sk2/2$, d. h.

$$W_{l,min} = 2 \cdot (sk - sk2/2) \tag{3.5-51a}$$

$$= 2sk - sk2. \tag{3.5-51b}$$

Man kann hier beim doppel-transparenten Doppelverbindungs-System die maximal möglichen lokalen Prozeßzeiten $a_{max}$ und $b_{max}$ dadurch erreichen, daß man von dem Gleichlaufbetrieb abweicht und damit größere Verbindungsverluste hinnimmt.

Dies gilt auch schon in dem Haltebereich bei mittleren Skew-Werten ($skoa/2 < sk < sk2/2$) mit idealem Gleichlauf, s. Bild 3.5-9c und 3.5-11b. Der dafür maßgebliche Knick-Mechanismus wurde bereits im letzten Abschnitt beim einfach-transparenten Doppelverbindungs-System mit asymmetrischem Betrieb (Abschn. 3.5.3, Bilder 3.5-6 bis 3.5-8) sehr genau diskutiert. Die Ergebnisse für den doppel-transparenten Be-trieb lassen sich besonders aus den Aufteilungsdiagrammen in Bild 3.5-11 ablesen. Sie können mit Hilfe der Prozeßzeitdiagramme in Bild 3.5-9 nachvollzogen werden. Ei-nige für den Vergleich mit den anderen bisher untersuchten Schaltwerkklassen wichtige

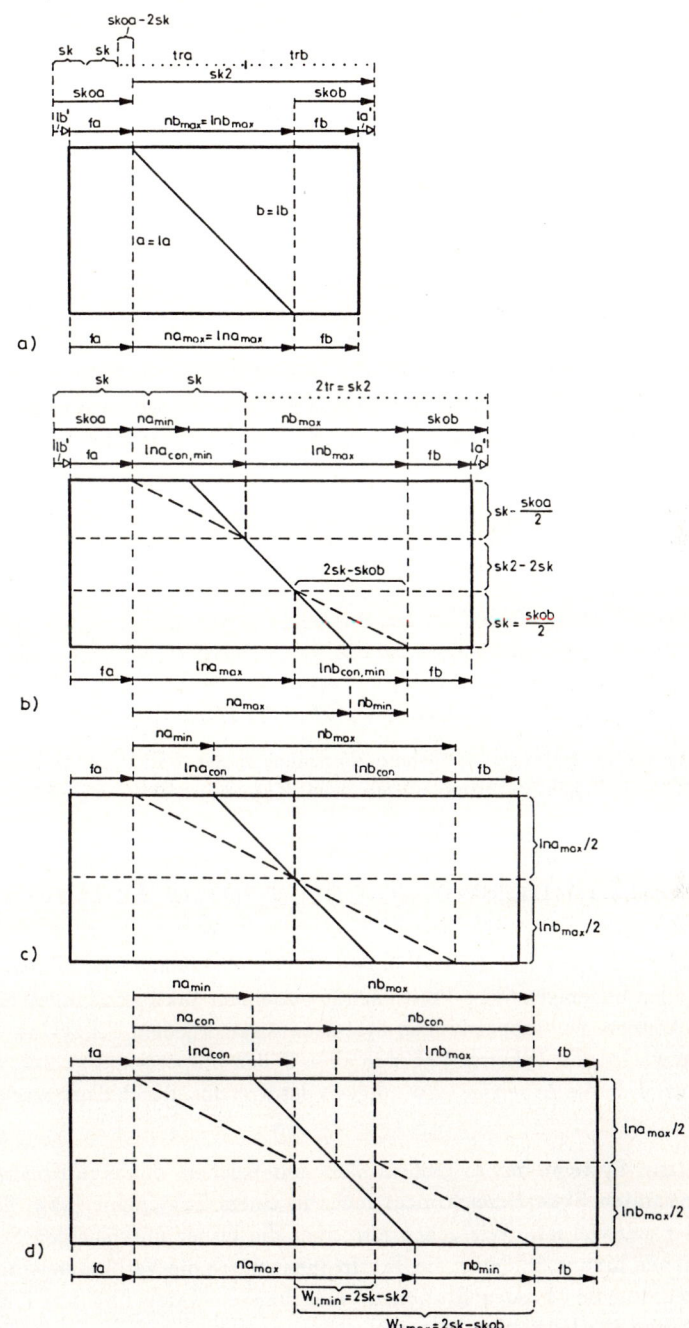

**Bild 3.5-11.** Aufteilungsdiagramme für Doppelverbindungs-Schaltwerke mit Doppel-Transparenz, a) bis d) siehe Text

Formelbeziehungen sind:

$$W_l(a_{max}) = 2sk - skob, \tag{3.5-52a}$$

$$W_l(b_{max}) = 2sk - skoa, \tag{3.5-52b}$$

$$lna_{max} = lnb_{max} + skob - skoa. \tag{3.5-52c}$$

Diese Beziehungen für maximale lokale Prozeßzeiten gelten auch für Doppelverbindungs-Schaltwerke mit Einfach-Transparenz.

Der wichtigste Unterschied doppel-transparenter Systeme zur Einfach-Transparenz ist, daß der Aufteilungsbereich bei Doppel-Transparenz durch den Skew doppelt so stark reduziert wird. Bereits bei $sk2/2$ ist $dd_{con} = 0$ und $la_{max}$ erreicht. Dafür ist der Prozeßzeit-Verlust in allen Stufen 0 bzw. kleiner als bei einfach-transparenten Systemen. Bei gleichen Schaltnetzlaufzeiten $lnb_{max}$ etc. (wie bisher auch immer vorausgesetzt) und unter vereinfachenden Annahmen ($skoa = skob = 0$) ist daher im jeweiligen Grenzfall

$$\text{STR} \quad : \quad \text{Grenzskew} \quad sk2 \approx lb_{max} \quad \text{(vgl. (3.5-40a)),} \tag{3.5-53a}$$

$$\text{DTR} \quad : \quad \text{Grenzskew} \quad sk2/2 \approx lb_{max}/2, \tag{3.5-53b}$$

d. h. die "Skew-Verträglichkeit" ist bei Doppel-Transparenz nur halb so groß wie bei Einfach-Transparenz. Andererseits ist die Taktperiode nun aber ebenfalls kleiner, nämlich

$$T = 2\,lb_{max} + 2\,(sk - lb_{max}/2), \tag{3.5-54}$$

d. h. hier ist ein Verlustanteil in Höhe einer vollen maximalen Prozeßzeit $lb_{max}$ eingespart (vgl. (3.5-40d)). Für weitere Vergleiche s. Kap. 4.

## 3.6   Verbindungswerke bei großem Taktversatz

In den vorangegangenen Abschnitten haben wir Systeme behandelt, in denen die Stationen von allen beliebigen Skew-Positionen in nur einem Taktzyklus miteinander kommunizieren können, bei doppelstufigen Systemen sogar in jedem Teilzyklus. Für große Skew-Werte wächst die Zykluszeit aber in allen Fällen proportional zu $2sk$, so daß die Taktfrequenz, d. h. die Arbeitsgeschwindigkeit des Systems, durch Skew stark reduziert wird.

Wir wollen nun Systeme mit so großem Skew untersuchen, daß eine Kommunikation über den gesamten Skew-Bereich nicht mehr in einem Taktzyklus (bzw. Teilzyklus) möglich oder sinnvoll ist. Wir gehen also über die bisher untersuchten Schaltwerk-Konfigurationen hinaus, in denen die Taktfrequenz durch die Verbindungsprozeßzeiten bestimmt wurde, die "lokalen Stationen" eingebunden waren und nur i. a. größere Prozeßlaufzeiten zur Verfügung hatten.

Wir betrachten jetzt lokale Stationen, die mit der Zykluszeit $T$ betrieben werden, und Verbindungswerke aus Verbindungsstufen, die eine größere "Zykluszeit", d. h. eine Zeitperiode für einen kompletten Umlauf in einer Rückkopplungsschleife haben. Man nennt diese Schleifenzeit oft auch "Antwortzeit" (*response time*, $T_R$). Wir wollen darunter die Maximalzeit verstehen, die in dem "*globalen*" synchronen Verbindungswerk benötigt wird, um zwischen den Stationen mit extremem Taktversatz $sk_g$ in einer geschlossenen Schleife zu kommunizieren. Allerdings vernachlässigen wir alle nicht systematisch notwendigen Verzögerungszeiten in den Stationen, weil wir bei diesen Zeituntersuchungen unabhängig von irgendwelchen speziellen logischen Aufgabenstellungen bleiben wollen.

Aus Gründen der graphischen Darstellbarkeit werden wir allerdings mit der Hälfte dieser Antwortzeit arbeiten, die wir "*Übertragungszeit*" (*transfer time*) nennen:

$$T_t = T_R/2. \tag{3.6-1}$$

(Ohne diese Definition über die Antwortzeit bekämen wir Definitionsprobleme wie die der Lokalzeit bei der Zeitangabe in den verschiedenen Zeitzonen der Erde, in unserem Fall: von welchen und zu welchen Skew-Positionen wir übertragen.)

Zur Vereinfachung der Erläuterungen wollen wir vernachlässigen, daß in den "Stationen neuer Art" selbst wieder ein Taktversatz $sk$ im alten Sinne auftreten kann. Wir vermeiden auch Transparenz in den Koppelpunkten, die zu Beschränkungen in den lokalen Stationen führt (s. Abschn. 3.2.1.6).

Wir wollen sechs Verbindungskonfigurationen analysieren, die in Bild 3.6-1 und 3.6-2 dargestellt sind:

- die Ketten-Verbindungswerke mit Einfach- (Bild 3.6-1a) und Doppelverbindungen (b),

- die Kettenringe (Bild 3.6-1c),

- die Verbindungswerke mit Frequenzteilung mit Einfach- (Bild 3.6-2a) und Doppelverbindungen (b) und

- die asynchronen Verbindungswerke (Bild 3.6-2c).

In den Ketten-Verbindungswerken setzen wir voraus, daß Verbindungsstufen jeweils einen Teil $sk$ des globalen Taktversatzes $sk_g$

$$sk = \frac{sk_g}{m} \tag{3.6-2}$$

überwinden. Der physikalische (und für uns historische) Hintergrund ist eine ein- oder zweidimensionale Anordnung von Verbindungs-Prozeßstufen, bei denen die benachbarten Synchronisationsknoten derart mit Takten versorgt werden, daß der Skew auf den maximalen Teilwert $sk$ begrenzt bleibt. Die Kommunikation bewegt sich dann bidirektional auf eindimensionalen oder auch in zweidimensionalen Ketten solcher Verbindungen. In den sog. zweidimensionalen "*systolic arrays*" ist die Übertragungsrichtung allgemein nur gerichtet. Es gibt auch asynchrone Taktung. Da es keine bevorzugte Richtung für den Taktversatz gibt, müssen wir immer davon ausgehen, daß der "ferne" Synchronisationspunkt einer Verbindungsstufe der "nahe" Synchronisationspunkt der

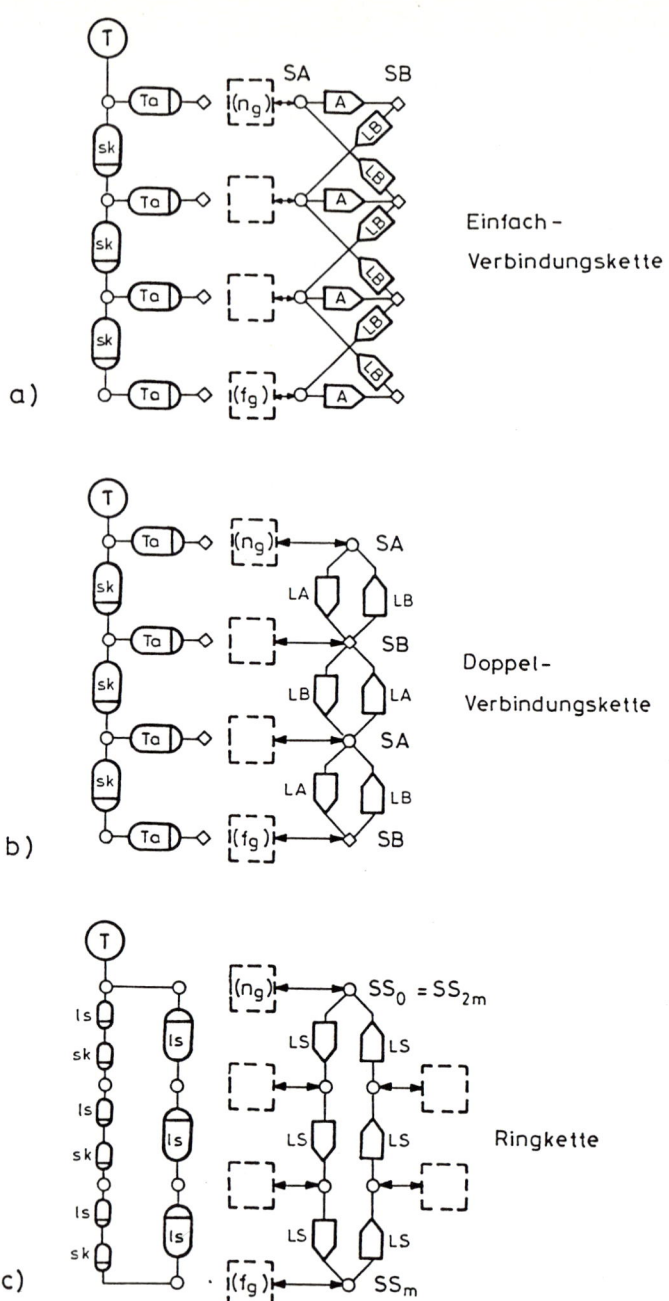

**Bild 3.6-1.** Ketten-Verbindungswerke

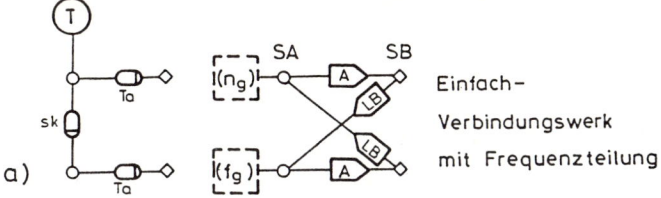

Einfach–
Verbindungswerk
mit Frequenzteilung

a)

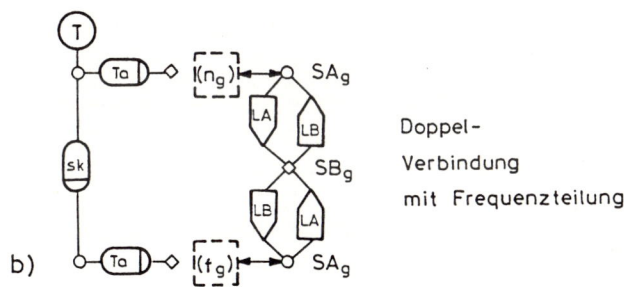

Doppel-
Verbindung
mit Frequenzteilung

b)

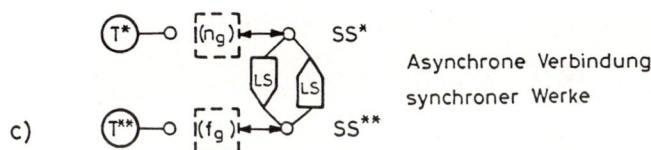

Asynchrone Verbindung
synchroner Werke

c)

**Bild 3.6-2.** Verbindungswerke mit Frequenzteilung

Folgestufe ist (s. z. B. Bild 3.6-1a). In Abschn. 3.6.1 wird eine solche Verbindungs-
kette mit nur einer Verbindungsstufe pro Zykluszeit behandelt, was den Schaltwerken
in Abschn. 3.4 entspricht. In Abschn. 3.6.2 werden Ketten-Verbindungswerke entsprechend den Doppelverbindungswerken (Abschn. 3.5) behandelt.

Die zweite Klasse stellt eine zum Ring zusammengeschlossene Pipeline dar, d. h. eine
Kette, in der zwar synchron, aber nur in einer Richtung übertragen wird. Im Gegensatz
zu Abschn. 3.1.2 schließen wir hier (in Abschn. 3.6.3) Skew ein.

Die dritte Klasse von Verbindungswerken, mit "*Frequenzteilung*", entspricht der üblichen Praxis, für die Verbindung aller Stationen innerhalb eines großen Komplexes (mit
dem "globalen" Taktversatz $sk_g$) ein synchrones Verbindungssystem zu benutzen, das
mit einem Vielfachen der lokalen Zykluszeit arbeitet. In Abschn. 3.6.4 wird ein solches Übertragungssystem mit Einfachverbindungen behandelt, in Abschn. 3.6.5 mit
Doppelverbindungen.

Die vierte Klasse sind asynchrone Verbindungswerke, die sicher für Systeme mit extrem großen Skew-Werten ($sk_g \gg T$), d. h. für die Verbindung von synchronen lokalen Schaltwerken in extrem großen Entfernungen, vorteilhaft sind. Die Frage, deren quantitative Beantwortung wir mit technisch-wissenschaftlichen Methoden unterstützen wollen, ist die der ökonomischen Grenze zwischen den beiden Schaltungsphilosophien (vgl. Abschn. 1.1). Obwohl wir nicht alle Varianten asynchroner Systeme systematisch ergründen, geben wir in Abschn. 3.6.6 eine parametrisierbare Trendanalyse.

Gemeinsam für alle globalen Verbindungsklassen sollten wir — aus physikalischer Sicht — annehmen, daß in einem räumlich großen System, in dem es nicht möglich ist, den Taktversatz $sk_g$ klein zu halten, auch die Verbindungsprozeßzeiten relativ groß sind. Ein plausibler Ansatz für unsere Trendberechnungen ist, daß ein Teil der Übertragungsnetzverzögerung *proportional* zum Taktversatz wächst, nämlich der Teil, der durch die echte Laufzeit auf den Verbindungsleitungen entsteht. Zwischen den extremen Taktversatzpositionen ($sk_g$) sei daher dieser Laufzeitanteil (*link line delay*):

$$ll_g = p \cdot sk_g \qquad (3.6\text{-}3)$$

und entsprechend zwischen den Teilstrecken in der Kette:

$$ll = p \cdot sk. \qquad (3.6\text{-}4)$$

Der Rest der Verbindungsnetzverzögerung ($ln_0$) entspricht der Verzögerung durch Leitungsverstärker und lokale Logik, die also nicht von der Leitungslänge abhängt. Die Verbindungsnetzlaufzeit einer globalen Leitung ist also

$$ln_g = ln_0 + ll_g = ln_0 + p \cdot sk_g \qquad (3.6\text{-}5)$$

bzw. für die Teilstrecke einer Kette:

$$ln = ln_0 + ll = ln_0 + p \cdot sk. \qquad (3.6\text{-}6)$$

## 3.6.1  Ketten von Einfachverbindungswerken

Wir diskutieren zuerst ein Verbindungswerk, in dem "doppelstufige Schaltwerke mit einfacher Verbindung" (nach Bild 3.1-9e und Abschn. 3.4) zu einer Kette verknüpft sind, die in jedem Glied den maximalen Skew-Wert $sk$ (wie bisher ohne Index) überwinden.

Die Bilder 3.6-1a und 3.6-3 zeigen diese Konfiguration, wobei die Verbindungsstufen zum Anfangspunkt zurückgefaltet sind, um verwirrende Überschneidungen zu vermeiden. Wie eingangs erklärt, setzen wir voraus, daß an den Schnittstellen dieser Übertragungskette stets die "fernen" Enden des oberen Verbindungsgliedes mit den "nahen" Enden des unteren Gliedes verbunden sind, obwohl an keiner physischen Position bekannt ist, an welcher Skew-Position sie liegt. Mit unserer Annahme ist jedoch der schlimmste Fall berücksichtigt. So ist auch die Annahme gerechtfertigt, daß in $m$ Stufen dieser Kette ein $m$-facher globaler Skew $sk_g = m \cdot sk$ (3.6-2) überbrückt werden kann.

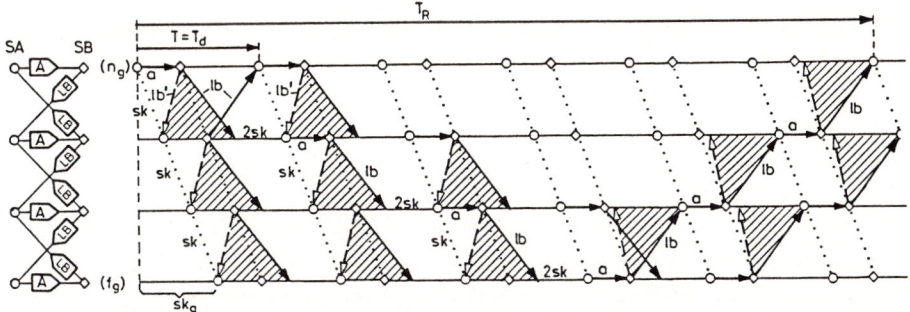

**Bild 3.6-3.** Ketten von Einfachverbindungswerken

Jedes Kettenglied kann als ein Schaltwerk mit Skew *sk* angesehen werden, das aus vielen Stationen besteht, in dem also nach unseren Einführungen des Taktversatzes in Abschn. 3.1.5, Bild 3.1-6 viele Skew-Positionen existieren, von denen nur die extremen ("nah" und "fern") gezeichnet sind. Dies entspricht einem allgemeinen Schaltwerk mit Skew, einem "Cluster" oder einem Prozessorbussystem. Dort gibt es nach unserem Modell auch viele "lokale Stationen" zwischen diesen Skew-Extrempositionen.

Man kann mit dem gleichen Strukturbild auch eine Konfiguration beschreiben, die *nur* aus den beiden extremen Positionen besteht, die miteinander in beiden Richtungen kommunizieren können. In dieser zweiten Interpretation ist das Konzept der Punkt-zu-Punkt-Verbindung im Vordergrund, wobei die verbundenen Synchronisationspunkte (z. B. $SA_0$ und $SA_1$) den maximalen Taktversatz *sk* haben. Nur an diese Punkte sind dann die "lokalen Stationen" angeschlossen. Wir bevorzugen in der folgenden Beschreibung diese Interpretation.

Im Strukturbild am linken Rand von Bild 3.6-1 haben wir auch ein Ersatzschaltbild einer fiktiven Taktversorgung angegeben, die die schlechteste Lösung darstellt. Wir haben die Erzeugung der B-Prozesse mit fiktiven lokalen Verzögerungsgliedern ("*Ta*") dargestellt. In der Praxis wird man diese Phasendifferenz durch die Teilphasen des Taktsignals oder durch Frequenzteilung aus einem Leit-Takt erzeugen.

Die Periodenlänge ergibt sich wie bei den MS-Schaltwerken (Abschn. 3.2.2) und den Einfach-Verbindungswerken (Abschn. 3.4) durch die Haltebedingung bei der nah-fern-Verbindung,

$$TaH = sk - lb', \tag{3.6-7}$$

und durch die Setzbedingung bei der fern-nah-Verbindung,

$$TbS = sk + lb. \tag{3.6-8}$$

Wir setzen bei dieser Diskussion zur Vereinfachung nur den Haltefall voraus, auch wenn der Grenzwert *skoa* positiv ist. (Wir behandeln also nur Skew-Werte $sk \geq skoa$.)

Die Zykluszeit ist also aus den beiden Teilperioden des Kettengliedes gegeben:

$$T \;=\; TaH + TbS \tag{3.6-9a}$$
$$=\; lb - lb' + 2sk \tag{3.6-9b}$$
$$=\; lnb + Wob + 2sk. \tag{3.6-9c}$$

Dies entspricht der optimalen Zykluszeit in bezug auf die Prozeßstufe LB.

Aus der Aufgliederung der Verbindungslaufzeit $lnb$ in einen lokalen Verstärker- und Logikanteil $lnb_0$ und einen Skew-proportionalen Leitunganteil $ll$ ((3.6-4) und (3.6-6)) ergibt sich:

$$T = (lnb_0 + Wob) + (p + 2) \cdot sk. \tag{3.6-10}$$

Wir haben also in der Zykluszeit einen lokalen Anteil aus Verstärkerlaufzeit und Grundverlust sowie einem Skew-proportionalen Anteil mit der Steigung von $(p + 2)$. Die Signallaufzeit bei großen Entfernungen dürfte stärker steigen als der ungewollte und durch Kompensationsmaßnahmen reduzierte Taktversatz. Das heißt, daß $p = ll/sk \gg 1$ ist. (Wir zeichnen hier allerdings aus Platzgründen unsere Kurven nur für $p = 1$ und verzerren die Trenddiagramme durch einen gedrängten $T$-Maßstab.)

Wenn man nun berücksichtigt, daß der globale Taktversatz $sk_g$ in dem System $m$-mal so groß ist wie der einer Verbindungsstufe (3.6-2), so ergibt sich die Zykluszeit $T$ in den Stationen als Funktion von $sk_g$:

$$T = (lnb_0 + Wob) + \frac{p + 2}{m} \cdot sk_g. \tag{3.6-11}$$

Bild 3.6-4a zeigt u. a. diese Funktion mit einigen Werten für die Stufenzahl $m$.

Die Übertragungszeit $T_t$, die Hälfte der Antwortzeit $T_R$ bei extremen globalen Verbindungsschleifen, besteht nach einfachen Überlegungen, die auch in Bild 3.6-3 plausibel dargestellt sind, aus $m$ Zykluszeiten:

$$T_t = m \cdot T \tag{3.6-12a}$$
$$= m \cdot (lnb_0 + Wob) + (p + 2) \cdot sk_g. \tag{3.6-12b}$$

Wenn man die Leitungslaufzeit $ll_g = p \cdot sk_g$ als das eigentlich nützliche und unumgängliche Zeitintervall ansieht, dann erscheint der Rest des Ausdrucks von (3.6-12b) als Verlust:

$$W_{ll} = m \cdot (lnb_0 + Wob) + 2 \cdot sk_g. \tag{3.6-13}$$

Er besteht einerseits aus $m$-mal dem lokalen Verlustanteil der beiden Flipflops des Kettengliedes. Nach Bild 3.6-3 geht außerdem in jedem Kettenglied bei der Übertragung von oben $(n_g)$ bis unten $(f_g)$ $3 \cdot sk$ verloren und beim Rücklauf nur je einmal $sk$, im Mittel also insgesamt $2 \cdot sk_g$. Dies ist auch die richtige Deutung für MS-Stufen oder die entsprechenden einstufigen Schaltwerke mit den Prozeßstufen LS anstatt A und LB sowie mit voll ausgenutzter Skew-Verträglichkeit $(skos = sk)$.

Im Sinne unserer bisherigen Verlustdefinition sind bei doppelstufigen Schaltwerken mit der einzigen Verbindungsstufe LB und der minimal notwendigen Lokalstufe A die lokalen Verstärkeranteile $m \cdot lnb_0$ und auch die lokalen Schaltnetz-Verzögerungen $na (= sk - skoa)$ als Nutzzeit zu veranschlagen. Die Übertragungszeit gliedert sich also wie folgt:

$$T_t = m \cdot (fa + fb) + sk_g + m \cdot (na + lnb_0) + ll_g. \tag{3.6-14}$$

Der "Verlust" im bisherigen Sinne besteht also nur aus dem Skew $sk_g$ (vgl. (3.4-4)) und der Summe aller Flipflop-Laufzeiten.

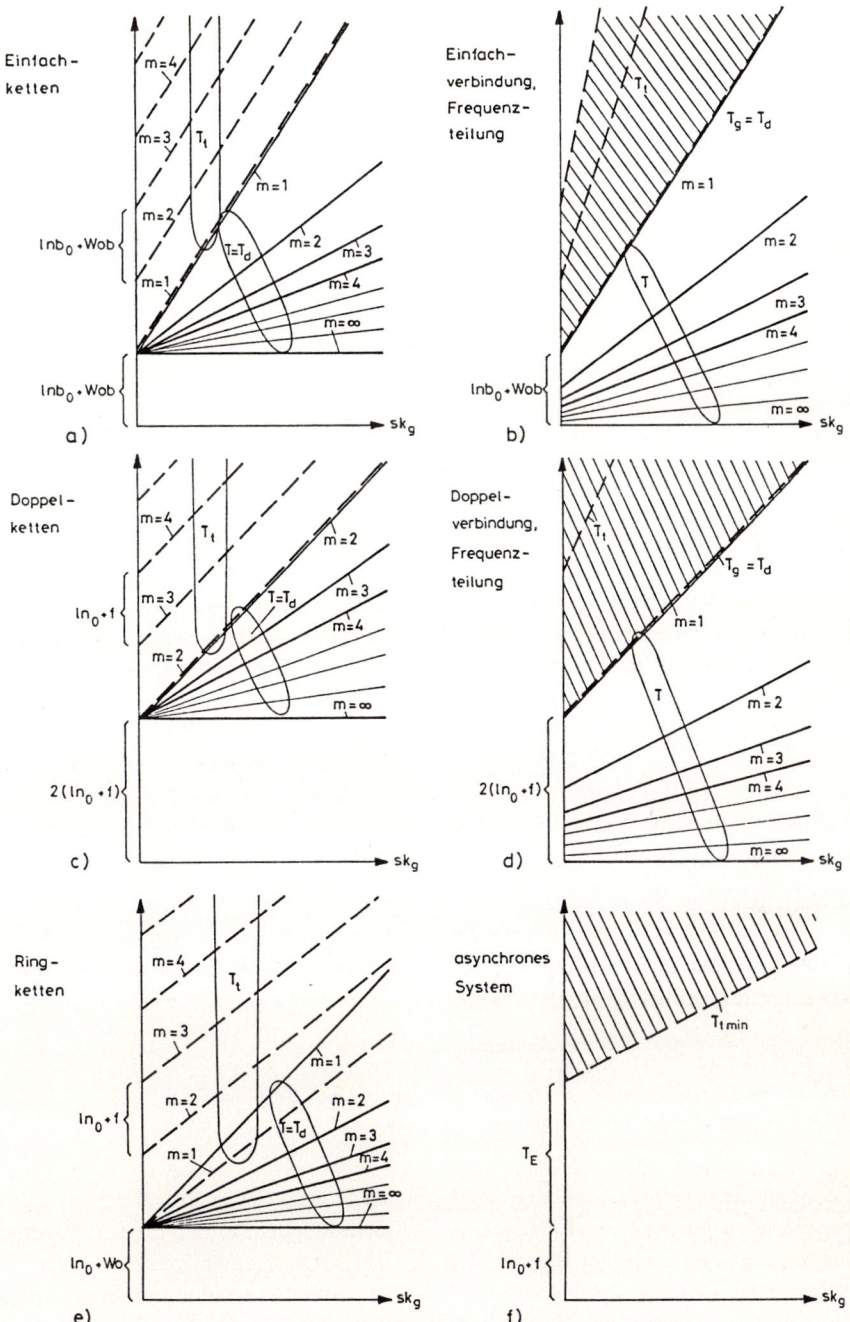

**Bild 3.6-4.** Trenddiagramme für Übertragungswerke bei großem Skew: a) Einfachverbindungskette, b) mit Frequenzteilung, c) Doppelverbindungskette, d) mit Frequenzteilung, e) Ringkette, f) Asynchrone Verbindung

Jeder maximale Übertragungsprozeß ist jedoch außer dem Skew-proportionalen Anteil mit $m$ Auffrischungsverzögerungen ($fb + lnb_0$) und $m$ lokalen Prozessen ($fa + na$) belastet.

Allerdings sind kürzere als diese Extremwege auch in der Übertragungszeit kürzer, und die Datenperiode ist gleich der Zykluszeit. Auf jeder Teilstrecke können sogar gleichzeitig verschiedene Daten übertragen werden (vgl. [FL85]).

Bild 3.6-4a zeigt auch die Kurvenschar $T_t(sk_g)$ für verschiedene Stufenzahlen $m$.

## 3.6.2   Ketten von Doppelverbindungswerken

Wenn man doppelstufige Schaltwerke mit Doppelverbindungen (s. Bild 3.1-9f) nach Bild 3.6-5b verkettet, so daß wiederum die "ferne" Skew-Position eines Kettengliedes mit der "nahen" Position des Folgegliedes gekoppelt wird, so hat man die gleiche worst-case-Konfiguration, wie wir sie in Bild 3.6-3 für Einfachverbindungen dargestellt haben. Wir haben in Bild 3.6-5a auch das Konzept der worst-case-Taktversorgung wiederholt und in Bild 3.6-5c die Konfiguration kreuzungsfrei gezeichnet.

Wir erkennen daran, daß es zwei unabhängige Kommunikationspfade in jeder Richtung gibt und daß die lokalen Stationen jeweils in beide Synchronisationsknoten eingebunden sind. Da wir hier die Zyklus- und Übertragungszeiten durch die Verbindungswege — und nicht durch die lokalen Stationen – bestimmen wollen, genügt es, zunächst nur einen dieser Kommunikationspfade zu diskutieren, wie wir ihn in Bild 3.5-5d und auch links in Bild 3.6-6 gezeichnet haben. Hier sind die lokalen Stationen immer abwechselnd an $SA$ und an $SB$ gekoppelt, und in jeder Periode kann nur ein Verbindungsprozeß gestartet werden. Die Symmetrie mit der Verdopplung der Datenrate kann nach der Diskussion der Zyklus- und Übertragungszeit leicht wiederhergestellt werden.

Bild 3.6-6 zeigt das Prozeßzeitdiagramm dieser vereinfachten Konfiguration. Wir benutzen für die beiden Stufen gleiche Prozeßzeiten, $la = lb = l$ und $la' = lb' = l'$, bezeichnen sie aber getrennt, so daß bei den algebraischen und geometrischen Manipulationen die Kausalität nicht verloren geht.

Nach Bild 3.6-6 ergibt sich die Zykluszeit aus

$$T \;=\; la + lb + 2sk \qquad\qquad (3.6\text{-}15a)$$
$$\;=\; 2l + 2sk. \qquad\qquad (3.6\text{-}15b)$$

Aufteilungen kommen bei der hier vorgegebenen Symmetrie nicht infrage, und Prozeßgleichlauf ist bei längeren Ketten praktisch nicht möglich, so daß die verschiedenen Fallunterscheidungen wie bei Einzelsystemen nicht vorgenommen werden müssen. Da die maximalen Verbindungsprozeßzeiten ($la, lb$) in dieser Anwendung praktisch immer größer sind als die negativen Minimalverzögerungen ($la', lb'$) plus Skew, gibt es immer Überschußzeiten, die auch als Transparenzbereiche ausgenutzt werden können. Daher spielt auch der Grundverlust $Wob$ (mit Flipflop-Dispersion $Df$, Schreibzeit $Lf$ und Minimalverzögerung $ln'$) keine Rolle, sondern nur die kleinsten realisierbaren Flipflop-Verzögerungen.

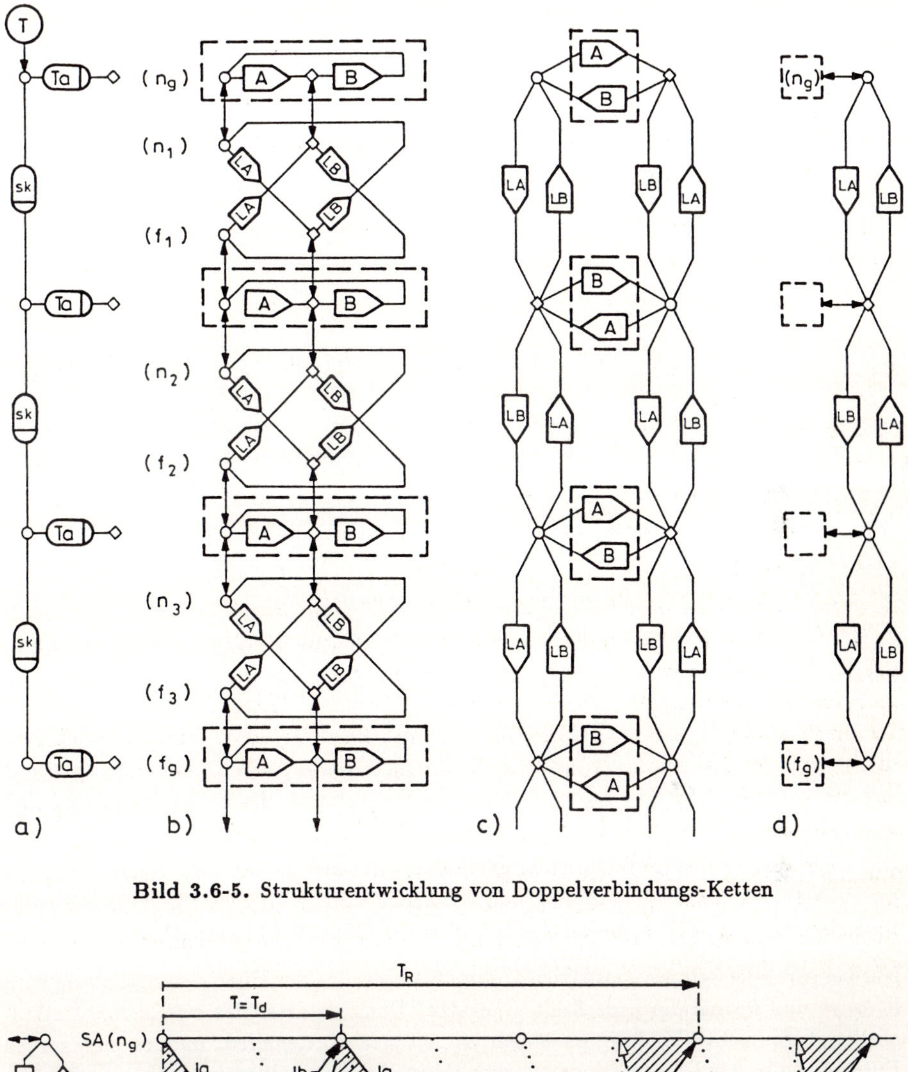

**Bild 3.6-5.** Strukturentwicklung von Doppelverbindungs-Ketten

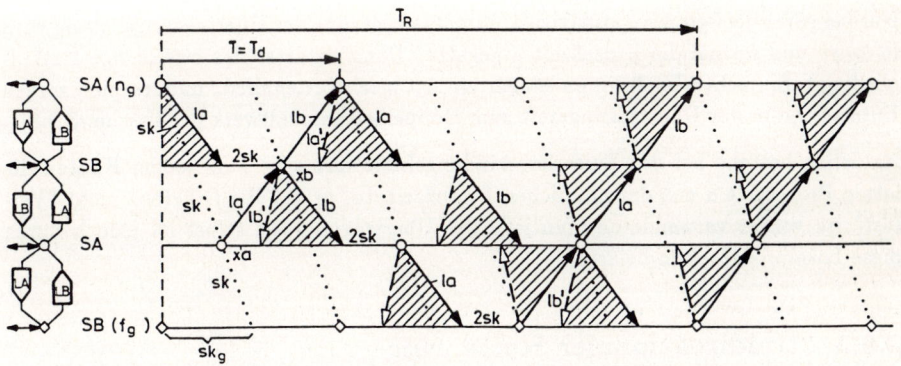

**Bild 3.6-6.** Ketten mit Doppelverbindungswerken

Mit der Anwendung des Ansatzes für die Kopplung zwischen Skew und Übertragungszeit ($ln = ln_0 + p \cdot sk$, (3.6-6)) sowie der Aufteilung des Gesamtskews ($sk_g = m \cdot sk$, (3.6-2)) ergibt sich die Zykluszeit in einem Doppelverbindungs-Kettenwerk zu:

$$T = 2\,(f + ln_0) + 2 \cdot \frac{p+1}{m} \cdot sk_g. \tag{3.6-16}$$

Die Zykluszeit der doppelstufigen Version ist größer als bei Einfachverbindungsketten (3.6-10). Der Vorteil ist jedoch, daß in einem solchen Zyklus gleich zwei Teilstrecken ($2sk$) überbrückt werden. Die Übertragungszeit ist nämlich nur:

$$\begin{aligned} T_t &= \frac{m}{2} \cdot T \tag{3.6-17a} \\ &= m\,(f + ln_0) + (p+1) \cdot sk_g. \tag{3.6-17b} \end{aligned}$$

Diese Ausdrücke sollten mit denen für Kettenschaltungen mit einstufigen Verbindungen verglichen werden ((3.6-11) und (3.6-12)). In Bild 3.6-4a und c sind die Trends gegenübergestellt.

Die Zykluszeit doppelstufiger (Kennzeichen (d)) ist gegenüber einstufiger (s) Kettenschaltwerke um

$$T(d) - T(s) = ln_0 + skoa + \frac{p}{m} sk_g \tag{3.6-18}$$

größer. Die maximale Gesamtübertragungszeit ist allerdings für die Doppelverbindung kürzer (aus (3.6-9b), (3.6-12a), (3.6-15b) und (3.6-17a)):

$$\begin{aligned} T_t(s) - T_t(d) &= m\,(sk - lb') \tag{3.6-19a} \\ &= sk_g - m \cdot lb' \tag{3.6-19b} \\ &= m \cdot a. \tag{3.6-19c} \end{aligned}$$

Die Übertragung der Einfachverbindungskette wird also — wie man durch Vergleich der Bilder 3.6-3 und 3.6-6 graphisch nachvollziehen kann — in jeder Stufe um die lokale Prozeßzeit $a = sk - lb'$ mehr verzögert als bei der Doppelverbindungskette.

Nur bei garantiert großer (positiver) Minimalverzögerung der Übertragungsleitung wird $lb' > sk$ und formal die Prozeßzeit $a$ negativ. Dann entartet das zweistufige Kettenglied mit Einfachverbindung zu einem einphasigen Kettenglied, und es gibt keinen Unterschied in der Übertragungszeit zum Doppelkettenschaltwerk (s. Abschn. 3.2.1).

Natürlich besteht bei der Einfachverbindungskette mit $a > 0$ an jedem Knoten die lokale Prozeßzeit $a$ mit der nützlichen Prozeßzeit $na$, so daß die Differenz nicht "Verlust" im vorher verwendeten Sinn ist. Die Übertragungszeit selbst ist jedoch durch diese Lokalprozeßzeiten belastet.

## 3.6.3   Unidirektionaler Kettenring

Als Referenzsystem wollen wir ein Verbindungssystem analysieren, das aus einseitig gerichteten Prozeßketten besteht, also aus "Pipelines", wie wir sie einleitend (Abschn. 3.1.2 und 3.1.3, Bilder 3.1-2 und 3.1-3) behandelt haben.

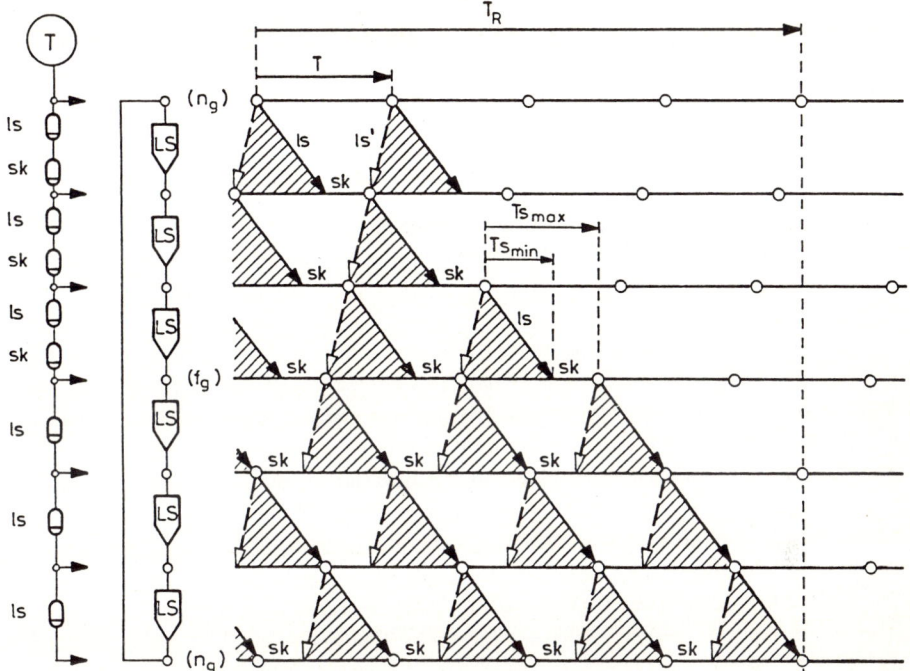

**Bild 3.6-7.** Kettenring-Übertragungswerk

Um sie den beiden bidirektionalen Kettenverbindungswerken gegenüberstellen zu können, müssen wir einerseits eine unidirektionale Kette zu einem Ring zusammenfügen,
um überhaupt ein universelles Verbindungswerk zu haben. Andererseits müssen wir
Taktversatz berücksichtigen, und zwar wollen wir als vergleichbaren schlechtesten Fall
einen Halbring aus $m$ Gliedern betrachten, die $m$ mal den Skew $sk$ (d. h. $sk_g = m \cdot sk$)
in einer Richtung überbrücken und dann den zweiten Halbring aus $m$ Gliedern, der
den Kreis schließt. Die Rundlaufzeit ($T_i = i \cdot Ts$ nach (3.1-11)) entspricht hier der
Antwortzeit $T_R$ über die $2m$ Stufen (also $T_R = T_i$ und $i = 2m$). Die Übertragungszeit
$T_t$ soll wieder die halbe Antwortzeit $T_R$ sein. Die Bilder 3.6-1c und 3.6-7 zeigen die
Konfiguration für $m = 3$.

Ein wesentlicher Unterschied wird in dem Prozeßzeitdiagramm veranschaulicht: Der
Phasenversatz je Stufe $Ts$ (wie in Abschn. 3.1.2 benannt) ist nicht die Zykluszeit oder
Teilzykluszeit, sondern eine Größe, die auf die Parameter der Stufen optimal angepaßt
werden kann. Ohne Skew ist dieser Phasenversatz $Ts = s$ (3.1-12a).

Skew bedeutet in diesem Kontext, daß der Phasenversatz $Ts$ in jeder Stufe um einen
Maximalwert $sk$ schwanken kann. Es gibt also ein $Ts_{max}$ und ein $Ts_{min}$ mit

$$Ts_{max} - Ts_{min} = sk. \qquad (3.6\text{-}20)$$

Selbst beim kleinsten Phasenversatz muß die Setzbedingung erfüllt sein:

$$Ts_{min} = ls. \qquad (3.6\text{-}21)$$

Wenn der Maximalwert $Ts_{max}$ auftritt, entsteht eine Wartezeit $w = sk$ (Bild 3.6-7). Die Haltebedingung muß auch in diesem Fall erfüllt sein, so daß bei $Ts_{max}$ der zeitliche Vorgängerprozeß mindestens beim Beginn der Ungültigkeitsphase (bei $t_s + ls'$) abgeschlossen sein muß.

Damit ergibt sich eine Zykluszeit von

$$T = ls - ls' + sk, \tag{3.6-22}$$

die also nur einen Skew-Wert $sk$ und nicht wie beim bidirektionalen Kettenglied (3.6-10) $2sk$ enthält.

Mit Skew-abhängiger Laufzeit ergibt sich

$$T = ln_0 + Wob + \frac{p+1}{m} \cdot sk_g. \tag{3.6-23}$$

Die Übertragungszeit ergibt sich nicht aus einem $m$-fachen der Zykluszeit, sondern aus der Summe der Phasenverschiebungen für den ganzen Kettenring. Die Antwortzeit ist nach Bild 3.6-7 offenbar

$$T_R = 2 \cdot m \cdot ls + m \cdot sk \tag{3.6-24a}$$
$$= 2 \cdot m \cdot ls + sk_g. \tag{3.6-24b}$$

Die Hälfte davon ist die "mittlere Übertragungszeit" (s. o.)

$$T_t = m \cdot ls + sk_g/2 \tag{3.6-25}$$

und mit aufgeteilter Prozeßzeit:

$$T_t = m(ln_0 + f) + (p + \frac{1}{2}) \cdot sk_g. \tag{3.6-26}$$

Der Ring ist nach Abschn. 3.1.3 eine rückgekoppelte Pipeline, und die $2m$ Taktphasen müssen zum Schluß wieder eine ganze Zahl $k$ von Zyklen ergeben. Daher gilt für unsere Konfiguration (anstatt (3.1-17a)):

$$k = \left\lfloor \frac{T_R}{T} \right\rfloor \tag{3.6-27a}$$
$$= \left\lfloor \frac{2 \cdot m \cdot ls + m \cdot sk}{ls - ls' + sk} \right\rfloor. \tag{3.6-27b}$$

In Bild 3.6-7 sind die Beispielwerte für $ls$, $ls'$ und $sk$ so ausgewählt, daß der Ausdruck in der Klammer ganzzahlig ist und sich ohne Rest (d. h. ohne zusätzliche Warte- oder Überschußzeit) $k = 4$ ergibt. Bild 3.6-4e zeigt den Trend von $T$ und $T_t$ im Vergleich zu den anderen Konfigurationen.

## 3.6.4  Einfach-Verbindungswerke mit Frequenzteilung

Ein anderer Typ von Verbindungsschaltwerken mit großem Skew ist die der Verbindung aller Synchronisationsknoten einer Art (z. B. $SA$) mit einem "zweistufigen Schaltwerk mit einfacher Verbindung" über die ganze räumliche Ausdehnung des Systems hinweg (Bild 3.6-2a). Im Gegensatz zu den obigen Kettengliedern haben wir hier die globale Verbindungsleitungsverzögerung $ll_g = p \cdot sk_g$ und den globalen Skew $sk_g$. Dafür gilt dann eine globale Verbindungszykluszeit $T_g$, die der Zykluszeit eines einzigen Kettengliedes entspricht (3.6-10), allerdings mit dem globalen Skew $sk_g$:

$$T_g = (lnb_0 + Wob) + (p + 2) \cdot sk_g. \tag{3.6-28}$$

Die Zykluszeit der an die Synchronisationsknoten $SA$ angeschlossenen Stationen soll im Gegensatz zur Konfiguration in Abschn. 3.4 um den Faktor $m$ kleiner sein als $T_g$:

$$T = T_g/m. \tag{3.6-29}$$

Die maximale Übertragungszeit $T_t$ von einer Station zu einer anderen ist aber nicht nur $T_g$, weil wir ja nicht von jedem beliebigen aktuellen Synchronisationspunkt $t_{sa} + n \cdot T$ aus sofort eine Nachricht an eine andere Station senden können. Im ungünstigsten Fall, wenn die Zykluszeit $T_g$ gerade vorher begonnen hat, muß man $(m - 1) \cdot T = \frac{m-1}{m} \cdot T_g$ warten, ehe die Nachricht überhaupt gesendet werden kann. Ebenso kann eine Nachricht an einer Empfangsstation ankommen und nicht verwendbar sein, weil andere lokale Aktivitäten ablaufen.

Die zusätzliche Wartezeit liegt also zwischen

$$2\frac{(m - 1)}{m} \cdot T_g \quad \text{und} \quad 0, \tag{3.6-30}$$

für große $m$ also zwischen $2\,T_g$ und 0. Obwohl man durch spezielle Mikroprogrammierung diesen Einfluß kompensieren oder minimieren kann, deuten wir in dem Trenddiagramm in Bild 3.6-4b auf dieses Phänomen hin, indem wir oberhalb der globalen Verbindungs-Zykluszeit $T_g$ eine Schraffur anbringen mit einem Mittelwert $T_t$, der genau eine Zykluszeit größer ist als $T_g$:

$$\begin{aligned} T_t &= 2 \cdot T_g & \tag{3.6-31a} \\ &= 2\left((lnb_0 + Wob) + (p + 2) \cdot sk_g\right). & \tag{3.6-31b} \end{aligned}$$

### 3.6.5 Doppel-Verbindungswerke mit Frequenzteilung

Zur Vervollständigung der Konfigurationsgruppe sei auch ein System diskutiert, das aus einem Doppelverbindungssystem für den globalen Skew-Bereich $sk_g$ besteht und an dessen Knoten die lokalen Stationen gekoppelt sind, die mit höherer Frequenz arbeiten. (Die Frequenz des globalen Verbindungssystems entsteht also aus der $(1{:}m)$-Teilung der Frequenz der lokalen Stationen.)

Wir wählen die Version dieses Konzepts, bei dem alle Stationen an die Knoten $SA$ der nicht-transparenten Stufen LA angeschlossen sind. Die Stufen LB seien jedoch transparent, so daß sich der für die globale Verbindung günstige Halbgleichlaufbetrieb nach Abschn. 3.5.3 (Bild 3.5-6) einstellen kann. Die Bilder 3.6-2b und 3.6-8 zeigen die Situation.

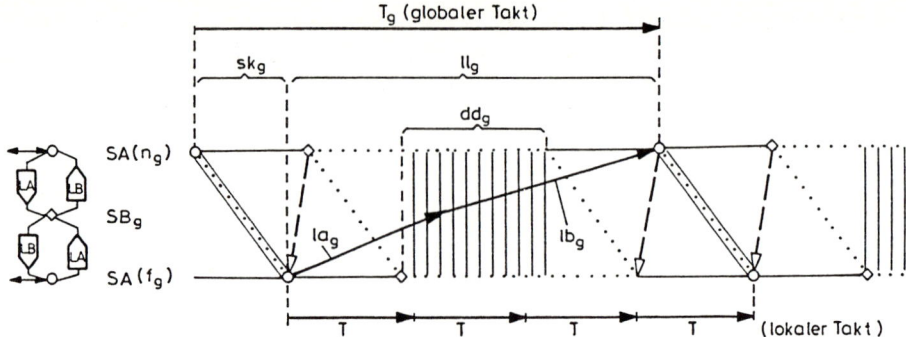

**Bild 3.6-8.** Doppelstufiges Übertragungswerk mit Frequenzteilung

Die Synchronisationsknoten $SB$ sind also nur transparente Durchgangsknoten. Wir wollen annehmen, daß die gesamte Leitungslaufzeit $lla_g + llb_g$ von einer Station zu einer anderen, selbst im schlimmsten Fall, z. B von $SA(f_g)$ nach $SA(n_g)$, einer globalen Laufzeit $ll_g$ entspricht:

$$lla_g + llb_g = ll_g = p \cdot sk_g. \tag{3.6-32}$$

Die Aufteilung dieser Laufzeit auf die beiden Bestandteile ist aufgrund der Transparenz in Stufe $LB_g$ in gewissen Grenzen $dd_g$ beliebig. Man kann sich also vorstellen, daß die Zwischenknoten (wie in Abschn. 3.5) räumlich verteilt sind (solange der globale Skew $sk_g$ und die Leitungslaufzeit $ln_g$ eingehalten werden). Es ist auch denkbar, daß es nur einen einzigen zentralen Knoten $SB_g$ gibt. Dessen Skew-Position ist auch nicht relevant, solange der Kopplungszeitpunkt innerhalb des reduzierten Transparenzbereichs ($dd_g$, s. Bild 3.6-8) liegt. Dies ist der Fall, wenn

$$la_{g,min} \; > \; sk_g - lb' \quad \text{und} \tag{3.6-33a}$$
$$lb_{g,min} \; > \; sk_g - la' \tag{3.6-33b}$$

erfüllt ist. Da in beiden Übertragungszeiten eine Flipflop-Verzögerung und ein Verstärkeranteil $ln_0$ enthalten ist,

$$la_g \; = \; fa + ln_0 + lna_g, \tag{3.6-34a}$$
$$lb_g \; = \; fb + ln_0 + lnb_g, \tag{3.6-34b}$$

ergibt sich ein möglicher Aufteilungsbereich von

$$dd_g = (p - 2) \cdot sk_g + skoa + skob + 2ln_0. \tag{3.6-35}$$

Wenn — wie vorher angesprochen — der Proportionalitätsfaktor $p = ll_g/sk_g$ größer als zwei ist, wächst $dd_g$ mit $sk_g$, so daß der Gleichlauf bei jeder Skew-Position von $SB_g$ mit weiten Aufteilungsgrenzen gewährleistet ist.

Die Zykluszeit des globalen zweistufigen Verbindungssystems ist also (s. Bild 3.6-8b):

$$T_g \; = \; la_g + lb_g + sk_g \tag{3.6-36a}$$
$$= \; 2(f + ln_0) + (p + 1) \cdot sk_g. \tag{3.6-36b}$$

Die mittlere Übertragungszeit $T_t$ besteht aus einer vollständigen globalen Zykluszeit $T_g$ plus einem Anteil aus Wartezeiten vor und nach diesem Übertragungsprozeß, den wir wie in Abschn. 3.6.4 mit einer weiteren vollen Periode ansetzen:

$$T_t = 2T_g \qquad\qquad\qquad (3.6\text{-}37a)$$
$$= 4\,(f + ln_0) + 2\,(p+1) \cdot sk_g. \qquad (3.6\text{-}37b)$$

Die lokale Zykluszeit ergibt sich aus der Teilung der Übertragungsperiode:

$$T = T_g/m \qquad\qquad\qquad (3.6\text{-}38a)$$
$$= 2\frac{f + ln_0}{m} + \frac{p+1}{m} \cdot sk_g. \qquad (3.6\text{-}38b)$$

Bild 3.6-4d zeigt diesen Trend mit den gleichen Beispielwerten für die Parameter.

Gegenüber der einstufigen Verbindung (3.6-15) ist die globale Zykluszeit $T_g$ für kleine Skew-Werte größer. Für große Skew-Werte wirkt sich aus, daß $T_g$ bei doppelstufigen Verbindungen nur mit $(p+1)sk_g$ steigt (statt mit $(p+2)sk_g$). Entsprechend verhalten sich auch die Übertragungszeiten ($T_t = 2T_g$) und lokalen Zykluszeiten ($T = T_g/m$).

Bei Kettenübertragungswerken (Bild 3.6-4a und c) ist der Unterschied zwischen ein- und doppelstufigen Systemen ganz ähnlich. Bei unserem Modell sind sogar die Grundtrends zwischen Ketten- und Frequenzteilwerken identisch ($T_t = T_d = T_g$ für $m = 1$ bei einstufigen Werken und $T_t = T = T_d$ für $m = 2$ bei Kettenwerken gleich den Werten für $m = 1$ bei Frequenzteilung).

Die Gegenüberstellung Ketten- und hierarchischen Verbindungssysteme mit Frequenzteilung anhand der Trendkurven (Bild 3.6-4) zeigt, daß

− die Zykluszeiten ($T$) bei den Kettenschaltungen größer sind und auch

− die maximalen Übertragungszeiten ($T_t$) für große Stufenzahl.

Für die Ketten-Version spricht allerdings die

− höhere Datenrate $T_d = T$ (anstatt $T_g$ bei Frequenzteilung) und

− die Tatsache, daß kürzere als die maximalen Verbindungswege auch deutlich kleinere Übertragungszeiten haben (für die nächsten Nachbarn ist die Übertragungszeit nur eine einzige lokale Zykluszeit $T$, s. [FL85]).

## 3.6.6 Asynchrone Übertragung

Die grundlegende Alternative zur synchronen Übertragung ist die asynchrone Übertragung (s. Abschn. 1.1). Wir wollen hier nur einige Gesichtspunkte zusammenstellen und ein sehr einfaches Modell beschreiben, das eine grobe quantitative Gegenüberstellung auf der Basis des Zeitverhaltens erlaubt.

Wir setzen weiterhin voraus, daß in den Stationen getaktete Schaltwerke sind, die aber nicht untereinander synchronisiert sind. Die Übertragung bei großem ("globalem") Skew geschehe daher asynchron.

Ein Übertragungsprozeß wird von der sendenden Station angestoßen. Die Übernahme der Daten aus dieser vom Sender synchronisierten Prozeßstufe bei der unkorreliert getakteten Empfangsstation bereitet die Schwierigkeit.

Zunächst muß der Gültigkeitszeitpunkt der Daten am Ende der Übertragung explizit signalisiert werden, da er ja nicht wie bei synchronen Systemen in einer bestimmten Taktphase garantiert ist und die Daten sich im allgemeinen nicht selbst synchronisieren. Die übertragene Information muß also auch ein Zeitsignal mitführen, das wir uns als ein getrenntes binäres Signal DAV ("data valid") vorstellen.

Der zeitliche Bezug dieses Signals zum Takt der empfangenden Station birgt den Entscheidungskonflikt, ob nämlich in kritischen Fällen die Information in der laufenden oder in der folgenden Taktperiode akzeptiert werden soll. Beide Alternativen sind prinzipiell gleichermaßen zulässig. Das Problem ist, daß in einem gewissen Grenzbereich das Entscheidungselement, ein Flipflop, in einen metastabilen Zustand gebracht werden kann, dessen Dauer von der Phasenlage von DAV-Signal und Taktflanke abhängt. Wenn man in dieser metastabilen Phase das Entscheidungsflipflop abfragt, kann es Fehlfunktionen geben.

Das Entscheidungsproblem ist ausführlich in der Literatur beschrieben ([Eic86], [HEC89], s. auch Anhang A.2). Für unsere vergleichenden Zeitbetrachtungen ist es wichtig, daß man das Entscheidungsflipflop erst nach einer Wartezeit $T_E$ (nach [Eic86]) abfragen darf, um Fehlfunktionen mit genügend großer Sicherheit zu vermeiden. Das dynamische Verhalten des Entscheidungsflipflops kann mit einer Entscheidungszeitkonstante $T_{meta}$ beschrieben werden, die bei älteren Technologien bei 36 ns und bei modernen, extra dafür entworfenen Flipflops im Bereich von Zehntel Nanosekunden liegt. Wenn man mit hoher Funktionssicherheit arbeiten will, muß man viele solcher Zeiteinheiten abwarten, bis man das Entscheidungsflipflop abfragt, d. h. die Wartezeit $T_E$ muß in der Größenordnung von 10 bis 100 ns liegen, d. h. im Bereich einer oder mehrerer Zykluszeiten.

In unserer Untersuchung wollen wir nicht auf die vielen Einzelheiten und Varianten eingehen, auch nicht auf die Protokollfragen, sondern nur die minimale Übertragungszeit mit ihren Komponenten Flipflop-Verzögerung $f$, Verstärkungszeit $ln_0$, Skewproportionale Laufzeit $p \cdot sk_g$ und dieser Entscheidungszeit schreiben:

$$T_{tmin} = f + ln_0 + T_E + p \cdot sk_g. \tag{3.6-39}$$

Hier spielt der Skew nur noch als Proportionalitätsfaktor für die Laufzeit eine Rolle (3.6-3). Bild 3.6-4f zeigt anschaulich, daß die Steigung dieser Kurve kleiner ist als die für alle synchronen Übertragungssysteme, so daß die asynchrone Übertragung für sehr große globale Skew-Werte immer schneller ist.

Wir betrachten diese Kurve als untere Grenze. Sicher müßte man noch eine lokale Zykluszeit $T$ addieren, aber wir können darüber keine allgemeingültigen quantitativen Angaben machen. Auch über die Datenrate ist nichts allgemein angebbar, weil sie stark von den logischen und betrieblichen Eigenschaften der asynchronen Systeme abhängt. (Hier müßte man vom klassischen Handshake-Verfahren mit vier Übertragungszeiten je Übertragungszyklus ausgehen und viele Varianten bis zum schnellen Blocktransfer in Pufferspeicher mit genauen Zeit-Spezifikationen zwischen Sender und Empfänger ansprechen.)

# 4 Zusammenfassung

## 4.1 Ziele

Die allgemeinen Ziele beim Entwurf der Zeitablauf-Struktur von synchronen Schaltwerken kann man folgendermaßen zusammenfassen:

### a) Zuverlässige Funktion

Die korrekte Funktion eines synchronen Systems ist durch die zuverlässige Einhaltung der sog. "Setz- und Haltebedingungen" gewährleistet. Dazu müssen die minimalen und maximalen Verzögerungen der Flipflop-Stufen und der Schaltnetze für die ungünstigsten vorkommenden Betriebsfälle und Bauteiltoleranzen berechnet, gemessen oder spezifiziert werden. Diese Aufgabe ist im konkreten Einzelfall oft sehr schwierig, bei großen VLSI-Komplexen meist sehr aufwendig und erfordert praktisch erheblichen Rechenaufwand bei der "Zeit-Simulation". Wichtige Konzepte für den Berechnungsansatz sind im Abschnitt "Kaskadierung" (Abschn. 2.2.3) und Anhang A.1 angesprochen.

### b) Arbeitsfrequenz

Zur effektiven Ausnutzung vorhandener Hardware zur Verknüpfung von Informationen ist ein möglichst oft wiederholter Gebrauch, d. h. die kürzeste Zykluszeit, anzustreben. Der "Verlust" an Zykluszeit gegenüber der maximalen Schaltnetz-Laufzeit soll möglichst klein sein. Dieses Ziel, in Verbindung mit der Zuverlässigkeit, führt oft zu einer Rückwirkung auf den logischen Entwurf eines Systems, weil man möglichst *alle* Schaltkreise gut ausnutzen will, d. h., daß man alle Laufzeiten möglichst gleich (gleich kurz) machen möchte. Lange seltene Laufzeiten (wie z. B. der arithmetische Übertrag) sollten auf mehrere Zyklen verteilt werden.

### c) Übertragungszeiten

Die Übertragungszeit der Information über größere Entfernungen soll möglichst klein sein, damit die Gesamtprozesse in verteilten Systemen schnell ablaufen. Insbesondere gilt dies für eng gekoppelte Systeme, die vielfache Kommunikation innerhalb des Systems erfordern. Die interne Antwortzeit ($T_R$) soll klein sein.

### d) Skew-Verträglichkeit

Da bei größeren Systemen der Synchronisationstakt trotz aller ingenieursmäßigen Bemühungen nicht exakt gleichzeitig an alle räumlich verteilten Stationen gebracht werden kann, muß das System so berechnet sein, daß die Setz- und Haltebedingungen trotzdem eingehalten werden. Dies gilt besonders für Systeme, bei denen der Takt über eine Pyramide von Verstärkern verteilt werden muß.

## 4.2  Probleme

### a) Prozeßdispersion

Ein synchroner Prozeß *belegt* eine Prozeßstufe für eine Dauer, die durch die Differenz zwischen Maximal- und Minimalverzögerung bestimmt wird. (Bei Triggerung
im Transparenzbereich kommt noch der Verzug hinzu.) Wir nennen diese Differenz
*"Prozeßdispersion"*. Nach unserer Definition besteht bei einer Stufe LS diese Dispersion (*Dls*) aus der Dispersion des Schaltnetzes (*Dln*), der Dispersion der Flipflop-Stufe
(*Df*) und der Schreibzeit (*Latch Time, Lf*):

$$Dls = Dln + Df + Lf. \tag{4.2-1}$$

Die Wiederholzeit der Benutzung einer Stufe, die *Zykluszeit*, kann unter keinen Umständen kleiner sein als diese Dispersion. Die darüber hinausgehenden Zeitabschnitte,
in denen der Zustand eines Synchronisationsknotens gültig ist, nennen wir *Wartezeit*
oder *Überschußzeit*. Sie stellen grundsätzlich unnütze Verweilzeiten dar.

### b) Rückkopplung

Bei einer idealen Pipeline (mit unidirektionalen, gleichen Stufen und toleranzfreien
angepaßten Synchronisationsphasen) kann man theoretisch diese absolut minimale Zykluszeit $T = Dls$ erreichen (Abschn. 3.1.2, Bild 3.1-2). Bei rückgekoppelten Prozeßketten müssen die Prozeßphasen am Anfang und Ende übereinstimmen, so daß zusätzliche
Größenanforderungen an die Prozeßzeiten gestellt werden müssen, um die Prozeßstufen
möglichst effizient nützen zu können (Abschn. 3.1.3, Bild 3.1-3).

### c) Taktversatz (Skew)

Wenn die zeitliche Lage der Start- und Zielsynchronisationspunkte einer Prozeßstufe
nicht exakt festzulegen sind, sondern einen gewissen Toleranzbereich haben, ist ein
"unnützer" Gültigkeitsbereich am Eingang jeder Stufe zu gewährleisten, innerhalb dessen der Synchronisationspunkt liegen muß. Bei unserer Definition von Skew bedeutet
das, daß die optimale Zykluszeit bei der Verwendung einer Prozeßstufe LS gleich der
Prozeßdispersion *Dls* plus zwei Skew-Werten (*sk*) ist:

$$T_{opt} = Dls + 2sk. \tag{4.2-2}$$

# 4.3   Wege

Um die obigen, sich zum Teil widersprechenden Ziele möglichst gut zu erreichen, gibt es eine Reihe von generellen Möglichkeiten, von denen die wichtigsten im folgenden kurz zusammengestellt werden. Eine gründlichere Übersicht über die einzelnen Systeme bietet der nächste Abschnitt.

### a) Optimale einphasige Flipflop-Stufen

Die Prozeßdispersion beinhaltet (4.2-1) die Dispersion $Df$ und die Schreibzeit $Lf$ der einphasigen Flipflop-Stufe. Zur Erzielung kleiner Zykluszeiten sind daher diese Größen durch den Entwurf oder die Auswahl der Flipflops zu minimieren, wobei der für die Haltebedingung erforderliche Grundüberschuß $Xf$ zu gewährleisten ist (s. Abschn. 3.2.1.1).

### b) Laufzeitabgleich

Ein anderer Weg zur Reduktion der Dispersion und damit der Zykluszeit ist die Vergrößerung der Minimallaufzeit $ln'$ des Schaltnetzes. Bei gegebener Maximalverzögerung $ln$ kann man $ln'$ dadurch erhöhen, daß man an individuellen Pfaden zusätzliche Laufzeitelemente, z. B. in Form von Inverterketten oder "dummy lines", anbringt. Bei einphasigen Schaltwerken wird dadurch nicht die Zykluszeit verringert, sondern nur die Skew-Verträglichkeit erhöht (s. Abschn. 3.2.1.3).

### c) Dynamische Verzögerung

Wenn zur Realisierung einer größeren Skew-Verträglichkeit der Laufzeitabgleich nicht oder nicht ausreichend verwirklicht werden kann, gibt es die Möglichkeit, für das ganze System eine zusätzliche Minimalverzögerung einzubauen. Dies kann als Teil des Schaltnetzes oder als Teil der Flipflop-Stufe angesehen werden. In jedem Fall wird dadurch die Dispersion der Prozeßstufe erhöht und die Zykluszeit erheblich verlängert (s. Abschn. 3.2.1.4).

### d) Getaktete Verzögerung

Die Skew-Verträglichkeit kann auch durch eine zusätzliche Flipflop-Stufe beliebig erhöht werden. Dabei kann man in einem System mit einem bestimmten unvermeidbaren Skew genau die erforderliche Verzögerung durch die Taktphasendifferenz für die beiden Stufen einstellen und erreicht dadurch die optimale Zykluszeit für beliebig große Skew-Werte (s. Abschn. 3.2.2).

Der Taktphasenversatz wird als "Systemgröße" angesehen, weil man ihn ohne Änderung der gesamten Hardware mit wenigen Elementen "von außen" einstellen kann. Der entsprechende Flipflop-Typ wird in der Fachliteratur als "Data-Lock-Out-Flipflop" bezeichnet, im Gegensatz zum weit verbreiteten "Master-Slave-Flipflop", bei dem die Phasendifferenz durch interne Bauteilparameter bestimmt wird (s. bes. Abschn. 3.2.2.3).

### e) Doppelstufige Schaltwerke

Wenn die Flipflop-Stufe für die getaktete Verzögerung mit einem zweiten Schaltnetz ausgestattet wird, erhält man ein doppelstufiges Schaltwerk, bei dem ein Teil der Verlustzeit für dieses Zusatznetz ausgenutzt wird, ohne die Zykluszeit zu erhöhen. Durch

Veränderung der Taktphasendifferenz kann man die Aufteilung des nutzbaren Teils der Taktperiode auf die beiden Prozesse in bestimmten Grenzen verändern.

Im Vergleich zu den einstufigen Schaltwerken ist also das (einzige) Schaltnetz durch eine Flipflop-Stufe zu trennen. Dies ist bei monolithischen Bauelementen (z. B. RAMs) oft nicht möglich, wohl aber in vielen mehrstufigen Verarbeitungswerken ("krause Logik"), wobei natürlich eine Rückwirkung des Zeitplan-Entwurfs auf den Logik-Entwurf besteht.

Wir erhalten dabei an jedem der beiden Prozeßstufeneingänge i. a. erhebliche Warte- und Überschußzeiten, so daß das oben erläuterte Konzept des Wirkungsgrades, der größtmöglichen Belegungszeit einer Stufe mit dem Prozeß, nicht mehr das übergeordnete Ziel darstellen kann. Wir benutzen vielmehr das Konzept des *Verlustes* als die Zeitdifferenz zwischen der minimalen Zykluszeit und der Summe der beiden Schaltnetzlaufzeiten:

$$W_{ln} = T - (lna + lnb). \tag{4.3-1}$$

Wir behandeln einerseits doppelstufige Schaltwerke, bei denen nur eine der Prozeßstufen alle anderen durch andere Skew-Positionen gekennzeichneten Stationen verbindet, während die andere nur eine lokale Stufe ist (Abschn. 3.4). Schaltwerke mit "Verbindungsstufen" in jeder Taktphase werden in Abschn. 3.5 behandelt (s. Überblicksbild 3.1-9).

### f) Transparenz

Wenn es vom System her notwendig oder ökonomisch vertretbar ist, daß der Zustand einer Flipflop-Stufe in jeder Taktperiode neu eingestellt werden kann, ist die Verwendung von Transparenz zulässig ("Latch" statt "Flipflop"). In der Transparenzphase werden die Prozesse einer Stufe unmittelbar durch die Prozesse der Vorstufe angestoßen und nicht von den Taktflanken.

Die räumliche und zeitliche (statistische) Verteilung der einzelnen Gatterpfade kann dadurch zu einer Verkürzung der maximalen Gesamtlaufzeit der beiden Prozesse führen (vgl. Abschn. 2.2.3 und Anhang A.1). Dabei wird von den oben (e) erwähnten *unnützen* Gültigkeitszeiten teilweise nützlicher Gebrauch gemacht.

Andererseits ist es möglich, die Prozesse an verschiedenen "Skew-Positionen" zu gleicher Zeit anzustoßen ("Gleichlauf"), da ja der exakte Zeitpunkt der Synchronisationstakte in gewissen Grenzen keine Rolle spielt.

Drittens erlaubt die Transparenz eine verschiedenartige Aufteilung der Taktperiode bei doppelstufigen Schaltwerken, ohne daß die Taktphasen angepaßt werden müssen.

Die Frage der Transparenz in einer oder in beiden Prozeßstufen und das Größenverhältnis der Transparenzphase zum Skew ergeben eine ganze Reihe von Betriebsmodi und Skew-Bereichen, die in den Abschnitten 3.3 bis 3.5 im einzelnen behandelt werden. Grundsätzlich ermöglicht Transparenz eine deutliche Reduktion der Verluste an Zykluszeit.

### g) Lokale Stationen und Verbindungen

Da die Verbindungen von Synchronisationspunkten mit Skew starke Zeitverluste (typisch proportional zu $2sk$) erfordern, ist es üblich, bei den Schaltnetzen, die nicht

zwischen extrem taktversetzten Stationen kommunizieren, andere Prozeßwerte anzu-
setzen. Wir haben deshalb Konfigurationsprototypen untersucht, die aus "lokalen Stationen" und "Verbindungen" bestehen. Innerhalb der Stationen (z. B. VLSI-Chips)
nehmen wir an, daß gar kein Skew existiert. Bei zweistufigen Systemen seien auch die
Teilperioden in allen Stationen exakt gleich aufgeteilt. Nur "Verbindungen" (z. B. ein
Bussystem) haben den Skew zu berücksichtigen.

Wir nehmen bei unseren Prototyp-Strukturen an, daß alle lokalen und Verbindungsstufen, die entsprechend der Konfiguration des Zeitgraphen verkoppelt sind, auch miteinander kommunizieren können. Dadurch ergibt sich auch, daß bei Transparenz in den
Koppelpunkten die Flexibilität in der Aufteilung der lokalen Prozeßzeiten beeinträch-
tigt wird. Bei einphasigen Schaltwerken ergibt sich durch Transparenz in den Koppelpunkten sogar ein höherer Verlust in den lokalen Stationen (s. Abschn. 3.2.1.6).
Bei doppelstufigen Schaltwerken kann man verschiedene "Betriebsweisen" zugrundele-
gen, die entweder den lokalen oder den Verbindungssystemen den Vorzug geben (z. B.
"symmetrischer" und "asymmetrischer" Betrieb, s. Abschn. 3.5.2 und 3.5.3).

Natürlich kommen in der Praxis eine Unzahl von speziellen Konfigurationen vor, die
von unseren Prototypen abweichen, z. B. weil in den verschiedenen Stationen jeweils
spezielle Konfigurationen oder Taktphasen vorliegen (z. B. bei dynamischen Speichern).

**h) Große Systeme**

Für sehr große Systeme mit großem Skew und mit großen Leitungslaufzeiten ist die
"Zykluszeit des Übertragungssystems" (Antwortzeit $T_R$) wesentlich größer als die Taktperiode $T$ der lokalen Stationen. Mit dieser Sicht hat man ein quantitatives Maß für
die *Enge der Kopplung*, z. B. von Multiprozessorsystemen (4.4.5).

In Abschn. 3.6 werden drei Typen behandelt:

- *Kettenübertragungswerke* mit bidirektionalen ein- und doppelstufigen Verbindungs-
  gliedern, die die lokale Taktfrequenz bestimmen. Die Übertragungszeit wächst
  aber mit der Anzahl der Kettenglieder. Wir haben auch eine unidirektionale
  Pipeline-Übertragung analysiert.

- *Frequenzteilungssysteme*, bei denen ein übergeordnetes synchrones Schaltwerk mit
  kleinerer Frequenz (d. h. mit multipler Zykluszeit) die lokalen Stationen verbindet.

- *Asynchrone Übertragung* zwischen synchron getakteten Schaltwerken.

# 4.4   Schaltwerkkonfigurationen und Trends

Der Einfluß der Konfigurationen des Zeitgraphen, der Transparenzklassen sowie der Betriebsweisen auf die Trends der Zykluszeiten, der Verluste und der Aufteilungsmöglichkeiten in Abhängigkeit von Skew soll in diesem Abschnitt zusammengefaßt werden.
Wir haben dazu für die vier im Übersichtsbild 3.1-9 gezeigten Schaltwerkkonfigurationen mit Taktversatz die Trenddiagramme in vereinfachter Form in den Bildern 4.4-1

bis 4.4-5 zusammengestellt, um die wichtigsten Merkmale daran zu diskutieren. Wir verzichten natürlich auf Beweisführungen und auf Sonderfälle und verweisen stattdessen auf die ausführlichen Behandlungen in den Abschnitten von Kap. 3 bzw. auf die detaillierten Trenddiagramme oder Formeln.

## 4.4.1 Einstufige, einphasige Schaltwerke

Diese einfachste und in Lehr- und Datenbüchern vorwiegende Klasse von Schaltwerken mit "einflankengetriggerten (*edge-triggered*) Flipflops" hat eine feste *Skew-Verträglichkeit skos*, die nach (3.2-14) aus dem *Grundüberschuß Xf* der Flipflop-Stufe F und der Minimalverzögerung *ln'* des Schaltnetzes LN besteht, s. Bild 4.4-1.

$$skos = Xf + ln'. \tag{4.4-1}$$

Durch beide Komponenten kann man die Skew-Verträglichkeit beeinflussen (Abschn. 3.2.1).

Der *Verlust $W_{ln}$*, d. h. der Teil der Zykluszeit, der über die *nützliche* Schaltnetzverzögerung hinausgeht, ist gleich der Flipflop-Verzögerungszeit *f* plus dem im zu entwerfenden System zu erwartenden Skew *sk* (3.2-12). Die Flipflop-Verzögerungszeit *f* kann aber nicht beliebig verkleinert werden, sondern ist durch unvermeidbare Entwurfsgrößen (Flipflop-Dispersion *Df* und Schreibzeit *Lf*) sowie durch den Grundüberschuß *Xf* gegeben (3.2-6). Bild 4.4-1a (nach Bild 3.2-4a, Abschn. 3.2.1.2) zeigt verschiedene Darstellungen der Flipflop-Verzögerung. Die Beziehung zur Skew-Verträglichkeit *skos* kann man folgendermaßen angeben:

$$f = Df + Lf - ln' + skos \tag{4.4-2a}$$
$$= Wo + skos. \tag{4.4-2b}$$

Eine andere Betrachtungsweise für die Zykluszeit ist die Zusammensetzung aus Prozeßdispersion *Dls*, Skew-Verträglichkeit *skos* und dem aktuellen Skew *sk* (3.2-16b):

$$T = Dls + skos + sk. \tag{4.4-3}$$

Da die minimale Schaltnetzverzögerung *ln'* die Skew-Verträglichkeit *skos* erhöht aber die Dispersion *Dls* verringert, beeinflußt ein höheres *ln'* nicht den Zykluszeit-Trend, sondern nur die Skew-Verträglichkeit ("Laufzeitabgleich", Abschn. 3.2.1.3).

Falls man das Zeitintervall, mit dem die Haltebedingung übererfüllt ist ( *Überschuß xs*), durch einen Transparenzbereich *tr* ausfüllen kann, so ergibt sich nach Abschn. 3.2.1.5 bis zum Wert *skos*/2 gar keine Erhöhung der Zykluszeit, bei Ausnutzbarkeit der statistischen Verteilung der Laufzeiten sogar eine Reduktion der Zykluszeit bis auf den optimalen Wert $T_{opt}$ (3.2-34), der sogar kleiner sein kann als die Schaltnetzverzögerung *ln* (für den statistisch schlimmsten Fall angegeben). Im höheren Skew-Bereich (*skos*/2 < *sk* < *skos*) steigt die Zykluszeit dann schneller bis auf den gleichen Grenzwert wie ohne Transparenz. Bild 4.4-1b zeigt auch die optimale Zykluszeit für einphasige Schaltwerke mit optimaler Transparenz:

$$T = Dls + 2skos. \tag{4.4-4}$$

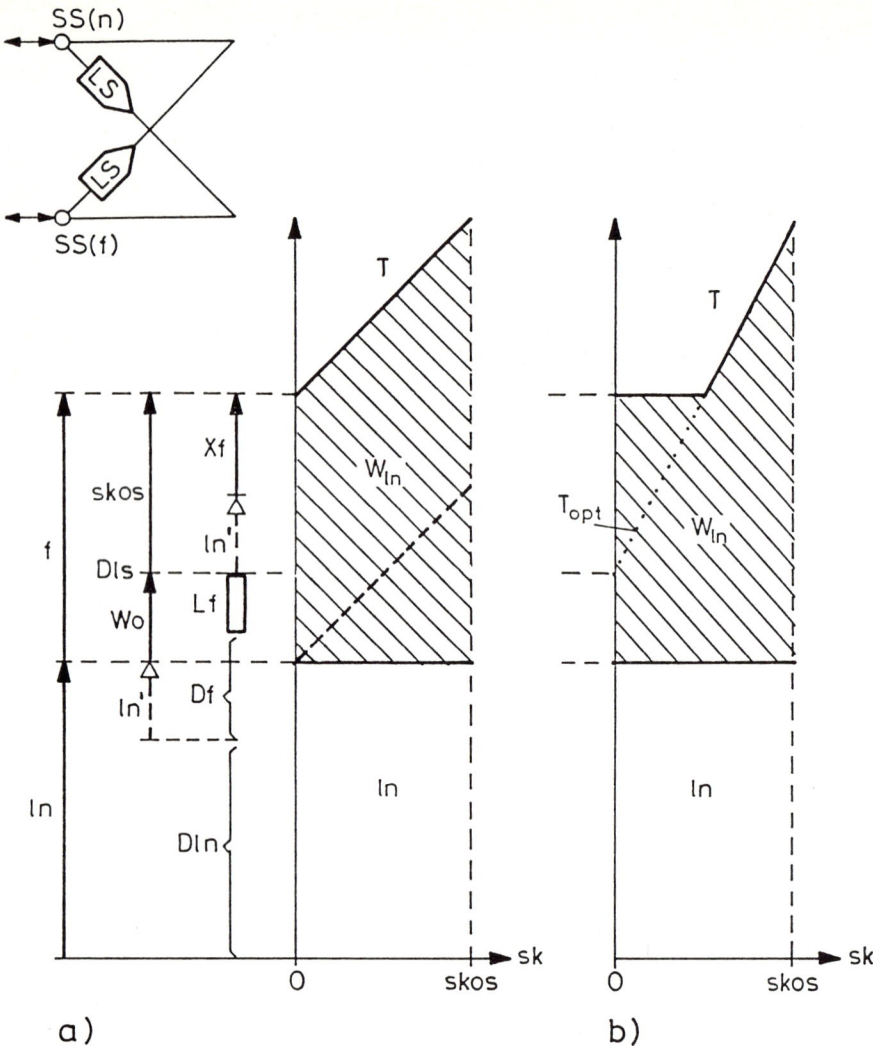

**Bild 4.4-1.** Trenddiagramm einphasiger Schaltwerke: a) ohne Transparenz, b) mit Transparenz

## 4.4.2   Master-Slave-Schaltwerke

Mit Hilfe einer zusätzlichen *Master*-Flipflop-Stufe (MA) gibt es keine bauteilbedingte Skew-Grenze, sondern man kann die Skew-Verträglichkeit auf beliebig große zu erwartende Skew-Werte anpassen, vorausgesetzt, man kann die Taktung der beiden Stufen (MA und LB) "von außen" (systemweit) durch die Taktphasendifferenz $Ta$ einstellen (s. Bild 4.4-2). Diese Möglichkeit besteht bei den sog. *Data-Lock-Out-Flipflops*, nicht aber bei den *klassischen* Master-Slave-Flipflops. Dieser Unterschied ist in Abschn. 3.2.2.3 ("Taktung von Master-Slave-Schaltwerken") im Detail erläutert.

Bis zu einem inhärenten (bauteilbestimmten) Grenzwert $sko$ (3.2-53)

$$sko = fa + fb - Lfa - Dfb + lnb' \qquad (4.4\text{-}5)$$

muß die Taktphasendifferenz konstant bleiben, und es herrscht der *Setzfall*, bei dem die Zykluszeit linear mit dem Skew $sk$ steigt (wie bei einphasigen Schaltwerken (4.4-3)). Bei größeren Skew-Werten ($sk > sko$, *Haltefall*) steigt die Zykluszeit doppelt so steil ((4.4-4), s. Bild 4.4-2). Dazu addiert sich ein Grundwert, der sich aus der Summe der Flipflop-Verzögerungen ergibt ($fa + fb$), ähnlich wie der Grundwert $f$ bei einphasigen Schaltwerken. Hier sind die Flipflop-Verzögerungen nicht mehr durch die Haltebedingung bestimmt, sondern nur durch die Realisierbarkeit der Schaltkreise. Die Dispersion ($Dfb$) und die Schreibzeit ($Lfa$) der Flipflops als Anteile der Dispersion $Dlb$ beeinflussen allerdings den Grenzwert $sko$.

Bei fester Taktphasendifferenz ($TaF$), d. h. bei den klassischen Master-Slave-Flipflops, ist der Trend mit dem von einphasigen Schaltwerken vergleichbar: die Verluste sind höher und die Skew-Verträglichkeit begrenzt (s. Bild 3.2-13).

Bei der Verwendung von Transparenz in beiden Flipflop-Stufen ist die Zykluszeit bis zum Wert $sko/2$ konstant, bei Anwendbarkeit von Statistik sogar bis $T_{opt}$ reduzierbar (s. Bild 4.4-2b).

### 4.4.3 Doppelstufige Schaltwerke mit einfacher Verbindung

Wenn man anstatt der getakteten Verzögerungsstufe (Master-Flipflop-Stufe MA, Bild 4.4-2) eine vollwertige lokale Prozeßstufe A verwendet (s. Bild 4.4-3a), so kann im *Haltefall* ($sk > sko$) eine Schaltnetzlaufzeit $na_{min}$ ausgenutzt werden, die dann nicht mehr als *Verlust* verbucht werden muß. Der Verlust $W_{ln}$ besteht nur noch aus dem Grenzwert $fa + fb$ (wie beim MS-System) und einem Skew-proportionalen Anteil (vgl. Bild 4.4-3a mit 4.4-2a, Details in Abschn. 3.4). Die Dispersion ($Dfb$), die Schreibzeit ($Lfa$) und die minimale Netzverzögerung $lnb'$, die zusammen den Grundverlust $Wo$ darstellen, haben nur noch Einfluß auf den Skew-Wert ($sko$), bei dem der Minimalwert $na_{min}$ des lokalen Schaltnetzes beginnt.

Durch Vergrößerung der Taktphasendifferenz ($Ta$) kann man auch den Anteil der lokalen Netzlaufzeit ($na$) auf Kosten der Verbindungsnetzzeit ($lnb$) vergrößern. Hier tritt erstmals das Phänomen des "*Aufteilungsbereichs*" ($dd$) auf, den man beliebig unter den beiden Schaltnetz-Verzögerungen aufteilen kann.

Wenn man eine der beiden Prozeßstufen (vorzugsweise LB, s. Abschn. 3.4.2, Bild 3.4-5) transparent macht, dann bleibt der in Bild 4.4-3a gezeigte Trend im wesentlichen erhalten, insbesondere auch der Skew-proportionale Verlust und die Skew-unabhängige Aufteilbarkeit. Allerdings braucht man dann keine Taktphasenverschiebung für verschiedene Aufteilungen, und man profitiert von der transparenten Kopplung der Prozesse (s. Abschn. 2.2.3 und Anhang C.3, in Bild 4.4-3 nicht dargestellt).

Wenn man — aufgrund der logischen Konstellation — beide Prozeßstufen transparent machen kann, dann bleibt der Verlust an nützlicher Zykluszeit bis zu einem bestimmten

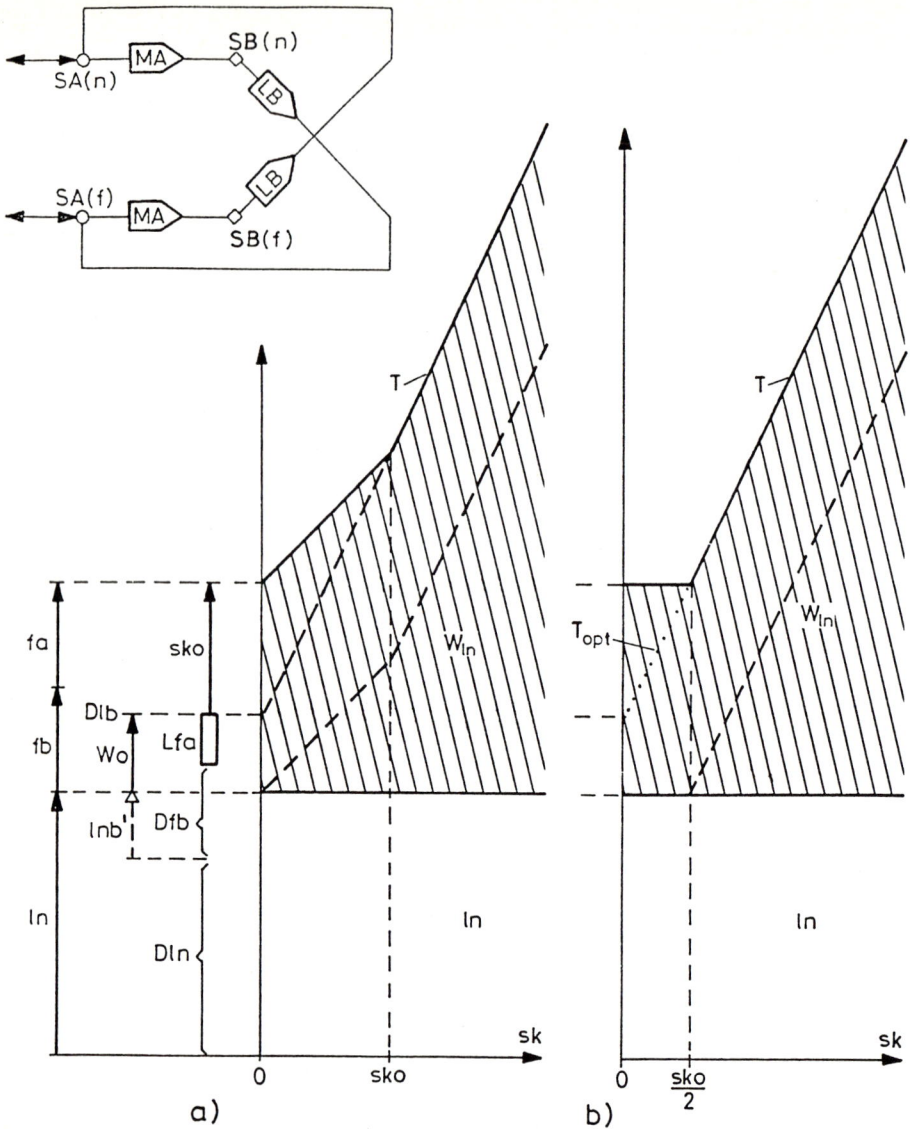

**Bild 4.4-2.** Trenddiagramme von Master-Slave-Schaltwerken: a) ohne Transparenz, b) mit Transparenz

Skew-Grenzwert $sk1$ (s. u.) auf die Flipflop-Verzögerungszeiten ($fa + fb$) beschränkt, die nur durch die Realisierbarkeit der Flipflop-Schaltung bestimmt werden.

Der Aufteilungsbereich ($dd$, s. Bild 3.4-6) wird ab einer Größe $xob$

$$xob \;=\; fb + a' \tag{4.4-6a}$$
$$\;=\; fa + fb - Lfb - Dfa + na', \tag{4.4-6b}$$

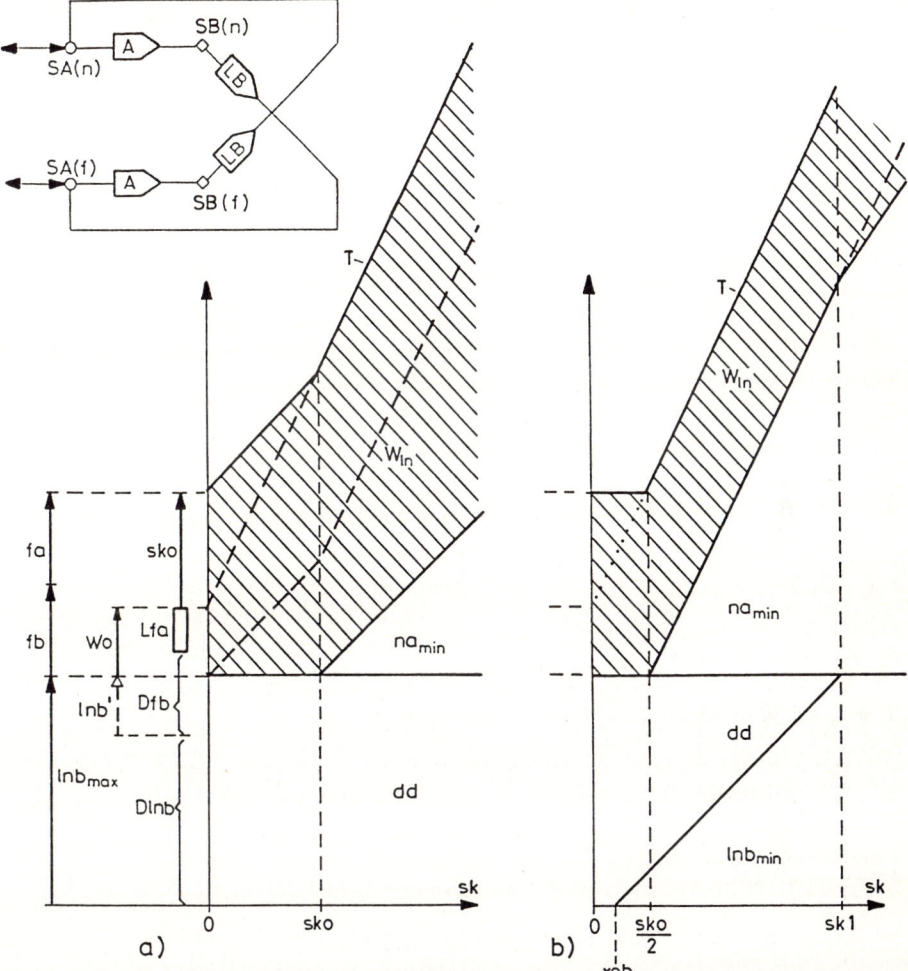

**Bild 4.4-3.** Trenddiagramme von doppelstufigen Schaltwerken mit Einfachverbindung: a) symmetrischer Betrieb, b) Doppeltransparenz

die u. a. durch die Minimalverzögerung $na'$ des lokalen Netzes bestimmt wird, kleiner als die maximale Verbindungsverzögerung ($lnb_{max}$). Beim Skew-Wert

$$sk1 = xob + lnb_{max} \qquad (4.4\text{-}7)$$

gibt es keine Aufteilbarkeit mehr, und der Verlust steigt bei weiter wachsendem Skew an (3.4-26). Dies ist allerdings ein Bereich, bei dem der Skew schon größer ist als die maximale Verbindungsverzögerung und etwa ein Drittel der Zykluszeit beträgt (3.4-21a). Der Wert $sk1$ stellt daher einen ökonomischen Skew-Grenzwert dar. (Bei unseren Diagrammen haben wir aus Darstellungsgründen die Größenordnung der Maximalverzögerung ($lnb_{max}$) zu denen der Flipflop-Parameter ($f$, $Df$, $Lf$) verkleinert dargestellt.) Bis zum Grenzwert $sk1$ sind die Verluste unabhängig von den Flipflop-Dispersionen, Schreibzeiten und den Minimallaufzeiten der Schaltnetze. Diese Größen bestimmen lediglich die Grenzwerte der Netzlaufzeiten und damit der Aufteilbarkeit ($skoa, xob$ bzw. $sk1$). Daher ist beim Entwurf transparenter Flipflops auch die Minimierung der Maximalverzögerungen wichtiger als die Minimierung von Dispersion und Schreibzeit (s. Anhang B.3).

## 4.4.4 Doppelstufige Schaltwerke mit Doppelverbindung

Durch die Einfügung von Verbindungsstufen (LA) anstatt der lokalen Stufen (A) erhält man eine allgemeinere Schaltwerk-Struktur. Man kann jetzt in beiden Phasen zwischen allen Stationen kommunizieren, also ein beliebiges doppelstufiges Netz in einem System mit einem maximalen Taktversatz ($sk$) sicher betreiben. Insbesondere, wenn man die beiden Verbindungsstufen als Busse auffaßt, erkennt man, daß in einer Taktperiode von jeder Station zu jeder anderen Daten übertragen und auch die "Antwort" zurückerhalten werden kann. Die interne Antwortzeit ist also gleich einer einzigen Taktperiode (im Gegensatz zu den obigen doppelstufigen Schaltwerken mit nur einer Verbindung pro Takt).

Andererseits ist der Einfluß von Skew nun auch stärker, so daß sich größere Zykluszeiten, größere Verluste und eine kleinere Aufteilungsflexibilität ergeben. Die vermehrten Beschränkungen durch die größere Zahl der eingeschlossenen Prozeßstufen führt auch zu einer größeren Anzahl von Betriebsfällen, die in Abschn. 3.5 ausführlich analysiert wurden. Hier wollen wir nur die wichtigsten Trends zusammenfassen, die sich aus drei Transparenzfällen bzw. Betriebsweisen ergeben.

### 4.4.4.1 Doppelverbindungswerke mit symmetrischem Betrieb

Ohne Transparenz (Abschn. 3.5.1) ergibt sich ein sehr einfacher Trend, der in Bild 4.4-4a dargestellt ist, und zwar für die Parameter-Konstellation

$$skoa = skob = sko > 0, \qquad (4.4\text{-}8)$$

die für die Praxis repräsentativ sein dürfte ($skoa$ und $skob$ sind in (3.4-1) definiert). Der Verlust ist sehr groß. Er steigt von Anfang an mit $2sk$. Die Dispersionen, Schreibzeiten und Minimalzeiten spielen keine Rolle (abgesehen von den obigen fallbestimmenden Bedingungen). Die gesamte maximale Verbindungsnetzzeit $lnb_{max}$ ist für alle Skew-Werte auf die komplementäre Zeit $lna$ verteilbar ($dd = lnb_{max}$), indem man die Taktphasen entsprechend einrichtet.

Dieser Trend (Bild 4.4-4a) gilt auch, wenn man Transparenz in einer der beiden Phasen realisieren kann und weiterhin eine "symmetrische Betriebsweise" voraussetzt (s. Überblicksbild 3.5-1c), bei der die eingebundenen lokalen Stationen ohne Prozeßzeitverlust arbeiten können. Der Hauptvorteil dieser "Einfach-Transparenz" liegt darin, daß die Aufteilung der Netzverzögerungen ohne Taktphasenanpassung geschehen kann. Das bedeutet auch, daß beide Prozesse "kaskadiert" (Abschn. 2.2.3) gekoppelt sind, d. h. durch räumliche Staffelung und stochastische Zeitprozesse eine Verkürzung der Zykluszeit erreicht werden kann (oder auch eine Vergrößerung der worst-case-Schaltnetzverzögerungen bei gleicher Zykluszeit und Zuverlässigkeit, s. Anhang C.3). Dieser Ersparniseffekt ist in den Trendkurven nicht dargestellt.

### 4.4.4.2 Doppelverbindungswerke mit asymmetrischem Betrieb

Mit Einfach-Transparenz , aber "asymmetrischer Betriebsweise" (s. Bild 3.5-1d und Abschn. 3.5.3), ergibt sich bei gleicher Maximalverzögerung ($lnb_{max}$) eine Zykluszeit-reduktion. Auch der Verlust ist dann nur noch einfach proportional zum Skew, ähnlich wie bei Einfachverbindungswerken (mit Einfach-Transparenz, vgl. Bild 4.4-4b mit Bild 4.4-3a).

Die Dispersionen, Schreibzeiten und minimalen Netzverzögerungen (ausgedrückt durch *Wo* und Teile von *sko*) bewirken aber eine Reduktion der Aufteilbarkeit. Bei einem Grenzwert *sk2*

$$sk2 \;=\; fa + fb - (Dfa + Lfb) + lna' + lnb_{max} \qquad (4.4\text{-}9a)$$
$$=\; skob + lnb_{max} \qquad (4.4\text{-}9b)$$

gibt es keine verteilbare Verzögerungszeit (*dd*) mehr, und die Verluste steigen bei noch höherem Skew stark an. Auch dieser Skew-Wert ($sk2 \approx T/3$, (3.5-40)) stellt eine inhärente Grenze für den ökonomischen Entwurf von Schaltwerken in dieser Betriebsweise dar, ähnlich wie *sk1* bei doppeltransparenten Einfachverbindungssystemen (vgl. Bild 4.4-4b mit Bild 4.4-3b).

### 4.4.4.3 Doppelverbindungswerke mit Gleichlaufbetrieb

Die letzte Version von doppelstufigen Schaltwerken mit Verbindungen in beiden Stufen ist die mit Transparenz in diesen beiden Stufen (Abschn. 3.5.4). Hier ergibt sich eine ähnliche Trendkurve wie bei doppeltransparenten Einfachverbindungswerken (vgl. Bild 4.4-5a mit Bild 4.4-3b. Der Verlust ist minimal ($fa + fb$), und im Setzbereich ($sk < sko/2$) ist die Zykluszeit konstant. Allerdings wird dieser Bereich durch die stärkere Verkopplung bereits bei dem halben Skew-Grenzwert ($sk2/2$) begrenzt, und die Verbindungsverzögerung *lna* wächst für $sk > sk2/2$ nicht weiter ($lna = lnb$ für den gezeichneten Fall mit $skoa = skob = sko$, wie bei Bild 4.4-4b).

### 4.4.4.4 Darstellung mit konstanter Zykluszeit

Wir haben in dieser ganzen Arbeit zur Darstellung der Relationen zwischen den Zeitparametern immer vorausgesetzt, daß die maximale Schaltnetz-Verzögerungszeit ($lnb_{max}$) vorgegeben ist. Aus den Setz- und Haltebedingungen ergaben sich dann die minimal mögliche Zykluszeit $T$ und die zugehörigen Laufzeiten der anderen Schaltnetze (insbesondere *lna*). Bei der so bestimmten Zykluszeit haben wir dann die Verzögerungszeiten anders aufgeteilt und die Grenzen bestimmt.

Von den vielen anderen möglichen Aufgabenstellungen für den Zeitplanentwurf wählen wir hier als Beispiel die aus, bei der die Zykluszeit $T$ vorgegeben ist und die Frage

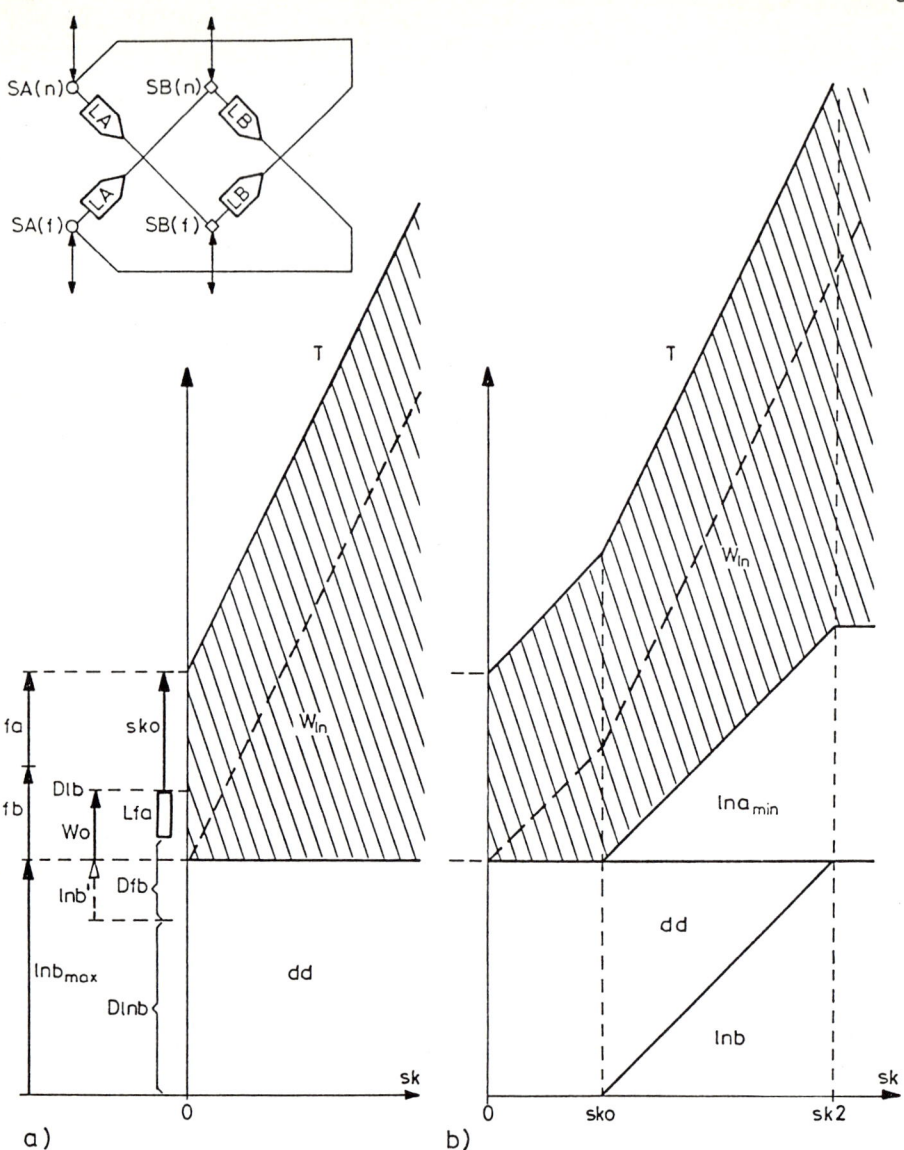

**Bild 4.4-4.** Trenddiagramme von doppelstufigen Schaltwerken mit Doppelverbindungen: a) Nicht-Transparenz (symmetrischer Betrieb), b) Einfach-Transparenz (asymmetrischer Betrieb)

entsteht, wie groß dann die Schaltnetz-Verzögerungen unter dem Einfluß von Skew sein dürfen. Bild 4.4-5b zeigt eine solche Darstellung für den gleichen Fall wie Bild 4.4-5a.

Bis zu dem Skew-Wert $sko/2$ sind die Kurven natürlich identisch, übrigens auch mit dem transparenten MS-System (Bild 4.4-2b) mit einem einzigen Schaltnetz. Ab $sko/2$ muß jetzt die Verzögerung $lnb_{max}$ kleiner werden, und eine Aufteilung in zwei durch

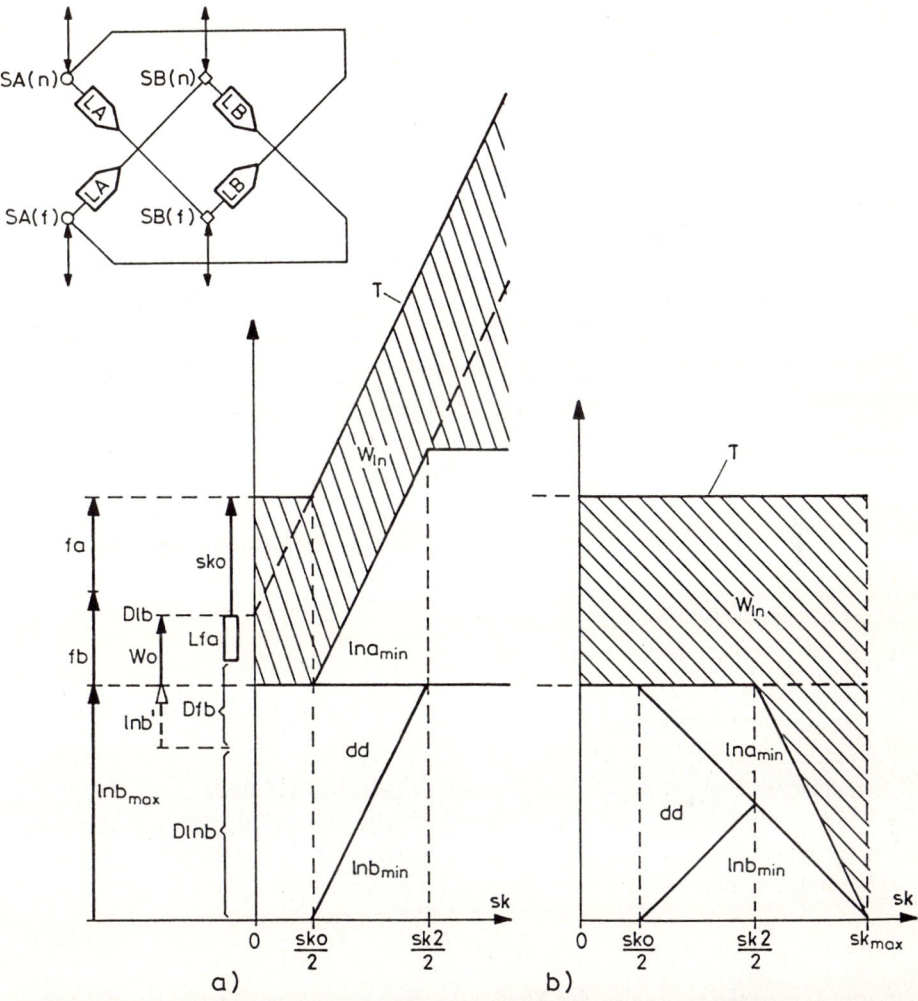

**Bild 4.4-5.** Trenddiagramme von doppelstufigen Schaltwerken mit Doppelverbindungen und Doppeltransparenz: a) $lnb_{max}$ = constant, b) $T$ = constant

(transparente) Flipflop-Stufen getrennte Schaltnetze ist notwendig, um die verfügbare Gesamtschaltnetzzeit ($lna + lnb$) auszunutzen. Der Verlust ist noch minimal ($fa + fb$), aber der Aufteilungsbereich ($dd$) sinkt mit wachsendem Skew bis zu $sk2/2$. Für noch größeren Skew steigt dann der Verlust, und die beiden (in unserem Fall gleichen) Schaltnetzlaufzeiten sinken schließlich auf 0. (Eine andere Variante wäre, die Summe ($lna + lnb$) konstant zu lassen und die Zykluszeit unbegrenzt mit $2sk$ anwachsen zu lassen.)

### 4.4.5   Verbindungswerke bei großem Taktversatz

Wenn synchrone Schaltwerke sehr groß werden, in dem Sinne, daß die Signallaufzeit
auf den längsten Verbindungswegen vergleichbar oder sogar viel größer als die mögliche
Taktperiode wird, dann ist es nicht mehr zweckmäßig, die lokale Zykluszeit durch
die Verbindungswerke bestimmen zu lassen. Wir schlagen das Verhältnis von lokaler
Zykluszeit $T$ zur Antwortzeit (response time, $T_R$) als quantitatives *Kopplungsmaß* $K$
zwischen den Stationen vor:

$$K = \frac{T}{T_R}. \tag{4.4-10}$$

Damit könnte man die "Enge" der Kopplung z. B. zwischen den Elementen eines Multi-
prozessorsystems quantitativ angeben. Wir benutzen hier allerdings wegen der günsti-
geren graphischen Darstellbarkeit) die *Übertragungszeit (transfer time, $T_t$)*, die wir als
die Hälfte der Antwortzeit definieren:

$$T_t = \frac{T_R}{2}. \tag{4.4-11}$$

Wir haben drei Methoden für die Realisierung der Kopplung untersucht:

- synchrone Kettenwerke,

- Frequenzteilung und

- asynchrone Übertragung.

Zur graphischen Konfigurationsübersicht verweisen wir auf die Bilder 3.6-1 und 3.6-2.
Die Übertragungszeiten $T_t$ und die Zykluszeiten haben wir in Bild 3.6-4 für alle Kon-
figurationen über dem *globalen Skew $sk_g$* aufgetragen. Die globale Verbindungsnetz-
Verzögerung hat immer eine Skew-proportionale Komponente

$$ll_g = p \cdot sk_g, \tag{4.4-12}$$

und jede Teilstrecke hat (außer der Flipflop-Laufzeit) noch eine Verstärkerlaufzeit $ln_o$.

#### 4.4.5.1   Synchrone Kettenwerke

Kettenübertragungswerke sind bidirektionale synchrone Pipelines, bei denen jedes Kettenglied ein Schaltwerk mit einem maximalen Skew-Wert $sk$ darstellt, dessen Zykluszeit
die Taktperiode der angeschlossenen Stationen und damit die Datenrate bestimmt (s.
z. B. Bild 3.6-1a). Wir können es, wie in den vorherigen Abschnitten, als allgemeines
Schaltwerk mit vielen Stationen an jeder Skew-Position zwischen den Extrempositio-
nen "nah" und "fern" (in bezug auf $sk$) ansehen oder auch als Verbindungswerk nur
zwischen den beiden Endpositionen. An den Endpositionen schließt sich das nächste
Kettenglied an, das wieder den Skew-Wert $sk$ überwindet.

Wie bei den einfachen Schaltwerken gibt es bei den Kettengliedern bidirektionale einstufige und doppelstufige Verbindungswerke (Bilder 3.6-1a und b). Wir haben auch eine

unidirektionale, zum Ring gekoppelte Pipeline analysiert (Bild 3.6-1c). Die Trendkurven aller Kettenwerke sind in Bild 3.6-4a, c und e zusammengestellt.

Bei den Einfachverbindungswerken (Bild 3.6-1a und 3.6-4a) spielt die minimale Prozeßzeit ($lb'$) und damit die Dispersion ($Dlb$) eine Rolle, da die Haltebedingung maßgebend ist. Wir drücken dies durch den Grundverlust

$$Wob = Dfb + Lfa - lnb' \qquad (4.4\text{-}13)$$

aus. Wir haben hier doppelstufige Schaltwerke mit einer Verbindung beschrieben. Die Ergebnisse gelten aber auch für Master-Slave-Schaltwerke oder einphasige Schaltwerke.

Da in jeder Taktperiode $T$ nur ein Verbindungsvorgang stattfinden muß, kann sie relativ kurz sein. Sie steigt aber wegen der Setz- und Haltebedingung doppelt mit dem Skew. Bei einer Aufteilung der Übertragungsstrecke in $m$ Teile sinkt der Skew-proportionale Anteil (mit $(p+2)/m$). Mit zunehmender Stufenzahl wird aber zu der eigentlichen Übertragungszeit jeweils ein relativ großer Lokalanteil ($lnb_0 + Wob$) addiert, so daß $T_t$ für große $m$ sehr groß wird. Bei kürzeren Übertragungswegen ist die Übertragungszeit entsprechend kleiner (z. B. bei der Verbindung von "nächsten Nachbarn" nur eine Zykluszeit (vgl. [FL85], auch [GHHK90] etc.)).

Bei Doppelverbindungs-Kettenwerken (Bilder 3.6-1b und 3.6-4c) müssen pro Zyklus zwei Verbindungen ausgeführt werden, aber es werden dabei zwei Skew-Einheiten ($sk$) überbrückt. Die Zykluszeit ist relativ zu den Einfach-Kettenwerken größer, aber pro Stufe addiert sich zu $T_t$ nur eine halbe Zykluszeit. Bild 3.6-4c zeigt im Vergleich zu Bild 3.6-4a, daß die Übertragungszeit $T_t$ schwächer steigt. Für längere Ketten ($m > 2$) und großen Skew ist also die Übertragung in zweistufigen Systemen kürzer.

Da bei doppelstufigen symmetrischen Schaltwerken die Haltebedingung immer übererfüllt wird, spielt hier die Dispersion ($Dl$) und der Grundverlust ($Wo$) keine Rolle. Die Zusatzverzögerung pro Stufe (gleich der Hälfte der Zykluszeit) besteht also nur aus Flipflop-Verzögerung ($f$) und Verstärker-Laufzeit ($ln_o$). Dieser "kleine Unterschied", der bei unseren Diagrammen wegen der Wahl der Parameter gar nicht zum Ausdruck kommt, könnte für den praktischen Entwurf von entscheidender Bedeutung sein, er setzt aber die Kenntnis der speziellen Entwurfsvorgaben (z. B. Extremgrößen von $la$ und $ln'$) voraus, so daß dieser Punkt hier nicht weiter allgemein diskutiert werden kann.

Als Beitrag zu diesem Diskussionspunkt ist in Abschn. 3.6.3 eine (unidirektionale) Pipeline diskutiert, die insgesamt zu einem Ring zusammengeschlossen ist. Da jede Stufe nicht auf sich selbst oder auf die letzte Stufe zurückgekoppelt werden muß, ergeben sich weniger Restriktionen, so daß die Zykluszeiten und Übertragungszeiten wesentlich günstiger sind. Man beachte auch, daß die Zykluszeit, wie in einstufigen Schaltwerken, durch die Dispersion bestimmt ist (mit Grundverlust $Wo$). Die Übertragungszeit $T_t$ ist, wie bei doppelstufigen Schaltwerken, durch die Laufzeit je Stufe bestimmt, die hier allerdings nicht die Halbperiode, sondern den angepaßten Phasenversatz darstellt (s. Bild 3.6-4e, Abschn. 3.1.2).

### 4.4.5.2   Verbindungswerke mit Frequenzteilung

Wenn man mit einem *globalen* doppelstufigen Verbindungs-Schaltwerk in einer Takt-periode $T_g$ den ganzen *globalen* Skew $sk_g$ überbrückt, spart man die lokalen Verzöge-rungszeiten in jedem der $m$ Kettenglieder. Entsprechend sind auch die Zykluszeiten an den lokalen Stationen kleiner, wenn man mit Frequenzteilung ($T = T_g/m$) arbeitet. (Wir haben bewußt den gleichen Buchstaben $m$ für die Frequenzteilung benutzt wie für die Zahl der Kettenglieder.)

Allerdings kann man von jeder Station aus nur in jedem $m$-ten Takt das übergeord-nete Übertragungssystem benutzen, d. h. die Datenperiode ist $T_d = T_g$. Andererseits muß man die Mikroprogramm-Algorithmen so einrichten, daß die Übertragungsphase möglichst gut dem Übertragungsbedürfnis angepaßt ist. Im ungünstigsten Fall müßte man $(m - 1)$ lokale Takte auf den Übertragungsprozeß warten und bei der Empfangs-station ebenfalls. Wir haben deshalb als Übertragungszeit den Mittelwert $T_t = 2T_g$ angegeben und diesen Unsicherheitsbereich schraffiert.

Als dritten Nachteil gegenüber den Kettenwerken muß man erwähnen, daß die Übertragungszeit unabhängig von der räumlichen Nachbarschaft ist und immer dem "worst-case" entspricht. Andererseits ist das System dadurch auch universeller als eine Kettenschaltung, da man die logische Verbindung nicht auf die räumliche Verbindung abstimmen muß.

Die Konfiguration (z. B. Bild 3.6-2a) kann als Bussystem aufgefaßt werden, bei dem zu einer Zeit nur ein Verbindungsvorgang passieren kann. Diese Zuordnung zur logischen Konfiguration ist aber gar nicht zwingend. Ebenso könnten die Prozeßstufen, die ja nur die zeitliche Gemeinsamkeit von Registerelementen und Schaltnetzen darstellen, in viele gleiche parallel arbeitende Übertragungswege aufgelöst sein, bis hin zu einem vollständigen dedizierten Verbindungssystem.

Es gibt wieder den Unterschied zwischen den übergeordneten Schaltwerken mit einer oder mit zwei Verbindungen in dem doppelstufigen Werk (Bilder 3.6-2a und b, Erge-bisse in Bild 3.6-4b und d). Man beachte bei dem Vergleich wieder, daß bei doppel-stufigen Werken die Flipflop-Laufzeit $f$ für den Grundwert bei $sk_g = 0$ maßgebend ist, bei einstufigen Werken aber der Grundverlust $Wo = Df + Lf - ln'$ (s. Diskussion in Abschn. 3.6.4 und 3.6.5).

Bei einem doppelstufigen hierarchischen Verbindungswerk, bei dem alle lokalen Sta-tionen an einer Phase angeschlossen sind (an alle $SA$-Synchronisationsknoten, s. Bild 3.6-8), empfiehlt es sich, den Zwischenknoten $SB$ transparent zu machen und ihn evtl. an einer räumlichen Stelle zu konzentrieren (d. h. kein Skew in Phase $B$). Das Ergebnis der Untersuchung in Abschn. 3.6.5 (dargestellt in Bild 3.6-4d) ist, daß die Haltebedin-gung keine Rolle spielt, aber zwei Flipflop- und Verstärkerverzögerungen bereits ohne Skew auftreten. Dafür steigt die globale Zykluszeit $T_g$ nur linear mit dem Skew, in unserem Ansatz allerdings auch mit der Skew-proportionalen Leitungslaufzeit $ll_g$, also mit $(p + 1) \cdot sk_g$. Da bei dem Einfachverbindungswerk die Zykluszeit stärker steigt (mit $(p + 2) \cdot sk_g$), ergibt sich für größere Skew-Werte ein Vorteil bei der doppelstufigen Version.

### 4.4.5.3 Asynchrone Übertragung

Wenn man zwei synchron getaktete Schaltwerke verbindet, deren Takte aber unge-koppelt ("frei") laufen, so ergibt sich beim Empfänger ein Entscheidungsproblem, zu welcher Taktperiode ein asynchrones (vom anderen Taktgenerator synchronisiertes) Signal zugeordnet werden soll. Grundsätzlich gehört dazu eine logische Warteprozedur oder eine Abfrageorganisation, die zwar Aufwand bedeuten, aber nichts mit dem hier behandelten Aspekt des Timings zu tun haben.

Von unserem Standpunkt ist nur zu berücksichtigen, daß ein Entscheidungskonflikt in Form von einem metastabilen Zustand mit genügend kleiner Wahrscheinlichkeit zu einem Fehlverhalten führt. Dazu gehört eine genügend lange Entscheidungszeit $T_E$, die von Flipflop-Parametern und Zuverlässigkeitsforderungen abhängt (s. Abschn. 3.6.6 und [Eic86], [HEC89]). Die notwendige Zusatzzeit $T_E$ liegt praktisch in der Größen-ordnung von Zykluszeiten und muß zur Übertragungszeit $T_t$ addiert werden, die nur aus der Flipflop-, Verstärker- und (in unserem Ansatz Skew-proportionalen) Leitungs-verzögerung besteht, sonst aber keine Skew-Anteile enthält.

Bild 3.6-4f zeigt diesen Trend zum Vergleich. Diese Übertragungszeit stellt einen Mi-nimalwert dar, zu dem noch Organisationszeiten der Warte- oder Abfrageprozeduren hinzugerechnet werden müßten.

Für sehr große Entfernungen ($sk_g \gg T$) sind sicher asynchrone Übertragungen schneller als synchrone. Wo jedoch der optimale Übergangspunkt liegt, könnte mit Hilfe dieser Gegenüberstellung für jeden spezifischen Fall quantitativ ermittelt werden.

## 4.5 Beispiel

Als Anwendungsbeispiel für die verschiedenartige Konfigurierbarkeit der Zeitverhält-nisse bei einer gegebenen logischen Schaltwerk-Konfiguration wollen wir eine sehr ver-einfachte Version der Kommunikation zwischen zwei Stationen (*chips*) betrachten, und zwar zwischen einem Steuerwerk C und einem Speicher (M *memory*), die durch einen Adreßbus R (*reference*) und einen Datenbus D miteinander verbunden sind. Bild 4.5-1a zeigt die Konfiguration ohne Angaben des Zeitverhaltens.

Gedacht ist hier an einen Mikroprogrammzyklus von einem oder wenigen Maschinen-zyklen. Die "CPU" wird als Steuerwerk C angesehen, das aus internen und den vom Speicher M gelieferten Daten neue Mikroprogrammspeicheradressen erzeugt. Es gibt also auch lokale, interne Rückführungen (I) auf dieses Steuerwerk. Der Speicher ist nur als Lesespeicher modelliert, Takt- und Auswahlsignale sind nicht dargestellt. Wir betrachten ihn einfach als kombinatorisches Schaltwerk NM mit der Verzögerungszeit *nm* zwischen Adresse und Daten. Somit können wir den Arbeitszyklus als eine ge-schlossene Schleife von vier Schaltnetzen NC, NR, NM und ND ansehen, in die nun an verschiedenen Punkten Flipflop-Stufen eingesetzt werden können, um die Rückkopp-lungsbedingungen zu erfüllen (Bild 4.5-1b).

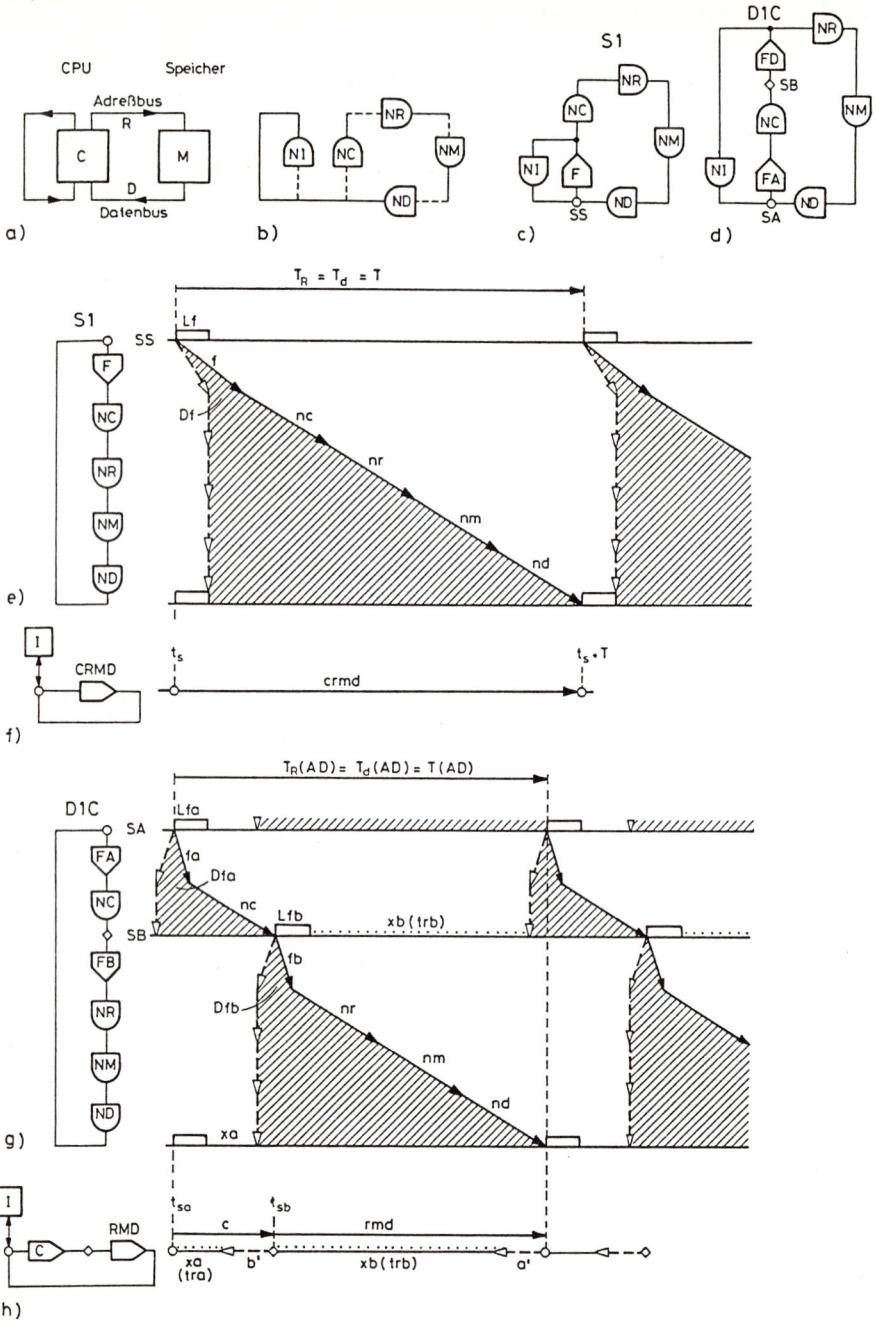

**Bild 4.5-1.** Beispiel einer Prozessor-Speicher-Kopplung (ohne Skew): a) Grundstruktur,
b) allgemeine Zeitkonfiguration, c) einstufig, d) doppelstufig, e) und f) Zeitdiagramme zu c),
g) und h) Zeitdiagramme zu d)

### 4.5.1  Einphasiges, eintaktiges Schaltwerk (S1)

Bild 4.5-1c zeigt die einfachste Lösung des Timing-Problems, nämlich die ungetaktete Kopplung des Speichers mit einer einphasigen System-Flipflop-Stufe F auf dem CPU-Chip. Weil der Speicherchip keinen Takt hat, gibt es auch keinen Taktversatz, und man braucht im Prinzip keine Skew-Verträglichkeit (*skos* = 0). Wir haben in unserer Terminologie nur eine lokale einphasige Stufe (CRMD, Bild 4.5-1f) mit der Flipflop-Verzögerung als Verlust:

$$f = Wo \qquad (4.5\text{-}1)$$

und einer Netzverzögerung, die sich aus der kaskadierten Summe aller vier Schaltnetze zusammensetzt. Die Zykluszeit, die auch Antwortzeit $T_R$ und Wiederholzeit $T_d$ ist, ist also für Version S1:

$$
\begin{aligned}
T &= T_R = T_d & (4.5\text{-}2a) \\
&= Wo + nc + nr + nm + nd. & (4.5\text{-}2b)
\end{aligned}
$$

Teilbild e zeigt das Zeitdiagramm auf Element- und Teilbild f auf Prozeßebene.

### 4.5.2  Doppelstufiges lokales Schaltwerk (D1C)

Wenn man (wie in Bild 4.5-1d, g und h gezeigt) doppelstufig arbeitet, ist das Problem der Haltebedingung unkritisch. Hier ist die Zykluszeit durch die Setzbedingungen bestimmt, und der Verlust besteht nur aus den beiden minimierten Flipflop-Verzögerungen ($W_n = fa + fb$):

$$
\begin{aligned}
T &= T_R = T_d & (4.5\text{-}3a) \\
&= fa + fb + nc + nr + nm + nd. & (4.5\text{-}3b)
\end{aligned}
$$

Beide Überschußbereiche ($xa$, $xb$) könnten durch Transparenzbereiche ersetzt werden, was für die aus der Speicherschleife definierte Zykluszeit einen Vorteil bietet (Abschn. 3.3.2), aber für die lokale Station (I) eine Einschränkung bedeutet (Abschn. 3.2).

Die Zykluszeit bleibt auch bei dieser asynchronen Kommunikation sehr groß, insbesondere braucht man zwei Verbindungsleitungen ("Adreßbus" R und "Datenbus" D, obwohl gerade hierbei der Name "Bus" nicht gerechtfertigt ist), da beide vollzeitlich ausgenutzt werden, weil ja der Zyklus aus der Summe der Laufzeiten aller Netze besteht.

Die lokale Zykluszeit $T$ könnte natürlich durch Frequenzvervielfachung gegenüber $T_R$ verringert werden ($T_R = m \cdot T$, s. Abschn. 3.6.5).

### 4.5.3  Doppelstufiges Verbindungswerk (D1M)

Wenn die zweite Flipflop-Stufe nicht auf der gleichen Station (hier C) angeordnet ist, sondern auf der entfernten Station M, so muß man mit Skew-Effekten rechnen. Eine

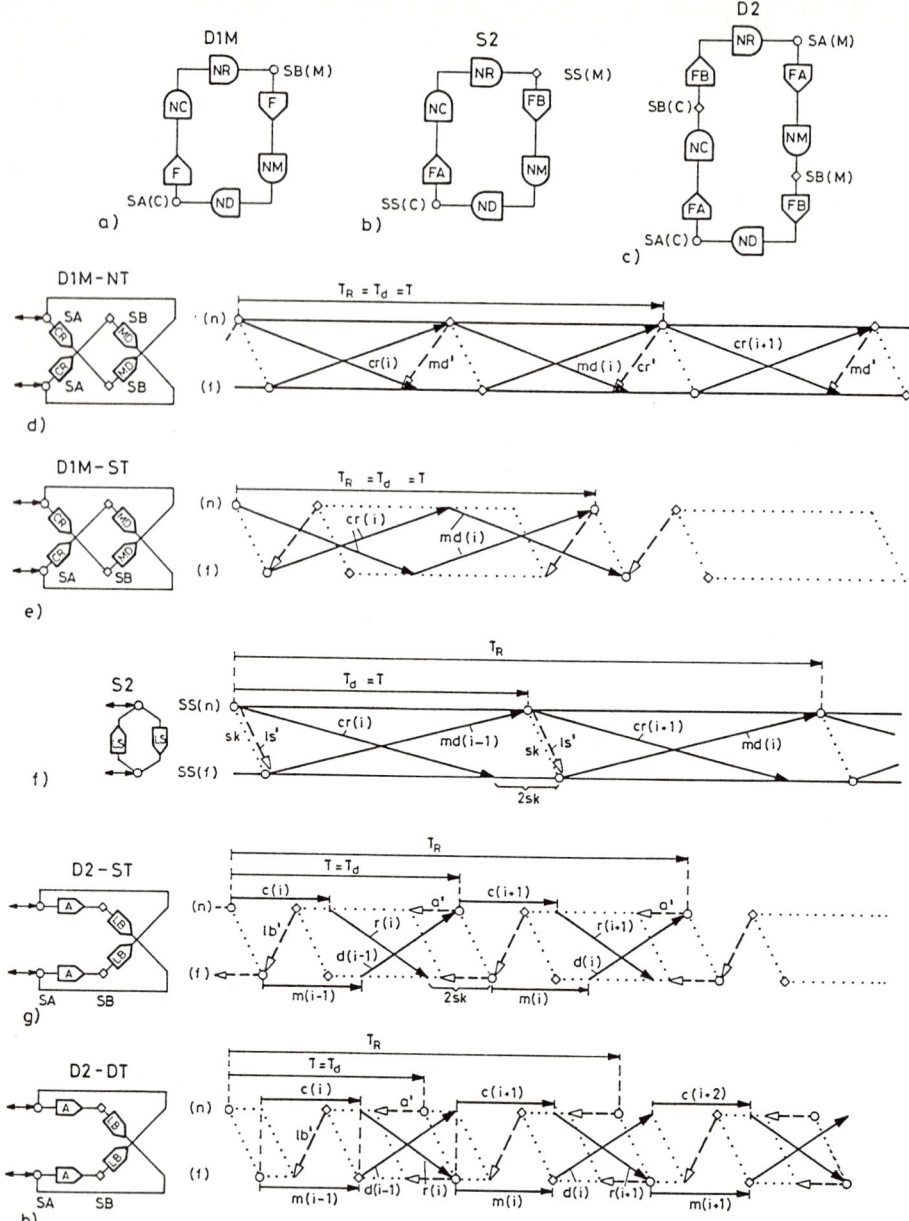

**Bild 4.5-2.** Beispiel einer Prozessor-Speicher-Kopplung (mit Skew): a) bis c) Zeitkonfigurationen, d) bis h) Prozeßzeit-Diagramme

derartige Konfiguration haben wir in Bild 4.5-2a dargestellt. (Man könnte natürlich auch eine andere Zusammenfassung der Schaltnetze vornehmen.) Wichtig ist, daß nun die beiden Taktphasen so gewählt werden, daß beide (verschiedenen) Prozeßstufen CR und MD in jeder Rolle bezüglich der Skew-Position einen sicheren Betrieb garantieren. Man kann ja — nach unserer Definition von Skew — nicht die Takttoleranz der beiden Synchronisationsknoten $SA(C)$ und $SB(M)$ vorherbestimmen. Es gilt also die Konfiguration des "doppelstufigen Verbindungssystems" (nach Bild 3.1-9f), das wir in Bild 4.5-2d links wiedergegeben haben. Wegen der nun vier (statt zwei) Synchronisationsknoten benutzen wir auch die gefaltete Prozeßzeitdiagramm-Darstellung und nicht mehr die Darstellung auf Elementebene.

Die Haltebedingung ist in diesem doppelstufigen System immer erfüllt. Wir können also ein Flipflop mit minimaler Verzögerung benutzen und haben keinen Einfluß von Dispersion $Df$, Schreibzeit $Lf$ und den minimalen Schaltnetz-Verzögerungen (vgl. Bild 4.5-1e). Für die Zykluszeit existiert aber ein Unterschied, ob beide Stufen nicht-transparent sind (NTR, Bild 4.5-2d) oder ob wenigstens eine Stufe transparent ist (STR, Teilbild e). Daraus ist abzulesen, daß für den nicht-transparenten Fall (D1M-NTR)

$$T = fa + fb + nc + nr + nm + nd + 2sk, \qquad (4.5\text{-}4)$$

aber für den einfach-transparenten Fall (D1M-STR)

$$T = fa + fb + nc + nr + nm + nd \qquad (4.5\text{-}5)$$

ist.

Man beachte, daß bereits bei einfach-transparenten Systemen der Skew-Einfluß ganz wegfällt. Im Gegensatz zu universellen doppelstufigen Schaltwerken mit Doppelverbindung kehrt hier jeder Zyklus zur gleichen Skew-Position, nämlich der einzigen CPU im System, zurück. Bild 4.5-2e zeigt die beiden extremen, nicht gleichzeitig zu berücksichtigenden Prozesse.

Auch in diesen Fällen ist die Antwortzeit $T_R$ gleich der Kommunikationszykluszeit $T_d$ und der lokalen Periode $T$. Damit ist auch kein Pipelining möglich.

Die teiltransparente Version D1M-STR ist in der Zykluszeit und dem Betriebsverhalten der Version D1C weitgehend gleich. In beiden Systemen ist die Zykluszeit auf die vier Prozesse frei zu verteilen, weil eine kaskadierte Kopplung vorliegt. Mit Transparenz in Stufe RMD wäre im System D1C wie auch in D1M-STR eine Kaskadierung aller vier Prozesse möglich, die durch die statistische Summation aller Teilzeiten zu kürzeren Zykluszeiten führt (Anhang C). Die Entscheidung, ob D1C oder D1M-STR günstiger ist, hängt daher weitgehend von hier nicht behandelten weiteren Einbindungen ab.

In nicht-transparenten Systemen ist eventuell auch die Doppelnutzung eines gemeinsamen Busses für Adressen und Daten möglich.

### 4.5.4  Einphasiges, zweitaktiges System (S2)

Bild 4.5-2b zeigt ein Verbindungssystem mit je einer einphasigen Flipflop-Stufe auf der Steuerwerks- und der Speicherseite. Wir bezeichnen es kurz als "S2" (*single stage, 2*

Takte). Wir haben also auf jeder Seite zwei Schaltnetze zusammengefaßt und könnten mit den Flipflop-Stufen von zwei Prozeßstufen (CR und MD) reden.

Auf jeder Seite gibt es den synchronen Takt, und man muß mit Taktversatz sk rechnen. Nachdem man nicht voraussagen kann, ob das Steuerwerk und der Speicher auf dem "nahen" oder "fernen" Ende liegen, müssen die Prozeßverzögerungszeiten auf die Zykluszeit so abgestimmt sein, daß die Setzbedingung in jeder Richtung erfüllt ist. Da die Taktperiode in beiden Übertragungsphasen gleich ist, müssen beide Prozeßstufen die gleichen Zeitbedingungen erfüllen. Wir bezeichnen sie deshalb gemeinsam mit LS (Bild 4.5-2f). Die Zykluszeit ist also für S2:

$$T = f + \max \left\{ \begin{array}{c} nc + nr \\ nm + nd \end{array} \right\} + sk. \qquad (4.5\text{-}6)$$

Um die Haltebedingung auch im schlechtesten Fall (nah-fern-Verbindung) zu erfüllen, muß das (einphasige oder MS-)Flipflop die folgende minimale Laufzeit (gleich Verlust) haben

$$f \;=\; Wo + sk \qquad\qquad\qquad (4.5\text{-}7a)$$
$$\;=\; Df + Lf - ln' + sk. \qquad (4.5\text{-}7b)$$

Somit ist die Zykluszeit:

$$T(S2) = Wo + \max \left\{ \begin{array}{c} nc + nr \\ nm + nd \end{array} \right\} + 2sk. \qquad (4.5\text{-}8)$$

Zum Vergleich der Zeitverhältnisse mit dem obigen synchronen Verbindungssystem wollen wir annehmen, daß die beiden Prozeßzeiten gleich sind,

$$nc + nr = nm + nd, \qquad\qquad (4.5\text{-}9)$$

was die günstigste Voraussetzung für das zweitaktige System S2 darstellt. Die Antwortzeit für dieses System ist dann:

$$T_R(S2) \;=\; 2T(S2) \qquad\qquad\qquad (4.5\text{-}10a)$$
$$\;=\; 2Wo + nc + nr + nm + nd + 4sk. \qquad (4.5\text{-}10b)$$

Im Vergleich mit dem einphasigen, eintaktigen System S1 ist diese um

$$T_R(S2) - T_R(S1) = Wo + 4sk \qquad\qquad (4.5\text{-}11)$$

größer. Allerdings ist die Taktperiode $T(S2)$ nur halb so groß wie die Antwortzeit, oder im Vergleich zur Taktperiode $T(S1)$

$$T(S2) = (T(S1) + Wo)/2 + 2sk \qquad\qquad (4.5\text{-}12)$$

etwas mehr als halb so groß.

Wenn die beiden Übertragungssysteme R und D (Adreß- und Datenbus) getrennt existieren und deshalb gleichzeitig benutzt werden können, dann kann das Steuerwerk einen weiteren Auftrag ($cr(i + 1)$) an den Speicher geben, bevor die Antwort auf den vorangegangenen ($i$-ten) Auftrag zurückgekommen ist. Die Kommunikationszykluszeit ist dann im Pipeline-Modus:

$$T_d(S2) = T(S2). \tag{4.5-13}$$

Die Datenrate ist also beinahe doppelt so groß wie beim einphasigen eintaktigen System S1.

Andererseits ist es möglich, das identische Übertragungsmedium sowohl als Adreß- als auch als Datenbus in alternierenden Taktzyklen (im Zeitmultiplex) zu benutzen. (Getrennt gezeichnete Zeitnetzsymbole können physisch gemeinsame Teile haben.) Dann spart man Hardwareaufwand, kann aber nicht mehr parallel im Pipeline-Modus arbeiten.

## 4.5.5 Doppelstufiges, zweitaktiges System (D2)

Eine letzte Zeitstrukturierung des Beispielproblems sei als doppelstufiges, zweitaktiges System nach Bild 4.5-2c vorgestellt. Hier sind alle vier Teilfunktionen als Prozeßstufen C, R, M und D auffaßbar, die folgende Maximallaufzeiten haben:

$$c = fa + nc, \tag{4.5-14a}$$

$$r = fb + nr, \tag{4.5-14b}$$

$$m = fa + nm, \tag{4.5-14c}$$

$$d = fb + nd. \tag{4.5-14d}$$

Daraus könnte man einen vierstufigen Pipeline-Ring mit optimal angepaßten Taktphasen realisieren (s. Bild 3.1-2d, 3.1-3a und 3.6-7). Wir wollen an dieser Stelle jedoch diese Aufgabe auf eine der vorher behandelten Protoypen zurückführen, nämlich auf eine doppelstufige Struktur mit "einstufiger Verbindung" (Abschn. 3.4) in Phase *B*. Die zwei dann zu betrachtenden Stufen A und LB haben dann folgende Maximallaufzeiten:

$$a = fa + \max \left\{ \begin{array}{c} nc \\ nm \end{array} \right\}, \tag{4.5-15a}$$

$$lb = fb + \max \left\{ \begin{array}{c} nr \\ nd \end{array} \right\}. \tag{4.5-15b}$$

Hier gibt es (s. Bild 4.5-2g und h) nun zwei Varianten in der Antwortzeit, wobei wir $nc = nm$ und $nr = nd$ annehmen. In der ersten,

$$T_R(\text{D2-NTR}) = 2(fa + fb) + nc + nr + nm + nd + 2sk, \tag{4.5-16}$$

sind nicht-transparente und einfach-transparente Systeme gemeinsam beschrieben. Sie unterscheiden sich nur in der taktgesteuerten bzw. automatischen Aufteilbarkeit der Prozeßzeiten und damit in der statistischen Summationsmöglichkeit.

Beim doppel-transparenten System D2-DT fällt der Skew-Term ($2sk$) weg,

$$T_R(\text{D2-DTR}) = 2(fa + fb) + nr + nc + nm + nd, \tag{4.5-17}$$

und man hat Kaskadierungseffekte und Aufteilbarkeit.

Gegenüber der minimalen Antwortzeit für unser Anwendungsbeispiel, nämlich $T_R(\text{D1C})$, ist das doppelstufige Schaltwerk (D2-DT) mit Transparenz immer noch mit Verlust durch die beiden zusätzlichen Flipflop-Verzögerungszeiten belastet. Außerdem bestehen hier die erwähnten Einschränkungen für die relativen Größen der einzelnen Laufzeitanteile ($nc = nm$, $nr = nd$).

Die Zykluszeit und der Übertragungszyklus im Pipeline-Modus sind jedoch nur halb so groß wie die Antwortzeit.

$$T_d(D2) = T(\text{D2}) = T_R(\text{D2})/2. \tag{4.5-18}$$

Bild 4.5-2h zeigt, daß dieses zweimal doppelstufige System (D2) die kürzeste Zykluszeit von allen gezeigten Varianten aufweist.

# A  Ergänzende Betrachtungen zu Gattern und Schaltnetzen

In diesem Kapitel des Anhangs wollen wir einige spezielle Gesichtspunkte beim Betrieb von logischen Gattern und Schaltnetzen ansprechen. Das sind im einzelnen zunächst grundsätzliche Überlegungen zu den Grenzwerten der Verzögerungszeiten bei Gattern, die sich aus betrieblichen Gesichtspunkten ergeben. Im zweiten Abschnitt betrachten wir am Beispiel des Basis-Flipflops den kritischen Fall der Metastabilität, der bei der Rückkopplung von Gattern bzw. bei Flipflops auftreten kann. Im dritten Abschnitt untersuchen wir die Funktionsphasengrenzen der Isolierstufe im Detail. Wir betrachten die Abhängigkeit dieser Grenzen von den minimalen und maximalen Verzögerungsparametern der Isolierstufe und den Betriebsweisen, d. h. singulärer oder multipler Signalübergänge an den Funktionsphasengrenzen. Im vierten Abschnitt behandeln wir schließlich die grundlegenden Prinzipien der Taktpulsformung mit den Elementen digitaler Schaltkreise, also logischen Gattern und Verzögerungselementen.

## A.1  Einflußparameter auf Schaltverzögerungen

In unserer Darstellung des Zeitverhaltens verwenden wir für die Beschreibung von Schaltungselementen worst-case-Verzögerungszeiten. Diese extremen Verzögerungswerte müssen die jeweils möglichen kritischsten Wertekombinationen der

*statischen, dynamischen* und *betrieblichen*

Bauelement-Parameter erfassen.[1] Der prinzipielle Einfluß dieser Parameter soll anhand eines sehr einfachen Verzögerungselementes X, das nur aus einem idealen Verstärker und einem RC-Glied besteht (s. Bild A.1-1), angedeutet werden.

Am Eingang des Verzögerungselementes befindet sich ein statischer Verstärker (mit idealem Zeitverhalten), der durch die in Bild A.1-1b gezeigten Übertragungskennlinien charakterisiert wird. Mit gestrichelten Linien ist ein extrem grobes Toleranzschema dargestellt, das nur durch die Entscheidungsschwellen $U_{Lmax}$ und $U_{Hmin}$ am Eingang

---

[1]In den Angaben von worst-case-Parametern müssen natürlich alle Arten von Einflüssen berücksichtigt sein, also Temperatur, Spannungstoleranzen, Alterung der Bauteile sowie Einflüsse von Qualitätsanforderungen und Toleranzen des Fertigungsprozesses etc. Wir wollen hier aber nicht weiter im einzelnen darauf eingehen.

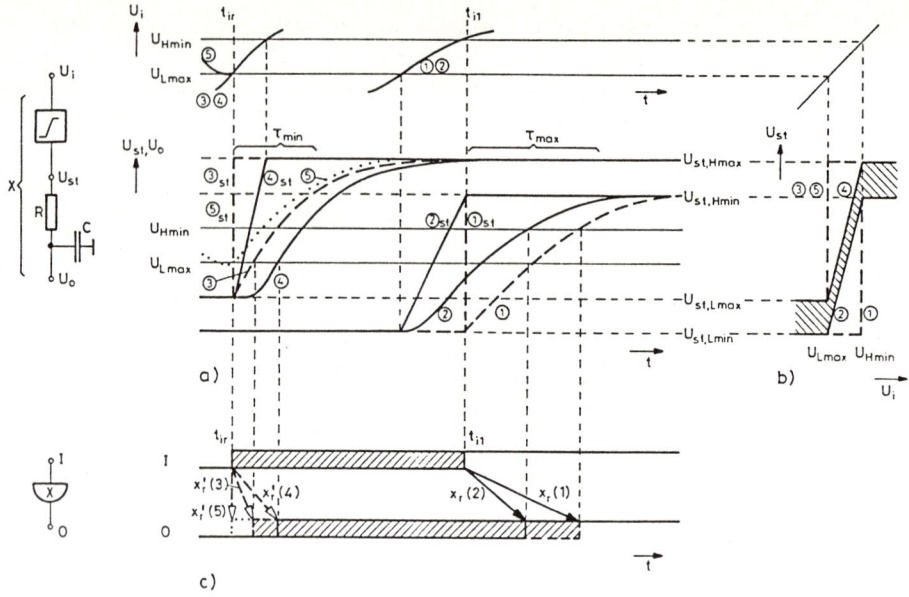

**Bild A.1-1.** Verzögerungen bei einem RC-Glied: a) Spannungsverläufe, b) idealisierte Übertragungskennlinie, c) resultierende Verzögerungen

(vgl. Abschn. 2.1.1) sowie die Grenzspannungswerte $U_{st,Hmax}$ und $U_{st,Hmin}$ bzw. $U_{st,Lmax}$ und $U_{st,Lmin}$ für die Spannungspegel am Ausgang charakterisiert wird. Eine andere, eher realistische Charakteristik zeigt der mit durchgezogenen Linien dargestellte abgeschrägte Kennlinienverlauf. Mit Hilfe dieser beiden Kennlinien können wir bereits den qualitativen Einfluß der Übertragungscharakteristik verdeutlichen.

Das Eingangssignal des Verzögerungselementes ist $U_i$. Der Verstärker am Eingang erzeugt daraus an seinem Ausgang entsprechend der Übertragungskennlinie das (statische) Spannungssignal $U_{st}$ mit den genannten Grenzwerten für die *High-* und *Low-*Pegel. Das dynamische Verhalten repräsentieren wir in unserem Beispiel schließlich durch ein einfaches RC-Glied, an dessen Ausgang dann das Signal $U_o$ anliegt. Wir diskutieren hier nur einen Signalübergang, nämlich eine ansteigende Flanke, nehmen aber eine toleranzbehaftete Zeitkonstante für das RC-Glied an ($\tau_{min}$, $\tau_{max}$).

Für einige Wertekombinationen von Eingangssignal und Übertragungskennlinie haben wir die resultierenden Spannungsverläufe in Bild A.1-1a skizziert. Die zusammengehörigen Fälle sind in den verschiedenen Teilbildern durch die Nummern 1 bis 5 gekennzeichnet. Bild A.1-1c zeigt die Übersetzung der Spannungssignale $U_i$ und $U_o$ in unsere Zeitdarstellung sowie die zu den verschiedenen Fällen gehörenden Verzögerungsvektoren.

**Fall (1):** Wenn das Eingangssignal $U_i$ wie gezeichnet extrem spät kommt und gleichzeitig die Entscheidungsschwelle am Eingang, $U_{Hmin}$, sehr hoch liegt, dann ergibt sich der späteste Gültigkeitszeitpunkt für das Eingangssignal, nämlich $t_{i1}$. Aufgrund der unendlich steilen Übertragungscharakteristik des Eingangsverstärkers erhalten wir also den mit ①$_{st}$ gekennzeichneten, gestrichelten Sprungfunktions-verlauf für die statische Ausgangsspannung $U_{st}$ in Teilbild a, und unter der An-nahme der maximalen Zeitkonstante $\tau_{max}$ ergibt sich der Ausgangsspannungs-verlauf $U_o$ für diesen Fall (gestrichelte Kurve ①). Erst wenn die Spannung den Schwellwert $U_{Hmin}$ des Folgeelementes (hier gleich dem des Eingangsverstärkers angenommen) erreicht, kann man das Ausgangssignal als gültig ansehen. Von $t_{i1}$ bis zu diesem Gültigkeitszeitpunkt am Ausgang $O$ erhalten wir also die Maxi-malverzögerung $x_r(1)$.

**Fall (2):** Falls hingegen die Übertragungscharakteristik des Verstärkers nicht unend-lich steil verläuft — wie man es durch Schwellwert-Spezifikationen allein anneh-men müßte — sondern abgeschrägt (durchgezogene Kurve), gleichzeitig aber die Randbedingungen wie im Fall (1) gelten, also spätestes Eingangssignal und maxi-maler Schwellwert $U_{Hmin}$ des Folgeelements, dann beginnt die Ausgangsspannung $U_o$ schon anzusteigen, wenn $U_i$ die Schwelle $U_{Lmax}$ überschreitet. Der Ausgang $O$ ist dann bereits um die Verzögerung $x_r(2)$ nach $t_{i1}$ gültig.

**Fall (3):** Wenn die Eingangsspannug $U_i$ den Schwellwert für den *Low*-Bereich über-schreitet ($U_{Lmax}$), dann ist der Eingang nicht mehr gültig, sondern ansteigend (vgl. Bild A.1-1c, Zeitpunkt $t_{ir}$). Wenn die statische Ausgangsspannung des Verstärkers sehr hoch liegt und der Ausgang des RC-Gliedes auf diesen Wert eingeschwungen ist, also $U_o = U_{st,Lmax}$, dann bleibt der Ausgang noch gültig, bis die Ausgangsspannung den Schwellwert des Folgeelements überschreitet ($U_{Lmax}$). Bei idealer Übertragungscharakteristik des Verstärkers ist dies nach unserem Be-schreibungsmodell die minimale Verzögerungszeit $x_r'(3)$.

**Fall (4):** Wenn die Übertragungskennlinie jedoch eine endliche Steilheit besitzt (durch-gezogene Kurve), bleibt der Ausgang bei sonst gleichen Randbedingungen wie Fall (3) länger gültig als dort und wird erst nach der Minimalverzögerung $x_r'(4)$ ungültig.

**Fall (5):** Wenn allerdings aus der betrieblichen Vorgeschichte des betrachteten An-stiegsvorgangs das Eingangssignal $U_i$ vor $t_{ir}$ zwar gültig (nämlich 0), aber das RC-Glied noch nicht eingeschwungen ist, dann kann die minimale Verzögerungs-zeit noch kleiner als $x_r'(3)$ werden. Im gezeichneten Fall ist $x_r'(5)$ praktisch 0.

Wir sehen also bereits an diesem sehr einfachen Demonstrationsbeispiel des Verzöge-rungselementes aus Verstärker und RC-Glied den Einfluß der statischen Übertragungs-kennwerte, der dynamischen Eigenschaften (Toleranzen der Zeitkonstanten) und der betrieblichen Voraussetzungen (Verlauf der Eingangsspannung).

Bezüglich komplexerer Elemente oder Netze wollen wir nur auf ein einziges Phäno-men hinweisen. Wenn man mehr als einen (konzentrierten) Energiespeicher in dem Übertragungsvierpol hat, also z. B. unser Modell durch eine Längsinduktivität erwei-tert, dann sind selbst bei einer monoton ansteigenden Signalflanke am Eingang bereits Schwingungen am Ausgang möglich. Diese können zu Mehrfachübergängen führen, nach unserer Definition von Gültigkeitszuständen also zu einem ungültigen Zustand des Ausgangssignals. Mehrfachübergänge können am Ausgang grundsätzlich auch dann auftreten, wenn in dem Verzögerungselement mehrere innere Übertragungsstrecken mit verschiedener Laufzeit auf den Ausgang einwirken ("racing"). Insbesondere bei Schaltnetzen muß dieser Effekt beachtet werden.

Bei gebräuchlichen Einzelgattern ist ein derartiges Verhalten, das zu Fehlimpulsen am Ausgang führt, nicht üblich, obwohl bei einigen Technologien gewollte oder ungewollte Maßnahmen zur Erhöhung der Flankensteilheit diese Tendenzen zeigen (s. [Eic86]).

Wir setzen in unserem Zeitmodell voraus, daß ein monotones Eingangssignal bei einem Einzelgatter auch zu einem monotonen Ausgangssignal führt. Dies gilt dann auch für Isolierstufen und Flipflop-Stufen, bei denen es entsprechend spezifiziert ist.

Selbstverständlich müssen wir bei allgemeinen kombinatorischen Schaltnetzen immer mit Hazards rechnen, es sei denn, diese Eigenschaft sei ausdrücklich ausgeschlossen (z. B. bei Verbindungsnetzen, wie wir sie in Kap. 3 behandeln).

## A.2   Metastabilität

In Abschn. 2.3 haben wir die Rückkopplung von logischen Gattern eingeführt und die instabile sowie die stabile Rückkopplung angesprochen. Aus der stabilen Rückkopplung haben wir dann das Basis-Flipflop abgeleitet.

Wenn die Bedingungen für den sicheren Setz- bzw. Rücksetz-Prozeß nicht eingehalten werden, besteht die Gefahr von Fehlern. Das Flipflop kann dann in einen sogenannten *metastabilen* Zustand gelangen, der u. U. erheblich länger dauert als ein normaler (worst-case-)Umklapp-Prozeß. Wir wollen die wichtigsten Erscheinungsformen der Metastabilität kurz erläutern und damit Hinweise für die genauere Bestimmung der Einschreibzeit *(flipflop latch time, Lf )* für eine gegebene Technologie geben.

Bild A.2-1a zeigt die in Abschn. 2.3 entwickelte Basis-Flipflop-Schaltung (wie in Bild 2.3-5) mit dem Zeitverlauf der Gültigkeitszustände entsprechend unserem Verzögerungsmodell, und zwar für den Fall, daß der Setzimpuls $SB$ zu kurz ist. Wir haben hier an allen Gattern gleiche und feste Signalübergangzeiten angenommen und sie als Maximalverzögerungen $x$ und $y$ bezeichnet. Nach den Regeln unserer Darstellungsweise ist leicht nachzuvollziehen, daß bei diesen idealisierten Annahmen ein andauernder Umlaufprozeß angestoßen wird. Natürlich gilt das gleiche auch für einen zu kurzen Rücksetzimpuls $RB$. Ein ganz ähnlicher Schwingungsprozeß ergibt sich, wenn bei einem Rücksetzimpuls an $RB$ der Setzeingang $SB$ zu spät abgeschaltet wird (Bild A.2-1b).

In der Realität wird sich dieser metastabile Schwingungszustand nicht beliebig lange aufrechterhalten, weil der umlaufende Impuls nicht gleich breit bleibt, sondern aufgrund von individuellen Unterschieden der Gatterlaufzeiten verbreitert oder verschmälert wird, so daß sich schließlich ein stabiler 1- oder 0-Zustand ergibt.

Mit Hilfe unserer Modelldarstellung haben wir in Bild A.2-2 zwei Fälle dargestellt, bei denen die Umlaufzeit für die beiden Flanken des Setzimpulses verschieden ist. Wir

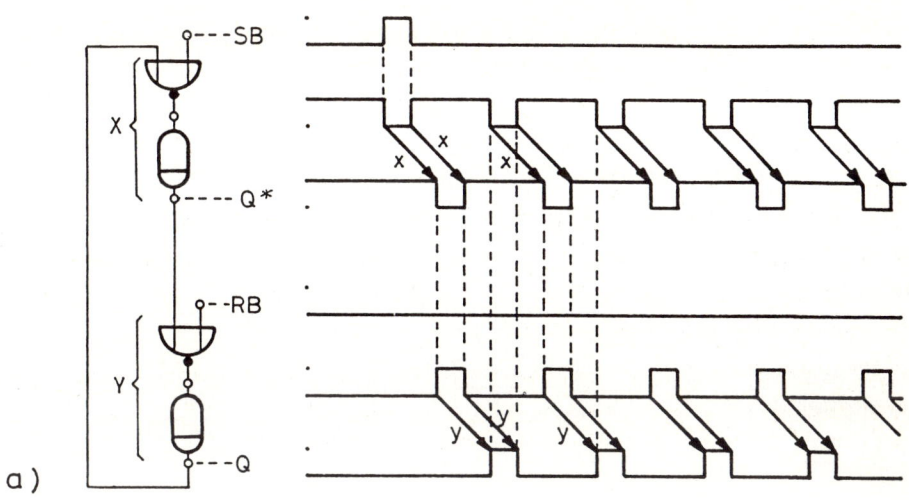

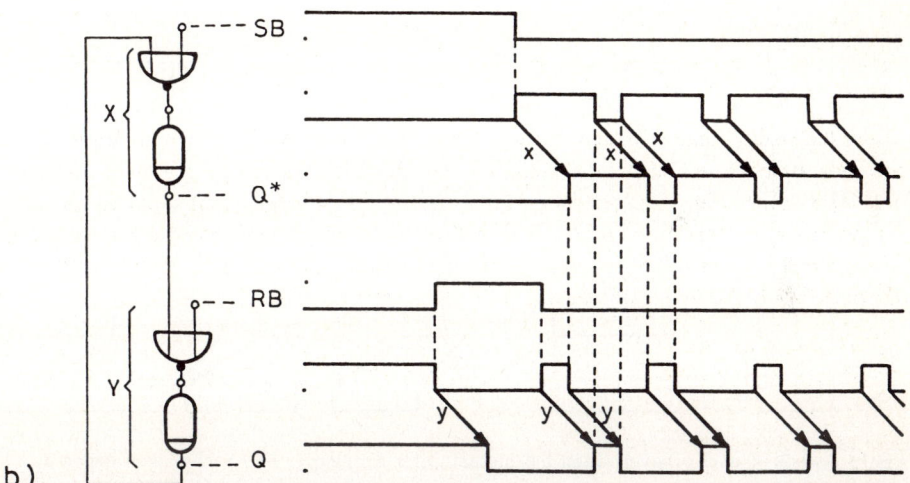

**Bild A.2-1.** Metastabile Anregung: a) zu kurzer Setzimpuls, b) überlanger Setzimpuls

bezeichnen diese Umlaufzeiten mit

$$f(S) = x_f + y_r \quad \text{und} \tag{A.2-1a}$$
$$f(R) = x_r + y_f \tag{A.2-1b}$$

und die Differenz mit

$$\Delta f = f(S) - f(R). \tag{A.2-2}$$

Es dominiert jeweils der schnellere Prozeß. Wenn $f(R)$ kleiner ist, dann ist nach $n_0$ Umläufen der Ausgangszustand stabil im rückgesetzten Zustand oder - falls $\Delta f$

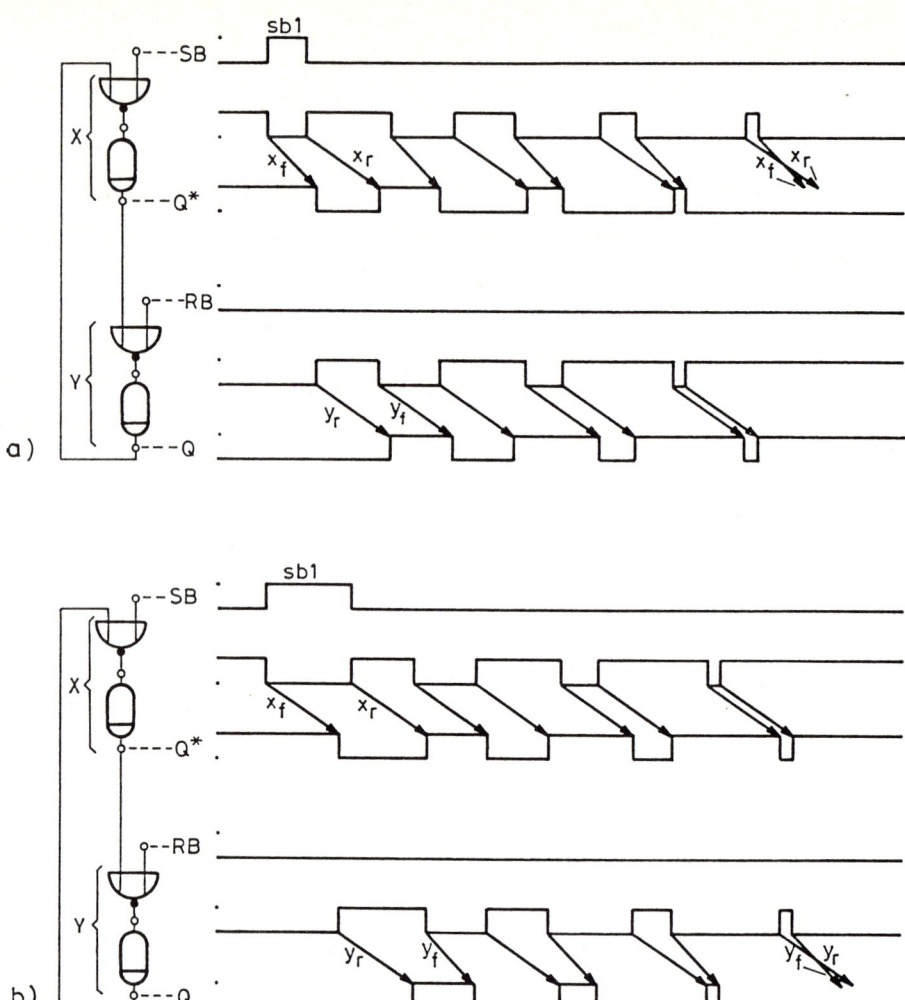

**Bild A.2-2.** Einschwingverhalten bei metastabiler Anregung: a) Anschwingen gegen 1, b) Abklingen gegen 0

negativ ist - nach $n_1$ Umläufen im stabilen Setzzustand. Formelmäßig kann man das folgendermaßen ausdrücken:

für $\Delta f < 0$:

$$n_1 \;=\; \left\lceil \frac{Lf(S) - sb1}{f(R) - f(S)} \right\rceil, \tag{A.2-3a}$$

$$f_1 \;=\; n_1 \cdot f(S), \tag{A.2-3b}$$

für $\Delta f > 0$:

$$n_0 = \left\lfloor \frac{sb1}{f(S) - f(R)} \right\rfloor, \qquad (\text{A.2-4a})$$

$$f_0 = sb1 + n_0 \cdot f(R). \qquad (\text{A.2-4b})$$

In jedem Falle ergibt sich eine drastische Erhöhung der Einstellzeit des Flipflops.

Nun sind allerdings pauschale Angaben über die Umklappzeiten $f(S)$ und $f(R)$ und deren Beziehungen und Toleranzen nicht ohne weiteres angebbar. Meist bestimmt auch die Vorgeschichte das Verzögerungsverhalten (s. Anhang A.1). In jedem Fall muß man die genauen Zeit-Kennwerte eines Flipflops aus dem (analogen) statischen und dynamischen Verhalten seiner Schaltung ermitteln. Wir wollen hier zur Veranschaulichung einiger Phänomene der Metastabilität ein einfaches zweistufiges RC-Modell zugrunde legen, ähnlich dem, das auch H. Eichel als "Modell A" in seiner Dissertation [Eic86] berechnet hat (Bild A.2-3a).

Wir betrachten verschieden lange Setzimpulse $SB$ mit steilen Flanken ohne Toleranzen und berücksichtigen keinen Rücksetzimpuls. Wir haben also die gleiche Situation wie in Bild A.2-1, nur benutzen wir anstelle des zweiten NOR-Gatters einen einfachen Inverter mit rampenförmiger Übergangskennlinie und verdeutlichen die dynamischen Eigenschaften der beiden Gatter jeweils durch ein RC-Glied ohne Toleranzen.

Diese Schaltung haben wir als CMOS-Schaltkreis mit Hilfe des Simulationsprogrammes SPICE simuliert und für verschiedene charakteristische Setzimpulse die Spannungsverläufe $U_{Q^*}$ und $U_Q$ (jeweils am Ausgang der RC-Glieder) in den Bildern A.2-3b und c gezeigt. Die Zeitkonstante betrug bei dieser Simulation $RC = 10$ ns.

Bei $t_i$ beginnt in jedem Fall der Setzimpuls. Wenn er beliebig lange andauert, wie in Fall (1) angedeutet, haben wir das reguläre Schaltverhalten, bei dem die Ausgangsspannung $U_Q$ monoton ansteigt. Bei $t_o'$ überschreitet $U_Q$ die Schwelle $U_{Lmax}$, und bei $t_o(1)$ erreicht $U_Q$ die Schwelle $U_{Hmin}$. Daraus stellen wir in Bild A.2-4b den Gültigkeitsverlauf nach unserem Modell entsprechend Bild 2.3-5 dar.

Wenn der Eingangsimpuls endet, wenn die Ausgangsspannung $U_{Q^*}$ den unteren Schwellwert $U_{Lmax}$ erreicht hat (Zeitpunkt $t_i'(1a)$, Fall (1a)), dann ändert sich nichts an den Ausgangsspannungsverläufen. Hieraus ergibt sich die Schreibzeit $Lf$ für dieses idealisierte Modell, und die Eingangsspannung ist nach $t_i'$ irrelevant (vgl. Bild 2.3-5, $t_{Lf}'$). Hier ergibt sich auch die Flipflop-Verzögerungszeit $f(1) = f(1a) = f$.

Im Fall (2) fällt der Eingangsimpuls früher ab (bei $t_i'(2) < t_i'(1a)$), und die Ausgangsspannung steigt danach weniger schnell an, weil am Eingang der ersten Verstärkerstufe nach $t_i'(2)$ weniger "treibende Spannung" ansteht. Daher wird auch der Schwellwert $U_{Hmin}$ später überschritten, und die maximale Verzögerungszeit wird größer, $f(2) > f(1)$. Die Spannung $U_{Q^*}(2)$ steigt beim Abschalten des Eingangsimpulses noch einmal kurz an, um letzlich doch auf 0 zu fallen.

Im Fall (3) ist der Eingangsimpuls so kurz, daß das Flipflop nicht mehr auf 1 gesetzt wird, sondern wieder zurückfällt, und zwar geht es im gezeichneten Fall genau nach

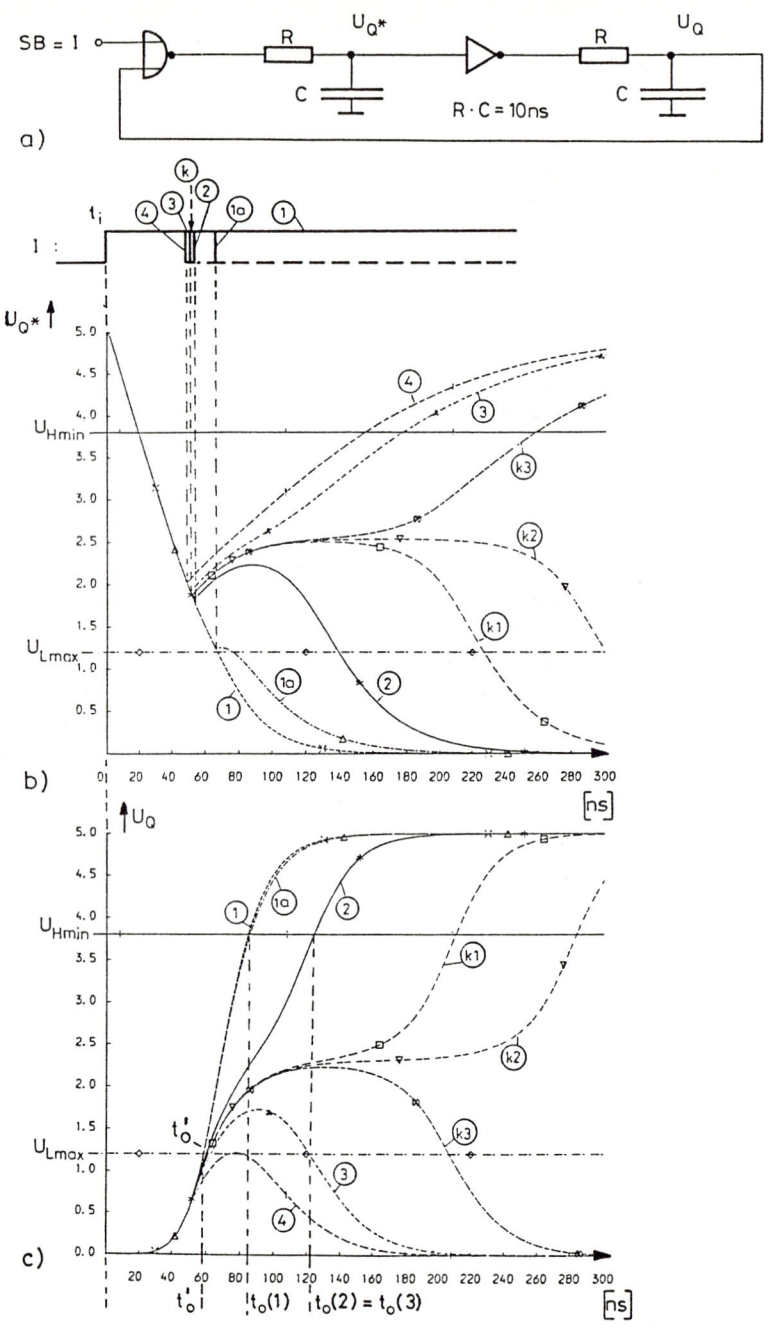

**Bild A.2-3.** Ausgangsverhalten eines Basis-Flipflops bei verschieden langen Setzimpulsen: a) Schaltung, b) simulierte Ausgangsspannungen, $U_{Q^*}$, c) $U_Q$

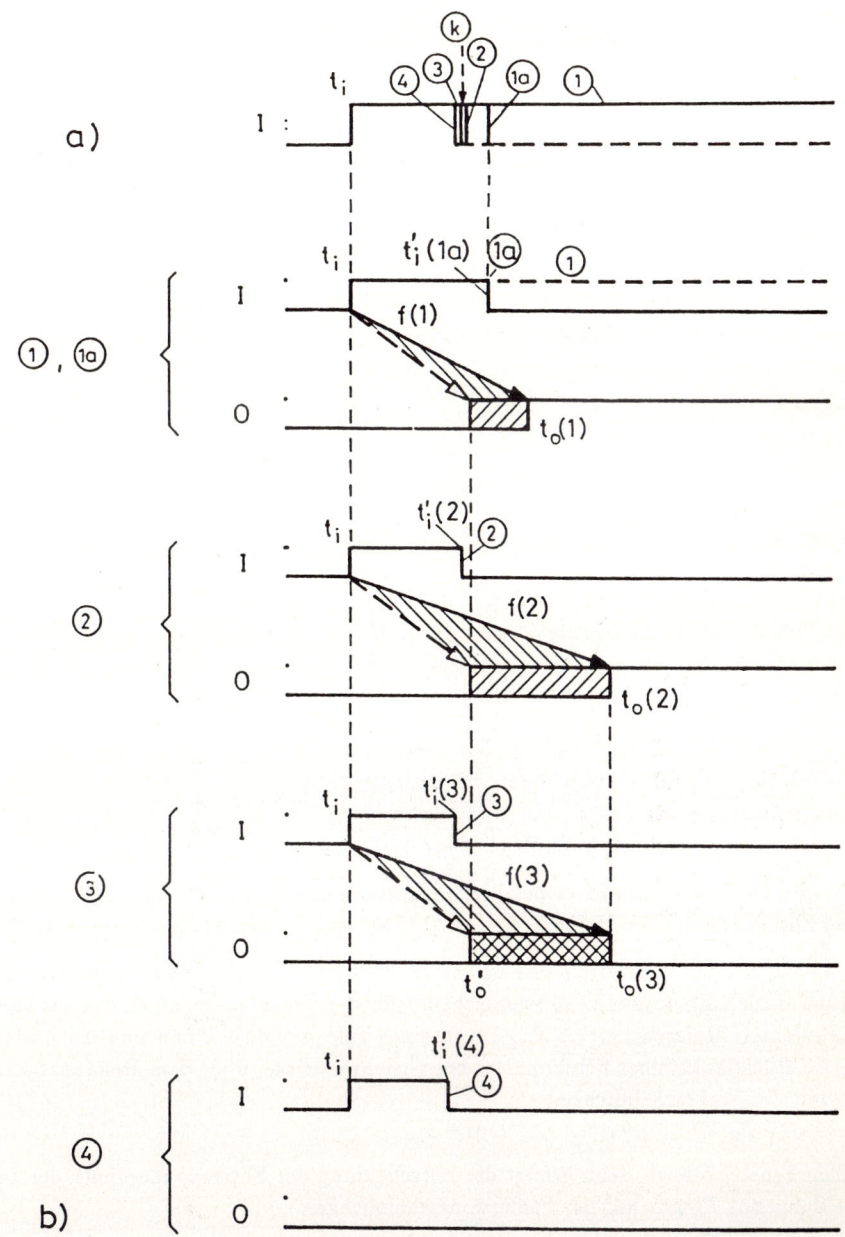

**Bild A.2-4.** Ausgangsverhalten eines Basis-Flipflops bei verschieden langen Setzimpulsen: a) Eingangsimpuls, b) resultierende Verzögerungszeiten

der verlängerten Verzögerungszeit $f(3) = f(2) > f$ wieder in den gültigen 0-Bereich über.

Schließlich kennzeichnet Fall (4) einen so kurzen Setzimpuls, daß die Ausgangsspannung den gültigen Bereich überhaupt nicht verläßt. In Bild A.2-4b sind die Spannungsverläufe als "Zustandsverläufe" nach unserem Modell für alle genannten Fälle aufgezeichnet.

Zwischen Fall (2) und (3) haben wir noch den kritischen Fall der Metastabilität dargestellt. Die Zeitdauer, die das Flipflop im metastabilen Zustand verweilt, nennt man bei asynchronen Systemen die *Entscheidungszeit* $T_E$. Sie wird umso größer, je dichter die Rückflanke des Setzimpulses an dem kritischen Wert $t'_i(k)$ liegt, bei dem das Flipflop im metastabilen Zustand verharrt. (Dieser Wert ist bei der Simulation am besten durch Fall (k2) angenähert worden (s. Bild A.2-3b).

Bei einer kleinen Abweichung der Setzimpulsbreite von dem kritischen Wert beginnt ein Anklingvorgang, der durch die Nichtlinearität der Verstärkerkennlinie schließlich in einem der beiden stabilen Zustände beendet wird (Fall (k1) bis (k3)). Da der Anklingvorgang exponentiell mit einer Zeitkonstante $T_{meta}$ verläuft, dauert die Entscheidung um diese Zeitkonstante länger, wenn die Abweichung vom kritischen Wert (also $t'_i(2) - t'_i(k)$ bzw. $t'_i(k) - t'_i(3)$ in Bild A.2-3b) um den Faktor $e$ kleiner wird. Mit der Bezeichnung der "Fensterbreite $\delta$" nach [Eic86],

$$\delta = t'_i(2) - t'_i(3), \qquad (A.2\text{-}5)$$

gilt dann die Gleichung

$$\delta \ = \ T_K \cdot e^{-T_E/T_{meta}} \quad \text{bzw.} \qquad (A.2\text{-}6a)$$

$$T_E \ = \ T_{meta} \cdot \ln(T_K/\delta). \qquad (A.2\text{-}6b)$$

($T_{meta}$ und $T_K$ sind schaltkreisspezifische Konstanten, die das Entscheidungsverhalten eines Flipflops charakterisieren.)

Die Größe der Fensterbreite $\delta$ hat bei der Kopplung von asynchronen Systemen eine direkte Beziehung zu der Fehlerwahrscheinlichkeit $p$. Wir nehmen an, das Fenster $\delta$ liege in einem Referenzbereich $T_{ref}$ (z. B. einer Taktperiode). Wenn nun ein Ereignis wie die Rückflanke eines Setzimpulses bei Gleichverteilung über dem Referenzbereich $T_{ref}$ mit der Wahrscheinlichkeit

$$p = \delta/T_{ref} \qquad (A.2\text{-}7)$$

in dem Fenster $\delta$ liegt, dann erfolgt die Entscheidung des Flipflops innerhalb der Entscheidungszeit $T_E$ nur mit der Fehlerwahrscheinlichkeit

$$p = (T_K/T_{ref}) \cdot e^{-T_E/T_{meta}}. \qquad (A.2\text{-}8)$$

Wichtig ist, daß das Metastabilitätsverhalten aller Flipflops — unabhängig von ihrer Struktur und Technologie — durch nur die beiden Parameter $T_{meta}$ und $T_K$ charakterisierbar ist (zumindest in hinreichender Annäherung für kleine Werte von $\delta \ll T_K$), d. h. nicht nur für das hier gewählte einfache Flipflop-Modell. In [Eic86] sind für diese beiden Größen Werte für aktuelle Flipflops angegeben. Die Werte für alte und neue

Flipflop-Familien sind drastisch verschieden, z. B.

$$54\text{LS}74: \quad T_K \; = \; 20 \text{ ns}, \qquad T_{meta} \; = \; 10 \text{ ns}, \qquad \text{aber}$$
$$74\text{F}74: \quad T_K \; = \; 5 \cdot 10^5 \text{ ns}, \quad T_{meta} \; = \; 0,66 \text{ ns}.$$

Zur Vertiefung der Metastabilitätsproblematik sei auf die Literatur verwiesen ([Eic86], [HEC89], [Las89], [Tex88]).

Für die synchrone Betriebsweise von Flipflops hat diese Betrachtung des kontinuierlichen ("analogen") Zeitverhaltens nur eine Bedeutung bei der detaillierten Festlegung (Berechnung oder Messung) der Flipflop-Zeitparameter ($Lf, f, f'$). Um das zu veranschaulichen, sind die vier Diagramme in Bild A.2-4b gezeichnet.

Die wesentlichen Ergebnisse aus dieser Untersuchung sind in Bild A.2-5 nochmals zusammengestellt. Wenn wir einen Setzimpuls mit einer Flankentoleranz $sbr$ haben und gleichzeitig alle schlechtesten Fälle sicher abdecken wollen, dann ergeben sich die Flipflop-Parameter, wie sie in Bild A.2-5a gezeigt sind. Die Schreibzeit muß hier beim frühest möglichen Zeitpunkt der steigenden Flanke von $SB$ beginnen, also $t_{Lf} = t_{sbr}$, und der Setzimpuls muß aktiv bleiben, bis eine schlechteste Flipflop-Verzögerung $f(w.\,c.)$ beendet ist. Dadurch wird gleichzeitig das Ende der Schreibzeit definiert, also $t'_{Lf} = t_{sbn} = t_o$. Solche extremen Sicherheitsargumente treffen ebenfalls zu, wenn man die Flipflop-Parameter aus den Verzögerungsparametern der einzelnen Gatter ableitet.

Im zweiten Diagramm (Bild A.2-5b) sind die Flipflop-Parameter nach der analytischen Berechnung des einfachen Modells nach Bild A.2-3 durch Quantisierung mit den Schwellwerten $U_{Hmin}$ und $U_{Lmax}$ bestimmt. Wir haben in diesem Demonstrationsbeispiel immer noch Spannungssprünge am Eingang $SB$ angenommen, allerdings wieder mit einem endlichen Toleranzbereich $sbr$ wie in Teilbild a.

Der Endzeitpunkt der Schreibzeit, $t'_{Lf}$, wird aus der Mindest-Setzimpulsbreite nach Fall (1a) aus Bild A.2-3b ermittelt, und zwar unter der Voraussetzung, daß der Setzimpuls die späteste Position hat. Entsprechend ergibt sich auch $t_o$ um die Flipflop-Verzögerung $f(1) = f(4)$ nach $t_{Lf}$, und das ist hier auch deutlich nach $t'_{Lf}$.

Die Schreibzeit in Bild A.2-5b beginnt erst nach dem Referenzzeitpunkt $t_{sbr}$. Wenn nämlich ein kurzer Störimpuls wie Fall (4) in Bild A.2-4b auftritt, hat dieser bei diesem analytischen Modell keinen Einfluß auf den Gültigkeitszustandsverlauf des Ausgangs. Der Anteil der Anstiegstoleranz $sbr$ an der Schreibzeit $Lf$ und der Übertragungsverzögerung $f$ verringert sich also um diese tolerierbare Störimpulsbreite $sb1(4)$.

Wir sehen also, daß sich bei der ganzheitlichen Analyse des Flipflop-Modells alle Zeitparameter sehr viel günstiger ergeben als bei ihrer Bestimmung aus den worst-case-Verzögerungswerten der einzelnen Gatter. Wir haben hier natürlich das gleiche Phänomen, das wir in Abschn. 2.2.3 für die Kaskadenschaltung passiver Netze behandelt haben. Hier ist jedoch auch die Rückkopplung einbezogen.

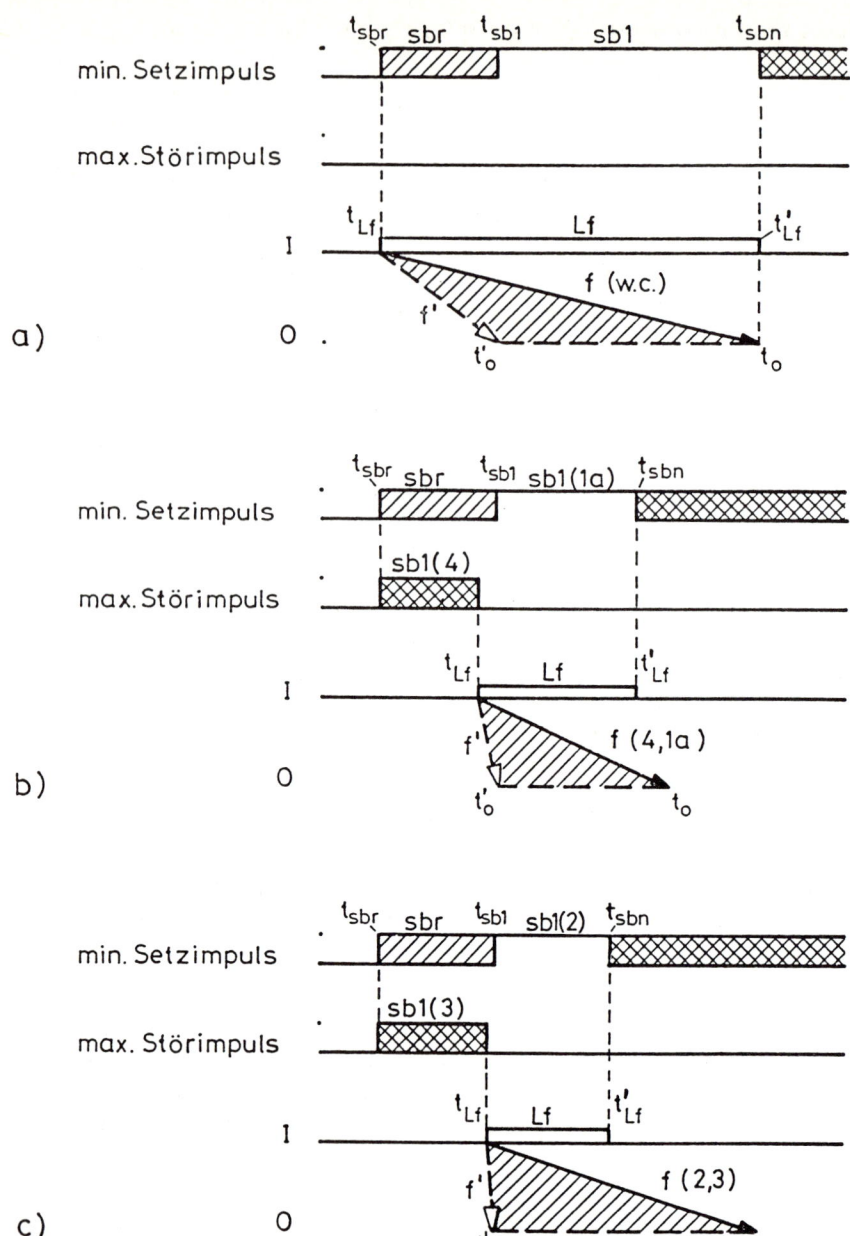

**Bild A.2-5.** Flipflop-Parameter für verschiedene Betriebszustände: a) worst-case-Spezifikationen, b) minimale Verzögerungszeit, c) minimale Schreibzeit

Das dritte Diagramm (Bild A.2-5c) schließt eine echte Verlängerung der Verzögerungszeit aufgrund einer metastabilen Periode ein. Wir haben hier den Fall (2) aus Bild A.2-4 gewählt und ebenso den Fall (3) für den längsten Störimpuls. Damit haben wir eine weitere Reduktion der Schreibzeit *Lf* erreicht, allerdings auf Kosten einer verlängerten Verzögerungszeit. Auch ist der Übergang des Ausgangs nicht mehr nur einfach ("single"), sondern er kann auch wieder abfallen, in unserem Bezeichnungssystem also "multiple" sein (vgl. Fall (3) in Bild A.2-3b, rechtes Diagramm).

Man könnte hier noch viele Betriebszustände und Parameterkombinationen diskutieren. Diese relativ simplen Fälle mit einem sehr einfachen Modell sollen jedoch genügen, die Grenzen des sicheren synchronen Betriebs in bezug auf die Festlegung der Flipflop-Parameter aufzuzeigen.

# A.3 Detailbetrachtungen zur Isolierstufe

In Abschn. 2.4.4 haben wir einige Phänomene angesprochen, die bei verschiedenen Anstiegs- und Abfallverzögerungen auftreten. Mit Hilfe dieser Phänomene lassen sich die Parameter einer Isolierstufe für die verschiedenen Betriebsweisen der Stufe genauer und günstiger bestimmen.

## A.3.1 Diskussion der Parameterbereiche für die Phasenwechsel der Isolierstufe

Wir betrachten die beiden Phasenwechsel, nämlich den Anfang und das Ende der Transparenzphase, getrennt. Es sind jeweils zwei Übergangsweisen (einfach, $s$, und mehrfach, $m$) und je drei Größenbereiche der Verzögerungsparameter zu unterscheiden. Die daraus resultierenden Kombinationsmöglichkeiten wollen wir im folgenden darstellen und diskutieren.

In Bild A.3-1 haben wir daher vier Dreiergruppen von Zeitdiagrammen (Teilbilder a bis d) dargestellt, und zwar oben für den Einzelübergang ($s$), unten für den Mehrfachübergang ($m$), links für den Beginn ($istr$) und rechts für das Ende ($tris$) des Transparenzbereichs. Dabei beziehen wir uns auf die Isolierstufendarstellung in Bild 2.4-2. Im obersten Diagramm jeder Gruppe ist jeweils als Referenz der Gültigkeitsbereich des Eingangssignals gezeigt; aus Platzgründen wurde die Darstellung der Taktdiagramme fortgelassen, weil die Taktphasen am "statischen Ausgang" $O_{stat}$ erkennbar sind. Auch fehlen die Funktionsphasen-Diagramme (wie in Bild 2.4-2e). Hingegen sind die Taktversetzungen *ctr* bzw. *cis* in jedem der Fälle angegeben und zudem in Diagrammform (Bild A.3-1e und f) dargestellt.

Am Beginn der Transparenzphase ist die *maximale Abfallzeit*, $g_f$, in ihrem Verhältnis zu den Anstiegszeiten $g_r$ und $g'_r$ sowie zur Takttoleranz *clr* die entscheidende Abhängigkeitsgröße, und am Ende der Transparenzphase ist es die *minimale Anstiegszeit*, $g'_r$, in ihrem Verhältnis zu den Abfallzeiten $g_f$ und $g'_f$ sowie der Takttoleranz *clf*. Aufgrund der definitionsgemäßen Größenverhältnisse (z. B. $gr' < gr$, $clr \geq 0$) lassen sich aber die

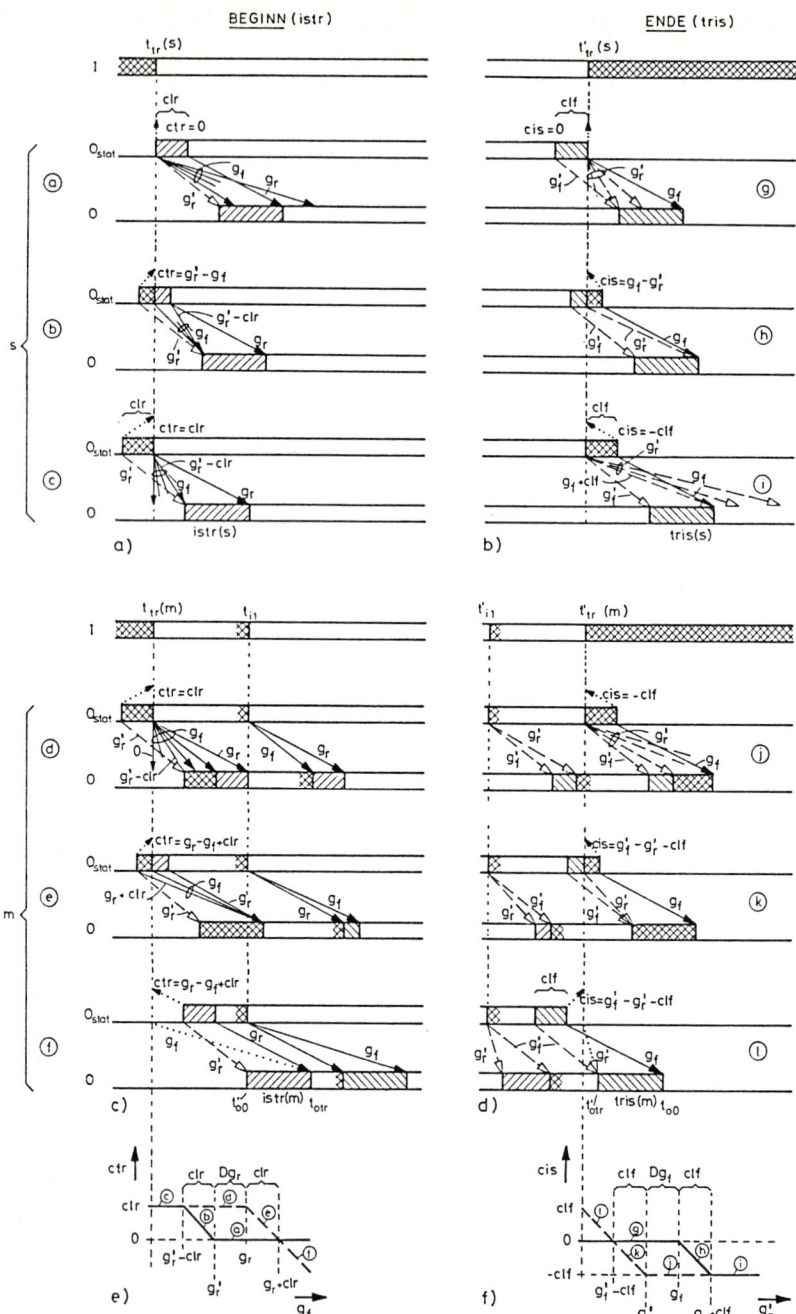

**Bild A.3-1.** Anfangs- und Endübergänge des Transparenzbereichs bei verschiedenen Parameterverhältnissen: a) einfacher Anfangsübergang, b) einfacher Endübergang, c) multipler Anfangsübergang, d) multipler Endübergang, e) Versetzungs-Trends am Anfang, f) Versetzung-Trends am Ende

beiden Verzögerungsparameter der Isolierstufe in einem Diagramm (A.3-3) als Funktion von $gf$ angeben (mit konstant angenommenen Dispersionen $Dg_r$, $Dg_f$, Toleranzen $clr$, $clf$ und Anstiegsverzögerungen $g_r'$, $g_r$). In Tabelle A.3-1 sind alle hier relevanten Formeln zusammengefaßt. Die Zusammenhänge zwischen diesen verschiedenen Darstellungen sind durch die Markierungen (a) bis (l) für die einzelnen Fälle gegeben, die jetzt nacheinander diskutiert werden sollen.

**Fall (a):** $g_f > g_r'$

Der Fall (a) mit $g_f > g_r'$ entspricht dem Beginn der Transparenzphase mit einem Einfachübergang, wie er schon in Bild 2.4-3a und c für $g_f = g_r$ dargestellt wurde. Da der Anstiegsbereich des Taktimpulses vollständig im Gültigkeitsbereich des Eingangssignals liegt ($ctr = 0$), hat $O_{stat}$ am Anfang keinen Abfallbereich. Daher ist der Einfachübergang für alle maximalen Abfallzeiten garantiert, insbesondere auch für $g_f \geq g_r'$. Die Verzögerung der Gültigkeitsgrenze $t_{tr}$ über die Stufe ist unabhängig von $g_f$ und hat den Wert

$$g(s) = g_r + clr. \qquad \text{(A.3-1)}$$

**Fall (b):** $g_r' - clr < g_f < g_r'$

Wenn $g_f$ kleiner als $g_r'$ wird, aber noch größer als $g_r' - clr$ bleibt, kann der Taktimpuls um $ctr = g_r' - g_f$ vorgeschoben werden. Da der Ausgang in der Isolierphase auf 0 ist, kann der erste Übergang nach der 0-Phase des Ausgangs nur ein Anstieg sein, und der kann frühestens nach der minimalen Anstiegszeit $g_r'$ erfolgen. Die Abfallflanke bleibt ohne Wirkung. In bezug auf den Referenzzeitpunkt $t_{tr}$ des Eingangssignals wird der Ausgang durch diese Verschiebung um die Differenz $g_r' - g_f$ früher gültig. Für die Verzögerung ergibt sich damit

$$
\begin{aligned}
g(s) &= g_r + clr - (g_r' - g_f) & \text{(A.3-2a)} \\
&= g_f + Dg_r + clr & \text{(A.3-2b)}
\end{aligned}
$$

(mit dem Wertebereich $g_r < g(s) < g_r + clr$ für diesen Variationsbereich von $g_f$).

Diese Verkürzung der Laufzeit durch Vorverschiebung des Taktimpulses wirkt bis zu der vollständigen Überlappung der Taktanstiegszeit mit dem Ungültigkeitsbereich des Eingangssignals.

**Fall (c):** $g_f < g_r' - clr$

Bei einer weiteren Verkleinerung von $g_f$ kann der Taktimpuls bis zum Wert $ctr = clr$ verschoben werden. Dann ist die Verzögerung wieder unabhängig von $g_f$, nämlich

$$g(s) = g_r. \qquad \text{(A.3-3)}$$

Eine weitere Vorverschiebung bis $ctr = g_r' - g_f$ würde lediglich die 0-Phase am Ausgang verkürzen und den Anstiegsbereich $istr(s)$ vergrößern.

Der Übergangsbereich $istr$ am Ausgang ist für alle drei Fälle (a) bis (c) gleich, nämlich

$$istr = Dg_r + clr. \qquad \text{(A.3-4)}$$

Die Anfangsfälle mit *multiplen Übergängen* sind in Teilbild c in den Diagrammen (d), (e) und (f) dargestellt. Der entscheidende Verzögerungsparameter ist ebenfalls die maximale Abfallverzögerung $g_f$ im Verhältnis zu der maximalen Anstiegsverzögerung $g_r$ und der Anstiegstoleranz $clr$ des Taktes.

Da hier auch Übergänge des Eingangssignals inmitten des Transparenzbereichs zulässig sind, haben wir zwei Alternativen zu betrachten. Wie im Bild 2.4-2b eingeführt, geben wir auch im Bild A.3-1c für die drei Fälle (d), (e) und (f) die zwei Eingangsmöglichkeiten graphisch (als Überschrift) an, und zwar mit $t_i = t_{tr}(m)$ und $t_{i1} > t_{tr}(m)$.

Für den echten Transparenzfall $t_{i1}$ ist die Angabe der Gültigkeitsverzögerung sehr einfach, nämlich:

$$g(m) \;=\; \max \left\{ \begin{array}{c} g_r \\ g_f \end{array} \right\} \tag{A.3-5a}$$

$$= g_r \qquad \text{für} \qquad g_r > g_f \quad \text{(Fall (d))} \tag{A.3-5b}$$

$$= g_f \qquad \text{für} \qquad g_f > g_r \quad \text{(Fälle (e) und (f)).} \tag{A.3-5c}$$

Diskutierenswert ist dagegen der Grenzfall $tr(m)$ des Transparenzbereichs mit multiplen Übergängen für verschiedene Größenverhältnisse von $g_f$ sowie die Bestimmung der relativen Lage dieser Zeitpunkte zum Taktimpuls, d. h. der Versetzungen $ctr$.

**Fall (d):** $g_f < g_r$

Wenn bei übergreifendem Taktimpuls, d. h. $ctr = clr$, die Abfallzeit $g_f \leq g_r' - clr$ ist, dann ist bei $t_i = t_{tr}(m)$ kein multipler Übergang möglich, und wir haben noch immer die Betriebsweise von Fall (c). Bei einem späteren Eingangsübergang $(t_{i1})$ gibt es natürlich von Anfang an Mehrfachübergänge.

Wenn $g_f$ über $g_r' - clr$ hinaus wächst, beginnt auch für $t_i = t_{tr}(m)$ ein Mehrfach-Übergangsbereich. Bei $g_f = g_r$ ist der gesamte Bereich ungültig (d. h. er kann multiple Übergänge besitzen, s. auch Bild 2.4-3b und d). Die Länge des Übergangsbereiches ist wie bei den Fällen mit Einfachübergängen $istr = Dg_r + clr$. Die Verzögerung bleibt in diesem Bereich (d) bei

$$g(m) = g_r \tag{A.3-6}$$

und wächst nicht mit $g_f$ wie $g(s)$ in Fall (b). Man beachte auch, daß in diesem Fall die Anstiegs- und Abfallzeiten im gesamten Transparenzbereich die gleichen sind wie auch am Beginn des Transparenzbereichs (im Gegensatz zu den Fällen (e) und (f), s. u.).

**Fall (e):** $g_r < g_f < g_r + clr$

Bei weiter wachsender Abfallzeit $g_f$ kann man zunächst den Taktimpuls verzögern, so daß die maximalen Verzögerungszeiten $g_f$ und $g_r$ auf den gleichen Gültigkeitszeitpunkt am Ausgang zulaufen. Damit ergibt sich im wesentlichen, daß der Übergangsbereich später beginnt, d. h. der Ruhezustand um $g_f - g_r$ länger aufrecht erhalten wird als bei unverzögertem Taktimpuls. Die Übergangsperiode am Anfang des Transparenzbereichs beträgt auch hier $istr = Dg_r + clr$. Die Verzögerungszeit für einen Signalübergang am Eingang bei $t_{tr}(m)$ ist hier natürlich genauso groß wie bei späteren Übergängen inmitten des Transparenzbereichs ($t_i = t_{i1}$), nämlich

$$g(m) = g_f \qquad (= \max \left\{ \begin{array}{c} g_r \\ g_f \end{array} \right\} \quad \text{für} \quad g_f > g_r). \qquad \text{(A.3-7)}$$

**Fall (f):** $g_f > g_r + clr$

Die Taktverschiebung können wir fortsetzen, auch wenn wir in den Bereich $g_f > g_r + clr$ kommen, den wir nur aus Gründen der Diskussion als getrennten Fall (f) bezeichnet haben.

In den beiden Fällen (e) und (f) ist das Verzögerungsverhalten in bezug auf Anstieg und Abfall verschieden, wenn der Gültigkeitszeitpunkt des Eingangssignals am Anfang des Transparenzbereichs ($t_{tr}(m)$) liegt. Während mitten im Bereich ($t_{i1}$) der Abfallvorgang am Ende vorherrscht, ist bei Fall (e) für $t_i = t_{tr}(m)$ der ganze Ausgangsübergang multipel; bei (f) und $t_{tr}(m)$ kommt allerdings der Abfallvorgang nicht einmal am Eingang des Verzögerungselementes vor, so daß auch am Ausgang nur ein Einfachübergang erzeugt wird.

Am Ende des Transparenzbereichs gibt es entsprechende Fälle (Bild A.3-1b und d, Fälle (g) bis (l)) zu den bisher diskutierten Fällen des Anfangsübergangs, allerdings ist hier die minimale Anstiegsverzögerung $g'_r$ im Verhältnis zu den Abfallverzögerungen $g_f$ und $g'_f$ und der Taktabfalltoleranz $clf$ der fallentscheidende Parameter. (Die formelmäßigen Zusammenhänge der verschiedenen Parameter sind für alle diskutierten Fälle in Tabelle A.3-1 zusammengefaßt.)

**Fall (g):** $g'_r < g_f$

Wir beginnen wieder mit den hazardfreien (s-)Fällen. Fall (g) gilt für $g'_r < g_f$ und schließt den Normalfall $g'_r = g'_f$ ein, der in Bild 2.4-3a und b enthalten ist. Für die Versetzung gilt hier $cis = 0$, und die minimale Stufenverzögerung am Ende des Transparenzbereichs ist

$$g'(s) = g'_f - clf. \qquad \text{(A.3-8)}$$

Der Übergangsbereich am Ausgang ist $tris = Dg_f + clf$.

**Fall (h):** $g_f < g'_r < g_f + clf$

Für $g'_r$-Werte oberhalb von $g_f$ ergibt sich analog zu Fall (b) die Möglichkeit, den Gültigkeitsbereich am Ausgang durch Verzögerung des Taktimpulses länger aufrechtzuerhalten. Der Übergangsbereich am Ausgang bleibt aber bei $tris = Dg_f + clf$. Die Stufenverzögerung ist hier

$$g'(s) = g'_r - Dg_f - clf. \qquad \text{(A.3-9)}$$

**Fall (i):** $g'_r > g_f + clf$

Bei $g'_r \geq g_f + clf$ erreicht die früheste Anstiegsmöglichkeit auch bei der Versetzung

**Tabelle A.3-1.** Isolierstufen-Formelsammlung

**Phasenübergang am Beginn der Transparenz ($istr$)**

| Bereich | Versetzung | Verzögerung | Übergangsphasenbreite |
|---|---|---|---|

*Einfach-Übergang*

| Fall | $g_f$ | $ctr(TM)$ | $g(TM)$ | $istr$ |
|---|---|---|---|---|
| max | — | 0 | $\max\left\{\begin{matrix}g_r\\g_f\end{matrix}\right\}+clr$ | $\max\left\{\begin{matrix}g_r\\g_f\end{matrix}\right\}-\min\left\{\begin{matrix}g_r'\\g_f'\end{matrix}\right\}+clr$ |
| ⓐ | $g_f > g_r'$ | 0 | $g_r + clr$ | |
| ⓑ | $g_r' < g_f < g_r' - clr$ | $-(g_r'-g_f)$ | $g_f + Dg_r + clr$ | $\Big\}\ Dg_r + clr$ |
| ⓒ | $g_f < g_r' - clr$ | $-clr$ | $g_r$ | |

*Mehrfach-Übergänge*

| | | | | |
|---|---|---|---|---|
| max | — | $-clr$ | $\max\left\{\begin{matrix}g_r\\g_f\end{matrix}\right\}$ | $\max\left\{\begin{matrix}g_r\\g_f\end{matrix}\right\}-\min\left\{\begin{matrix}g_r'\\g_f'\end{matrix}\right\}$ |
| ⓓ | $g_f < g_r$ | $-clr$ | $g_r$ | |
| ⓔ | $g_r < g_f < g_r + clr$ | $\Big\}\ g_f - (g_r + clr)$ | $\Big\}\ g_f$ | $\Big\}\ Dg_r + clr$ |
| ⓕ | $g_f > g_r + clr$ | | | |

**Phasenübergang am Ende der Transparenz ($tris$)**

*Einfach-Übergang*

| Fall | $g_r'$ | $cis(TM)$ | $g'(TM)$ | $tris$ |
|---|---|---|---|---|
| min | — | 0 | $\min\left\{\begin{matrix}g_r'\\g_f'\end{matrix}\right\}-clf$ | $\max\left\{\begin{matrix}g_r\\g_f\end{matrix}\right\}-\min\left\{\begin{matrix}g_r'\\g_f'\end{matrix}\right\}+clf$ |
| ⓖ | $g_r' < g_f$ | 0 | $g_f' - clf$ | |
| ⓗ | $g_f < g_r' < g_f + clf$ | $-(g_r'-g_f)$ | $g_r' - Dg_f - clf$ | $\Big\}\ Dg_f + clf$ |
| ⓘ | $g_r' > g_f + clf$ | $-clf$ | $g_f'$ | |

*Mehrfach-Übergänge*

| | | | | |
|---|---|---|---|---|
| min | — | $-clf$ | $\min\left\{\begin{matrix}g_r'\\g_f'\end{matrix}\right\}$ | $\max\left\{\begin{matrix}g_r\\g_f\end{matrix}\right\}-\min\left\{\begin{matrix}g_r'\\g_f'\end{matrix}\right\}$ |
| ⓙ | $g_r' > g_f'$ | $-clf$ | $g_f'$ | |
| ⓚ | $g_f' > g_r' > g_f' - clf$ | $\Big\}\ g_f' - (g_r + clf)$ | $\Big\}\ g_r'$ | $\Big\}\ Dg_f + clf$ |
| ⓛ | $g_r' < g_f' - clf$ | | | |

$cis = -clf$ nicht mehr die späteste Abfallmöglichkeit, so daß $g_r'$ (und damit $g_r$) keine Rolle mehr spielen. Die Übergangsverzögerung wird hier allein von $g_f'$ bestimmt,

$$g'(s) = g_f'. \tag{A.3-10}$$

In Teilbild d sind die entsprechenden Fälle mit Mehrfachübergängen dargestellt. Wie in Teilbild c ist hier ebenfalls ein Signalübergang im Transparenzbereich ($t_{i1}'$) angedeutet, für den sich die minimale Stufenverzögerung wieder sehr einfach ergibt, nämlich

$$g'(m) = \min \left\{ \begin{array}{c} g'_r \\ g'_f \end{array} \right\} \qquad (A.3\text{-}11a)$$

$$= g'_r \qquad \text{für} \quad g'_r < g'_f \quad (\text{Fälle (k) und (l)}) \qquad (A.3\text{-}11b)$$

$$= g'_f \qquad \text{für} \quad g'_f < g'_r \quad (\text{Fall (j))}. \qquad (A.3\text{-}11c)$$

Den Signalübergang bei $t'_i = t'_{tr}(m)$ wollen wir näher untersuchen.

**Fall (j): $g'_r > g'_f$**

Wenn man bei gleicher Taktversetzung am Ende des Transparenzbereichs wie in Fall (i), also $cis = -clf$, multiple Übergänge zuläßt, kann $g'_r$ auch kleiner werden als in Fall (i). Für sehr große Werte von $g'_r$ gibt es nur Einfachübergänge. Ab $g'_r < g_f + clf$ beginnt vom Ende her der Hazardbereich, selbst für den Fall von $t'_i = t'_{tr}(m)$. Der Ausgangsübergangsbereich ist wie bei den $s$-Übergängen $tris = Dg_f + clf$, und die Übergangsverzögerung ist

$$g'(m) = g'_f. \qquad (A.3\text{-}12)$$

**Fall (k): $g'_f - clf < g'_r < g'_f$**

Für $g'_r = g'_f$ haben wir den Normalfall für multiple Übergänge im gesamten Ausgangsübergangsbereich $tris$ (vgl. Bild 2.4-3c und d). Danach (d. h. für $g'_r < g'_f$) kann man den Taktimpuls um $g'_f - g'_r$ vorverschieben, so daß Anstiegs- und Abfallbereich am Ausgang gleichzeitig beginnen. Die Versetzung ist dann also $cis = g'_f - (g'_r + clf)$. Die Stufenverzögerung ist in diesem Fall

$$g'(m) = g'_r. \qquad (A.3\text{-}13)$$

**Fall (l): $g'_r < g'_f - clf$**

Wenn der Eingang bis $t'_i = t'_{tr}(m)$ gültig bleibt, dann würde bei $g'_r < g'_f - clf$ der $m$-Bereich am Eingang wie am Ausgang verschwinden, und wir hätten wieder den gleichen Betriebsfall wie in Fall (g). Wie oben beim Fall (f) haben wir eine weiter wachsende Versetzung $cis = g'_f - (g'_r + clf)$, oder anders ausgedrückt, wir definieren das Ende des Transparenzbereichs $t'_{tr}(m)$ zu einem virtuellen Zeitpunkt nach Beendigung des Taktimpulses. Wir erhalten dann

$$g'(m) = g'_r. \qquad (A.3\text{-}14)$$

## A.3.2 Bestimmung der Transparenzbereichsgrenzen

Die Frage der Festlegung der Transparenzbereichsgrenzen wollen wir noch einmal besonders erläutern, und zwar anhand des Falls (f). In Bild A.3-2 ist nochmals im Stil von Bild 2.4-2b der Übertragungsvorgang für eine Reihe von Eingangszeitpunkten aufgezeichnet, nun aber mit den in Fall (f) vorliegenden Parameterverhältnissen $g_f > g_r + clr$ für den Anfangsbereich und analog für den Endbereich $g'_f > g'_r + clf$, Fall (l).

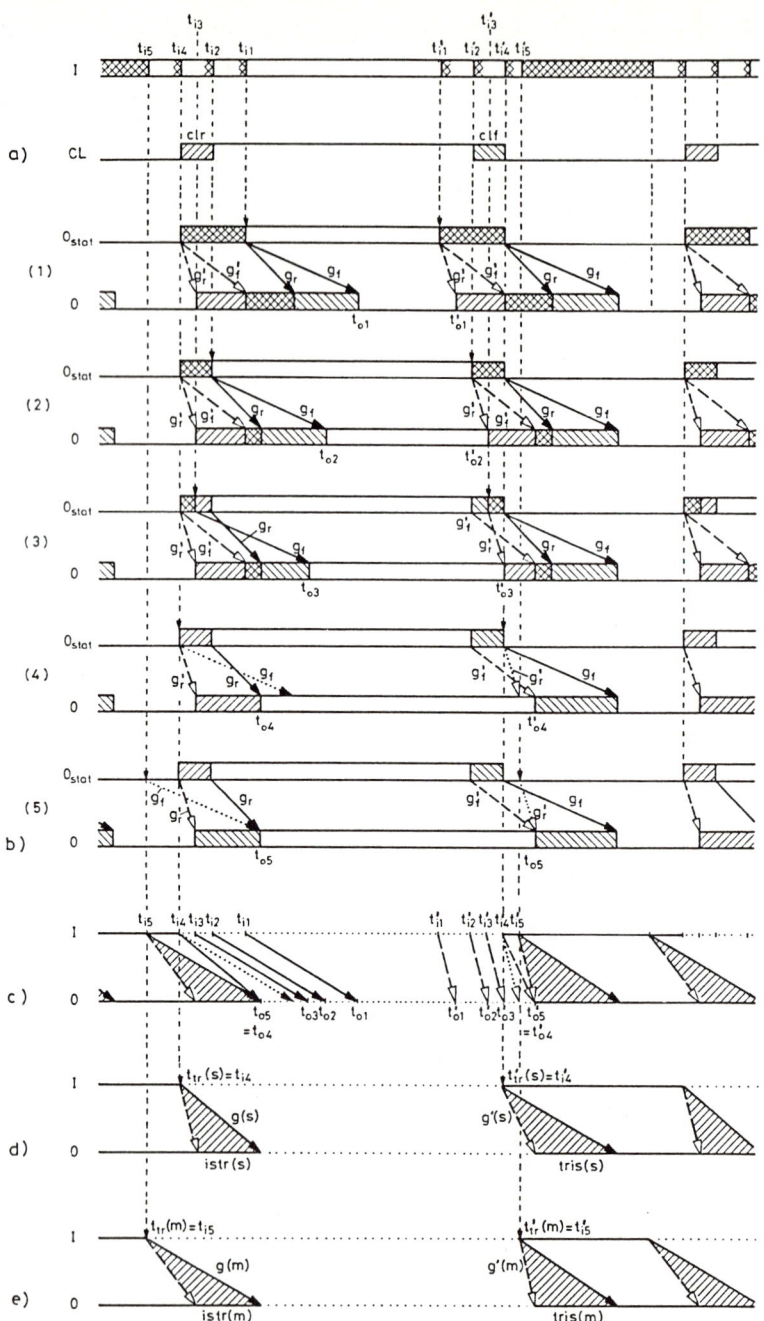

**Bild A.3-2.** Grenzen des Transparenzbereichs für $g_f > g_r + clr$ und $g'_f > g'_r + clf$: a) Eingangs- und Taktsignal, b) Einzelfälle der Phasenübergänge, c) zusammengefaßte Darstellung, d) Isolierstufen-Parameter für $s$-Übergänge, e) Isolierstufenparameter für $m$-Übergänge

Bild A.3-2a enthält den Eingang $I$ mit den alternativen Übergangszeitpunkten $t_{i1}$ bis $t_{i5}$ bzw. $t'_{i1}$ bis $t'_{i5}$ und den festen Takt $CL$. Für die fünf verschiedenen Alternativen sind in Teilbild b jeweils die Ein- und Ausgänge des Verzögerungselements ($O_{stat}$ und $O$, Diagramme (1) bis (5)) dargestellt. Die Eingangs-Ausgangs-Zeitverhältnisse sind dann in einem gemeinsamen $I/O$-Diagramm nochmals gezeigt (Teilbild c).

Falls für diese Parameterkonstellation Einfachübergänge gefordert sind, ist es nach obiger Diskussion der Fälle (a) und (g) sicher, daß die Zeitpunkte $t_{i4}$ und $t'_{i4}$ die Grenzen $t_{tr}(s)$ und $t'_{tr}(s)$ des Transparenzbereichs darstellen. Dies ist in Bild A.3-2b (4) wiedergegeben. Hier gilt dann

$$g(s) \;=\; g_r + clr, \tag{A.3-15a}$$

$$g'(s) \;=\; g'_f - clf \quad \text{und} \tag{A.3-15b}$$

$$ctr \;=\; 0, \tag{A.3-16a}$$

$$cis \;=\; 0. \tag{A.3-16b}$$

Da es keinen Sinn hat, an den Grenzen des Transparenzbereichs Einfachübergänge zu fordern, aber trotzdem Signalübergänge innerhalb des Transparenzbereichs zuzulassen, wird bei dieser Betriebsweise die Gültigkeit des Eingangs im gesamten Bereich zwischen $t_{i4} = t_{tr}(s)$ und $t'_{i4} = t'_{tr}(s)$ gefordert, so daß wir dort auch keine Verzögerungen zu betrachten haben.

In Fall (5) ist der Eingangsgültigkeitszeitpunkt $t_{i5}$ so gewählt, daß ein fiktiver hier beginnender spätester Abfallprozeß (der so nie auftreten kann, da der Ausgang auf 0 ist) auf denselben Gültigkeitspunkt am Ausgang (nämlich $t_{o5}$) führt, wie ein durch den Takt initiierter Anstiegsprozeß. Dieser Fall stellt aber gegenüber Fall (4) nur unnötig hohe Sicherheitsanforderungen an den Eingang und bedeutet keine Verbesserung der Betriebsverhältnisse. Dual dazu hat die Verschiebung des Ungültigkeitszeitpunkts $t'_{tr}$ von $t'_{i4}$ nach $t'_{i5}$ keine weiteren Auswirkungen auf das Betriebsverhalten, außer einer unnötigen Verschärfung der Gültigkeitsanforderungen des Eingangs.

Wenn wir Signalübergänge im Transparenzbereich zulassen, dann schließt dies multiple Übergänge an den Grenzen (zumindest aber am Beginn des Transparenzbereichs) mit ein. Bei exakter Analyse der Zeitparameter ergeben sich u. U. im Transparenzbereich andere Verzögerungsparameter als am Phasenübergang am Beginn der Transparenz.[2] Wir wollen hier aber den Zeitpunkt des Transparenzbeginns, $t_{tr}$, auf der Ebene der Datensignale so definieren, daß dort dieselbe Laufzeit wie im Transparenzbereich gilt. Für die in Bild A.3-2 gewählten Parameter ist dies sicher der Fall (2) in Teilbild b. Im Fall (3) bei $t_{i3}$ starten die maximalen Laufzeiten $g_r$ und $g_f$ zu verschiedenen Zeiten, und bei $t_{i4}$ existiert gar keine Abfallverzögerung mehr, d. h. die maximale Übergangsverzögerung ist $g_r + clr < g_f$, und zwar unabhängig von $g_f$. Ein Inkrement später jedoch existiert theoretisch die volle Verzögerungszeit $g_f$ (s. punktierte Linie in Bild A.3-2b (4)).

---

[2] Bei taktpegelgesteuerten Flipflops (*Latches*) tritt i. a. ein ähnlicher Effekt auf, daß nämlich die Anfangsverzögerung anders ist als die Verzögerung im Transparenzbereich. Dort liegt die Ursache allerdings hauptsächlich darin, daß am Transparenzbeginn die Taktvorderflanke den Ausgang über einen anderen Pfad beeinflußt als ein Datenwechsel im Transparenzbereich (s. auch Abschn. 2.7.3).

Wenn man also in diesem Fall multiple Übergänge zuläßt, muß man die Verzögerung $g(m)$ inmitten des Transparenzbereichs als maßgebend betrachten. Man sollte dann im Sinne einer einfachen Beschreibung die zeitliche Grenze des $m$-Transparenzbereichs am Anfang, $t_{tr}(m)$, so definieren, daß das Ausgangssignal zu einer *inneren* maximalen Verzögerungszeit danach gültig ist. Der früheste Gültigkeitszeitpunkt am Ausgang ist $t_{o4}$ (s. Bild A.3-2b (4)). Wenn man davon die Verzögerungszeit $g(m) = g_f$ subtrahiert, erhält man als Ergebnis den fiktiven Zeitpunkt $t_{i5} = t_{tr}(m)$ (vgl. Bild A.3-2c und e). Hieraus ergibt sich auch die Versetzung $ctr = g_f - (g_r + clr)$, die in Bild A.3-1c, Fall (f), dargestellt ist.

Wir wollen hier auf die detaillierte Diskussion des Endzeitpunktes $t'_{tr}$ des Tranzparenzbereichs verzichten und verweisen nur darauf, daß die zugrundeliegenden Überlegungen analog zu denen bei der Festlegung des Anfangszeitpunktes sind.

## A.3.3    Trenddiskussion der Stufenverzögerung

Nachdem bei der Diskussion bisher die Versetzungen, d. h. die Transparenzbereichsgrenzen in bezug auf die Taktflanken im Vordergrund standen, wollen wir hier den Trend der Stufenverzögerungen in Abhängigkeit von den verschiedenen Verzögerungen und Betriebsweisen zusammenfassend ansprechen.

Bild A.3-3 ist eine graphische Darstellung der maximalen und minimalen Isolierstufen-Verzögerungszeiten als Funktion der Parameter $g_r$, $g'_r$, $g_f$ und $g'_f$ des Verzögerungselementes sowie der Taktimpulstoleranzen $clr$ und $clf$. Wir haben vier der sechs Parameter, nämlich die vier (positiven) Toleranzbereichswerte

$$Dg_r \quad = g_r - g'_r$$
$$Dg_f \quad = g_f - g'_f$$
$$clr$$
$$clf$$

als konstant angesehen. Eine Größe, hier z. B. die minimale Anstiegsverzögerung $g'_r$, brauchen wir als Referenzgröße, auch für die Stufenverzögerung, nicht zu spezifizieren, so daß die sechste Größe, die maximale Abfallverzögerung $g_f$, die unabhängige Variable darstellt. Davon abhängig sind sechs Isolierstufenverzögerungen aufgetragen, und zwar je drei für die maximale Verzögerung der Gültigkeits- und für die minimale Verzögerung der Ungültigkeitsübergänge:

$$
\begin{array}{lll}
g(m) & g'(m) & \text{(gestrichelt)}, \\
g(s) & g'(s) & \text{(durchgezogen)}, \\
g_{max}(s) & g'_{min}(s) & \text{(strichpunktiert)}.
\end{array}
$$

Hierbei sind $g_{max}(s)$ und $g'_{min}(s)$ die Stufenverzögerungen, die sich ergeben, wenn nur der Maximalwert und der Minimalwert der Verzögerungsparameter bekannt sind, nicht aber die Anstiegs- und Abfallwerte selbst.

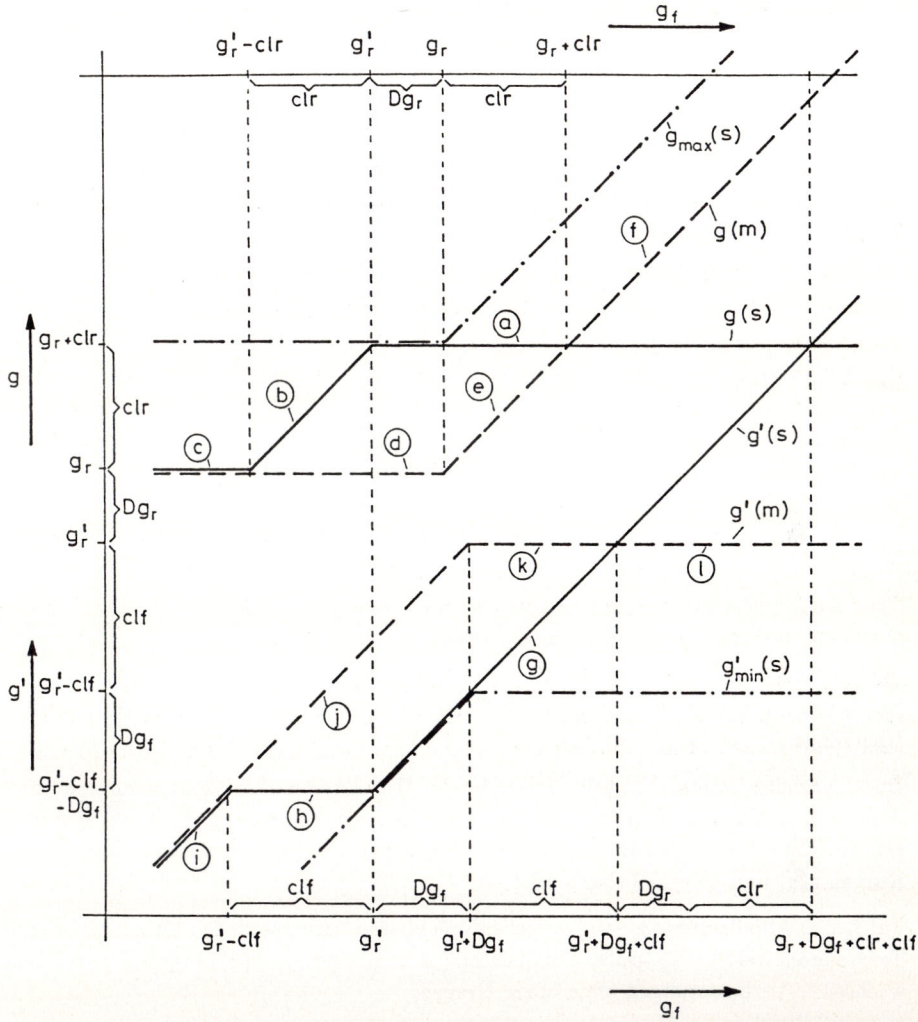

**Bild A.3-3.** Maximale und minimale Verzögerungen der Isolierstufe als Funktion von $g_f$

Wir haben als "Isolierstufenverzögerung" die Verzögerungszeiten an den Grenzen des Transparenzbereichs definiert, und zwar so, daß diese Werte im Fall multipler Übergänge identisch sind mit den Verzögerungen der Signal-Zustandsübergänge im Transparenzbereich.

Daher ergeben sich für die $m$-Verzögerungen dieselben Werte wie für den erlaubten Übergang inmitten der Transparenzphase, nämlich

$$g(m) \quad = \quad g_{max} = \max \left\{ \begin{array}{c} g_r \\ g_f \end{array} \right\}, \qquad\qquad \text{(A.3-17a)}$$

$$g'(m) \quad = \quad g'_{min} = \min \left\{ \begin{array}{c} g'_r \\ g'_f \end{array} \right\}. \qquad\qquad \text{(A.3-17b)}$$

Diese beiden Kurven sind als gestrichelte Linien in Bild A.3-3 eingetragen. Die optimalen Versetzungen des Taktimpulses betreffen hier nicht die Stufenverzögerungen, sondern die Übergangsbereiche. Diese können bis um die Größe der Takttoleranzen verringert werden, d. h. die Isolierphasen werden um diese Werte länger.

Wenn die genauen Werte der Anstiegs- und Abfallzeiten nicht bekannt sind, sondern nur die Extremwerte, kann man auch für die Einfachübergänge nicht die optimalen Versetzungen zwischen den Übergangszeitpunkten des Eingangssignals und denen des Taktes festlegen, sondern muß die maximalen Verschiebungen (d. h. $ctr = 0$ und $cis = 0$) ansetzen. Dann ergeben sich die strichpunktierten Kurven,

$$g_{max}(s) \quad = \quad \max \left\{ \begin{array}{c} g_r \\ g_f \end{array} \right\} + clr, \qquad\qquad \text{(A.3-18a)}$$

$$g'_{min}(s) \quad = \quad \min \left\{ \begin{array}{c} g'_r \\ g'_f \end{array} \right\} - clf. \qquad\qquad \text{(A.3-18b)}$$

Die Werte sind um die jeweiligen Takttoleranzen ungünstiger als die für multiple Übergänge.

Durch gezielte Verschiebung der Takte bei im Detail bekannten Verzögerungsparametern ergeben sich die oben im einzelnen diskutierten Verbesserungen, die als Differenzen zwischen den strichpunktierten Kurven $g_{max}(s)$, $g'_{min}(s)$ und den durchgezogenen Kurven $g(s)$ und $g'(s)$ sichtbar sind.

Für kleine Abfallzeiten ($g_f < g'_r$) ergeben sich lineare Verbesserungen bis zur Größe der Takttoleranzwerte. Für große Abfallzeiten ($g_f > g_r$ bzw. $g'_f > g'_r$) ergeben sich linear wachsende Verbesserungen ohne obere Grenze.

## A.3.4   Dynamischer Speichereffekt

Ab einem bestimmbaren Wert $g'_f \geq g_r + clr + clf$ gibt es sogar eine Überschneidung der Minimal-Verzögerung mit der Maximal-Verzögerung. Der Fall bedeutet, wie in Bild A.3-4 demonstriert, eine Verbreiterung des Gültigkeitsbereichs vom Eingang zum Ausgang. Dieser "dynamische Speichereffekt" — bekannt durch dynamische Schieberegister — tritt also sogar bei diesem Modell auf. Er wird aber nicht weiter behandelt, weil das Modell begrenzt ist und daher zu einer umfassenden Untersuchung derartiger technischer Möglichkeiten nicht ausreicht. Unsymmetrische Modelle sind für die Beschreibungen von Speichereffekten geeigneter und können weitere, bessere Möglichkeiten erfassen.

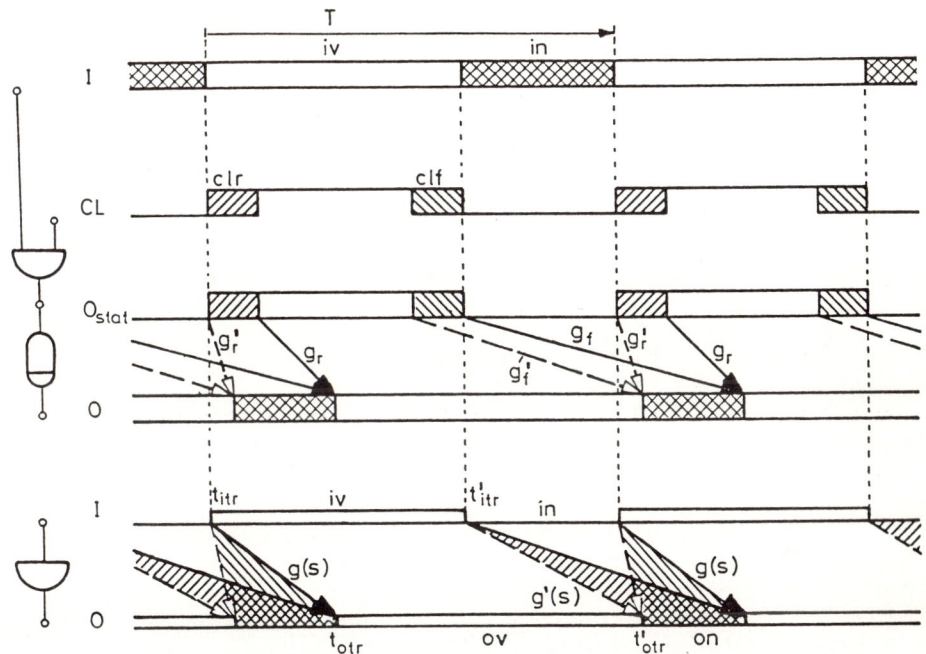

**Bild A.3-4.** "Dynamischer Speichereffekt" und Erholungszeit

Erwähnenswert ist hier nur, daß die Verbreiterung der Gültigkeitsbereiche am Ausgang unter Umständen eine Verlängerung der Ungültigkeitsbereiche am Eingang (*in*) erfordert. Für den in Bild A.3-4 gezeichneten Fall (ohne 0-Phase am Ausgang) kann man den minimal notwendigen Ungültigkeitsbereich als eine *Erholungszeit (recovery time)* angeben:

$$ in \leq \max \left\{ \begin{array}{l} g'_f - g'_r - clf \\ g_f - g_r - clr \end{array} \right\}. \tag{A.3-19} $$

Entsprechende Erholungszeiten sind auch bei taktgesteuerten Flipflops und Latches zu berücksichtigen, die dann den Mindestabstand zwischen zwei aufeinanderfolgenden Taktperioden und damit die maximale Betriebsfrequenz festlegen.

# A.4 Impulsformung mit Gattern und Verzögerungselementen

Wir haben an verschiedenen Stellen erwähnt, daß die Generierung spezieller Taktimpulse für eine Isolierstufe, ein Flipflop oder eine Master-Slave-Stufe lokal aus einem Master-Takt erfolgen kann. Hier sollen daher die wesentlichen Prinzipien der Impulsformung mit Elementen digitaler Schaltkreise, nämlich logischen Gattern und Verzögerungselementen, wiedergegeben werden, wie sie seit vielen Jahren in Vorlesungen an unserer Hochschule dargestellt werden ([LMKZ88], vgl. auch [Gos85]).

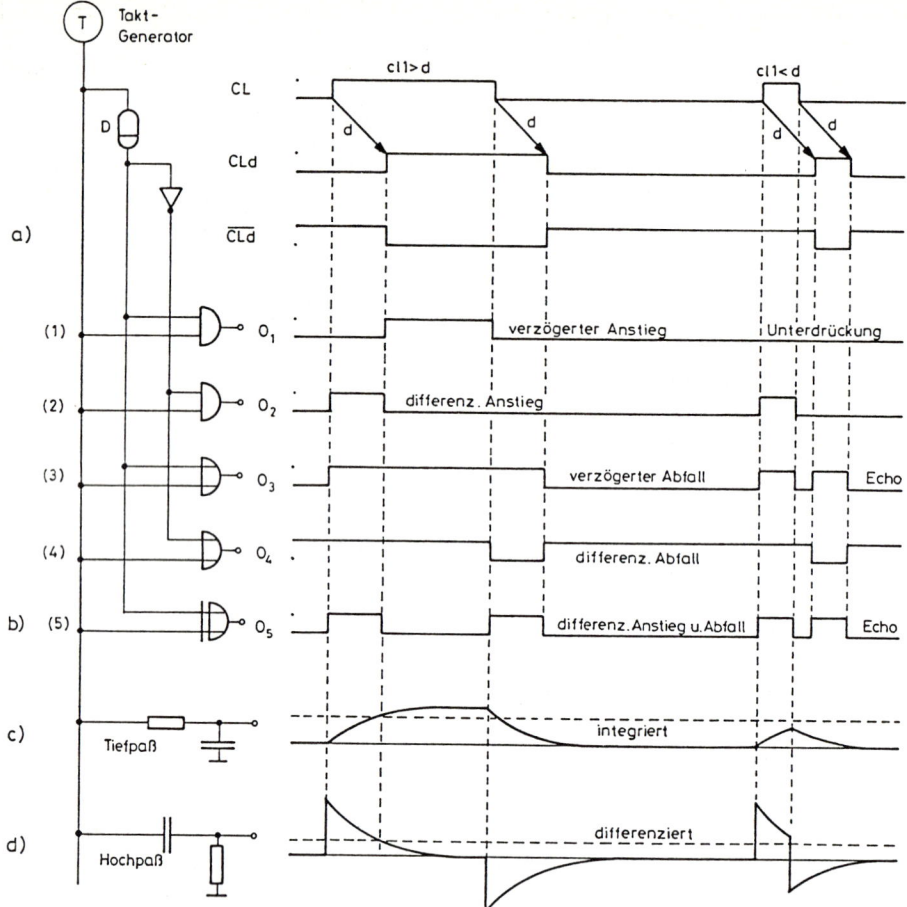

**Bild A.4-1.** Impulsformung mit Gattern und Verzögerungselementen: a) Eingangsimpulse, b) Alternativen der Impulsformung, c) RC-Tiefpaß ("Integrator"), d) RC-Hochpaß ("Differenzierer")

Bild A.4-1 zeigt einen Taktgenerator T, der das Signal $CL$ erzeugt. Dieses Signal wird von einem Verzögerungselement um den Wert $d$ verzögert (Signal $CLd$) und schließlich durch einen Inverter negiert (Signal $\overline{CLd}$). Aus Gründen der Anschaulichkeit verzichten wir hier auf Flankentoleranzen, Gatterverzögerungen und Dispersionen und zeichnen nur ideale Impulse und verzögerungsfreie Verknüpfungen.

In Teilbild b sind fünf Alternativen zur Impulsformung gezeigt, die sich aus der UND-, ODER- und XOR-Verknüpfung des Master-Taktes $CL$ mit dem verzögerten ($CLd$) oder dem invertierten verzögerten Takt ($\overline{CLd}$) ergeben.

Wir betrachten zwei unterschiedliche Impulse, und zwar einen "langen" Impuls (d. h. länger als die Verzögerung, $cl1 > d$) und einen "kurzen" Impuls ($cl1 < d$).

**Fall (1):** Die UND-Verknüpfung von $CL$ und $CLd$ verkürzt den Impuls auf $cl1 - d$, indem die Anstiegsflanke um $d$ verzögert wird ($O_1$, Bild A.4-1b (1)). Bei einem kurzen Impuls führt dieser Fall zur Unterdrückung des Impulses. Diese Schaltung kann also beispielsweise zur Herausfilterung von Hazards aus einem Signal verwendet werden. In Teilbild c ist eine analoge Schaltung gezeigt, die ein entsprechendes Verhalten zeigt. Ein RC-Tiefpaß wirkt als "Integrator". Durch die Zeitkonstante RC und die Eingangsschwellen der Folgestufe kann man die Größe der Anstiegsverzögerung, d. h. die Impulsverkürzung, und damit auch die Größe der unterdrückten Impulse bestimmen.

**Fall (2)** Die UND-Verknüpfung von $CL$ und $\overline{CLd}$ differenziert die Anstiegsflanke von $CL$, d. h. es wird bei der Flanke von $CL$ ein Impuls der Breite $d$ erzeugt. Bei einem langen Impuls ist die Dauer bzw. die Rückflanke des Eingangsimpulses ohne Auswirkung auf das Ergebnis $O_2$. Ist allerdings der Eingangsimpuls bereits kürzer als $d$, dann hat der Ausgangsimpuls auch nur die Breite des Eingangsimpulses. Zum Vergleich ist in Teilbild d ein RC-Hochpaß als analoger "Differenzierer" mit seinem Spannungsverlauf dargestellt, der ebenfalls an den Flanken des Master-Taktes Impulse erzeugt. Durch geeignete Wahl der Zeitkonstanten RC sowie der Entscheidungsschwellen der Folgestufe kann die Impulsbreite beeinflußt werden.

**Fall (3):** Die ODER-Verküpfung von $CL$ und $CLd$ verbreitert den Impuls im Gegensatz zu Fall (1), indem die Rückflanke um den Wert $d$ verzögert wird. Wenn der Eingangsimpuls allerdings sehr kurz ist, dann führt diese Schaltung zu einem "Echo-Impuls" am Ausgang ($O_3$). Das bedeutet, daß z. B. unerwünschte Hazards (*spikes*) durch diese Schaltung sogar verdoppelt werden.

**Fall (4):** Die ODER-Verknüpfung von $CL$ und $\overline{CLd}$ differenziert die Abfallflanke des Eingangsimpulses. Hier ist nun allerdings das Ausgangssignal gegenüber dem Eingangssignal im wesentlichen invertiert, d. h. das Signal $O_4$ ist auf 1, wenn $CL$ auf 0 ist, und an der fallenden Flanke von $CL$ gibt es einen negativen Impuls der Dauer $d$. Dieser Fall ist in seiner Wirkung aber dual zu Fall (2), ein kürzerer Impuls als $d$ bestimmt also wieder die Länge des Ausgangsimpulses.

**Fall (5):** Die XOR-Verknüpfung von $CL$ und $CLd$ differenziert sowohl die Anstiegs- als auch die Abfallflanke des Eingangstaktes, und zwar beide in positiver Logik, so daß an $O_5$ an beiden Flanken von $CL$ ein positiver Impuls der Länge $d$ entsteht. Kürzere Eingangsimpulse verkürzen wieder die Ausgangsimpulse, allerdings ist der Minimalabstand zweier Ausgangsimpulse die Verzögerungszeit $d$. Wie in Fall (3) ist diese Schaltung also geeignet, Spikes zu verdoppeln.

Durch Negation des Ausgangs würden noch weitere fünf Pulsverformungstypen entstehen. Wenn man die vier Transformationen von nur einem der beiden Eingänge $CL$ und $CLd$ sowie die beiden Konstantwerte 0 und 1 hinzunimmt, ergeben sich alle 16 möglichen Funktionen der beiden Boole'schen Variablen $CL$ und $CLd$. Insofern repräsentieren die fünf gezeichneten Impulstypen alle logischen Kombinationen von einem Impulseingang und dessen verzögerter Kopie.

# B Ergänzende Betrachtungen zu Flipflops

In Abschn. 2.7 haben wir unsere grundsätzliche Betrachtungsweise von Flipflops eingeführt. Anhand der einfachen Struktur der 3-Gatter-Flipflops haben wir die Betriebsweisen dieses Flipflops dargestellt und unsere Zeitdarstellung der Flipflop-Element-Parameter aus der Gatterdarstellung entwickelt. Schließlich haben wir noch die Ableitung der Zeitparameter für unser Modellierungssystem aus den üblicherweise in Datenbüchern angegebenen Zeitparametern vorgeführt.

Wir wollen nun noch einige weitere Details beim Betrieb von Flipflops diskutieren. Da ist zunächst die sog. "*Sekundär-Signal-Verschiebung*" beim RS-Flipflop, die zu berücksichtigen ist, wenn man für die beiden Eingänge $R$ und $S$ individuelle anstatt gemeinsame Gültigkeitsanforderungen aufstellt. Anschließend behandeln wir zwei spezielle Betriebsweisen des Beispiel-Flipflops, nämlich zum einen die Betriebsweise mit garantierten Einfachübergängen am Ausgang und zum anderen für die gleiche Struktur die "*Return-to-Zero*"-Betriebsweise. Zum Schluß sollen die verschiedenen untersuchten Flipflop-Typen einander aus der Sicht des Zeitverhaltens gegenübergestellt werden, wobei wir zusätzlich noch weitere Flipflop-Strukturen berücksichtigen werden.

## B.1 Sekundär-Signal-Verschiebung beim getakteten RS-Flipflop

Wie schon beim Basis-Flipflop in Abschn. 2.3.4 angedeutet, kann man bei genauer Betrachtung der Schaltvorgänge des Flipflops exaktere Spezifikationen für die Eingangssignale angeben, als wir dies bisher für das getaktete RS-Flipflop getan haben. Wir müssen für den Betrieb dieses Flipflops fordern, daß an den Eingängen $\overline{SB}$, $\overline{RB}$ des internen Basis-Flipflops (das sind die Ausgänge der Isoliergatter U und V, s. Bild B.1-1) nur einfache (single) Zustandsübergänge und keine Fehlimpulse auftreten können, damit das interne Basis-Flipflop (Gatter X und Y) eindeutig angesteuert wird und auch am Ausgang nur einfache Signalübergänge stattfinden können. Eine Verletzung dieser Forderung würde u. U. zur metastabilen Anregung des internen Basis-Flipflops führen (s. Anhang A.2). Durch die interne Rückkopplung der Signale $Q$ und $Q^*$ auf die Eingänge der Gatter X und Y ergeben sich aber gewisse Erleichterungen, die wir nun untersuchen wollen.

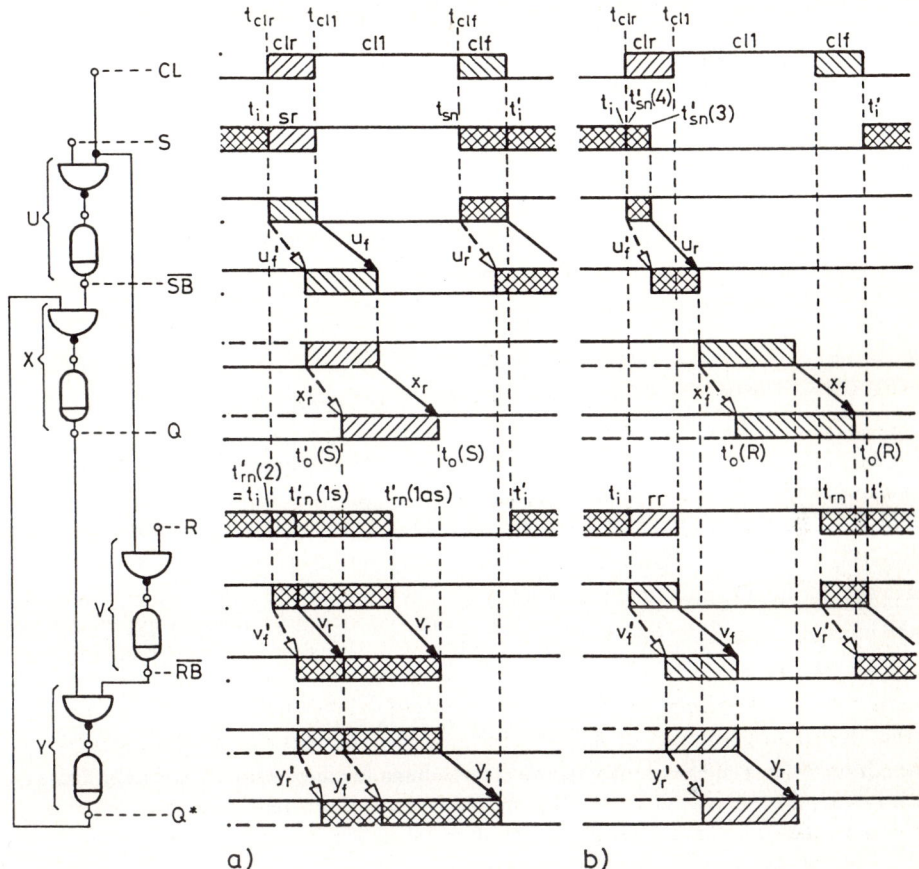

**Bild B.1-1.** Sekundär-Signal-Verschiebung beim getakteten RS-Flipflop: a) Setzprozeß, b) Rücksetzprozeß

In Bild B.1-1 haben wir für das getaktete RS-Flipflop einen Setz- und einen Rücksetzvorgang separat dargestellt. Zusätzlich müssen wir jeweils berücksichtigen, ob das Flipflop gesetzt ($Q = 1$) oder rückgesetzt ($Q = 0$) war, so daß wir vier verschiedene Fälle erhalten, für die wir die *Sekundär-Signal-Verschiebungen* (s. Abschn. 2.3.4) untersuchen wollen.

## B.1.1 Setzvorgang bei rückgesetztem Flipflop

Solange das Taktsignal auf 0 ist, können beide Eingangssignale ungültig sein (s. Bild B.1-1a). Wir wollen i. a. für den Setzeingang fordern, daß er mit dem frühesten Anstieg des Taktes auch gültig ist ($t_i = t_{clr}$), obwohl es keinen Unterschied im Verhalten des Flipflops machen würde, wenn der Eingang während der Anstiegstoleranz *clr* des Taktes ebenfalls einen Anstiegsbereich hätte (*sr*, bis $t_{cl1}$). Da das Flipflop rückgesetzt ist,

d. h. $Q = 0$, ist der Eingang von Gatter Y isoliert, so daß $\overline{RB}$ und damit $R$ zunächst beliebig, d. h. ungültig sein dürfen. Dies ändert sich, wenn der Ausgang $Q$ ansteigt, da in diesem Augenblick das Gatter Y freigegeben und das Signal an $\overline{RB}$ auf den Ausgang $Q^*$ durchgeschaltet wird. Bei der symmetrischen Betrachtungsweise darf auch an $Q^*$ kein Fehlimpuls auftreten, so daß $\overline{RB}$ spätestens bei $t'_o(S)$ auf 1 sein muß. Daraus folgt für den Gültigkeitszeitpunkt $t'_{rn}(1s)$ an $R$

$$t'_{rn}(1s) = t'_o(S) - v_r, \tag{B.1-1}$$

und die Sekundär-Signal-Verschiebung $sd(1s)$ von $R$ gegenüber dem Gültigkeitszeitpunkt $t_i$ des Setzsignals beträgt

$$sd(1s) \;=\; t'_{rn}(1s) - t_i \tag{B.1-2a}$$

$$=\; \max\left\{ \begin{array}{c} 0 \\ u'_f + x'_r - v_r \end{array} \right\}. \tag{B.1-2b}$$

Wenn man hingegen den asymmetrischen Fall annimmt, d. h. nur $Q$ ist Ausgang, dann dürfen an $Q^*$ Mehrfachübergänge auftreten und damit auch ein anderer Wert als die Negation von $Q$. Dann darf $R$ ungültig bleiben bis $t'_{rn}(1as)$. Dieser Zeitpunkt bestimmt sich aus der Rückkopplung und dem Ende des Taktimpulses: $R$ muß so inaktiv werden, daß auch mit den Maximalverzögerungen der Gatter V und Y ($v_r + y_f$) das Signal $Q^*$ auf 0 ist, bevor $\overline{SB}$ frühestens ansteigen kann:

$$t'_{rn}(1as) = t_{clf} + u'_r - (v_r + y_f). \tag{B.1-3}$$

Damit ergibt sich die Sekundär-Signal-Verschiebung für diesen asymmetrischen Fall zu

$$sd(1as) = u'_r - (v_r + y_f) + clr + cl1. \tag{B.1-4}$$

Diese lange Ungültigkeitszeit des Rücksetzsignals bis $t'_{rn}(1as)$, die nicht nur Gatterverzögerungen und Takttoleranzen enthält, sondern auch die gesamte Aktivzeit des Taktimpulses $cl1$, führt deshalb nicht zu Fehlimpulsen, weil der Ausgang $Q$ anfangs 0 ist und damit den Eingang des Gatters Y isoliert. Sobald $Q$ aber ansteigt und damit das Gatter Y freigibt, ist das Setzsignal bereits aktiv ($\overline{SB} = 0$), wodurch dann der Eingang von X isoliert bzw. der Zustand des Ausgangs $Q$ determiniert ist ($Q = 1$).

## B.1.2   Setzvorgang bei gesetztem Flipflop

Wenn das Flipflop hingegen bereits gesetzt ist ($Q = 1$, gestrichelter Signalverlauf in Teilbild a), dann ist die Rückkopplung über das Gatter Y freigegeben, und jede Änderung von $R$ während der Takt-Aktivphase wird auf $Q^*$ durchgeschaltet. Im Fall der symmetrischen Betrachtungsweise muß $R$ also schon beim frühesten Anstieg von $CL$ gültig sein:

$$t'_{rn}(2) \;=\; t_{clr} = t_i, \tag{B.1-5}$$
$$sd(2) \;=\; 0. \tag{B.1-6}$$

Im asymmetrischen Fall werden sowohl der Setzimpuls als auch der Ungültigkeitszustand des Rücksetz-Signals durch denselben ansteigenden Takt durchgeschaltet. Wenn im schlimmsten Fall der Zustand $R = n$ durch die beiden Gatter V und Y schneller auf den Eingang von X geführt wird als der Setzimpuls durch U, d. h. $v'_f + y'_r < u_f$, dann kann dies zu Fehlimpulsen am Ausgang $Q$ führen, so daß wir ebenfalls $t'_{rn}(2) = t_i$ einhalten müssen ($sd = 0$).

Wenn aber gewährleistet ist, daß dieser kritische Fall nicht auftreten kann, also bei $u_f < v'_f + y'_r$, dann erhalten wir wieder die maximale Sekundär-Signal-Verschiebung $sd(1as)$ und damit den Inaktiv-Zeitpunkt $t'_{rn}(1as)$ für das Rücksetzsignal.

### B.1.3   Rücksetzvorgang bei gesetztem Flipflop

Im Fall eines Rücksetzvorgangs bei gesetztem Flipflop ist $Q^*$ zunächst auf 0 und isoliert den Eingang des Gatters X (s. Bild B.1-1b), so daß $\overline{SB}$ und damit $S$ zunächst ungültig sein dürfen. Spätestens beim frühesten Ansteigen von $Q^*$ müssen aber $\overline{SB}$ und damit um $u_r$ vorher auch $S$ inaktiv sein. Wir erhalten also

$$t'_{sn}(3) \quad = \quad t_{clr} + v'_f + y'_r - u_r, \qquad \text{(B.1-7)}$$

$$sd(3) \quad = \quad \max\left\{ \begin{array}{c} 0 \\ v'_f + y'_r - u_r \end{array} \right\}. \qquad \text{(B.1-8)}$$

Eine Unterscheidung zwischen der symmetrischen und der asymmetrischen Betrachtungsweise ist hier bedeutungslos, da das sekundäre Signal in diesem Fall das Setzsignal und daher von der Sekundär-Signal-Verschiebung direkt der Ausgang $Q$ betroffen ist.

### B.1.4   Rücksetzvorgang bei rückgesetztem Flipflop

In diesem Fall ist mit $Q^* = 1$ (gestrichelter Signalverlauf in Teilbild b) das Gatter X freigegeben, so daß das Setzsignal $S$ bei aktivem Takt direkt auf den Ausgang $Q$ einwirkt. Deshalb muß der Setzeingang schon beim frühesten Ansteigen des Taktes im Ruhezustand sein, also

$$t'_{sn}(4) \quad = \quad t_{clr} = t_i, \qquad \text{(B.1-9)}$$
$$sd(4) \quad = \quad 0. \qquad \text{(B.1-10)}$$

Die verschiedenen Sekundär-Signal-Verschiebungen haben wir zur Übersicht in der Tabelle B.1-1 nochmals tabellarisch zusammengestellt.

## B.2   Spezielle Betriebsweisen beim D-Flipflop

In Abschn. 2.6 haben wir vorgeführt, wie man allein durch die Art der Ansteuerung mit den beiden Taktsignalen $CL$ und $HC$ verschiedene Betriebsweisen bei ein und

**Tabelle B.1-1.** Sekundär-Signal-Verschiebungen beim getakteten RS-Flipflop

| FF-Zust. | Ausgang | Sekundär-Signal-Verschiebung $sd$ | |
|---|---|---|---|
| | | Signal $R$ (Setzprozeß) | Signal $S$ (Rücksetzprozeß) |
| $Q = 1$ | $sym$ | $0$ | $\max\left\{\begin{array}{c} 0 \\ v'_f + y'_r - u_r \end{array}\right\}$ |
| | $asym \left\{\begin{array}{l} v'_f + y'_r < u_f: \\ v'_f + y'_r > u_f: \end{array}\right.$ | $\begin{array}{l} 0 \\ clr + cl1 + u'_r - y_f - v_r \end{array}$ | |
| $Q = 0$ | $sym$ | $\max\left\{\begin{array}{c} 0 \\ u'_f + x'_r - v_r) \end{array}\right\}$ | $0$ |
| | $asym$ | $clr + cl1 + u'_r - y_f - v_r$ | |

derselben Schaltung (dem 3-Gatter-Flipflop) erzielen kann. Zwei davon haben wir in Abschn. 2.7 detailliert behandelt, da sie elementare Grundtypen repräsentieren (das *nicht-transparente* und das *transparente* D-Flipflop). Zwei weitere interessante Varianten wollen wir nun noch näher erläutern, nämlich das D-Flipflop mit garantierten $s$-Übergängen und das RTZ-D-Flipflop.

## B.2.1   D-Flipflop mit s-Übergang

Bei dem in Bild 2.7-2 gezeigten D-Flipflop sind am Ausgang $Q$ multiple Übergänge möglich. Selbst wenn das Eingangssignal $D$ vor dem frühesten Anstieg des Taktes $CL$ gültig ist ($t_i \leq t_{clr}$) und nur einfache Signalübergänge bei den Takten $CL$ und $HC$ auftreten, können aufgrund der Toleranzen der Taktflanken Fehlimpulse (*Hazards, Glitches*) am Ausgang auftreten (indem beispielsweise eine frühe fallende Flanke von $HC$ das Flipflop rücksetzt, bevor eine späte Flanke von $CL$ wieder zum Setzen des Flipflop führt).

Um zu garantieren, daß am Ausgang $Q$ nur Einfachübergänge auftreten können, müssen die Taktflanken $t_{clr}$ und $t_{hcf}$ so gegeneinander verschoben werden, daß ein von $CL$ ausgelöster (Setz-)Prozeß nicht mit dem von $HC$ ausgelösten Rücksetzprozeß konkurriert. In Bild B.2-1a sind die Zeitdiagramme für diese Hazard-freie Betriebsweise des D-Flipflops dargestellt. Die Randbedingungen für diese Betriebsweise sind also:

 — nur Einfach-($s$-)Übergänge am Ausgang,

 — keine Transparenz ($tr = 0$).

Die Voraussetzung für diesen Betrieb ist natürlich, daß schon bei der Übernahme der Eingangsinformation ($D$) keine multiplen Übergänge stattfinden können. Dies erfordert für die Isolierstufe die Betriebsweise der "$s$−$s$−Transparenz" (s. Abschn. 2.4.3). Daraus

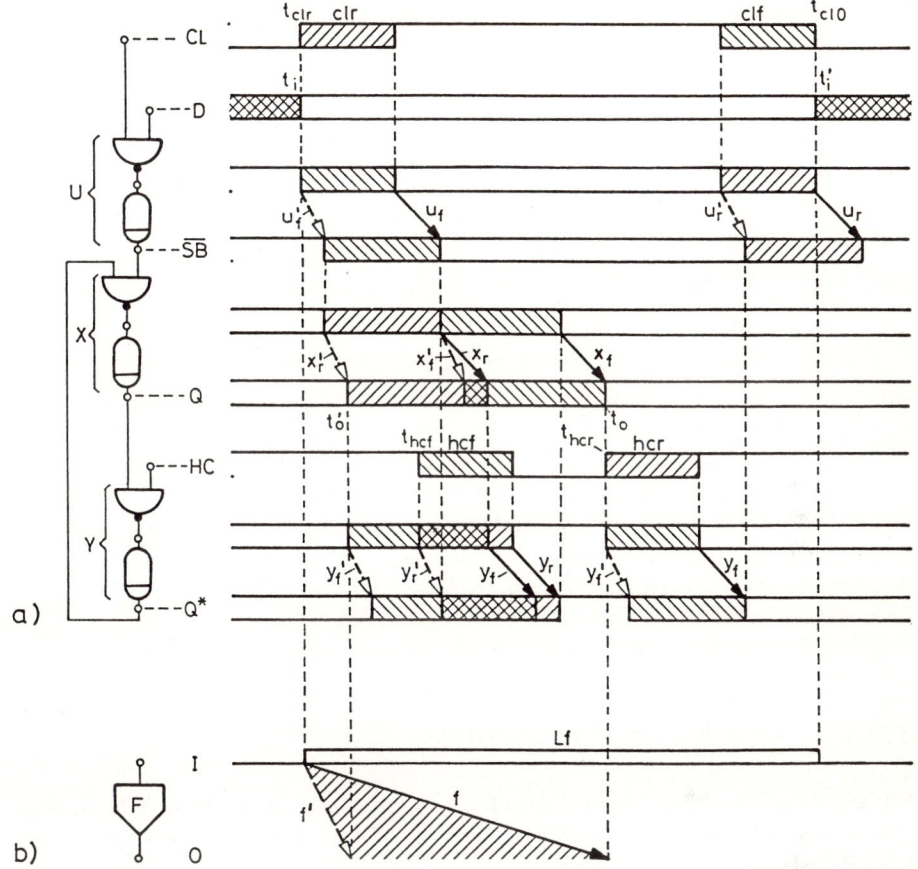

**Bild B.2-1.** D-Flipflop mit $s$-Übergang: a) Zeitdiagramm, b) Elementdarstellung

ergibt sich für den Gültigkeits- und den Ungültigkeitszeitpunkt des Eingangs

$$t_i = t_{clr}, \qquad \text{(B.2-1a)}$$

$$t_i' = t_{cl0}. \qquad \text{(B.2-1b)}$$

Als weitere Bedingung darf die Umschaltung des Rücksetz-Flipflops (Gatter X und Y) in die Transparenzphase ($HC = 0$) erst dann geschehen, wenn das Signal $\overline{SB}$ die Eingangsinformation (und dabei ist hier ein Setzsignal relevant, $D = 1$) gültig übernommen hat. Diese Bedingung führt zur Beziehung zwischen $t_{clr}$ und $t_{hcf}$:

$$t_{clr} + clr + u_f \le t_{hcf} + y_r', \qquad \text{(B.2-2a)}$$

$$t_{hcf} - t_{clr} \ge (u_f - y_r') + clr. \qquad \text{(B.2-2b)}$$

Wir haben in Bild B.2-1a genau den Grenzfall gezeichnet.

Ein Setzprozeß erfolgt also noch während der Auffangphase des Rücksetz-Flipflops, während ein Rücksetzvorgang (bei dem wegen $D = 0$ auch $\overline{SB}$ inaktiv bleibt, d. h.

$\overline{SB} = 1$) erst durch den Haltetakt ausgelöst wird (vgl. Abschn. 2.5.1, Bild 2.5-2a). Daher bestimmt der Rücksetzvorgang den Gültigkeitszeitpunkt ($t_o$) des Ausgangs:

$$t_o = t_{hcf} + (y_r + x_f) + hcf \qquad (B.2\text{-}3a)$$

$$= t_{clr} + (u_f - y_r') + (y_r + x_f) + clr + hcf \qquad (B.2\text{-}3b)$$

(mit dem Grenzfall aus (B.2-2b), wie auch gezeichnet).

Die Beziehungen zwischen den beiden Flanken des Haltetaktes sowie zwischen der steigenden Flanke von $HC$ und der fallenden von $CL$ bleiben, wie in Abschn. 2.7.2.2 in ((2.7-26) und (2.7-28)) hergeleitet,

$$t_{hcr} = t_{hcf} + (y_r + x_f) + hcf, \qquad (B.2\text{-}4)$$

$$t_{cl0} = t_{hcr} + (y_f - u_r') + hcr + clf. \qquad (B.2\text{-}5)$$

Wir können damit also die Flipflop-Parameter für das D-Flipflop in der Betriebsweise mit Einfach-Übergängen bestimmen:

1. Einschreibzeit $Lf$:

$$Lf = (u_f - y_r') + (y_r + x_f) + (y_f - u_r') + clr + clf + hcf + hcr \qquad (B.2\text{-}6a)$$

$$= (x_f + y_f) + (u_f - u_r') + Dy_r + clr + clf + hcf + hcr. \qquad (B.2\text{-}6b)$$

2. Verzögerungszeit $f$:

$$f = (u_f - y_r') + (y_r + x_f) + clr + hcf \qquad (B.2\text{-}7a)$$

$$= x_f + u_f + Dy_r + clr + hcf. \qquad (B.2\text{-}7b)$$

3. Minimalverzögerung $f'$:

$$f' = u_f' + x_r'. \qquad (B.2\text{-}8)$$

4. Dispersion $Df$:

$$Df = (u_f - y_r') + (y_r + x_f) - (u_f' + x_r') + clr + hcf \qquad (B.2\text{-}9a)$$

$$= (x_f - x_r') + Du_f + Dy_r + clr + hcf. \qquad (B.2\text{-}9b)$$

5. Grundüberschuß $Xf$:

$$Xf = (u_f' + x_r') - (u_f - y_r') - (y_r + x_f) - (y_f - u_r')$$
$$-(clr + clf + hcf + hcr) \qquad (B.2\text{-}10a)$$

$$= -(x_f - x_r') - (y_f - u_r') - (Du_f + Dy_r)$$
$$-(clr + clf + hcf + hcr). \qquad (B.2\text{-}10b)$$

Die Zeitdarstellung dieser Element-Parameter ist in Teilbild b wiedergegeben.

In dieser Betriebsweise wird der Einfach-Übergangs-Modus durch große Nachteile erkauft. So muß eine extrem große Einschreibzeit eingehalten werden, die nämlich alle vier Taktflanken-Toleranzen enthält. Entsprechend ist auch der Grundüberschuß von extrem negativer Größe. Auch sind die Verzögerungszeiten sowie die Dispersion deutlich größer als im Fall erlaubter multipler Übergänge (vgl. Abschn. 2.7.2.3). Erleichterungen aufgrund ... sind natürlich auch hier zu erwarten.

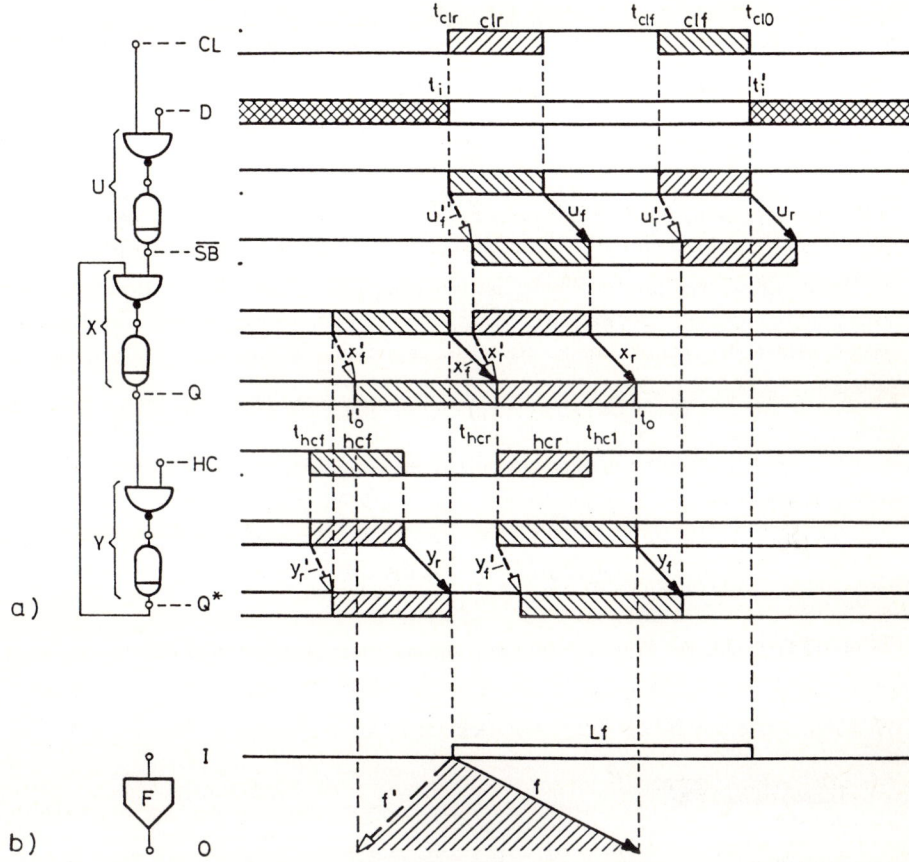

**Bild B.2-2.** RTZ-D-Flipflop: a) Zeitdiagramm, b) Elementdarstellung

## B.2.2 RTZ-D-Flipflop

In dieser Betriebsweise wird das D-Flipflop so angesteuert, daß es vor jeder Einschreibzeit in den 0-Zustand zurückkehrt. Wir bezeichnen dieses Verhalten als "RTZ"-Verhalten (*Return to Zero*), wie es schon aus der Magnet-Aufzeichnungstechnik bekannt ist. Eine weitere Anwendung dieser Betriebsweise ist z. B. der sogenannte "Latch-Bus" ([LD89]). Wir haben hier also folgende Randbedingungen:

- Rücksetzen des Flipflops vor jeder Schreibzeit,

- keine Transparenz ($tr = 0$),

- minimale Einschreibzeit $Lf$.

Bei diesem in Bild B.2-2 gezeigten Betriebsfall wird durch den Haltetakt $HC$ ein Rücksetzprozeß gestartet, während der Eingang noch isoliert ist ($CL = 0$), so daß das Flipflop den 0-Zustand einnimmt. Der Takt $CL$ steigt erst so spät an, daß ein frühester

Setzvorgang nicht vor dem spätesten Rücksetzvorgang am Ausgang $Q$ erscheinen kann. Aus dieser die RTZ-Betriebsweise kennzeichnenden Forderung ergibt sich die Beziehung zwischen $t_{clr}$ und $t_{hcf}$:

$$t_{hcf} = t_{clr} + (u'_f + x'_r) - (y_r + x_f) - hcf. \tag{B.2-11}$$

Da die steigende Flanke des Haltetaktes nur von der Mindestdauer des Rücksetzimpulses für einen sicheren Rücksetzvorgang abhängt, gelten (2.7-26) und (2.7-28) auch hier, so daß sich der Gültigkeitszeitpunkt des Ausgangs ($t_o$) in diesem Fall allein aus dem Setzvorgang bestimmt. Sobald der Ausgang gültig ist, kann dann auch (unter Berücksichtigung der entsprechenden Verzögerungen und Toleranzen) der Eingangstakt inaktiv werden ($t_{clf}$), ohne daß der Haltetakt in diesem Fall noch eine Rolle spielt:

$$t_{clo} = t_{clr} + (u_f + x_r) + (y_f - u'_r) + clr + clf. \tag{B.2-12}$$

Bei einem nicht minimalen Rücksetzimpuls könnte $t_{hcr}$ auch später kommen. Dann gilt für die Rückflanke des $CL$-Impulses, d. h. das Ende der Einschreibzeit:

$$t_{clo} = \max\left\{\begin{array}{c} t_{hc1} \\ t_o \end{array}\right\} + (y_f - u'_r) + clf. \tag{B.2-13}$$

Die Gültigkeitszeit des Eingangs ist identisch mit dem Aktivbereich des Taktes ($t_i = t_{clr}, t'_i = t_{clo}$), so daß sich eine optimal kurze Einschreibzeit $Lf$ ergibt.

Wir können also aus Bild B.2-2 den Parameter-Satz des Flipflops ablesen:

1. Einschreibzeit $Lf$:

$$Lf = (u_f + x_r) + (y_f - u'_r) + clr + clf. \tag{B.2-14}$$

2. Verzögerungszeit $f$:

$$f = (u_f + x_r) + clr. \tag{B.2-15}$$

3. Minimalverzögerung $f'$:

$$\begin{align} f' &= (u'_f + x'_r) - (y_r + x_f) + (y'_r + x'_f) - hcf \tag{B.2-16a} \\ &= (u'_f + x'_r) - (Dy_r + Dx_f) - hcf. \tag{B.2-16b} \end{align}$$

4. Dispersion $Df$:

$$\begin{align} Df &= (y_r + x_f) - (y'_r + x'_f) + (u_f + x_r) - (u'_f + x'_r) \\ &\quad + clr + hcf \tag{B.2-17a} \\ &= (Dy_r + Dx_f + Du_f + Dx_r) + clr + hcf. \tag{B.2-17b} \end{align}$$

5. Grundüberschuß $Xf$:

$$Xf = -(y_f - u'_r) - (Dy_r + Dx_f - Du_f + Dx_r) - (clr + clf + hcf). \tag{B.2-18}$$

Neben der vergleichsweise kurzen Einschreibzeit ist bei diesem Flipflop besonders die große Dispersion auffällig, da hier die bei einem Rücksetz- und einem Setzvorgang entstehenden Ungültigkeitsbereiche am Ausgang nicht überlappen, sondern aneinandergereiht sind. Daher ist die Dispersion in dieser Betriebsweise in etwa doppelt so groß wie bei nicht-transparenten D-Flipflop mit erlaubten Mehrfachübergängen (s. Abschn. 2.7.2).

Das Flipflop-Symbol und die Zeitdarstellung der Element-Parameter sind in Bild B.2-2b wiedergegeben. Besonders augenfällig ist dabei die große negative Minimalverzögerung. Obwohl der Ausgang einen definierten Zustand einnimmt — nämlich den Ruhezustand (der hier allerdings als minimal kurz angenommen ist) —, fassen wir ihn als ungültigen Zustand auf, da er keine Information im Sinne unserer Betrachtungen darstellt.

# B.3 Gegenüberstellung verschiedener Flipflop-Typen

Nachdem wir in Abschn. 2.7 und im Anhang B.2 verschiedene Flipflops im Detail vorgeführt und ihre Element-Parameter aus dem internen Aufbau formelmäßig abgeleitet haben, sind in diesem Abschnitt die Zeitdiagramme der Element-Parameter dieser Flipflops zusammengestellt und um die einiger Standard-Flipflops ergänzt. Um einen qualitativen Vergleich der verschiedenen Elementar-Typen zu ermöglichen, haben wir die detaillierten Verzögerungsparameter aus den Ableitungen der Gleichungen zu sog. "*Einheitsverzögerungen*" vereinfacht. Die Verzögerung eines einfachen Gatters bezeichnen wir als $p$ bzw. $p'$ ohne weitere Differenzierung der Art des Übergangs. Nur das Ausgangsgatter behandeln wir gesondert, das den Ausgang $Q$ treibt. Da dieses Gatter nicht nur interne Eingänge versorgt, sondern externe Anschlüsse zu treiben hat, betrachten wir es als "starkes" Gatter mit den Verzögerungen $q$ bzw. $q'$, die jeweils größer als $p$ bzw. $p'$ sind. Schließlich sehen wir noch alle Taktflankentoleranzen als gleich groß an und nennen sie $cl$.

In Bild B.3-1 haben wir alle Elementar-Flipflops mit ihrer Schaltung, dem Zeitdiagramm und den Element-Parametern in der vereinfachten Form zusammengestellt. Für den qualitativen Vergleich der Größenverhältnisse der Zeitparameter haben wir folgende Annahmen gemacht:

$$q = 1,5 \cdot p, \qquad q' = 0,5 \cdot q,$$
$$q' = 1,5 \cdot p', \qquad p' = 0,5 \cdot p, \qquad cl = Dp,$$
$$Dq = 1,5 \cdot Dp.$$

Das RS-Flipflop (Teilbild a) ist hier in der symmetrischen Betrachtungsweise mit nur einem "starken" Ausgangsgatter angenommen, wodurch sich entsprechende Voraussetzungen wie bei den D-Typen ergeben. Alle vier von uns im Detail vorgeführten D-Elementar-Typen (Teilbilder b bis e) basieren auf derselben Grundschaltung aus drei NAND-Gattern (bzw. zwei UND- und einem ODER-Gatter). Die verschiedenen Typen ergeben sich allein aus der unterschiedlichen Ansteuerung durch ihre beiden

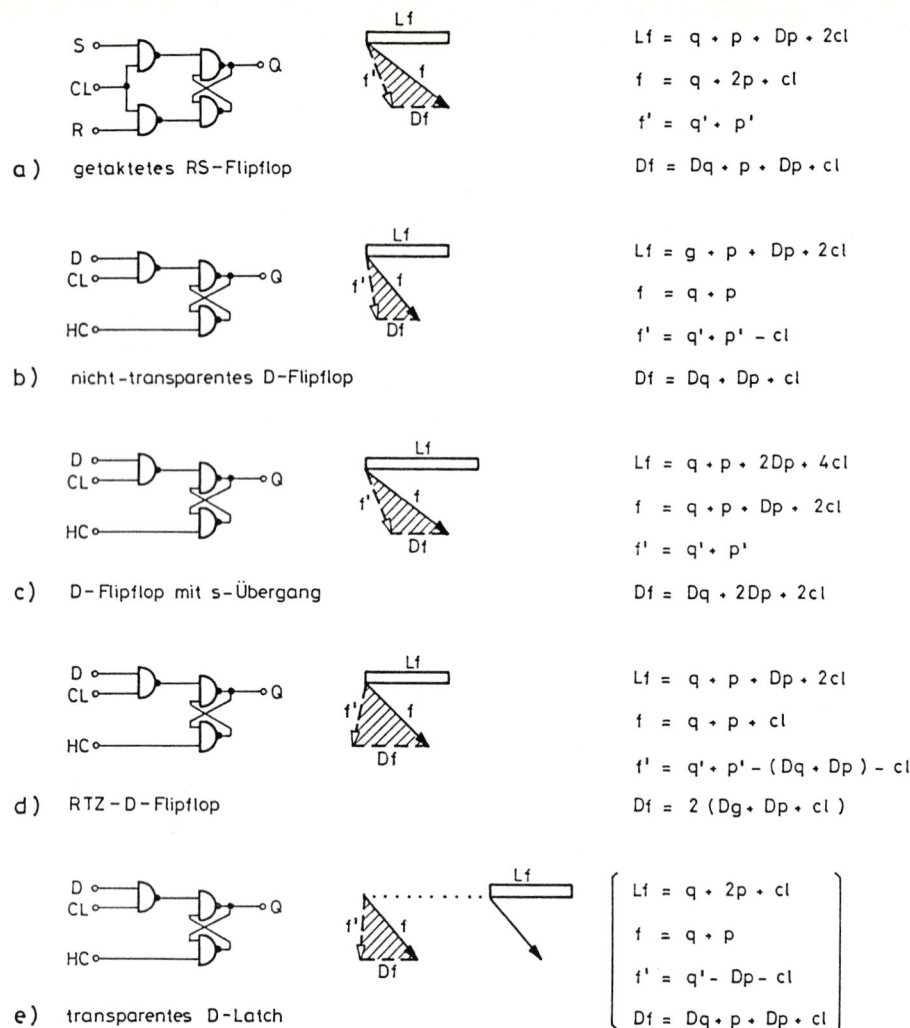

**Bild B.3-1.** Gegenüberstellung der Flipflop-Parameter der Elementar-Flipflop-Typen

Taktsignale. In Bild B.3-1a bis e sind die Zeitdiagramme für die fünf Elementar-Typen mit den zugehörigen Flipflop-Parametern in der vereinfachten Darstellung zusammengestellt.

Mit der Annahme, daß die beiden Taktsignale für jeden der gezeigten Betriebsfälle optimal von außen angepaßt sind, ergeben sich für das transparente Latch und das nicht-transparente D-Flipflop identische Zeitparameter. Daher sind wir bereits in Abschn. 2.7.3 beim transparenten Latch davon ausgegangen, daß der eine Takt ($CL$) über einen Inverter aus dem anderen ($HC$) abgeleitet wird. Dadurch wird die prinzipielle Ansteuerung des Flipflops vereinfacht, aber die Inverterverzögerung geht auch zusätzlich in die Element-Parameter ein, so daß sich für den Vergleich hier etwas unterschiedliche Parameter ergeben. (Aus dem Grunde sind die Element-Parameter in Teilbild e in Klammern gesetzt. Ohne Inverter gelten die gleichen Parameter wie in Teilbild b.)

Aus Bild B.3-1 lassen sich nun die grundsätzlichen Charakteristika der fünf Elementar-Flipflops ablesen.

Die Schreibzeit ist bei den meisten Typen gleich und beinhaltet die zwei Maximallauf-zeiten $(q + p)$ für die Rückkopplungsschleife, von jedem Takt die Flankentoleranz am Ende der Schreibzeit $(2cl)$ sowie eine interne Gatterdispersion $(Dp)$. Deutlich größer ist die Schreibzeit beim $s$-Übergangs-Flipflop, bei dem aufgrund der garantierten Ein-fachübergänge eine sehr große Schreibzeit eingehalten werden muß, in der sämtliche vier Taktflankentoleranzen enthalten sind. Bei diesem Typ ist die Dispersion auch na-hezu doppelt so groß wie beim nicht-transparenten Flipflop, da die Ansteuerung ja so erfolgt, daß die Ausgangsübergangsbereiche für einen Setz- und einen Rücksetzprozeß nicht überlappen. Entsprechend groß ist daher auch die Flipflop-Verzögerung.

Das nicht-transparente D-Flipflop besitzt wie auch das transparente Latch eine sehr kurze Verzögerungszeit, nämlich genau zwei Gatterlaufzeiten. Da bei diesen Typen am Ausgang Mehrfachübergänge stattfinden dürfen, brauchen keine Takttoleranzen am Gültigkeitszeitpunkt des Eingangs berücksicht zu werden. Dafür wirken sich diese Toleranzen auf die Minimalverzögerung aus, so daß diese je nach Größenverhältnissen der Parameter auch negativ sein kann.

Eine etwas größere Maximalverzögerung besitzt das RTZ-D-Flipflop, aber vor allem eine sehr große negative Minimalverzögerung und eine Dispersion von der doppelten Größe des nicht-transparenten Flipflops. Hier wird das Flipflop zunächst rückgesetzt, bevor Eingangsinformation abgefragt und das Flipflop gegebenenfalls gesetzt wird, so daß die Schreibzeit klein ist.

Neben den Flipflop-Varianten, die sich aus der unterschiedlichen Taktansteuerung ei-ner einzigen Schaltwerkkonfiguration ergeben, haben wir in Bild B.3-2 drei weitere bekannte, unterschiedliche Schaltungskonfigurationen (auf Gatterebene) gezeigt.

Die Zeitdiagramme zeigen die gleichen Tendenzen, wie wir sie aus dem Vergleich der aus den Datenbuchparametern von Flipflops und Latches ermittelten Element-Parameter ebenfalls erkennen (s. Abschn. B.4). Das flankengetriggerte Flipflop in der 6-Gatter-Struktur hat eine sehr kurze Schreibzeit, aber eine große Verzögerung. Auch die Mini-malverzögerung ist groß, so daß dieses Element auf sich selbst rückkoppelbar ist. Es ist also in sog. "einphasigen" Schaltwerken einsetzbar, s. Abschn. 3.2.1. (Der Grundüber-schuß $Xf$ für die Skew-Verträglichkeit hängt natürlich von den echten Laufzeitparame-tern ab. Bei unseren "Einheitsverzögerungen" ist er genau 0.)

Die beiden Varianten des transparenten D-Latches, die sich beide aus dem taktge-steuerten RS-Flipflop ableiten, haben diese Eigenschaft der Rückkoppelbarkeit nicht. Selbst beim Minimalbetrieb, d. h. ohne Transparenz, ist die Minimalverzögerung er-heblich kürzer als die Schreibzeit. Die Schreibzeiten der beiden Latches sind größer als beim flankengetriggerten Element, insbesondere bei der Variante mit Eingangsinverter. Andererseits sind die Maximalverzögerungen auch kleiner als beim flankengesteuerten Flipflop, während die Dispersionen in etwa gleich groß sind.

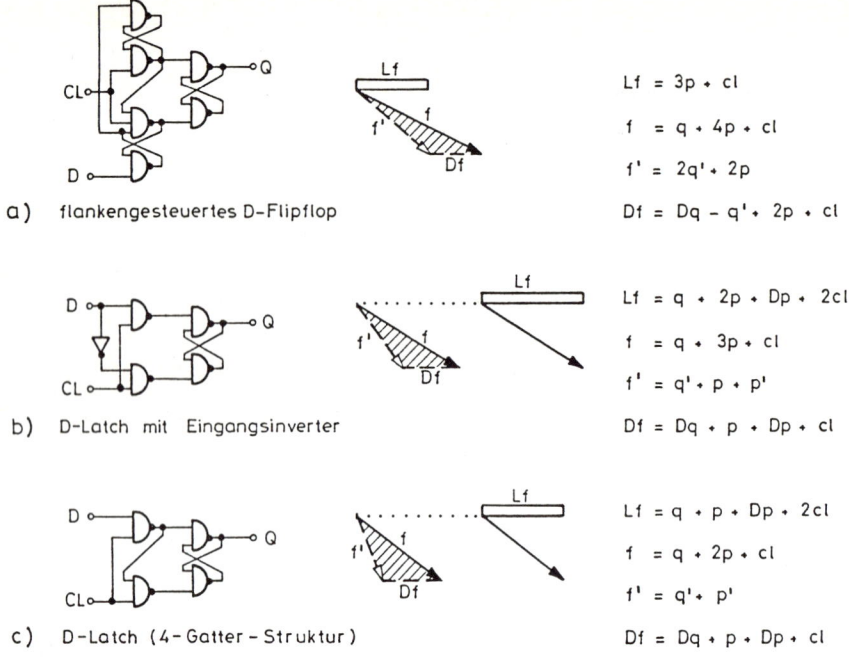

**Bild B.3-2.** Gegenüberstellung der Flipflop-Parameter von Standard-Flipflops

Allein aus dieser Gegenüberstellung weniger, verschiedener Flipflops läßt sich erkennen, daß es eine große Vielfalt von Optimierungskriterien und -möglichkeiten gibt, um in einer speziellen Schaltung das optimale Flipflop einzusetzen. In Abschn. 3.2.1.1 (Bild 3.2-2) sind verschiedene Fälle der Wechselwirkung von Flipflop-Stufe und Schaltnetz in einem einphasigen Schaltwerk nebeneinandergestellt und kurz angerissen. Bei der Diskussion der Schaltwerkstrukturen haben wir uns aber bewußt auf Standard-Flipflop-Typen beschränkt, um die Einflüsse von Taktversatz und Schaltwerkstruktur erläutern zu können. Ausgehend von den dort diskutierten Ergebnissen ist es dann immer möglich, für einen jeweils interessierenden Einzelfall eine spezielle Optimierung der Systemparameter vorzunehmen.

# B.4   Beispiele zur Bestimmung der Flipflop-Parameter aus Datenbuchangaben

In Abschn. 2.7.4 haben wir prinzipiell vorgeführt, wie sich Datenbuchangaben in die Flipflop-Parameter nach unserem Beschreibungsmodell umrechnen lassen. Hierzu wollen wir in diesem Abschnitt anhand einiger Flipflops und transparenter Latches in aktuellen Technologien Beispiele geben.

## B.4.1    Zeitparameter für flankengetriggerte Flipflops

Entsprechend der Erläuterung in Abschn. 2.7.4.1, Bild 2.7-4, haben wir in Tabelle B.4-1 für ein gängiges Flipflop (Typ 74) und ein Flipflop-Register (Typ 374) die Datenbuchparameter und die daraus resultierenden Flipflop-Parameter für einige gegenwärtige Technologien zusammengestellt. Es sind flankengetriggerte Elemente, die im allgemeinen einen positiven Grundüberschuß $Xf$ besitzen, also in Schaltwerken auf sich selbst rückkoppelbar sind. In zwei Fällen ist der Grundüberschuß negativ (AC 374 und ACT 374), so daß eine direkte Rückkopplung ohne garantierte minimale Verzögerungszeit des Schaltnetzes ($n'$) im worst-case-Entwurf nicht zulässig ist. (Allerdings ist für die *hold time* $t_h$ beim AC 374 z.B. ein *typischer* Wert von $-4,0$ ns angegeben, woraus sich für den "typischen Betriebsfall" ein Grundüberschuß von 5,0 ns ergibt.)

**Tabelle B.4-1.** Tabelle der Zeitparameter für Standard-Flipflops verschiedener Technologien (in ns, entnommen aus [Fai87], [Fai88], [Tex85])

| FF-Typ | Datenbuchparameter | | | | | | Flipflop-Parameter | | | | |
|---|---|---|---|---|---|---|---|---|---|---|---|
| | $t_{su}$ | $t_h$ | $t_{PLH}$ | | $t_{PHL}$ | | $Lf$ | $f'$ | $f$ | $Df$ | $Xf$ |
| | | | min | max | min | max | | | | | |
| AS 74 | 2,0 | 0 | 3,5 | 8,0 | 4,5 | 9,0 | 2,0 | 5,5 | 11,0 | 5,5 | 3,5 |
| AS 374 | 2,0 | 2,0 | 3,0 | 8,0 | 4,0 | 9,0 | 4,0 | 5,0 | 11,0 | 6,0 | 1,0 |
| ALS 74 | 15,0 | 0 | 5,0 | 16,0 | 5,0 | 18,0 | 15,0 | 20,0 | 33,0 | 13,0 | 5,0 |
| ALS 374 | 10,0 | 0 | 3,0 | 12,0 | 5,0 | 16,0 | 10,0 | 13,0 | 26,0 | 13,0 | 3,0 |
| F 74 | 3,0 | 1,0 | 3,8 | 7,8 | 4,4 | 9,2 | 4,0 | 6,8 | 12,2 | 5,4 | 2,8 |
| F 374 | 2,0 | 2,0 | 4,0 | 10,0 | 4,0 | 10,0 | 4,0 | 6,0 | 12,0 | 6,0 | 2,0 |
| AC 74 | 3,0 | 0 | 1,0 | 10,5 | 1,0 | 10,5 | 3,0 | 4,0 | 13,5 | 9,5 | 1,0 |
| AC 374 | 4,5 | 1,5 | 1,0 | 10,5 | 1,0 | 10,0 | 6,0 | 5,5 | 15,0 | 9,5 | $-0,5$ |
| ACT 74 | 3,5 | 1,0 | 1,0 | 13,0 | 1,0 | 11,5 | 4,5 | 4,5 | 16,5 | 12,0 | 0 |
| ACT 374 | 5,5 | 1,5 | 1,0 | 11,5 | 1,0 | 11,0 | 7,0 | 6,5 | 17,0 | 10,5 | $-0,5$ |

Wir haben die in Tabelle B.4-1 aufgelisteten Zeitparameter in unsere graphische Zeitdarstellung umgesetzt und in Bild B.4-1 gezeigt. Die linke Spalte (Teilbild a) zeigt die Einzel-Flipflops (Typ 74) und die rechte (Teilbild b) die Flipflop-Register (Typ 374). Die verschiedenen Technologien sind so untereinander angeordnet, daß alle Darstellungen denselben Synchronisationszeitpunkt besitzen. Dadurch können die maßstäblich gezeichneten Zeitparameter sehr anschaulich und direkt miteinander verglichen werden. Zur Unterstützung ist unter den Zeitdarstellungen ein Maßstab gezeichnet, der die Zeitskala (markiert in Schritten von 2 ns) wiedergibt.

Man erkennt deutlich die unterschiedlichen zeitlichen Eigenschaften der gegenübergestellten Technologien. Bei der ALS-Technologie (Advanced Low Power Schottky) fallen hier sofort die gegenüber allen anderen gezeigten Alternativen wesentlich größeren Zeitparameter auf, und bei der AS-Technologie (speziell beim AS 74) ist die extrem kurze

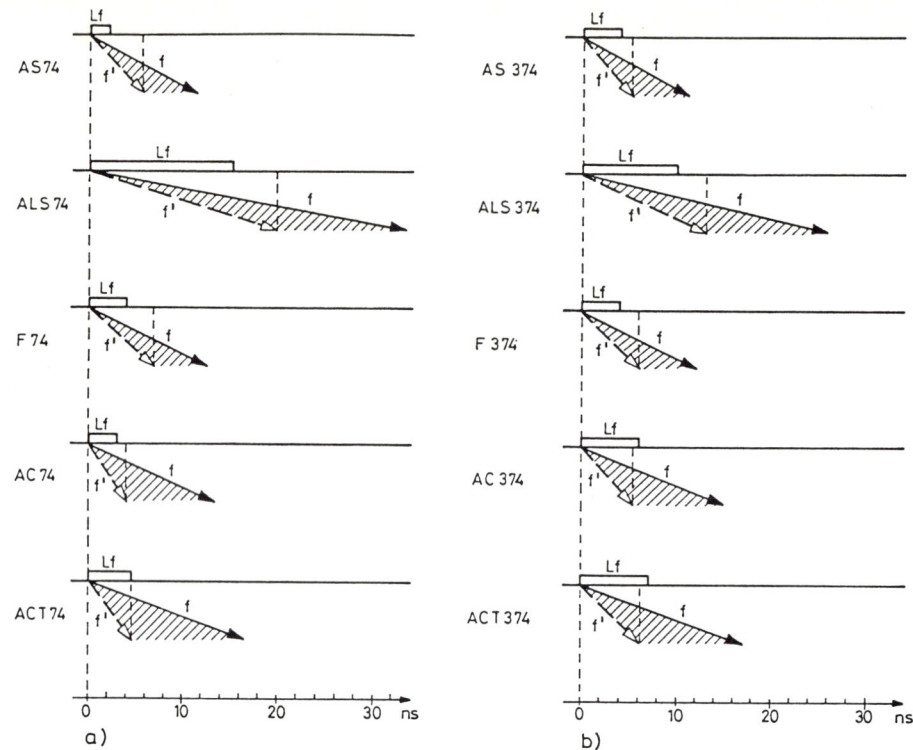

**Bild B.4-1.** Zeitdiagramme flankengetriggerter Flipflops in verschiedenen Technologien:
a) Einzel-Flipflops (Typ 74), b) Flipflop-Register (Typ 374)

Schreibzeit bzw. der für die Schaltgeschwindigkeit große Grundüberschuß das hervorstechende Merkmal. Schließlich zeigt sich in dieser Darstellung auch auf einen Blick, daß die Typen AC 374 und ACT 374 nicht ohne zusätzliche Verzögerung auf sich selbst rückkoppelbar sind und sie daher nur bedingt in einstufigen Schaltwerken einsetzbar sind (s. Abschn. 3.2).

## B.4.2    Zeitparameter für transparente Latches

Wie für flankengesteuerte Flipflops haben wir auch für transparente Elemente vom Typ 373 (Latch-Register) die Datenbuchangaben der Zeitparameter in die entsprechenden Flipflop-Parameter nach unserem Modell umgesetzt, s. Abschn. 2.7.4.2, Bild 2.7-5. Die Datenbuchparameter der verschiedenen Latches und die sich daraus ergebenden Flipflop-Parameter haben wir in Tabelle B.4-2 zusammengestellt. Wir haben dabei dieselben Technologien wie vorher (Abschn. B.4.1) gewählt.

In Tabelle B.4-2 wird vor allem deutlich, wie die Beschreibung des Zeitverhaltens dieser Elemente mit unserem Modell eine wesentliche Reduzierung der Parameterzahl mit sich bringt (wobei hier die Angabe von $Df$ sogar redundant ist, da die Dispersion durch $f$ und $f'$ bestimmt ist). Andererseits geht dabei natürlich eine gewisse Detailinfor-

**Tabelle B.4-2.** Tabelle der Zeitparameter für transparente Latches verschiedener Technologien (in ns, entnommen aus [Fai87], [Fai88], [Tex85])

| FF-Typ | \multicolumn{8}{c}{Datenbuchparameter} | \multicolumn{4}{c}{Flipflop-Parameter} |
|---|---|---|---|---|---|---|---|---|---|---|---|---|
| | | | $D \to Q$ | | | | $EN \to Q$ | | | | | | |
| | $t_{su}$ | $t_h$ | $t_{PLH}$ | | $t_{PHL}$ | | $t_{PLH}$ | | $t_{PHL}$ | | $Lf$ | $f'$ | $f$ | $Df$ |
| | | | min | max | min | max | min | max | min | max | | | | |
| AS 373 | 2,0 | 3,0 | 3,5 | 6,0 | 3,5 | 6,0 | 6,5 | 11,5 | 5,0 | 7,5 | 5,0 | $-0,5$ | 6,0 | 6,5 |
| ALS 373 | 10,0 | 7,0 | 2,0 | 12,0 | 4,0 | 16,0 | 6,0 | 22,0 | 7,0 | 23,0 | 17,0 | $-1,0$ | 16,0 | 17,0 |
| F 373 | 2,0 | 3,0 | 3,0 | 8,0 | 2,0 | 6,0 | 5,0 | 13,0 | 3,0 | 8,0 | 5,0 | $-2,0$ | 8,0 | 10,0 |
| AC 373 | 4,5 | 0 | 1,0 | 10,5 | 1,0 | 10,5 | 1,0 | 10,5 | 1,0 | 10,5 | 4,5 | 1,0 | 10,5 | 9,5 |
| ACT 373 | 8,0 | 1,0 | 1,0 | 11,5 | 1,0 | 11,5 | 1,0 | 11,5 | 1,0 | 11,5 | 9,0 | 1,0 | 11,5 | 10,5 |

mation verloren, die für einen optimalen Schaltungsentwurf auf niedriger Ebene von Bedeutung sein kann (insbesondere die Unterscheidung von ansteigenden und fallenden Übergängen, vgl. Abschn. 2.2.3, "Kaskadierung").

Die Zeitdarstellung zu den hier zusammengestellten Typen zeigt Bild B.4-2. Die Anordnung ist entsprechend Bild B.4-1, nur daß wir jetzt zwei Zeitachsen angeben, nämlich eine am Synchronisationszeitpunkt zur Bemaßung von $f$, $f'$ und $Df$ sowie eine zweite zur Bemaßung von $Lf$ (dort ist $f$ noch einmal wiederholt).

In Bild B.4-2 haben wir die Versetzung $ctr$ mit eingezeichnet, um die Plausibilität der negativen Minimalverzögerungen anzudeuten. Folgende Werte ergeben sich für die behandelten Typen:

$$
\begin{array}{cccccc}
 & AS\,373 & ALS\,373 & F\,373 & AC\,373 & ACT\,373 \\
ctr: & 5,5 & 7,0 & 5,0 & 0 & 0 & [\mathrm{ns}].
\end{array}
$$

Die Summe aus Versetzung und Minimalverzögerung (s. Tabelle B.4-2) ist in jedem Fall positiv, d. h. $ctr + f' > 0$, und ergibt immer den Wert $(EN \to Q)_{min}$.

Die Charakteristika der einzelnen Technologien sind analog zu den flankengesteuerten Flipflops. Hier erkennt man nun deutlich, daß die meisten der dargestellten Latches in unserem Beschreibungsmodell eine negative (oder zumindest eine sehr kleine) Minimalverzögerung aufweisen. Im Vergleich mit Bild B.4-1 sind hier alle Verzögerungen bei den transparenten Latches kleiner als bei den flankengesteuerten Flipflops. Andererseits sind die Schreibzeiten und z. T. auch die Dispersionen nun i. a. größer als vorher. Diese grundsätzlich unterschiedlichen Eigenschaften von Flipflops spielen bei der Diskussion der Optimierungsmöglichkeiten von Schaltwerken eine wichtige Rolle, s. Abschn. 3.2, da das Zeitverhalten eines Schaltwerks durch den Einsatz eines passend ausgewählten Flipflops oder Latches verbessert werden kann.

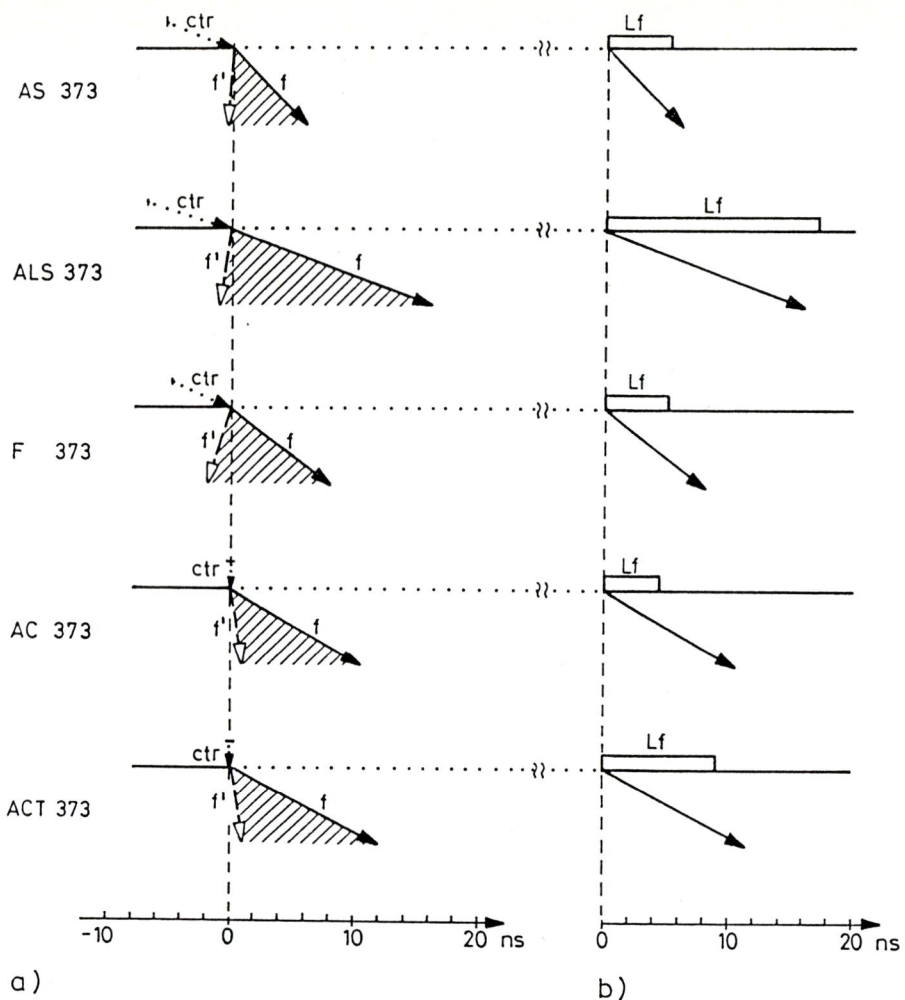

**Bild B.4-2.** Zeitdiagramme transparenter Latch-Register in verschiedenen Technologien

Es sollte aber nicht unerwähnt bleiben, daß die Realisierung von einstufigen Schaltwerken mit flankengetriggerten Flipflops i. a. die einfachste Möglichkeit des Entwurfs darstellt, solange das Timing des Schaltwerks unkritisch ist.

# C Statistische Betrachtung der Verzögerungen

Nachdem wir das Zeitverhalten von Elementen und Systemen in diesem Buch mit worst-case-Parametern diskutiert haben, sollen in diesem Kapitel noch einige Aspekte angedeutet werden, die sich aus einer statistischen Betrachtung der Verzögerungen ergeben. Wir nehmen nun an, daß das Verzögerungsverhalten der Bauelemente und Prozesse der Statistik unterliegt und daß man für eine gewählte Fehlerwahrscheinlichkeit entsprechende Verzögerungswerte erhält, die nur mit dieser Wahrscheinlichkeit überschritten werden. (Auf die Behandlung der Minimalverzögerungen mit dem statistischen Ansatz wollen wir hier verzichten, da diese analog zu der Betrachtung der Maximalverzögerung ist.)

Wir nehmen für unsere Untersuchungen an, daß der Einfluß, der die maximale Verzögerung eines Prozesses bestimmt, im interessierenden Bereich einer *Normalverteilung* unterliegt. Nach einer kurzen Darstellung der mathematischen Grundlagen zur Normalverteilung wollen wir dann die statistische Addition von Gatterverzögerungen darstellen und anschließend die transparente Kopplung statistischer Prozesse ansprechen.

## C.1 Die Normalverteilung

Die Dichtefunktion der Normalverteilung ist eine Exponentialfunktion mit negativem quadratischem Exponenten, die für jeden Wert $x$ die Wahrscheinlichkeit für das Auftreten dieses Wertes angibt. Die allgemeine Form der Dichtefunktion ist

$$f(x) = \frac{1}{\sqrt{2\pi}\,\sigma} \cdot e^{-\frac{1}{2}\left(\frac{x-m}{\sigma}\right)^2}. \tag{C.1-1}$$

In unserem Fall ist $x$ eine Verzögerungszeit, die sich auch schreiben läßt als

$$x = m + k \cdot \sigma. \tag{C.1-2}$$

Darin bedeutet $m$ den Mittelwert der Verzögerung und $\sigma$ die *Standardabweichung* der Dichtefunktion (beide mit der Dimension der Zeit, so daß der Exponent der Dichtefunktion dimensionslos ist). Der Koeffizient $k$ ist in dieser Schreibweise die (dimensionslose) Variable, so daß sich (C.1-1) damit auch als

$$f(x) = \frac{1}{\sqrt{2\pi}\,\sigma} \cdot e^{-\frac{1}{2}k^2} \tag{C.1-3}$$

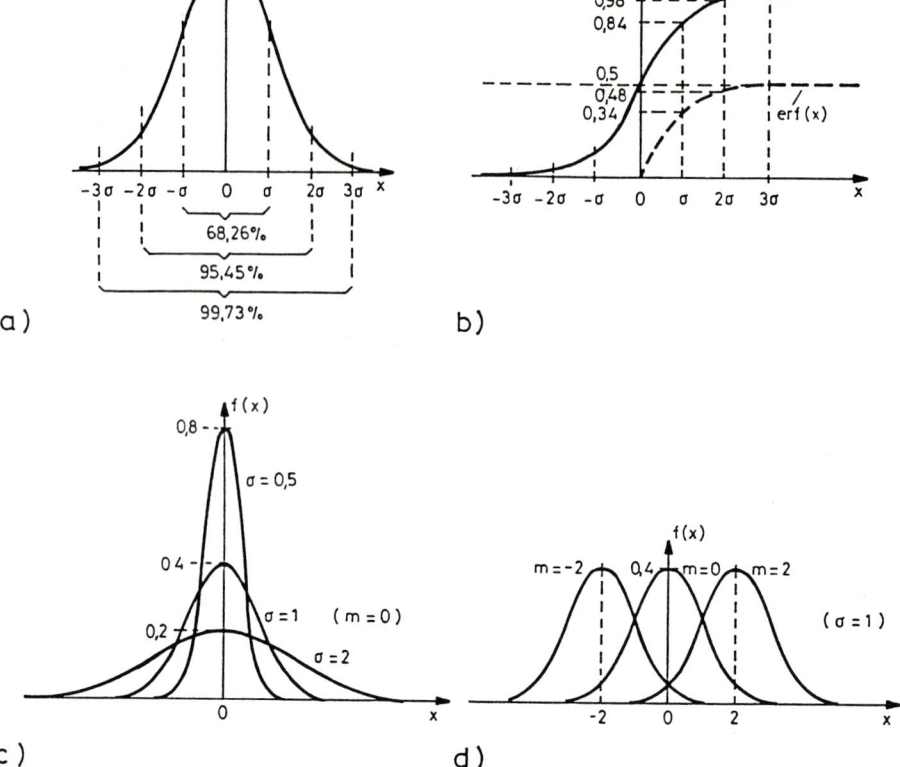

**Bild C.1-1.** Gaußverteilung: a) Verteilungsdichte $f(x)$, b) Verteilungsfunktion $F(x)$ und Fehlerfunktion $erf(x)$, c) Variation der Standardabweichung, $m = const.$, d) Variation des Mittelwertes, $\sigma = const.$

schreiben läßt. Bild C.1-1a zeigt die Dichtefunktion der Normalverteilung für $m = 0$ und $\sigma = 1$ (ohne Einheiten).

Die Standardabweichung $\sigma$ gibt den Abstand der Wendepunkte zum Mittelpunkt an und ist ein Maß für die Streubreite der Verteilung. Bild C.1-1c zeigt drei Verteilungsdichten für $m = 0$ und verschiedene $\sigma$, Teilbild d zeigt die Verschiebung der Funktion durch verschiedene Mittelwerte bei gleichem $\sigma$ ($\sigma = 1$).

Das Integral über die Verteilungsdichte $f(\xi)$ ist die Verteilungsfunktion $F(x)$, die auch als das *Gaußsche Fehlerintegral* bezeichnet wird (Bild C.1-1b):

$$F(x) \;=\; \int\limits_{-\infty}^{x} f(\xi)d\xi \tag{C.1-4a}$$

$$=\; \frac{1}{\sqrt{2\pi}\,\sigma}\cdot\int\limits_{-\infty}^{x} e^{-\frac{1}{2}\left(\frac{\xi-m}{\sigma}\right)^2}\,d\xi. \tag{C.1-4b}$$

Die Dichtefunktion ist so normiert, daß die Gesamtfläche unter der Dichtefunktion den Wert 1 hat, also $\lim\limits_{x \to \infty} F(x) = 1$. Charakteristische Werte für das Fehlerintegral sind bei $-\infty$, 0 und $\infty$ (unter der Annahme von $m = 0$):

$$F(-\infty) \;=\; \int\limits_{-\infty}^{-\infty} f(\xi)d\xi = 0, \tag{C.1-5a}$$

$$F(0) \;=\; \int\limits_{-\infty}^{0} f(\xi)d\xi = \int\limits_{0}^{\infty} f(\xi)d\xi = \frac{1}{2}, \tag{C.1-5b}$$

$$F(\infty) \;=\; \int\limits_{-\infty}^{\infty} f(\xi)d\xi = 1. \tag{C.1-5c}$$

Die Fehlerfunktion $erf(x)$ (s. Bild C.1-1b, gestrichelte Kurve) ist definiert als das Integral von 0 bis $x$ über die Dichtefunktion. Der formale Zusammenhang mit dem Fehlerintegral $F(x)$ ist damit (für $x > m$):

$$erf\left(\frac{x-m}{\sigma}\right) \;=\; \frac{1}{\sqrt{2\pi}\,\sigma} \cdot \int\limits_{0}^{x} e^{-\frac{1}{2}\left(\frac{\xi-m}{\sigma}\right)^2}\,d\xi, \tag{C.1-6}$$

$$F(x) \;=\; \frac{1}{2} + erf\left(\frac{x-m}{\sigma}\right). \tag{C.1-7}$$

Die Verteilungsfunktion bzw. das Gaußsche Fehlerintegral gibt die Wahrscheinlichkeit $P$ für den Fall an, daß ein Wert $x$ kleiner oder gleich $x_0$ ist:

$$P\left(x \leq x_0\right) = F\left(x_0\right). \tag{C.1-8}$$

In Bild C.1-1a sind drei Bereiche gekennzeichnet, nämlich die der einfachen, doppelten und dreifachen Standardabweichung um den Mittelwert. Für jeden dieser Bereiche ist die Fläche (in Prozent, bezogen auf die Gesamtfläche der Funktion) angegeben, oder aber anders interpretiert, die Wahrscheinlichkeit dafür, daß ein Wert $x$ innerhalb des betreffenden Bereichs um den Mittelwert liegt. Dies sind für die

$$\sigma\text{-Umgebung} \;:\; 68,26\% \qquad = 2 \cdot erf(1),$$
$$2\sigma\text{-Umgebung} \;:\; 95,45\% \qquad = 2 \cdot erf(2),$$
$$3\sigma\text{-Umgebung} \;:\; 99,73\% \qquad = 2 \cdot erf(3).$$

Die Wahrscheinlichkeit, daß der Wert $x_0$ überschritten wird, d. h. also die Fehlerwahrscheinlichkeit $E(x_0)$ für den Grenzwert $x_0$, ist damit

$$P\left(x > x_0\right) = E(x_0) \;=\; 1 - F\left(x_0\right) \tag{C.1-9a}$$
$$=\; \frac{1}{2} - erf\left(\frac{x_0 - m}{\sigma}\right). \tag{C.1-9b}$$

Zwischen der Fehlerwahrscheinlichkeit und der Verteilungsfunktion gilt für jeden Wert $x_0$ der Zusammenhang

$$E(x_0) + F(x_0) = 1. \tag{C.1-10}$$

Das Gaußsche Fehlerintegral ist nicht geschlossen lösbar. Für die Bestimmung des Integrals gibt es Tabellen, oder aber man muß die Lösung über Näherungsformeln, Potenzreihenentwicklung oder numerische Methoden bestimmen.

Nach [Pap85] gilt für große Argumente $x$ die Näherung

$$F(x) \approx 1 - \frac{\sigma}{k} \cdot f(x) \qquad\qquad (C.1\text{-}11)$$

nach unserer Schreibweise. Wir werden von dieser Näherung im folgenden Gebrauch machen und können damit die Fehlerwahrscheinlichkeit für große Argumente $x$ folgendermaßen abschätzen:

$$E(x) \ \approx \ \frac{\sigma}{k} \cdot f(x) \qquad\qquad (C.1\text{-}12a)$$

$$= \ \frac{1}{\sqrt{2\pi} \cdot k} \cdot e^{-\frac{1}{2}k^2}. \qquad\qquad (C.1\text{-}12b)$$

## C.2   Statistische Addition von Gatterverzögerungen

Zur Erläuterung der statistischen Addition nehmen wir als Beispiel zwei Gatter A und B an, deren Verzögerungsverhalten unabhängig sei und einer Gaußverteilung nach (C.1-1) entspreche. Wir haben in Bild C.2-1a die Verteilungsdichte für das Verzögerungsverhalten dieser Elemente dargestellt, in diesem Beispiel für beide Elemente mit gleichen Mittelwerten und Standardabweichungen.

Über die Fehlerfunktion $erf(x)$ ist jedem auftretenden Verzögerungswert $a$ bzw. $b$ eine Wahrscheinlichkeit $E_a$ bzw. $E_b$ zugeordnet, mit der dieser Wert überschritten wird:

$$E_a \ = \ \frac{1}{2} - erf\left(\frac{a - m_a}{\sigma_a}\right), \qquad\qquad (C.2\text{-}1a)$$

$$E_b \ = \ \frac{1}{2} - erf\left(\frac{b - m_b}{\sigma_b}\right). \qquad\qquad (C.2\text{-}1b)$$

Wenn wir nun die Verzögerungszeiten $a$ und $b$ als Mittelwert zuzüglich eines Vielfachen der Standardabweichung ausdrücken, also

$$a \ = \ m_a + k_a \sigma_a, \qquad\qquad (C.2\text{-}2a)$$

$$b \ = \ m_b + k_b \sigma_b, \qquad\qquad (C.2\text{-}2b)$$

dann ergeben sich die Dichtefunktionen damit als:

$$f_a(a) \ = \ \frac{1}{\sqrt{2\pi}\,\sigma_a} \cdot e^{-\frac{1}{2}k_a^2}, \qquad\qquad (C.2\text{-}3a)$$

$$f_b(b) \ = \ \frac{1}{\sqrt{2\pi}\,\sigma_b} \cdot e^{-\frac{1}{2}k_b^2}. \qquad\qquad (C.2\text{-}3b)$$

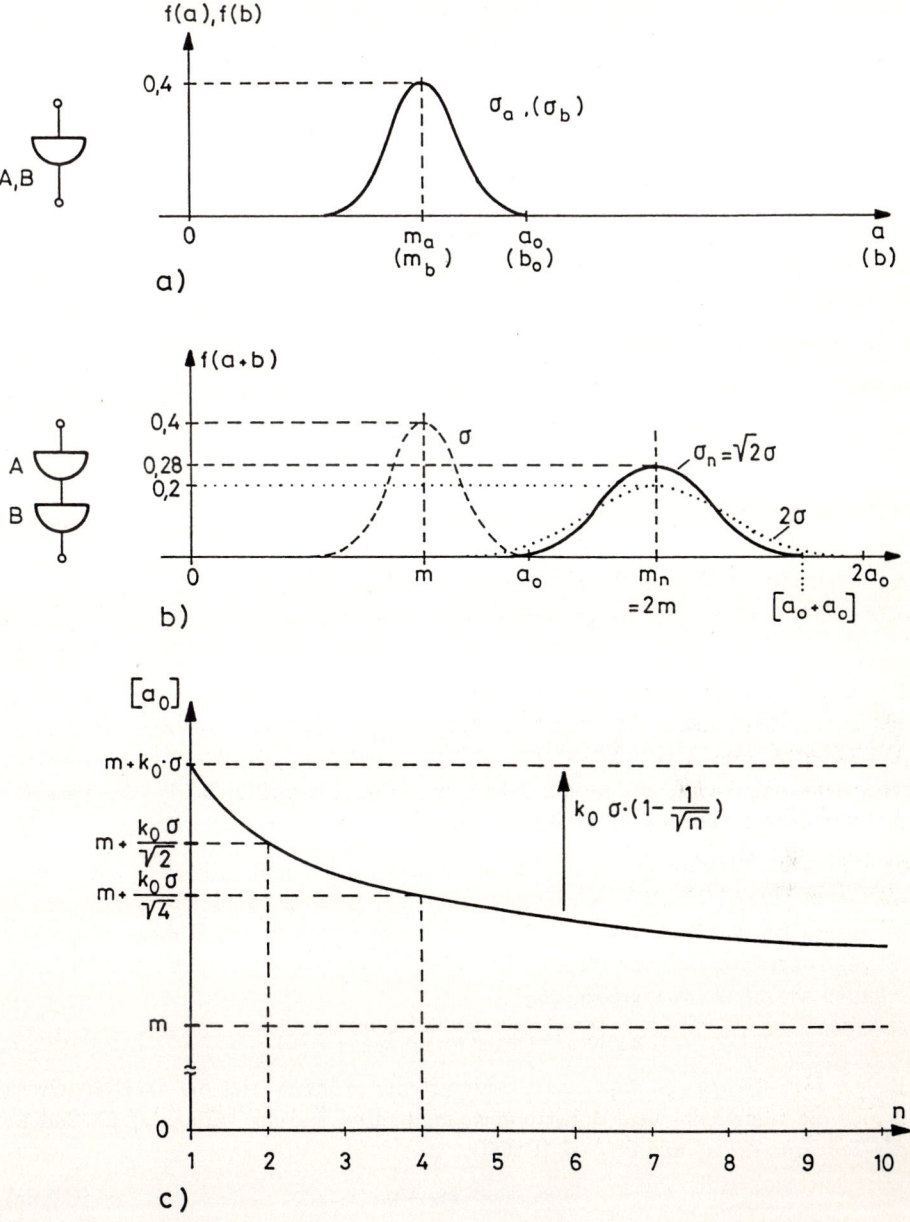

**Bild C.2-1.** Statistische Addition der Verzögerungszeiten: a) Verzögerungscharakteristik der Einzelelemente, b) Verzögerungscharakteristik zweier Elemente, c) Reduzierung der Elementverzögerung bei statistischer Addition über $n$ Elemente

Sie sind nicht von den Mittelwerten, sondern im wesentlichen nur vom Faktor $k$ abhängig. Für gleiche Faktoren $k_a = k_b = k_0$ gilt, daß auch die Fehlerwahrscheinlichkeit $E_a = E_b = E_0$ für beide Verteilungen gleich ist, also:

$$E_a(k_0) = E_b(k_0) \;=\; \frac{1}{2} - erf(k_0) \tag{C.2-4a}$$

$$= E_0. \tag{C.2-4b}$$

Für einige verschiedene (ganzzahlige) Koeffizienten $k$ ergeben sich folgende Werte für die Fehlerwahrscheinlichkeit $E(k)$:

**Tabelle C.2-1.** Werte der Fehlerwahrscheinlichkeit $E(k) = \frac{1}{2} - erf(k)$ für $1 \le k \le 10$

| $k$ | $E(k)$ | $k$ | $E(k)$ |
|---|---|---|---|
| 1 | $0,1587$ | 6 | $1,01 \cdot 10^{-9}$ |
| 2 | $0,0228$ | 7 | $1,30 \cdot 10^{-12}$ |
| 3 | $1,35 \cdot 10^{-3}$ | 8 | $6,32 \cdot 10^{-16}$ |
| 4 | $3,17 \cdot 10^{-5}$ | 9 | $1,14 \cdot 10^{-19}$ |
| 5 | $3,00 \cdot 10^{-7}$ | 10 | $7,69 \cdot 10^{-24}$ |

(Diese Werte sind für $k = 1$ bis 5 aus Tabellen entnommen und für größere $k$ nach der Näherungsformel (C.1-12) bestimmt, s. [BS85], [Pap85].)

Wir wollen nun die maximalen Verzögerungszeiten $a_0$ und $b_0$ (Bild C.2-1a) der Elemente A und B so auffassen, daß diese Werte nur mit einer bestimmten geringen Fehlerwahrscheinlichkeit $E_0$ überschritten werden. Zu diesem $E_0$ korrespondiert ein bestimmter Faktor $k_0$, vgl. Tabelle C.2-1 bzw. (C.2-4).

Wenn wir bei der Hintereinanderschaltung der Elemente A und B diese maximalen Verzögerungszeiten im Sinne einer worst-case-Betrachtung algebraisch addieren, dann erhalten wir die Gesamtverzögerung

$$a_0 + b_0 = (m_a + m_b) + k_0\,(\sigma_a + \sigma_b). \tag{C.2-5}$$

Bei der *statistischen Addition* zweier Gaußverteilungen ergibt sich der neue Mittelwert $m_n$ als die Summe der beiden Mittelwerte $m_a$ und $m_b$ und die Varianz $\sigma_n^2$ als Summe der Teilvarianzen $\sigma_a^2$ und $\sigma_b^2$ (vgl. [BS85]):

$$m_n \;=\; m_a + m_b, \tag{C.2-6a}$$

$$\sigma_n^2 \;=\; \sigma_a^2 + \sigma_b^2. \tag{C.2-6b}$$

Mit der Annahme der gleichen statistischen Fehlersicherheit wie bei den Teilverzögerungen $a_0$ und $b_0$ (d. h. $k = k_0$) erhalten wir die Maximalverzögerung aus der statistischen Addition der Teilverzögerungen zu

$$[a_0 + b_0] \;=\; m_n + k_0 \cdot \sigma_n \tag{C.2-7a}$$

$$= (m_a + m_b) + k_0\sqrt{\sigma_a^2 + \sigma_b^2}. \tag{C.2-7b}$$

Der Vergleich von (C.2-5) und (C.2-7b) zeigt, daß in beiden Fällen zwar der gleiche Mittelwert auftritt, der zusätzliche Anteil bei der statistischen Addition aber nur mit dem Betrag der geometrischen Addition und nicht der Summe der Standardabweichungen wächst.

Diese statistische Addition gilt entsprechend für die Addition beliebig vieler Verzögerungszeiten. Dann ergibt sich

$$[a_0 + b_0 + c_0 \ldots] = (m_a + m_b + m_c \ldots) + k_0 \sqrt{\sigma_a^2 + \sigma_b^2 + \sigma_c^2 \ldots}. \qquad \text{(C.2-8)}$$

## C.2.1 Elemente mit gleichem statistischem Verhalten

Dies sei für zwei gleiche Elemente A und B mit $a_0 = b_0$, d. h. $m_a = m_b = m$ und $\sigma_a = \sigma_b = \sigma$, noch einmal verdeutlicht (s. dazu auch Bild C.2-1b):

$$a_0 + b_0 \;=\; m + m + k_0\,(\sigma + \sigma) \qquad \text{(C.2-9a)}$$
$$=\; 2m + k_0\,2\sigma, \qquad \text{(C.2-9b)}$$
$$[a_0 + b_0] \;=\; m + m + k_0 \cdot \sqrt{\sigma^2 + \sigma^2} \qquad \text{(C.2-10a)}$$
$$=\; 2m + k_0\sqrt{2}\,\sigma. \qquad \text{(C.2-10b)}$$

Aus (C.2-6b) ergibt sich die Standardabweichung für die Verteilung des Verzögerungsverhaltens der hintereinander geschalteten Elemente zu $\sigma_n = \sqrt{2}\,\sigma$. Wenn wir bei der worst-case-Addition in (C.2-9b) also einen Anteil von $k_0\,2\sigma$ zum Summen-Mittelwert hinzufügen, dann ist das ein größerer Anteil, als für die Fehlerwahrscheinlichkeit $E_0$ notwendig ist. Dieser Anteil aus der worst-case-Addition entspricht einem Koeffizienten $k_0^*$ von

$$k_0^*\sigma_n \;=\; k_0\,2\sigma, \qquad \text{(C.2-11a)}$$
$$k_0^* \;=\; k_0 \cdot \sqrt{2}, \qquad \text{(C.2-11b)}$$

und damit einer Fehlerwahrscheinlichkeit von

$$E_n\,(k_0^* = k_0 \cdot \sqrt{2}) \ll E_0\,(k_0). \qquad \text{(C.2-12)}$$

Die Summenverzögerung bei der Hintereinanderschaltung mehrerer Gatter ist bei statistischer Addition geringer als bei worst-case-Addition der Verzögerungen. Wenn wir die Gesamtverzögerung auf die Anzahl der Gatter beziehen, erhalten wir eine Aussage über die Bedeutung für das einzelne Element der Kette:

1. einzelnes Element:

$$a_0 = m + k_0\sigma, \qquad \text{(C.2-13)}$$

2. worst-case-Addition:

$$\frac{a_0 + b_0}{2} = m + k_0 \cdot \sigma, \qquad \text{(C.2-14)}$$

3. statistische Addition:

$$\frac{[a_0 + b_0]}{2} = m + \frac{k_0}{\sqrt{2}} \cdot \sigma. \tag{C.2-15}$$

Man erkennt, daß der relative Zusatzanteil zum Verzögerungsmittelwert für eine bestimmte statistische Sicherheit (entsprechend $k_0$) bei der worst-case-Addition zweier hintereinander geschalteter Elemente der gleiche ist wie bei einem einzelnen Element. Bei der statistischen Addition ist der Zusatzanteil hingegen geringer. Für $n$ gleiche Elemente ergibt (C.2-15) eine Reduzierung des Zusatzanteils um den Faktor $\sqrt{n}$:

$$\frac{[a_0 + b_0 + c_0...]}{n} = m + \frac{k_0}{\sqrt{n}} \cdot \sigma. \tag{C.2-16}$$

Diesen Trend für die Verzögerungszeit des einzelnen Gatters bei statistischer Addition von $n$ Elementen haben wir in Bild C.2-1c dargestellt. Bei einem einzelnen Gatter ist der volle Zusatzanteil von $k_0\sigma$ zum Mittelwert zu berücksichtigen. Mit wachsendem $n$ wird der Anteil immer kleiner, so daß die zu berücksichtigende Verzögerung des einzelnen Elementes bei einer sehr großen Anzahl hintereinander geschalteter Gatter schließlich gegen den Mittelwert strebt.

# C.3    Statistische Beschreibung von Prozeßzeiten

Wenn wir nun die Statistik auf Prozeßzeiten anwenden, machen wir einen ähnlichen Ansatz wie bei Gatterlaufzeiten und gehen wieder von einer normalverteilten Verzögerungsstatistik der Prozesse aus.

Einen Prozeß A beschreiben wir dann mit folgenden Gleichungen:

– die Prozeßverzögerung:

$$a = m_a + k_a \sigma_a, \tag{C.3-1}$$

– die Wahrscheinlichkeitsdichte für die Verzögerung $a$:

$$f_a(a) = \frac{1}{\sqrt{2\pi}\,\sigma_a} \cdot e^{-\frac{1}{2}\left(\frac{a-m_a}{\sigma_a}\right)^2} \tag{C.3-2a}$$

$$= \frac{1}{\sqrt{2\pi}\,\sigma_a} \cdot e^{-\frac{1}{2}k_a^2}, \tag{C.3-2b}$$

– die Verteilungsfunktion (bzw. das Gaußsche Fehlerintegral):

$$F_a(a) = \int\limits_{-\infty}^{a} f_a(\alpha) \cdot d\alpha \tag{C.3-3a}$$

$$= \frac{1}{2} + erf\left(\frac{a - m_a}{\sigma_a}\right). \tag{C.3-3b}$$

Die Fehlerwahrscheinlichkeit $E_a(a_0)$ bezeichnet die Wahrscheinlichkeit dafür, daß die Verzögerungszeit größer als der Grenzwert $a_0$ ist. Sie läßt sich schreiben als

$$E_a(a_0) = P(a > a_0) \;=\; \int_{a_0}^{\infty} f_a(a) \cdot da \tag{C.3-4a}$$

$$= \; \frac{1}{2} - erf(k_{a0}) \tag{C.3-4b}$$

$$\approx \; \frac{\sigma_a}{k_{a0}} \cdot f_a(a_0). \tag{C.3-4c}$$

Die Summe aus Fehlerwahrscheinlichkeit und Fehlerintegral ergibt gemäß (C.1-10) für jeden beliebigen Wert $a$ stets die Gesamtfläche der Dichtefunktion, also

$$E_a(a) + F_a(a) = 1. \tag{C.3-5}$$

Die Beschreibung weiterer Prozesse B, C etc. erfolgt mit den analogen Gleichungen.

Neben der Beschreibung der Prozeßzeiten mit statistischen Größen wollen wir auch die Taktperiode bzw. Teilperioden in entsprechenden statistischen Termen ausdrücken. Zur Prozeßzeit $a$ beispielsweise gehört die Teilperiode $Ta$ (Bild C.3-1), so daß sich $Ta$ auch mit den Größen $m_a$ und $\sigma_a$ sowie einem spezifischen Koeffizienten $k_{Ta}$, der ein Maß für die Überschreitungswahrscheinlichkeit in dieser Teilperiode ist, angeben läßt (entsprechendes gilt für $Tb$):

$$Ta \;=\; m_a + k_{Ta} \cdot \sigma_a, \tag{C.3-6a}$$

$$Tb \;=\; m_b + k_{Tb} \cdot \sigma_b. \tag{C.3-6b}$$

## C.3.1  Nicht-transparente Schaltwerke

Nicht-transparente Schaltwerke sind dadurch gekennzeichnet, daß der Start der Prozesse in jedem Fall durch den Takt ausgelöst und die Maximalverzögerung der Prozesse durch den Takt beschränkt wird. Wir betrachten den Takt als determiniert (also nicht statistisch), so daß sich scharfe Randbedingungen ergeben: Alle auftretenden Prozesse haben einen Synchronisationspunkt (Takttrigger) als Startpunkt, und die maximale Länge der Prozesse ist gegeben durch die Takt- oder Teilperiode.

Bei einstufigen Schaltwerken haben wir eine einzige Prozeßstufe S, deren Prozeßzeit $s$ die Taktperiode vollständig ausfüllt (3.2-1):

$$T = s. \tag{C.3-7}$$

Für die Beschreibung des Prozesses S gelten (C.3-1) bis (C.3-4) sinngemäß.

Mit (C.3-4) und (C.1-9) ergibt sich also für eine bestimmte Fehlersicherheit $E_0$ eine maximale Prozeßzeit $s_0$, für die diese Bedingung erfüllt ist:

$$E_0 = \frac{1}{2} - erf(k_0) \;\geq\; P(s > s_0) \tag{C.3-8a}$$

$$= \; \frac{1}{2} - erf\left(\frac{s_0 - m}{\sigma}\right). \tag{C.3-8b}$$

Mit $s_0 = m + k_{s0} \cdot \sigma$ ist dann für diesen einfachen Fall des nicht-transparenten einstufigen Schaltwerks

$$erf(k_0) = erf(k_{s0}) \tag{C.3-9a}$$

$$k_{s0} = k_0. \tag{C.3-9b}$$

Damit gilt für das gesamte Schaltwerk genau dieselbe Fehlerwahrscheinlichkeit wie für den gewählten Grenzwert $s_0$ des Prozesses S.

Im doppelstufigen Schaltwerk haben wir zwei Prozesse A und B, deren Prozeßzeiten die jeweilige Teilperiode ausfüllen. Für den Setzfall erhalten wir also mit (3.3-1), (3.3-3) und (3.3-5) die Beziehungen

$$Ta = a_0 = m_a + k_{a0} \cdot \sigma_a, \tag{C.3-10a}$$

$$Tb = b_0 = m_b + k_{b0} \cdot \sigma_b, \tag{C.3-10b}$$

$$T = Ta + Tb = a_0 + b_0. \tag{C.3-10c}$$

Entsprechend den Überlegungen zu den einstufigen Schaltwerken ergibt sich die Fehlersicherheit des Gesamtsystems als die Summe der Fehlerwahrscheinlichkeiten der beteiligten Prozesse, also

$$E_0 = \frac{1}{2} - erf(k_0) = E_a(a_0) + E_b(b_0) \tag{C.3-11a}$$

$$= \frac{1}{2} - erf(k_{a0}) + \frac{1}{2} - erf(k_{b0}). \tag{C.3-11b}$$

Wenn wir für beide Prozesse dieselbe Fehlerwahrscheinlichkeit annehmen, d. h. $E_a(a_0) = E_b(b_0)$ bzw. $k_{a0} = k_{b0}$, dann ergibt sich aus (C.3-11)

$$E_0 = 2 \cdot E_a(a_0), \tag{C.3-12a}$$

$$E_a(a_0) = \frac{E_0}{2}, \tag{C.3-12b}$$

$$\frac{1}{2} - erf(k_{a0}) = \frac{E_0}{2}. \tag{C.3-12c}$$

Die erforderliche Fehlerwahrscheinlichkeit der Prozesse ist also geringer als die für das Gesamtsystem. Zum Beispiel erhalten wir mit $E_0 = 3 \cdot 10^{-7}$ und $k_0 = 5$ für das Gesamtsystem nun die geringere Fehlerwahrscheinlichkeit $E_a(a_0) = 1,5 \cdot 10^{-7}$ bzw. den größeren Faktor $k_{a0} = 5,13$ für die Einzelkomponenten, d. h. die Prozesse A und B.


## C.3.2  Transparente Kopplung statistischer Prozesse

Im Gegensatz zu den nicht-transparenten Schaltwerken und der statistischen Addition ohne Taktgrenzen bei Gattern ergeben sich für transparente Systeme kompliziertere Zusammenhänge. Wir beschränken uns hier auf eine Abschätzung, um den Einfluß der Transparenz bei statistischer Betrachtungsweise tendenziell und auch für die praktisch wichtigsten Dimensionierungsfälle aufzuzeigen. Eine genauere Analyse wird in [Kna] gegeben.

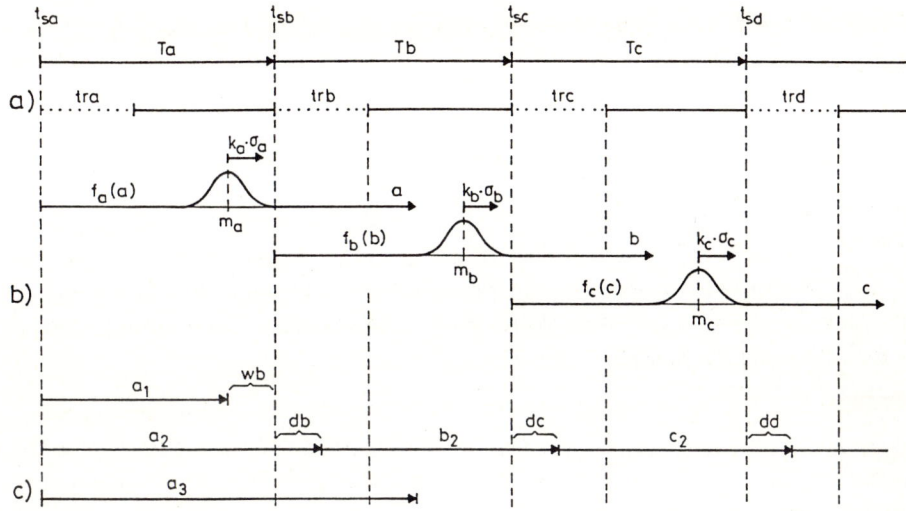

**Bild C.3-1.** Statistische Darstellung von Prozeßzeiten: a) Taktraster, b) Verteilungsdichten der Prozesse, c) Bereichsunterteilung für das Prozeßende von *a*

### C.3.2.1 Allgemeiner Ansatz

Bild C.3-1 zeigt die Diagramme, anhand derer wir unser Modell entwickeln. In Teilbild a ist das Taktraster dargestellt, und zwar hier in der allgemeinen Form für die aufeinander folgenden Prozesse A, B, C etc. wie in einer Pipeline (vgl. Bild 3.1-2). Aus diesem Ansatz lassen sich leicht näher zu untersuchende Spezialfälle ableiten.

Teilbild b zeigt für die ersten drei Prozesse die Verläufe der Verteilungsdichten, und zwar jeweils für den Fall des Prozeßbeginns beim Synchronisationspunkt.

Wenn wir einen (ersten) Prozeß A betrachten, der beim Synchronisationspunkt $t_{sa}$ beginnt, sind für ein Prozeßende drei Bereiche zu unterscheiden, die wir in Bild C.3-1c dargestellt haben:

1. $\quad a_1 \leq Ta$ $\qquad$ d. h. $\qquad wb \geq 0$,

2. $\quad Ta < a_2 \leq Ta + trb$ $\qquad$ d. h. $\qquad 0 < db \leq trb$,

3. $\quad a_3 > Ta + trb$.

Im ersten Fall liegt das Prozeßende im Isolationsbereich um die Wartezeit $wb$ vor dem Synchronisationspunkt. Alle Prozesse dieser Klasse führen zu einem Start der Folgeprozesse beim Synchronisationspunkt $t_{sb}$.

Im zweiten Fall endet der Prozeß im Transparenzbereich. Der Folgeprozeß startet datengetriggert später als $t_{sb}$. Für diesen Prozeß ist daher die zur Verfügung stehende Zeit um den Verzug $db$ reduziert.

Der dritte Fall ist der Fehlerfall, in dem der späteste zulässige Endzeitpunkt $t_{sb} + tr$ überschritten wird.

Betrachten wir zunächst nur den Fall 1. Hierbei beginnt der Folgeprozeß B mit einer gewissen Wahrscheinlichkeit $C_{b0}$ beim Synchronisationspunkt. Unter der Annahme, daß der Prozeß A selbst bei $t_{sa}$ beginnt, ist diese Wahrscheinlichkeit gegeben durch

$$C_{b0} = F_a(Ta) < 1. \tag{C.3-13}$$

Somit ist der Folgeprozeß B für den Fall 1 ein Prozeß, der — gewichtet mit dem Koeffizienten $C_{b0}$ — beim Synchronisationspunkt $t_{sb}$ beginnt und dessen Prozeßende selbst wieder in die drei Fälle zu unterscheiden ist. Wir nehmen für unsere weitere Betrachtung $C_{b0} = 1$ als eine Näherung an, die die weitere Untersuchung deutlich erleichtert, ohne die Gültigkeit der Abschätzung zu verletzen, da ja der tatsächliche Wert sicher kleiner bleibt.

Der Fall 3 ist der Fehlerfall, für den sich die Fehlerwahrscheinlichkeit leicht bestimmen läßt:

$$E_a(Ta + trb) = 1 - F_a(Ta + trb). \tag{C.3-14}$$

Dieser Fall liefert also einen Beitrag zur Fehlerwahrscheinlichkeit des Gesamtsystems.

Im Fall 2 startet der Folgeprozeß $b_2$ im Transparenzbereich. Es entsteht ein gekoppelter Prozeß mit der Verbunddichte $f_{ab}(a, b)$, dessen Ende wieder nach unseren bisherigen drei Fällen zu klassifizieren ist. Der erste Fall aus diesem gekoppelten Prozeß liefert einen Beitrag zum Gewichtungsfaktor $C_{c0}$, der entsprechend (C.3-13) die Wahrscheinlichkeit für den Beginn des Prozesses C bei $t_{sc}$ angibt und den wir wieder durch $C_{c0} = 1$ erfassen. Der dritte Fall liefert einen Beitrag zur Fehlerwahrscheinlichkeit des Systems, und der zweite Fall führt zu einem Kopplungsprozeß mit der Verbunddichte $f_{abc}(a, b, c)$, der dann drei Prozesse umfaßt.

Nach [Pap85] ergibt sich die Verbunddichte $f_{ab}(a, b)$ für die statistische Addition der Prozeßverzögerungen $a$ und $b$ aus der Faltung der beiden Dichtefunktionen $f_a(a)$ und $f_b(b)$. Da wir hier nur den Teil der A-Prozesse betrachten, der im Transparenzbereich endet, schreiben wir $a$ als $Ta + db$ und integrieren von 0 bis $trb$ über den Verzug $db$ als Variable:

$$f_{ab}(dc) = \int_0^{trb} f_a(Ta + db) \cdot f_b(Tb - db + dc) \cdot d(db) \tag{C.3-15a}$$

$$= \frac{1}{\sqrt{2\pi}\,\sigma_a \sigma_b} \cdot \int_0^{trb} e^{-\frac{1}{2}\left(\frac{Ta + db - m_a}{\sigma_a}\right)^2} \cdot e^{-\frac{1}{2}\left(\frac{Tb - db + dc - m_b}{\sigma_b}\right)^2} \cdot d(db). \tag{C.3-15b}$$

Die neue Variable für den Verbundprozeß ist der Verzug $dc$ im Transparenzbereich $trc$. (Fall 1 ergibt sich für $dc \le 0$, Fall 2 für $0 < dc \le trc$ und Fall 3 für $dc > trc$.) Mit dieser Dichtefunktion kann man über die Faltung mit $f_c(c)$ wiederum die Verbunddichte $f_{abc}$ für den Koppelprozeß $(a_2 + b_2 + c)$ bestimmen u. s. f.

### C.3.2.2 Abschätzung am Beispiel des einstufigen Schaltwerks

Wir wollen nun die Tendenz dieser Betrachtung für das Beispiel eines einstufigen Systems abschätzen, für das sich zunächst folgende Vereinfachungen ergeben:

$$T = Ta = Tb = Tc... \qquad (C.3\text{-}16a)$$

$$tr = tra = trb = trc... \qquad (C.3\text{-}16b)$$

$$m = m_a = m_b = m_c... \qquad (C.3\text{-}16c)$$

$$\sigma = \sigma_a = \sigma_b = \sigma_c... \qquad (C.3\text{-}16d)$$

Darüberhinaus drücken wir $T$ und $tr$ sowie die Prozeßzeit $s$ in Termen von $\sigma$ und $m$ aus:

$$T = m + k_T \cdot \sigma, \qquad (C.3\text{-}17a)$$

$$tr = k_{tr} \cdot \sigma, \qquad (C.3\text{-}17b)$$

$$s = m + k \cdot \sigma. \qquad (C.3\text{-}17c)$$

Die Fehlerwahrscheinlichkeit für das Gesamtsystem sei $E_0$. Sie setzt sich zusammen aus der Fehlerwahrscheinlichkeit $E_1$, daß ein einzelner Prozeß die maximale Zeit überschreitet, sowie den Wahrscheinlichkeiten $E_2$ bis $E_n$, daß die Koppelprozesse aus 2 bis $n$ Prozessen die zulässige Maximalzeit überschreiten:

$$E_0 = \sum_{n=1}^{\infty} E_n. \qquad (C.3\text{-}18)$$

Mit Hilfe der Näherung (C.3-4c) ergibt sich der Anteil $E_1$ zu

$$E_1 = \frac{\sigma}{\sqrt{2\pi}\,(T + tr - m)} \cdot e^{-\frac{1}{2}\left(\frac{T+tr-m}{\sigma}\right)^2} \qquad (C.3\text{-}19a)$$

$$= \frac{1}{\sqrt{2\pi}\,(k_T + k_{tr})} \cdot e^{-\frac{1}{2}(k_T + k_{tr})^2}. \qquad (C.3\text{-}19b)$$

Für den Fehleranteil $E_2$ aus dem ersten Koppelprozeß erhalten wir mit unseren Vereinfachungen aus (C.3-15b) die Dichtefunktion

$$f_{ab}(dc) = \frac{1}{\sqrt{2\pi}\,\sigma^2} \cdot \int_0^{tr} e^{-\frac{1}{2}\left(k_T + \frac{db}{\sigma}\right)^2} \cdot e^{-\frac{1}{2}\left(k_T - \frac{db}{\sigma} + \frac{dc}{\sigma}\right)^2} \cdot d(db) \qquad (C.3\text{-}20a)$$

$$= \frac{1}{\sqrt{2\pi}\,\sigma} \cdot e^{-\frac{1}{2}\left(\frac{1}{\sqrt{2}}\left(2k_T + \frac{dc}{\sigma}\right)\right)^2} \cdot \underbrace{\frac{1}{\sqrt{2\pi}\,\sigma} \int_0^{tr} e^{-\frac{1}{2}\left(\frac{1}{\sqrt{2}}\left(\frac{2db-dc}{\sigma}\right)\right)^2} \cdot d(db)}_{\leq 1} \qquad (C.3\text{-}20b)$$

$$\leq \frac{1}{\sqrt{2\pi}\,\sigma} \cdot e^{-\frac{1}{2}\left(\frac{1}{\sqrt{2}} \cdot \left(2k_T + \frac{dc}{\sigma}\right)\right)^2}. \qquad (C.3\text{-}20c)$$

Mittels quadratischer Ergänzung wurde in (C.3-20b) die Exponentialfunktion in einen von $db$ abhängigen Teil, über den integriert wird, und einen unabhängigen Anteil, der als Faktor vorgezogen werden kann, aufgespalten. Das Integral hat damit bis auf die Integrationsgrenzen die Form des Fehlerintegrals, vgl. (C.1-4), womit der Wert des (normierten) Integrals kleiner als 1 ist, s. (C.1-5c). Der vorgezogene, von $db$ unabhängige Anteil ist zudem der bestimmende Anteil für die Funktion, so daß wir als Abschätzung das Integral in (C.3-20c) zu 1 gesetzt haben. Der tatsächliche Wert bleibt sicher kleiner als diese Abschätzung.

Der Fehleranteil $E_2$ dieses Koppelprozesses ergibt sich für $dc > tr$, so daß wir mit dieser Abschätzung sowie (C.3-4c) den Fehleranteil $E_2$ erhalten zu

$$E_2 = \frac{1}{\sqrt{2\pi}} \cdot \frac{1}{\frac{1}{\sqrt{2}} \cdot (2k_T + k_{tr})} \cdot e^{-\frac{1}{2}\left(\frac{1}{\sqrt{2}}(2k_T + k_{tr})\right)^2}. \qquad \text{(C.3-21)}$$

Die Bestimmung der Fehleranteile für die Koppelprozesse höherer Ordnung, durchgeführt nach dem gleichen Muster wie hier (Faltung, quadratische Ergänzung im Exponenten, Abschätzung der Integrale durch den Wert 1), führt zu der allgemeinen Gleichung:

$$E_n = \frac{1}{\sqrt{2\pi}} \cdot \frac{1}{\frac{1}{\sqrt{n}} \cdot (n \cdot k_T + k_{tr})} \cdot e^{-\frac{1}{2}\left(\frac{1}{\sqrt{n}}(n \cdot k_T + k_{tr})\right)^2}. \qquad \text{(C.3-22)}$$

Die Gesamtfehlerwahrscheinlichkeit $E_0$ darf von der Summe aller Anteile nicht überschritten werden (C.3-18). Man kann zeigen, daß die Reihe $\sum_{n=1}^{\infty} E_n$ konvergiert, so daß es also einen Grenzwert der Reihensumme gibt, für den die Bedingung erfüllt ist (s. [Kna]).

Das Maximum der Fehleranteile $E_n$ ist abhängig vom Quotienten $\frac{k_{tr}}{k_T}$, d. h. im wesentlichen vom Verhältnis zwischen Transparenz und Taktperiode. Es gilt für

$$\sqrt{(n+1) \cdot n} > \frac{k_{tr}}{k_T} > \sqrt{n \cdot (n-1)} \quad : \quad E_n \text{ ist Maximum.} \qquad \text{(C.3-23)}$$

Dieses Maximum ist für die Gesamt-Fehlerwahrscheinlichkeit der maßgebende Anteil, da die übrigen Glieder wegen des quadratischen Exponenten sehr schnell um Größenordnungen kleiner werden und damit vernachlässigbar sind; nur die Glieder in unmittelbarer Nachbarschaft zum Maximum bleiben zu berücksichtigen.

In Abhängigkeit von der Transparenz kann bei konstanter Fehlersicherheit die Taktperiode kleiner werden. Diesen Trend haben wir in Bild C.3-2 dargestellt.

Wenn keine Transparenz vorliegt, gibt es auch keine Kopplungsprozesse, so daß $E_1$ der alleinige Fehleranteil ist. Daraus ergibt sich ein maximales $k_T$ als Referenzwert für ein nicht-transparentes System mit gleicher Fehlerwahrscheinlichkeit, den wir als $k_T^*$ bezeichnen. Die zugehörige Periodendauer ist $T^*$ $(= m + k_T^* \cdot \sigma)$. Für einen konstanten Beitrag $E_1(k_T^*)$ erhalten wir bei Transparenz folgende Beziehung zwischen der Periodendauer (entsprechend $k_{T,1}$) und der Transparenz (entsprechend $k_{tr}$):

$$k_{T,1} = k_T^* - k_{tr}. \qquad \text{(C.3-24)}$$

Diese Beziehung ergibt eine Gerade, deren Verlauf in Bild C.3-2 eingezeichnet ist (für $n = 1$).

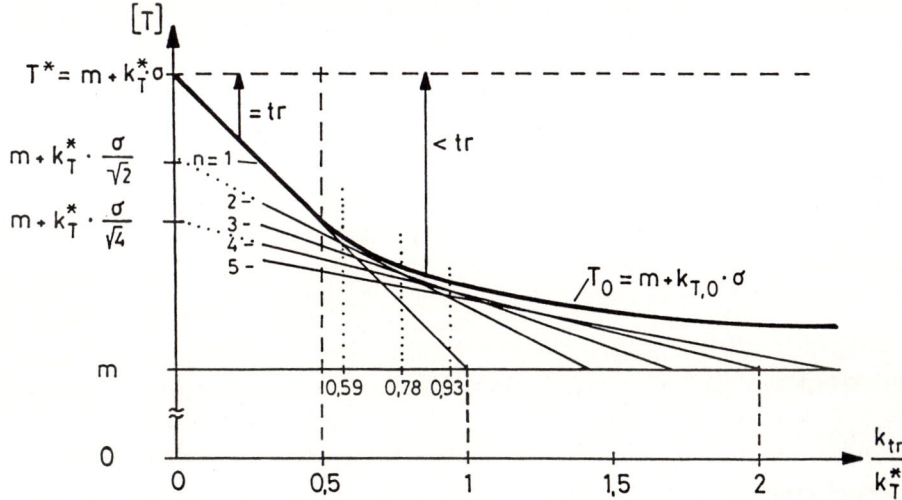

**Bild C.3-2.** Reduzierung der Taktperiode in Abhängigkeit von der Transparenz

Bei Transparenz treten Koppelprozesse höherer Ordnung auf und tragen mit einer Fehlerwahrscheinlichkeit $E_n$ zur Gesamt-Fehlerwahrscheinlichkeit bei. Für diese Glieder lassen sich entsprechende Geraden wie für den Faktor $k_{T,1}$ bestimmen. Die theoretischen Anfangswerte $k_{T,n}^*$ für diese "Reduktionsgeraden" höherer Ordnung erhalten wir für $k_{tr} = 0$ aus

$$k_{T,n}^* = \frac{\frac{1}{\sqrt{n}} \cdot (n \cdot k_T^*)}{n} = \frac{k_T^*}{\sqrt{n}}. \qquad (C.3\text{-}25)$$

Für die Verläufe dieser Geraden gilt

$$k_{T,n}^* = \frac{n \cdot k_{T,n} + k_{tr}}{n}, \qquad (C.3\text{-}26a)$$

$$k_{T,n} = k_{T,n}^* - \frac{k_{tr}}{n}, \qquad (C.3\text{-}26b)$$

so daß sich die Schnittpunkte dieser Geraden mit der $m$-Achse jeweils für $k_{T,n} = 0$ bei einem Transparenzfaktor $k_{tr} = \sqrt{n} \cdot k_T^*$ ergeben.

Für ein bestimmtes Verhältnis $\frac{k_{tr}}{k_T^*}$ gibt es einen zugehörigen Wert $E_n$, der das Maximum der Fehlerwahrscheinlichkeiten ist und der durch die entsprechende Gerade in Bild C.3-2 repräsentiert wird. Wenn wir die Grenzpunkte zwischen den Maxima aus (C.3-23) durch $\left(\frac{k_{tr}}{k_T^*}\right)_n$ ausdrücken, dann erhalten wir

$$\left(\frac{k_{tr}}{k_T^*}\right)_n = \frac{\sqrt{(n-1) \cdot n}}{\sqrt{n-1} + \sqrt{n}} \qquad (C.3\text{-}27)$$

als Schnittpunkte der Geraden. Für größere $k_{tr}$-Werte ist $E_n$ also der maximale Fehleranteil, und $k_{T,n}$ ist das Maximum der Koeffizienten $k_T$.

In Bild C.3-2 haben wir die ersten fünf dieser Geraden eingezeichnet und die ersten Schnittpunkte markiert. Für $n = 2$ ergibt sich beispielsweise ein Grenzwert von

$q_2 = 0,59$, ab dem $E_2$ einen größeren Beitrag zur Gesamt-Fehlerwahrscheinlichkeit liefert als $E_1$. Ab $q_3 = 0,78$ ist $E_3$ das Maximum, ab $q_4 = 0,93$ ist es $E_4$ etc.

Für kleine Transparenzbereiche, d. h. $\frac{k_{tr}}{k_T^*} < 0,59$, ist $E_1$ der dominierende Anteil der Fehlerwahrscheinlichkeiten. Mit (C.3-18) gilt dann

$$E_0 = \frac{1}{2} - erf(k_{T,0}) \approx E_1, \tag{C.3-28a}$$

$$k_{T,0} \approx k_{T,1} + k_{tr} = k_T^*. \tag{C.3-28b}$$

Hier steht also bei gleichbleibender Fehlerwahrscheinlichkeit $E_0 = E(k_T^*)$ die gesamte Transparenzzeit $tr = k_{tr} \cdot \sigma$ als Zeitgewinn zur Reduzierung der Taktperiode $T_0$ ($= m + k_{T,0} \cdot \sigma$) zur Verfügung:

$$T_0 = T^* - tr. \tag{C.3-29}$$

Bei größerer Transparenz sind neben dem Maximum $E_n$ zunehmend mehr der benachbarten Anteile zu berücksichtigen, so daß die Gesamt-Fehlerwahrscheinlichkeit größer als der Maximalanteil wird. Für eine konstante Fehlerwahrscheinlichkeit $E_0$ bedeutet dies, daß entweder die Periodendauer vergrößert wird (also $k_{T,0} > k_{T,n}$) oder die Transparenz. Der Trend für die Periodendauer $T_0$ ($= m + k_{T,0} \cdot \sigma$) ist in Bild C.3-2 eingezeichnet.

Zusammenfassend können wir festhalten, daß eine statistische Betrachtung der Prozeßzeiten in Verbindung mit Transparenz einen Gewinn an Zykluszeit bringt. Bei unserer Trend-Abschätzung haben wir eine Normalverteilung für die Statistik zugrundegelegt und die Prozeßzeiten als Summe aus Mittelwert $m$ und Zusatzanteil $k \cdot \sigma$ ausgedrückt.

Der Mittelwert bleibt in jedem Fall unbeeinflußt. Es ist aber möglich, den Zusatzanteil $k_T^* \cdot \sigma$ durch Transparenz zu reduzieren. Die Transparenz kann in guter Näherung bis zur Hälfte des Zusatzanteils, also $tr = \frac{1}{2} k_T^* \cdot \sigma$ (bzw. $\frac{k_{tr}}{k_T^*} = 0,5$), als Gewinn zur Reduzierung der Zykluszeit eingesetzt werden, vgl. (C.3-29). Darüberhinaus läßt sich die Zykluszeit zwar durch Transparenz noch weiter reduzieren, aber (C.3-29) gilt dann nicht mehr, so daß der Zeitgewinn für die Zykluszeit dann kleiner als die Transparenzzeit wird, s. Bild C.3-2.

# Literaturverzeichnis

## L.1 Bücher und Nachschlagwerke

[Anc86]  F. Anceau. *The Architecture of Microprocessors*. Addison-Wesley, Woking-ham, 1986.

[Boo71]  T.L. Booth. *Digital Networks and Computer Systems*. John Wiley & Sons, New York, 1971.

[Bor85]  L. Borucki. *Grundlagen der Digitaltechnik*. Teubner, Stuttgart, 2. Auflage, 1985.

[BS85]  I. N. Bronstein und K. A. Semendjajew. *Taschenbuch der Mathematik*. Verlag Harri Deutsch, Thun und Frankfurt/Main, 1985.

[EG88]  D. Eckhardt und W. Groß. *Grundlagen der digitalen Schaltungstechnik*. Militärverlag der Deutschen Demokratischen Republik (VEB), Berlin, 2. Auflage, 1988.

[Fai87]  Fairchild Semiconductor Corporation, Digital and Analog Unit. *FACT Data Book 1987*, July 1987.

[Fai88]  Fairchild Camera and Instrument Corporation, Digital Unit. *FAST Data Book 1985*, April 1988.

[Gos85]  J.B Gosling. *Digital Timing Circuits*. Edward Arnold (Publishers) Ltd., London, 1985.

[GKHK]  W. Gellert, H. Küstner, M. Hellwich, und H. Kästner. *Handbuch der Mathematik*. Walter Gellert, Leipzig.

[HJ83]  D.A. Hodges and H.G. Jackson. *Analysis and Design of Digital Integrated Circuits*. McGraw-Hill, New York, 1983.

[Hor85]  E.-H. Horneber. *Simulation elektrischer Schaltungen auf dem Rechner*. Springer Verlag, Berlin, Heidelberg, New York, Tokyo, 1985.

[IEEE63]  IEEE Standards Department. *Definitions of Terms for Electronic Digital Computers*, 1963.

[Joh76]   K. Johannsen. *AEG-Hilfsbuch 1*. Alfred Hüthig Verlag, Heidelberg, 1976.

[Lag87]   K. Lagemann. *Rechnerstrukturen: Verhaltenbeschreibung und Entwurfsebenen*. Springer, Berlin, Heidelberg, 1987.

[Len72]   J.D. Lenk. *Handbook of Logic Circuits*. Reston Publishing Company, Reston, 1972.

[LK88]    H.-O. Leilich und U. Knaak. *Zeitverhalten synchroner Schaltwerke*, Siemens/IDA-Systemstudie zum ESPRIT-Projekt Nr. 1532. Technischer Bericht, Institut für DV-Anlagen, TU Braunschweig, August 1988.

[LMKZ88] H.-O. Leilich, P. Mertinatsch, U. Knaak, und H.Chr. Zeidler. *Rechnerstrukturen I*. IDA Braunschweig, März 1988.

[MC80]    C. Mead and L. Conway. *Introduction to VLSI*. Addison-Wesley Publishing Company, Reading, Massachusetts, 1980.

[NTG84]   *Impuls- und Pulsmodulations-Technik, Begriffe, Empfehlung 1984*. NTG 0103.

[Pap85]   A. Papoulis. *Probability, Random Variables, and Stochastic Processes*. McGraw-Hill, New York, 1985.

[Pea80]   J.B. Peatman. *Digital Hardware Design*. McGraw-Hill, Tokyo, 1980.

[Sei82]   M. Seifart. *Digitale Schaltungen und Schaltkreise*. Hüthig, Heidelberg, 1982.

[SR82]    K. Steinbuch and W. Rupprecht. *Nachrichtentechnik, Nachrichtenverarbeitung (von S. Wendt), Band 3*. Springer, Berlin, 1982.

[Tex85]   Texas Instruments. *The TTL Data Book, Vol. 1+2*, 8th European edition, 1985.

[Tex88]   Texas Instruments. *Bus Interface Circuits*. Application and Data Book, 1988.

[TVE89]   A.P. Thijssen, H.A. Vink and C.H. Eversdijk. *Digital Techniques - from problem to circuit*. Edward Arnold (Publisher) Ltd., London, 1989.

# L.2   Flipflops

[Axm79]   H.P. Axmann. Einführung in die technische Informatik, 1979.

[EG82]    D. Eckhardt und W. Groß. *Grundlagen der digitalen Schaltungstechnik*. G-181. Militärverlag der Deutschen Demokratischen Republik (VEB), Berlin, 1. Auflage, 1982.

[GL80]    W. Giloi und H. Liebig. *Logischer Entwurf digitaler Systeme*. Springer
          Verlag, Berlin, Heidelberg, 1980.

[HB75]    Hahn und Bauer. *Physikalische und elektrotechnische Grundlagen für In-
          formatiker*, 1975.

[Mal63]   E. Maley. *The Logic Design of Transistor Digital Computers*, 1963.

[Pea72]   J.B. Peatman. *The Design of Digital Systems*. McGraw-Hill, New York,
          1972.

[Sav86]   J. Savir. The Bidirectional Double Latch (BDDL). *IEEE Trans. on Com-
          put.*, C-35(1), January 1986.

[Sem86]   (Fa.) Semac. Automatische Messung der Set-Up und Hold-Zeiten an digi-
          talen ICs. *Design & Elektronik*, (26):143–6, Dezember 1986.

[SW74]    K. Steinbuch und W. Weber. *Grundlagen der technischen Informatik*, Ta-
          schenbuch der Informatik, Band 1. Springer Verlag, Berlin, Heidelberg,
          New York, 1974.

[TS71]    F.P. Tedeschi and J.A. Scigliano. *Digital Computers & Logic Circuits*, 1971.

[Ung81]   S.H. Unger. Double-Edge-Triggered Flipflops. *IEEE Trans. on Comput.*,
          C-30(6):447–451, June 1981.

[Wen74]   S. Wendt. *Entwurf komplexer Schaltwerke*. Springer, 1974.

## L.3   Taktung von Schaltwerken

[Anc82]   F. Anceau. A Synchronous Approach for Clocking VLSI Systems. *IEEE
          Journal of Solid-State Circuits*, SC-17(1):51–56, February 1982.

[Bar85]   C. Barney. Logic Designers Toss out the Clock. *Electronics*, pages 42–45,
          December 1985.

[Ber79]   H.K. Berg. A Model of Timing Characteristics in Computer Control. *EU-
          ROMICRO Journal*, (5):206–218, 1979.

[Bla75]   T.R. Blakeslee. *Digital Design with Standard MSI and LSI*. John Wiley &
          Sons, 1975. Chapter Six: Nasty Realities I - Race Conditions and Hangup
          States.

[Coo84]   J.E. Coolahan. *The Specification of Timing Requirements for Real-Time
          Systems Using Timed Petri Nets*. PhD thesis, University of Maryland,
          1984.

[Cot65]    L.W. Cotten. Circuit Implementation of High-Speed Pipeline Systems. *Proc. AFIPS*, 27(1):489–504, 1965.

[FK85]     A.L. Fisher and H.T. Kung. Synchronizing Large VLSI Processor Arrays. *IEEE Trans. on Comput.*, C-34(No. 8):734–740, August 1985.

[FP86]     E.G. Friedmann and S. Powell. Design and Analysis of a Hierarchical Clock Distribution System for Synchronous Standard Cell/Macrocell VLSI. *IEEE Journal of Solid-State Circuits*, SC-21(2):240–246, April 1986.

[GS82]     R.N. Gustafson and F.J. Sparacio. IBM 3081 Processor Unit: Design Considerations and Design Process. *IBM Journal of Research and Development*, 26(1):12–21, January 1982.

[IKP86]    O.H. Ibarra, S.M. Kim and M.A. Palis. Designing Systolic Algorithms Using Sequential Machines. *IEEE Trans. on Comp.*, C-35(6):531–542, June 1986.

[JB85]     T.A. Jackson and J.A. Beausang. Clocking Schemes for High-Speed Systems. In *28th Midwest Symp. on Circuits and Systems, Conference Proceedings*, pages 186–9, Louisville, August 1985.

[JMKN86]  H.V. Jagadish, R.G. Mathews, T. Kailath, and J.A. Newkirk. A Study of Pipelining in Computing Arrays. *IEEE Trans. on Comput.*, C-35(5):431–440, May 1986.

[Kes84]    J.L.W. Kessels. Two Designs of a Fault-Tolerant Clocking System. *IEEE Trans. on Comput.*, C-33(10):912–919, October 1984.

[KSB85]    C.M. Krishna, K.G. Shin and R.W. Butler. Ensuring Fault Tolerance of Phase-Locked Clocks. *IEEE Trans. on Comput.*, C-34(8):752–756, August 1985.

[KG82]     S.Y. Kung and R.J. Gal-Ezer. Synchronous versus Asynchronous Computation in Very Large Scale Integrated (VLSI) Array Processors. *SPIE*, 341:53–65, May 1982.

[KY83]     H.T. Kung and S.Q. Yu. Integrating High-Performance Special-Purpose Devices into a System. In B. Randell and P.C. Treleaven, editors, *VLSI-Architecture*. Prentice Hall Int. Inc., New Jersey, 1983.

[Lan82]    G.G. Langdon, Jr. *Computer Design*. Computeach Press Inc., San Jose, 1982.

[LGHD85]  W.C. Lindsey, F. Ghazvinian, W.C. Hagmann, and K. Dessouky. Network Synchronization. *Proc. of the IEEE*, 73(10):1445–1467, October 1985.

[LW85]     G.-J. Li and B.W. Wah. The Design of Optimal Systolic Arrays. *IEEE Trans. on Comp.*, C-34(1):66–77, January 1985.

[Mon82]   M. Monachino. Design Verification System for Large-Scale LSI Designs. *IBM Journal of Research and Development*, 26(1):89–99, January 1982.

[SD87]    J. Shujami and D. Draper. Clocking Subsystems Pace High-Performance Logic. *Computer Design*, pages 95–100, November 1987.

[Sei79]   C.L. Seitz. Self-Timed VLSI-Systems. In *Proceedings of the Caltech Conference on VLSI*, pages 345–355, Januar 1979.

[SH87]    K.G. Shin and P. Ramanathan. Clock Synchronization of a Large Multiprocessor System in the Presence of Malicious Faults. *IEEE Trans. on Comput.*, C-36(1):2–12, January 1987.

[Sho86]   M. Shoji. Elimination of Process-Dependent Clock Skew in CMOS VLSI. *IEEE Journal of Solid-State Circuits*, SC-21(5):875–80, October 1986.

[Smi81]   T.B. Smith. Fault Tolerant Clocking System. In *11th International Symposium on Fault Tolerant Computing*, pages 262–264, 1981.

[UT86]    S.H. Unger and C.-J. Tan. Clocking Schemes for High-Speed Digital Systems. *IEEE Trans. on Comput.*, C-35(10):880–895, October 1986.

[UT83]    S.H. Unger and C.-J. Tan. Optimal Clocking Schemes for High Speed Digital Systems. In *IEEE Proceedings of Int. Conference on Computer Design: VLSI Comput.*, pages 366–9, Oct.-Nov. 1983.

[Wag88]   K.D. Wagner. Clock System Design. *IEEE Design & Test of Computers*, pages 9–27, October 1988.

[WSA85]   B.W. Wah, W. Shang and M. Aboelaze. Buffering in Macropipelines of Systolic Arrays. In *IEEE Compter Society Workshop on Computer Architecture for Pattern Analysis and Image Database Management*, pages 2–8, November 1985.

[WF83]    D.F. Wann and M.A. Franklin. Asynchronous and Clocked Control Structures for VLSI Based Interconnection Networks. *IEEE Trans. on Comput.*, C-32(3):284–293, March 1983.

[Zei79]   H.Ch. Zeidler. *Pipelineprozessoren und ihre Grenzgeschwindigkeit*. Dissertation, TU Braunschweig, 1979.

# L.4   Simulation und Timing-Analyse

[ALRW77] B.J. Agule, J.D. Lesser, A.E. Ruehli, and P.K. Wolff. An Experimental System for Power/Timing Optimization of LSI Chips. In *Proceedings of the 14th Design Automation Conference*, pages 147–152, New Orleans, 1977.

[d'A85]     M.A. d'Abreu. Gate-Level Simulation. *IEEE Design & Test*, pages 63–71, December 1985.

[BCDH86]  K. Bartlett, W. Cohen, A. DeGeus, and G. Hachtel. Synthesis and Optimization of Multilevel Logic under Timing Constraints. *IEEE Trans. on Computer-Aided Design*, CAD-5(4):582–96, October 1986.

[BI88]      D. Brand and V. S. Iyengar. Timing Analysis using Functional Analysis. *IEEE Trans. on Comput.*, C-37(10):1309–1314, October 1988.

[BL82]      L.C. Bening and T.A. Lane. Developments in Logic Network Path Delay Analysis. In *19th Design Automation Conference*, pages 605–615, 1982.

[Boc82]     G.V. Bochmann. Hardware Specification with Temporal Logic: An Example. *IEEE Trans. on Comput.*, C-31(3):223–231, March 1982.

[Cas81]     P.W. Case et al. Design Automation in IBM. *IBM Journal of Research and Development*, 25(5):631–646, September 1981.

[CPG76]    C. Chicoix, J. Pedoussat and N. Giambiasi. An Accurate Time Delay Model for Large Digital Network Simulation. In *Proceedings of the 13th Design Automation Conference*, pages 54–60, San Francisco, Ca., June 1976.

[EW77]      E.B. Eichelberger and T.W Williams. A Logic Design Structure for LSI Testability. In *Proc. 14th Design Automation Conference*, pages 462–8, June 1977.

[Hit82]      R. B. Hitchcock, Sr. Timing Verification and the Timing Analysis Program. In *19th Design Automation Conference*, pages 594–604, 1982.

[HSC82]    R.B. Hitchcock, Sr., G.L. Smith and D.D. Cheng. Timing Analysis of Computer Hardware. *IBM Journal of Res. and Develop.*, 26(1):100–105, January 1982.

[McW80]    T.M. McWilliams. Verification of Timing Constraints on Large Digital Systems. In *Proceedings of the 17th Design Automation Conference*, pages 139–147, Minneapolis, MN, 1980.

[MIK85]     M. Muraoka, H. Iida, H. Kikuchihara et al. ACTAS: An Accurate Timing Analysis System for VLSI. In *Proceedings of ACM/IEEE 20th Design Automation Conference*, pages 152–158, Las Vegas, 1985.

[MN84]      Y.K. Malaiya and R. Narayanaswamy. Modeling and Testing for Timing Faults in Synchronous Sequential Circuits. *IEEE Design & Test*, pages 62–74, November 1984.

[Mut74]     P. Muth. Ein Verfahren zur Erkennung statischer und dynamischer Hazards in Schaltnetzen. *Elektron. Rechenanl.*, 16(5):188–192, 1974.

[MW78]  T.M. McWilliams and L.C. Widdoes. SCALD: Structured Computer-Aided Logic Design. In *Proceedings of the 15th Design Automation Conference*, pages 271–277, Las Vegas, 1978.

[Ous85]  J.K. Ousterhout. A Switch-Level Timing Verifier for Digital MOS VLSI. *IEEE Trans. on Computer-Aided Design*, CAD-4(No.3):336–349, July 1985.

[PPS82]  M.S. Pittler, D.M. Powers and D.L. Schnabel. System Development and Technology Aspects of the IBM 3081 Processor Complex. *IBM J. Res. Develop.*, 26(1):2–21, January 1982.

[PS73]  D.J. Pilling and H.B. Sun. Computer-Aided Prediction of Delays in LSI Logic Systems. In *Proceedings of the 10th ACM/IEEE Design Automation Workshop*, pages 182–186, Portland, Óregon, 1973.

[Rap83]  A. Rappaport. Hands-on Logic Simulation Verifies Semicustom-IC Design. *EDN*, pages 231–257, October 27, 1983.

[RW87]  L. Rizzatti and M. Wasilewski. Worst-case Timing Analysis Ensures Board Reliability. *Computer Design*, pages 90–96, November 1987.

[RWG77]  A.E. Ruehli, P.K. Wolff and G. Goertzel. Analytical Power/Timing Optimization Technique for Digital Systems. In *Proceedings of the 14th Design Automation Conference*, pages 142–146, New Orleans, 1977.

[SYAH81]  T. Sasaki, A. Yamada, T. Aoyama, K. Hasegawa et al. Hierarchical Design Verification for Large Digital Systems. In *Proceedings of the 18th Design Automation Conference*, pages 105–112, Nashville, 1981.

[ST83]  J.H. Shelly and D.R. Tryon. Statistical Techniques of Timing Verification. In *Proc. 20th Design Automation Conference*, pages 396–402, 1983.

[Ste85]  M. Stein. VLSI-Design mit Standardzellen. *Markt & Technik*, (14):140–147, April 1985.

[SBH82]  G.L. Smith, R.J. Bahnsen and H. Halliwell. Boolean Comparison of Hardware and Flowcharts. *IBM Journal of Research and Develop-ment*, 26(1):106–116, January 1982.

[ST75a]  S.A. Szygenda and E.W. Thompson. Digital Logic Simulation in a Time-Based, Table-Driven Environment, Part 1. Design Verification. *Computer*, pages 24–36, March 1975.

[ST75b]  S.A. Szygenda and E.W. Thompson. Digital Logic Simulation in a Time-Based, Table-Driven Environment, Part 2. Parallel Fault Simulation. *Computer*, pages 38–49, March 1975.

[Wol78]  M.A. Wold. Design Verification and Performance Analysis. In *Proceedings of the 15th Design Automation Conference*, pages 264–270, Las Vegas, 1978.

# L.5    Busse und Verbindungen

[CH84]    C.-Y. Chin and K. Hwang. Packet Switching Networks for Multiprocessors and Dataflow Computers. In *Proceedings of the 11th Annual International Symposium on Computer Architecture*, 1984.

[CV81]    P. Cioffi and G. Velardi. A Fully-Distributed Arbiter for Multiprocessor Systems. *Microprocessing and Microprogramming*, (7), 1981.

[Cor79]    P. Corsini. Speed-Independent Asynchronous Arbiter. *Computers and Digital Techniques*, 2(5):221–222, October 1979.

[Del87]    D. Del Corso. Distributed Capacitance Compensation: A Comment on 'Negative Capacitance Bus Terminator for Improving the Switching of a Microcomputer Databus'. *IEEE Journal of Solid-State Circuits*, SC-22(1):127–9, February 1987.

[Fae84]    G. Färber. *Bussysteme: Parallele und serielle Bussysteme in Theorie und Praxis*. Oldenbourg 1984.

[Fen81]    T.-Y. Feng. A Survey of Interconnection Networks. *IEEE Computer*, pages 12–27, December 1981.

[FL85]    B. Franke and H.-O. Leilich. Berechnungsgrundlagen für das Datenkommunikationssystem in einem Multiprozessor für Mehrgitterverfahren. GMD-Studie Nr. 102, pp. 15-119, September 1985.

[GHHK90]    J. Gries, A. Hahlweg, R. Harneit, und A. Kern. *Ein leistungsfähiges Kommunikationssystem für Multiprozessorsysteme*. Technischer Bericht, Institut für DV-Anlagen, TU Braunschweig, 1990.

[Kri85]    L. Krings. *Optimale Busvergabe in eng gekoppelten Multiprozessorsystemen*, 1985.

[LD89]    H.-O. Leilich and M. Dolle. *The Latch Bus Driver System*. Technical report, Institut für Datenverarbeitungsanlagen, TU Braunschweig, 1989/90.

[Pat81]    J.H. Patel. Performance of Processor-Memory Interconnections for Multiprocessors. *IEEE Trans. on Comput.*, C-30(10):771–780, October 1981.

[PR81]    P. Penfield and J. Rubinstein. Signal Delay in RC Tree Networks. In *Proceedings of 18th Design Automation Conference*, pages 613–617, 1981.

[SH85]    K.G. Shin and J.-C. Liu. A Cost-Effective Multistage Interconnection Network with Network Overlapping and Memory Interleaving. *IEEE Trans. on Comput.*, C-34(12):1088–1101, December 1985.

[SR85]    M. Shoji and R.M. Rolfe. Negative Capacitance Bus Terminator for Improving the Switching Speed of a Microcomputer Databus. *IEEE Journal of Solid-State Circuits*, SC-20(4):828–832, August 1985.

[Sie79]   H.J. Siegel. Interconnection Networks for SIMD Machines. *IEEE Computer*, 12(6):57–65, June 1979.

[Wil86]   W. Wilhelm. Propagation Delays of Interconnect Lines in Large-Scale Integrated Circuits. *Siemens Forsch.- u. Entwickl.–Ber.*, 15(2):60–63, 1986.

[Wit81]   L.D. Wittie. Communication Structures for Large Networks of Microcomputers. *IEEE Trans. on Comput.*, C.30(4):264–273, April 1981.

[WF81]    C.-L. Wu and T.-Y. Feng. The Universality of the Shuffle-Exchange Network. *IEEE Trans. on Comput.*, C-30(5):324–332, May 1981.

# L.6    Metastabilität

[BT86]    J. Beaston and R.S. Tetrick. Designers Confront Metastability in Boards and Busses. *Computer Design*, pages 67–71, March 1986.

[Eic86]   H. Eichel. *Entscheidungskonflikte in digitalen Anlagen*. Dissertation, TU Braunschweig, 1986.

[HEC89]   U. Horstmann, H. Eichel and R. Coates. Metastability Behaviour of CMOS ASIC Flip-Flops in Theory and Test. *IEEE Journal of Solid-State Circuits*, 24(1):1466–157, February 1989.

[Las89]   W. Last. Metastabiles Verhalten von Flipflops. *Elektronik*, 38(17):42–45, August 1989.

[Mar81]   L.R. Marino. General Theory of Metastable Operation. *IEEE Trans. on Comput.*, C-30(2):107–115, February 1981.

# L.7    Synchronisation und Asynchrone Systeme

[ABM69]   D.B. Armstrong, A.D. Friedman and P.R. Menon. Design of Asynchronous Circuits Assuming Unbounded Gate Delays. *IEEE Trans. on Comput.*, C-18(12):1110–1120, December 1969.

[BH71]    J.G. Bredeson and P.T. Hulina. Generation of a Clock Pulse for Asynchronous Sequential Machines to Eliminate Critical Races. *IEEE Trans. on Comput.*, pages 225–226, February 1971.

[BS68]   J.A. Brzozowski and S. Singh. Definite Asynchronous Sequential Systems. *IEEE Trans. on Comput.*, C-17(1):18–26, January 1968.

[CD73]   H.Y.H. Chuang and S. Das. Synthesis of Multiple-Input Change Asynchronous Machines Using Controlled Excitation and Flip-Flops. *IEEE Trans. on Comput.*, C-22(12):1103–1109, December 1973.

[EG71]   H.N. El-Ghoroury and S.C. Gupta. Realization of Stochastic Automata. *IEEE Trans. on Comput.*, C-20(8):889–893, August 1971.

[Fri66]  A.D. Friedman. Feedback in Asynchronous Sequential Circuits. *IEEE Trans. on Electronic Computers*, C-15(5):740–749, October 1966.

[FGU69]  A.D. Friedman, R.L. Graham and J.D. Ullman. Universal Single Transition Time Asynchronous State Assignments. *IEEE Trans. on Comp.*, C-18(6), June 1969.

[FM68]   A.D. Friedman and P.R. Menon. Synthesis of Asynchronous Sequential Circuits with Multiple-Input Changes. *IEEE Trans. on Comput.*, C-17(6):559–566, June 1968.

[Gel71]  S.E. Gelenbe. A Realizable Model for Stochastic Sequential Machines. *IEEE Trans. on Comput.*, C-20(2):199–204, February 1971.

[GG69]   G.B. Gerace and G. Gestri. Sequential Machines with Less Delay Elements than Feedback Paths. *IEEE Trans. on Comput.*, C-18(2):132–144, February 1969.

[Kel74]  R.M. Keller. Towards a Theory of Universal Speed-Independent Modules. *IEEE Trans. on Comput.*, C-23(1):21–33, January 1974.

[Kin70]  L.L. Kinney. Decomposition of Asynchronous Sequential Switching Circuits. *IEEE Trans. on Comput.*, C-19(6):515–547, June 1970.

[Kin71]  L.L. Kinney. A Characterization of Some Asynchronous Sequential Networks and State Assignments. *IEEE Trans. on Comput.*, C-20(4):426–436, April 1971.

[Lan69]  G.G. Langdon, Jr. Delay-Free Asynchronous Circuits with Constrained Line Delays. *IEEE Trans. on Comput.*, pages 175–181, February 1969.

[Mag71]  G. Mago. Realization Methods for Asynchronous Sequential Circuits. *IEEE Trans. on Comput.*, C-20(3):290–297, March 1971.

[McG69]  R.B. McGhee. Some Aids to the Detection of Hazards in Combinational Switching Circuits. *IEEE Trans. on Comput.*, pages 561–565, June 1969.

[MK69]   W.S. Meisel and R.S. Kashef. Hazards in Asynchronous Sequential Circuits. *IEEE Trans. on Comput.*, pages 752–759, August 1969.

[Paz71]  A. Paz. *Whirl Decomposition of Stochastic Systems.*

[PB85]     R. Piloty and D. Borrione. The CONLAN Projekt: Concepts, Implementations, and Applications. *IEEE Computer*, pages 81–92, 1985.

[RV74]     C.A. Rey and J. Vaucher. Self-Synchronized Asynchronous Sequential Machines. *IEEE Trans. on Comput.*, pages 1306–1311, December 1974.

[RMCF88]  F.U. Rosenberger, C.E. Molnar, T.J. Chaney, and Ting-Pien Fang. Q-Modules: Internally Clocked Delay-Insensitive Modules. *IEEE Trans. on Comput.*, C-37(9):1005–1018, September 1988.

[Sin69]    S. Singh. Asynchronous Sequential Circuits with Feedback. *IEEE Trans. on Comput.*, C-18(5):440–450, May 1969.

[Sin71]    S. Singh. On Delayed-Input Asynchronous Sequential Circuits. *IEEE Trans. on Comput.*, C-20(5):500–503, May 1971.

[SR71]     J.R. Smith, Jr. and C.H. Roth, Jr. Analysis and Synthesis of Asynchronous Sequential Networks Using Edge-Sensitive Flip-Flops. *IEEE Trans. on Comput.*, C-20(8):847–855, August 1971.

[Tan71]    C.-J. Tan. State Assignments for Asynchronous Sequential Machines. *IEEE Trans. on Comput.*, C-20(4):382–391, April 1971.

[TMF69]    C.-J. Tan, P.R. Menon and A.D. Friedman. Structural Simplification and Decomposition of Asynchronous Sequential Circuits. *IEEE Trans. on Comput.*, C-18(9):830–838, September 1969.

[Ung71]    S.H. Unger. Asynchronous Sequential Switching Circuits with Unrestricted Input Changes. *IEEE Trans. on Comput.*, C-20(12):1437–1444, December 1971.

[Ung77]    S.H. Unger. Self-Synchronizing Circuits and Nonfundamental Mode Operation. *IEEE Trans. on Comput.*, pages 278–281, March 1977.

[Zus53]    K. Zuse. *Erfahrungen mit dem programmgesteuerten Rechengerät Z5.* Vorträge über Rechenanlagen. Göttingen, 1953.

# L.8   Statistisches Zeitverhalten

[Cam81]    H.D. Camp. *Statistical Characterization of Logic Circuit Timing Parameters.* PhD thesis, Southern Methodist University, 1981.

[Car87]    G.C. Carter. Coherence and Time Delay Estimation. *Proceedings of the IEEE*, 75(2):236–255, February 1987.

[KF64]     J.K. Kadet and B.H. Frank. PERT for the Engineer. *IEEE Spectrum*, pages 131–137, November 1964.

[KC66]     T.I. Kirkpatrick and N.R. Clark. PERT as an Aid to Logic Design. *IBM Journal*, 10:135–141, March 1966.

[Kna]      U. Knaak. Statistische Untersuchung des Zeitverhaltens synchroner Schaltwerke. *Dissertation in Vorbereitung*, TU Braunschweig.

[Mag77]    B. Magnhagen. Practical Experience from Signal Probability Simulation of Digital Designs. In *Proceedings of the 14th ACM/IEEE Design Automation Conference*, pages 216–219, New Orleans, LA, 1977.

[Nad80]    A. Nadas. Random Critical Paths. In *Proceedings of the IEEE International Symposium on Circuits and Systems*, pages 32–35, Houston, TX, 1980.

[Nad79]    A. Nadas. Probabilistic PERT. *IEEE Journal of Research and Development*, 23(3):339–347, May 1979.

[SM69]     H.D. Schnurmann and K. Maling. A Statistical Approach to the Computation of Delays in Logic Circuits. *IEEE Trans. on Comput.*, C-18(4):320–328, April 1969.

[TAR84]    D.R. Tryon, F.M. Armstrong and M.R. Reiter. Statistical Failure Analysis of System Timing. *IBM Journal of Research and Development*, 28(4):340–355, July 1984.

# Sachverzeichnis